"十四五"职业教育国家规划教材

"十二五"职业教育国家规划教材
经全国职业教育教材审定委员会审定

生物质发电技术（第二版）

主　编　刘　晓　李永玲
副主编　赵茹男　周　飞
编　写　俞　玲　夏小栋
主　审　程远楚

中国电力出版社
CHINA ELECTRIC POWER PRESS

内 容 提 要

本书为"十二五"职业教育国家规划教材。

生物质能源是重要的便于储存和运输的可再生能源，同时，生物质发电技术较为成熟，综合效益较好，近几年发展迅猛。本书共分为生物质能源认知、生物质原料与燃料、生物质直燃发电设备及系统、垃圾焚烧发电设备及系统、生物质直燃发电机组运行、生物质气化发电以及最新生物质能发电技术七个学习项目，详尽阐述生物质燃料特性，生物质直燃发电主要设备及系统流程，垃圾发电主要设备及系统流程，典型生物质直燃发电机组运行等有关生物质发电的问题。同时，对生物质发电领域气化发电和氢能发电也做了介绍。

本书可作为电力高职高专类生物质能应用技术、火电厂集控运行、电厂热能动力装置专业必修限选教材，也可作为生物质发电厂运行人员培训教材，同时可供生物质发电领域相关工程技术人员阅读和参考，也可作为大学本科院校相关专业的参考书。

图书在版编目（CIP）数据

生物质发电技术/刘晓，李永玲主编 . —2 版 . —北京：中国电力出版社，2019.10（2024.8 重印）
"十二五"职业教育国家规划教材
ISBN 978 - 7 - 5198 - 3828 - 7

Ⅰ.①生… Ⅱ.①刘…②李… Ⅲ.①生物能源－发电－高等职业教育－教材 Ⅳ.①TM619

中国版本图书馆 CIP 数据核字（2019）第 237491 号

出版发行：中国电力出版社
地　　址：北京市东城区北京站西街 19 号（邮政编码 100005）
网　　址：http://www.cepp.sgcc.com.cn
责任编辑：吴玉贤（010—63412540）
责任校对：黄　蓓
装帧设计：张俊霞
责任印制：吴　迪

印　　刷：北京雁林吉兆印刷有限公司
版　　次：2014 年 1 月第一版　2019 年 10 月第二版
印　　次：2024 年 8 月北京第四次印刷
开　　本：787 毫米×1092 毫米　16 开本
印　　张：16.75
字　　数：408 千字
定　　价：46.00 元

✖ 前 言

　　为认真贯彻落实《国家职业教育改革实施方案》（职教 20 条）精神，着力推动职业教育"三教"（教师、教材、教法）改革，本书坚持突出职教特色、产教融合的原则，遵循技术技能人才成长规律，知识传授与技术技能培养并重，积极探索"模块化教学"模式，充分体现"精讲多练、够用、适用、能用、会用"的原则，主动服务于分类施教、因材施教的需要。

　　本书从工程实际出发，紧密联系生产实际，力求体现新技术、新工艺和新方法的应用，充分体现作业安全、工匠精神及团队合作能力的培养，不但适合于高等职业技术学院新能源发电工程类专业在校学生学习的需要，也可作为相关专业领域技能型培训学员的培训教材和自学用书。

　　目前，可再生能源开发利用已经被提到了前所未有的战略高度。生物质作为唯一可储存和运输的可再生能源，在我国的储量大，但浪费严重，其综合利用已成为我国能源替代和节能减排的重要途径。生物质发电作为目前应用综合效益高、门槛低、产业化较为成熟的路线，对电力补充、能源结构调整、环境生态保护以及实现低碳经济有重要意义。近几年，我国大型国有发电企业、民营企业、海外投资企业都表现出极大的热情，纷纷投资新建或改扩建生物质绿色发电项目，一些高职高专院校也设立了生物质能应用专业，相应的，需要一本有明显的职业特色、应用性强的教材。

　　本书对目前产业应用的多种生物质发电技术进行表述，包括生物质直燃发电、垃圾发电、生物质气化发电以及生物质氢能发电等，对技术成熟大规模产业化的生物质直燃发电和垃圾焚烧发电设备、系统、过程排放及其运行操作进行详细阐述。编写过程注重理论与生产实际结合，力求简洁实用，突出以能力培养为核心，引入了国家标准、行业标准和职业规范，尽可能多用图、表，所引用实例反映了目前生物质发电的主流技术和典型技术。

　　本书在尽可能联系生产实际、强调实用性的基础上，适当地给出该领域正在发展的内容，注重用新观点、新思想来审视和阐述经典内容，适应科技进步的需要，反应新知识、新技术、新工艺和新方法，为学生提供发挥想象力和创造力的空间。每个项目后有项目小结，梳理概括本项目内容，同时备有习题和讨论题，习题供读者巩固所学内容，讨论题旨在培养学生创新思维和开放性思维的能力。本书配套相应的电子资源，包括教学设计方案、PPT教学课件、课程标准、图片库、模拟试卷、重难点内容讲解视频等，请扫码阅读。

　　本书由武汉电力职业技术学院刘晓和保定电力职业技术学院李永玲主编，其中项目1、项目3（任务2）、项目4（任务1～5）由刘晓编写；项目2（任务1，2）、项目7由周飞编写；项目2（任务3）、项目4（任务6）由夏小栋编写；项目3（任务1，3）、项目5由赵茹男编写；项目3（任务4）由俞玲编写；项目6由李永玲编写，全书由刘晓统稿。本书由武汉大学程远楚教授担任主审，程远楚教授在百忙中仔细审阅书稿，提出了诸多宝贵意见，使编者受益匪浅，在此深表感谢。

本书在编写过程中，得到武汉电力职业技术学院和相关院校的教师以及生物质发电企业（武汉凯迪公司生物质发电厂、国能单县生物质电厂、翰蓝固废处理公司、深圳宝安垃圾焚烧发电厂）同行们的支持和帮助，武汉电力职业技术学院谢新副教授在本书编写过程中给予了诸多建设性的意见和建议，在此谨致谢意。

由于生物质能转化利用方式较多，生物质发电技术涵盖了许多不同学科，涉及较为广泛的原理和概念，同时生物质发电技术发展较快，新技术、新工艺不断涌现。本书在重点关注成熟技术和典型技术的基础上，也兼顾其他应用技术，编写这样一本教材，需要较宽的知识背景和驾驭能力，因此编者已经竭尽所能，但疏漏在所难免，诚恳希望读者发现后及时批评指正。

最后，希望本书对培养我国生物质发电技术领域的应用人才有所帮助。

编者

2019 年 8 月

目 录

前言

项目1 生物质能源认知 ·· 1

  任务1 生物质能基本概念 ·· 1

  任务2 生物质能源发电技术 ······································ 11

  小结与讨论 ·· 16

  习题训练 ·· 17

项目2 生物质原料与燃料 ·· 18

  任务1 生物质原料 ·· 18

  任务2 生物质燃料元素分析及工业分析 ···························· 32

  任务3 生物质燃料发热量 ·· 49

  小结与讨论 ·· 56

  习题训练 ·· 56

项目3 生物质直燃发电设备及系统 ································ 58

  任务1 生物质直燃发电工艺原理 ·································· 58

  任务2 生物质燃烧设备 ·· 61

  任务3 生物质直燃发电系统 ······································ 72

  任务4 污染物排放处理及腐蚀结渣的防治 ·························· 81

  小结与讨论 ·· 92

  习题训练 ·· 93

项目4 垃圾焚烧发电设备及系统 ·································· 94

  任务1 生活垃圾特性及焚烧发电工艺 ······························ 94

  任务2 垃圾在焚烧炉中的燃烧过程 ································ 101

  任务3 垃圾焚烧设备 ·· 109

  任务4 垃圾焚烧电厂系统及运行 ·································· 116

  任务5 垃圾焚烧污染物防治及灰渣处理 ···························· 125

  任务6 工程实例 ·· 140

  小结与讨论 ·· 148

  习题训练 ·· 149

项目5 生物质直燃发电机组运行 ································ 150

  任务1 电气系统运行 ·· 150

  任务2 汽轮机辅助系统运行 ······································ 159

  任务3 锅炉辅助系统运行 ·· 170

　　任务4　锅炉吹扫、点火及升温升压 …………………………………… 177

　　任务5　汽轮机冲转 …………………………………………………… 184

　　任务6　发电机并列 …………………………………………………… 191

　　任务7　工程实例 …………………………………………………… 199

　　小结与讨论 ……………………………………………………………… 209

　　习题训练 ………………………………………………………………… 210

项目6　生物质气化发电 ………………………………………………… 212

　　任务1　生物质气化技术 ……………………………………………… 212

　　任务2　生物质气化发电设备及系统 ………………………………… 220

　　任务3　沼气发电设备及系统 ………………………………………… 226

　　小结与讨论 ……………………………………………………………… 241

　　习题训练 ………………………………………………………………… 241

项目7　最新生物质能发电技术 ………………………………………… 242

　　任务1　生物质制氢技术 ……………………………………………… 242

　　任务2　燃料电池技术 ………………………………………………… 249

　　小结与讨论 ……………………………………………………………… 256

　　习题训练 ………………………………………………………………… 257

参考文献 …………………………………………………………………… 258

项目 1

生物质能源认知

【项目描述】

通过本项目学习，使学生掌握生物质能的基本概念，熟悉生物质发电的主要形式，了解生物质发电技术的发展状况，会分析目前我国生物质发电产业存在的问题。

【教学目标】

知识目标：

（1）掌握生物质能的基本概念。

（2）熟悉生物质资源的来源及特点。

（3）熟悉生物质发电的主要形式及使用技术。

（4）熟悉目前中国生物质发电的现状及存在问题。

能力目标：

（1）能描述生物质能特点及应用。

（2）能使用以前所学知识分析、解释生物质发电技术特点及技术难题。

（3）能使用新媒体收集、整理相关信息资料。

任务 1 生物质能基本概念

【教学内容】

1.1.1 能量与能源

世界是由物质构成，没有物质，世界便虚无缥缈，运动是物质存在的形式，没有运动的物质如同没有物质的运动一样不可思议，而能量则是物质运动的度量，人类的一切活动都与能量及其使用紧密相关。所谓能量，广义地说，就是"产生某种效果（变化）的能力"；如果按照物理学观点，能量则被表述为物体或系统对外做功的能力。

例如，要使物体沿某一方向移动一定的距离 S（m），就要消耗一定的功，若推动物体的力为 F（N），则所消耗的功为 $W = F \cdot S$（J），也就是说，需要消耗 W 的能量才能产生上述效果；质量为 m（kg）的水，使其温度从 T_1 升高到 T_2，则耗能为 $mc(T_2 - T_1)$，c 为水的比热容，单位为 J/(kg·℃)；移动电荷 q（C）跨越电位差 U（V）时，也要消耗 qU（J）的能量。

能量最重要的特征是能量守恒。能量既不能被创造也不能被消灭，它只能从一种形式转化为另一种形式。如动能转变为势能、电能转变为光能、机械能转变为热能、化学能转变为电能。若用热力学语言描述，则为热力学第一定律，它是目前除了核能以外的几乎所有能量转变的基础。

若考虑爱因斯坦的质能关系式 $E=mc^2$，即质量和能量的相互转化，则有广义的能量守恒定律，它是核电站和受控核聚变的理论基础。

对能量的分类方法没有统一的标准，到目前为止，能量的表现形式一般为机械能、热能、电能、辐射能、化学能和原子核能。

能量与能源息息相关，能源的涵义简而言之可表述为含有能量的资源，也就是能量的来源。对于能源常常有不同的表述形式。《大英百科全书》表述为："能源是一个包括所有燃料、流水、阳光和风的术语，人类采用适当的转换手段，给人类自己提供所需的能量。"在《现代汉语词典》中，把能源表达为"能产生能量的物质，如燃料、水力、风力等"。然而，不管哪种表达，其内涵大致相同，即能源就是能量的来源，是提供能量的资源，这些资源要么来自于物质，要么来自于物质的运动，前者如煤、石油、生物质等，后者如水流、风流、潮汐等。当然，在生产和生活过程中，由于需要或为便于运输和使用，常将上述能源经过一定的加工、转换，使之成为更符合使用要求的能量来源，如煤气、电力、蒸汽、沼气等，它们也称之为能源。

因此，在自然界里有一些自然资源本身就拥有某种形式的能量，它们在一定条件下能够转换成人们所需要的能量形式，这种自然资源显然就是能源，如煤、石油、天然气、太阳能、风能、核能、生物质能等，普通的垃圾也可以转换成能量，只是转换的数量和难易程度存在差异。

人们往往从转换为电能的难易程度考虑，使能源品质有高低之分，例如水力能可直接转化为机械能再转换为电能；而化石燃料须先经过燃烧转化为热能再转化为机械能，进而转化为电能，因水力能更容易转化，因此是高品位能源。当比较不同温度的热源时，高温热源被认为是高品位能源，低温热源则是低品位能源。因此在热机循环中，热源温度越高，冷源温度越低，则循环热效率就越高，即热能转化为机械能的部分就越大。

实际生活中，由于能量转化相对困难，大量的低品位能源未被利用，白白浪费，如农林废弃物、工业废热等，若把它们积累起来，则是一笔巨大的能量。当前，能源紧缺和环保压力巨大，这些能源利用已被人类高度重视。

由于能源形式多样，因此通常有多种不同的分类方法，它们或按能源的来源、形成、使用分类，或从环保角度来分类。不同分类方法，都从不同的侧重面来反应能源的各种属性及特征。

1. 按地球上的能量来源分类

地球上能源成因不外乎以下三方面，因此按地球上能量来源，能源可分为以下三类。

（1）地球本身蕴藏的能源，如核能、地热能等。

（2）来自地球外天体的能源，如宇宙射线及太阳能，以及由太阳能引起的水能、风能、波浪能、海洋温差能、生物质能、化石燃料（煤、石油、天然气等，它们是一亿年前由积存下来的有机物质转化而来的）等。

（3）地球与其他天体相互作用的能源，如潮汐能。

2．按被利用程度、技术水平和经济效果分类

按照能源开发技术水平及利用程度，能源被分为以下两类。

（1）常规能源，其开发利用时间长、技术成熟、能大量生成并广泛使用，如煤炭、石油、天然气、薪柴燃料、水能等，有时也将常规能源称之为传统能源。

（2）新能源，其开发利用较少或正在研究开发之中，如太阳能、地热能、潮汐能、生物质能等。按照该分类思路，核能通常也被看做新能源，尽管核燃料提供的核能在世界一次能源的消费中已占15%，但从被利用的程度看远不能和已有的常规能源比，另外，核能利用的技术非常复杂，可控核聚变反应至今未能实现，这也是将核能仍视为新能源的主要原因之一。也有学者提出应将核裂变作为常规能源，核聚变作为新能源。与薪柴燃料相比，现代生物质能利用包括高效燃烧、生物质能转化技术等，是新能源研究领域的重要内容。新能源有时又被称为非常规能源或替代能源。

3．按获得的方法分类

按照获得方法，能源可分为一次能源和二次能源。

（1）一次能源，即自然界现实存在，可供直接利用的能源，如煤、石油、天然气、风能、水能、生物质能等。一次能源也可概括分为化石能源、核能以及可再生能源。

（2）二次能源，即由一次能源直接或间接加工、转换而来的能源，如电、蒸汽、焦炭、煤气、氢等，它们使用方便，易于利用，是高品质的能源。

4．按能否再生分类

（1）可再生能源，它不会随其本身的转化或人类的利用日益减少，如水能、风能、潮汐能、太阳能、生物质能等。

（2）不可再生能源，它随人类的利用而越来越少，如石油、煤、天然气、核燃料等。

图1-1所示为以上几种不同分类方法间的关系。

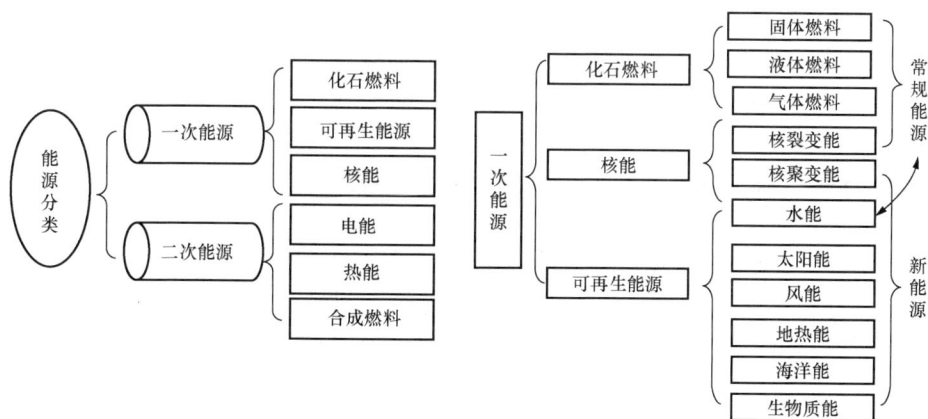

图1-1 不同分类方法间的关系

5．按能源本身的性质分类

（1）含能体能源，其本身就是可提供能量的物质，如石油、煤、天然气、生物质、氢等，它们可直接储存，因此便于运输和传输。含能体能源又称为载体能源。

（2）过程性能源，是指由可提供能量的物质的运动所产生的能源，如水能、风能、潮汐能、电能等，其特点是无法直接储存。

6. 按能否作为燃料分类

（1）燃料能源，如各种矿物燃料、生物质燃料以及二次能源中的汽油、柴油、煤气等。

（2）非燃料能源，仅指其自身不能燃烧，而非不能起燃料的某种作用，如激光等。

7. 按对环境的污染情况分类

（1）清洁能源，无污染或污染很小的能源，如太阳能、水能、生物质能、海洋能等。

（2）非清洁能源，即对环境污染较大的能源，如煤、石油等。

按国际能源署（IEA）近年来的推荐，新能源和可再生能源又可分为三类：第一类为大中型水电；第二类为传统的生物质能利用；第三类为新的可再生能源。前两类可统称为旧的可再生能源，第三类即为新的可再生能源，包括太阳能、风能、现代生物质能、氢能、地热能、海洋能和小水电等。显然新的可再生能源还有另一个含义，即它们除了不会耗尽外，对环境最友好。新的可再生能源是21世纪最具发展前景的能源，它们必将取代传统的化石能源，成为人类的主流能源。

需要注意的是，相对于常规能源，新能源在能源品质上并不占优势，发展新能源要克服诸多技术难题。

1.1.2　生物质能

生物质资源是可再生能源资源的重要组成部分，加快新型生物质资源开发利用对能源替代具有重要意义。

1. 生物质基本概念

生物质（biomass）是指由光合作用而产生的有机体。与化石能源不同，它们来自于新近生存过的生物。这些生物质可以通过直接燃烧来获取能量，也可以转化为生物质燃料，如生物柴油。

生物质能来源于地球的生物圈，生物圈虽然只是地球表面的一个薄层，对人类来说，却蕴藏着大量的能源。特别重要的是，由于太阳的光合作用，生物质能不断地获得补充，它是太阳能以化学能的形式储存在生物质中，以生物质为载体的能量。它直接或间接来源于绿色植物的光合作用，可转化为常规的固态、液态和气态燃料，是一种取之不尽、用之不竭的可再生能源。因为生物质能的原始能量来源于太阳，所以从广义上讲，生物质能是太阳能的一种表现形式，尽管到达地球的太阳能量只有很少部分被固定在陆地上的有机物中，但这些能量已超过全世界每年耗能的7倍还要多。

储藏在生物体中碳水化合物中的能量会通过各种物理化学过程消耗，也有一部分能量会积攒下来，经过成千上万年的变化成为了化石燃料，如果从中间打断这个过程，就可将生物质能提前提取出来作为燃料，特别是，如果消耗的能量不超过自然所产生的能量，燃烧生物燃料将不会比自然过程产生更多的热和二氧化碳，这样就真正实现了可持续的能源供给，而不产生任何对地球的环境效应。当然实际上很难做到这一点，人工过程与自然发生的过程并不相同，但相比化石燃料使用，生物质燃料使用在减少碳排放量方面做出的贡献是毋庸置疑的。

木柴、稻草以及其他植物和动物的残余物，很早以前就被人类用做燃料直接燃烧产生热量，在许多发展中国家人们仍在使用这种"传统生物质能"作为主要能源。如今，"新的生物质能"这一词汇被用来专门定义在工业化国家中经过大规模商业处理的生物质，这些过程的起始物可能是专门种植的能源作物，但更多是有机废物；过程的产物可能是有用的热，或任何一种固体、液体、气体生物燃料，不做特别说明，本书所说的生物质能是指该"新的生物质能"，由于生物质的组成与常规的化石能源相似，所以其转化利用技术与化石能源有相似之处，但因其种类繁多，分别具有不同的特性，故其利用技术远比化石燃料复杂。

2. 生物质能与常规能源

生物质能与太阳能、风能、水能和潮汐能相比是唯一可存储和运输的可再生能源。生物质能的载体是有机物，所以这种能源是以实物的形式存在的，其显著特性是可再生、可储存和可运输。生物质能分布最广，不受天气和自然条件的限制，只要有生命的地方即有生物质存在。

从利用方式上看，生物质能与煤、石油内部结构和特性相似，可以采用相同或相近的技术进行处理和利用，利用技术的开发与推广难度比较低。另外，生物质可以通过一定的先进技术进行转换，除了转化为电力外，还可生成油料、燃气或固体燃料，直接应用于汽车等运输机械或用于柴油机、燃气轮机、锅炉等常规热力设备，换言之，几乎可以应用于目前人类工业生产或社会生活的各个方面。所以在所有新能源中，生物质能与现代的工业化技术和目前的现代化生活有最大的兼容性，它在不必对已有的工业技术做较大改进的前提下即可替代常规能源，这些都是今后生物质能发挥重要作用的依据。

从化学的角度上看，生物质的组成是 C-H 化合物，它与常规的矿物燃料，如石油、煤等是同类。由于煤和石油都是生物质经过长期转换而来的，所以生物质是矿物燃料的始祖，被喻为即时利用的绿色煤炭。正因为这样，生物质的特性和利用方式与矿物燃料有很大的相似性，可以充分利用已经发展起来的常规能源技术开发利用生物质能。但与矿物燃料相比，它的挥发组分高，炭活性高，含硫量和灰分都比煤低，因此，生物质利用过程中 SO_2、NO_x 的排放较少，造成空气污染和酸雨现象的可能性会明显降低，这也是开发利用生物质能的主要优势之一。

由于生物质的多样性和复杂性，其利用技术远比化石燃料复杂和多样。首先由于生物质有的含水极高或以污水为载体（如污泥和养殖污水等），生物质利用技术除了与采用化石燃料相似的燃烧技术和物化转换技术之外，还增加了独特的生化转换技术，如厌氧消化技术和堆肥等；其次，生物质形状多样，能量密度低，在利用时需要更多的预处理和能量品位提升的过程，所以它的特殊转换技术比直接燃烧更复杂；另外，生物质分布分散，难以使用集中处理技术，而分散处理技术效率较低，这也是目前生物质大规模推广使用的主要难题。

由此，相比化石燃料而言，生物质能的利用有以下特点。

（1）生物质资源具有可再生性，一般认为其利用过程具有二氧化碳零排放特性。同时，生物质含硫、含氮都较低，灰分含量也很少，燃烧后 SO_x、NO_x 和灰尘排放量比化石燃料小得多，是一种清洁的燃料。

（2）生物质与煤、石油内部结构和特性相似，可以采用相同或相近的技术进行处理和利用，有很大的技术兼容性，开发与推广难度比较低。

（3）生物质资源分布广而分散，产量大，转换方式多样，收集运输和预处理成本较高。

（4）单位生物质燃料发热量较低，而且一般生物质中水分含量大，从而影响生物质的燃烧和热裂解特性。

1.1.3 生物质资源

概括来说，生物质有两大主要来源，一是为获取生物质能而专门种植的农林作物，称为能源作物；另一种就是废弃物，包括农林业、工业和人们生活中的废弃物。

1. 能源作物

能源作物可以直接作为燃料，也可转化为其他的生物质燃料。例如，木材可直接燃烧，有些植物可用来发酵制取酒精，还有些作物的种子含有大量的植物油可以提炼出来，由于人类急需找到化石燃料的替代品并降低污染排放，而且有些地方有剩余的耕地，故能源作物越来越受到欢迎。当然发展能源作物也要考虑当地的气候、土壤等因素的影响。能源作物包括林业作物和农作物两种。

（1）林业作物。传统的林业作物需要很长的生长周期，而专门用来获取能量的林业作物生长周期要短得多。这种作物只需 2～4 年的生长之后就可将其树干砍下作为生物质资源。而树桩还会继续生长，这个循环大约能维持 30 年。据报道，国外每公顷林地每年可收获 30t 以上能源作物。

（2）农作物。用作生物质资源的农作物最常见的是甘蔗和玉米，它们通常用来转化为液体燃料。还有一类生物质能源主要是取自植物的种子，比如向日葵、油菜、黄豆等，它们通过转化后可以作为柴油的替代品，这就是一般所说的生物柴油。

目前一些发达国家正在试验短轮伐期的人工森林，它的生长期短，在较短的时间里可提供更多的林木生物质能源。新西兰用无土栽培法快速繁殖杨树，1 棵树在 1 年内就能繁殖100 万棵树苗，这种小树苗 3 个月内便可长成 15m 高的幼树。美国宾夕法尼亚大学培育出一种杂交白杨，光合作用效率高达 6%，不但生长快，而且可以密植。美国加州大学以热带大戟科植物为基础，培育出几种"石油植物"，这些"石油植物"的茎秆内含有一种碳氢化合物的白色乳状液，经提炼便可得到石油，每年估计可产石油 25～125 桶/hm^2。

我国发展林业生物质能源具有较好的资源基础。2014 年公布的第 8 次中国森林资源清查结果显示，我国森林面积 2.08 亿 hm^2，森林覆盖率 21.63%，森林蓄积 151.37 亿 m^3；人工林面积 0.69 亿 hm^2，蓄积 24.83 亿 m^3。林木生物质资源总量在 180 亿 t 以上，全国有6020.56 万 hm^2 土地资源可供能源作物的种植。我国的栎类果实橡子淀粉含量接近 50%，现有栎类面积达 1800 万 hm^2，其中内蒙古、黑龙江、吉林三省区栎类林现有面积超过 670万 hm^2，可年产果实 1000 万 t 以上，获得淀粉 500 余万 t，生产燃料乙醇 250 万 t。预计到2020 年，能源作物（甜高粱）的种植面积达 300 万 hm^2，燃料乙醇的年生产能力达到 1000万 t。林木类生物质的生长周期较农作物秸秆长，需要统筹安排种植、生长和采伐的时间，以促进林业的可持续发展。

2. 废弃物

废弃物包括林业、农业的废弃物，动物的排泄物，城市生活垃圾，以及工业废弃物等。无论是农林业废弃物还是工业废弃物，都是生物质能的潜在来源。当然工业废弃物里面也含有塑料等一些不容易燃烧或降解的物质，故能否使废弃物都成为可再生能源还存在一些争议。

（1）农林废弃物。林业剩余物包括森林采伐剩余物、木材加工剩余物及清林育林剪枝剩余物。若不加以利用，它们也就在自然界中腐化成为其他作物的养料。根据国家林业局2008 年提出的数据，我国采伐造林剩余物 1.1 亿 t，木材加工剩余物 3000 万 t，废旧木材

6000 万 t，"三剩物"总量约 2 亿 t。随着科技的进步，许多国家都开始利用这些林业废弃物来发热、发电。例如，澳大利亚就有 6% 的电量是利用林业废弃物作为动力的。

农作物废弃物是由农业生产衍生而来。从世界范围来看，小麦和玉米是温带非常普遍的农作物，它们一年可产生十亿多吨的废弃物，也就是说含有能量 15～20EJ。但它们的利用率很低，在我国许多地方，夏秋季的秸秆焚烧经常造成严重的空气污染，有待于建立新的生物质能设施来解决这一问题。

2007 年，我国有机废弃物的年实物产出量是 18.66 亿 t，可用实物量是 11.65 亿 t，折标煤 3.83 亿 t，相当于 2007 年全国一次性能源消费总量的 1/7。有机废弃物中 75.7% 来自农业，16.1% 来自林业，工业加工和城市的产出占 8.2%。按年产能从大到小的排序是：作物秸秆、粪便生物质能源、采伐及加工剩余物、工业有机废弃物、育林剩余物、城市有机垃圾。

在各种干农副产品中，废弃物一般不少于 25%，如稻谷中稻壳的质量约为 25%，花生壳的质量约占花生的 45%；农业废弃物的发热量为 12～20GJ/t。秸秆是农业生产的副产品，也是我国农村的传统燃料。秸秆资源与农业（主要是与种植业）生产关系十分密切。2000 年，全国主要农作物产量约为 4.9 亿 t，2005 年，主要农作物产量约为 5.1 亿 t，2007 年主要农作物产量约为 5.3 亿 t，呈现逐年增加的趋势，秸秆量也逐年增长，2007 年主要农作物秸秆接近 7 亿 t。农作物秸秆用途广泛，除可用于肥料、饲料、基料以及造纸等工业原料外还可用于能源来替代煤等一次能源，据估计，每年所产生的农作物秸秆中约有 3.6 亿 t 可作为能源使用。以"十一五"期间的发展速度测算，预计到 2015 年我国主要农作物秸秆产量将达到 9 亿 t 左右，其中约一半可作为农业生物质能的原料。表 1-1 是 2000 年、2005 年以及 2007 年我国主要农作物的秸秆产量。

表 1-1　　　　　　　　　　主要农作物秸秆产量　　　　　　　　　　单位：万 t

农作物	谷草比	2000 年		2005 年		2007 年	
		农作物	秸秆	农作物	秸秆	农作物	秸秆
稻谷	1：0.623	18 790.8	11 706.7	18 058.8	11 250.6	18 603.4	11 589.9
小麦	1：1.366	9963.6	13 610.3	9744.5	13 311.0	10 929.8	14 930.1
玉米	1：2.0	10 600.0	21 200.0	13 936.5	27 873.0	15 230.0	30 460.0
豆类	1：1.5	2010.0	3015.0	2157.7	3236.6	1720.1	2580.2
薯类	1：0.5	3685.2	1842.6	3468.5	1734.3	2807.8	1403.9
油料	1：2.0	2954.8	5909.6	3077.1	6154.2	2568.7	5137.4
棉花	1：3.0	441.7	1325.1	571.4	1714.2	762.4	2287.2
甘蔗	1：0.1（叶）	6828.0	682.8	8663.8	866.4	11 295.1	1129.5
合计			59 292.1		66 140.2		69 518.2

注　根据 2008 年《中国统计年鉴》整理计算。

我国的农作物秸秆主要分布在河北、内蒙古、辽宁、吉林、黑龙江、江苏、河南、山东、湖北、湖南、江西、安徽、四川、云南等粮食主产区。排在前三位的是玉米、小麦和稻谷。按省份，前 5 名排序依次是河南、山东、黑龙江、河北和吉林。用于造肥还田占 15%、饲料占 20%、工业原料占 4%、薪柴占 45%、露天焚烧约 16%。可用于能源开发的比例为

50%～60%。

农产品加工业副产品主要包括稻壳、玉米芯、甘蔗渣等，多来源于粮食加工厂、食品加工厂、制糖厂和酿酒厂等，数量巨大，2005 年上述副产品的总量超过 1 亿 t，而且产地相对集中，易于收集处理，充分利用可产生相当于 0.31～0.67 亿 t 标准煤的能源。稻壳是稻谷加工的主要剩余物，占稻谷重量的 20%，主要产于东北地区和湖南、四川、江苏、湖北等省；玉米芯是玉米穗脱粒后的穗轴，约占穗重的 20%，主要产于东北地区和河北、河南、山东、四川等省；甘蔗渣是蔗糖加工业的主要副产品，蔗糖与蔗渣各占 50%，主要产于广东、广西、福建、云南、四川等省区。

（2）动物排泄物。畜禽粪便是畜牧业的附产物。畜禽粪便主要来自于圈养的鸡、鸭、鹅、猪、牛、羊等畜禽。这些排泄物是其他形态生物质（主要是粮食、农作物秸秆和牧草等）的转化形式，是一种很好的生物质资源。据农业部统计，我国畜禽年产粪便约 21.5 亿 t，主要来源于农村家庭散养和规模化养殖。根据畜牧业发展规划，预计到 2020 年，我国畜禽粪便量将达到 40 亿 t，约可产出沼气 1950 亿 m^3，相当于替代标准煤 3.1 亿 t。

动物排泄物发酵所释放的气体是温室气体的主要来源，据估算，美国 10% 的甲烷来自于动物排泄物。如果没有很好地处理这些排泄物，还会对水体造成污染。随着近年来对环境问题的日益重视，开始想方设法利用这些能源，其中一个应用就是沼气技术；另外也可直接燃烧。例如武汉凯迪公司的凯圣生物质电厂的主要燃料就是养鸡场的鸡粪。

（3）城市固体废弃物（垃圾）。在工业发达国家，每个家庭平均一年要产生 1t 以上的垃圾（9GJ/t）。城市垃圾的组成和特点受各地生活习惯、生活水平以及季节等因素的影响。表 1-2 为我国部分城市的垃圾组成。

表 1-2　　　　　　　　　　　　我国部分城市的生活垃圾组成　　　　　　　　　　　　单位：%

城市	厨余	废纸	塑料橡胶	金属	纤维	玻璃陶瓷	煤灰泥砖	木竹	其他
北京	38.9	18.2	10.4	3.0	3.6	13.0	10.9	—	2.0
上海	70.0	8.0	12.0	0.1	2.8	4.0	2.2	0.9	—
广州	63.0	4.8	14.1	3.9	3.6	4.0	3.8	2.8	—
重庆	38.0	1.0	9.1	0.5	1.0	9.0	38.0	1.6	1.0
南京	52.0	4.9	11.2	1.9	1.2	4.1	20.6	1.1	3.0
合肥	45.0	3.6	10.2	0.8	3.0	4.2	28.4	2.5	2.3
深圳	58.0	7.9	13.7	1.2	2.8	3.2	8.0	5.2	—

由表 1-2 可见，我国城市垃圾中各类垃圾混杂的现象比较突出，成分复杂；无机质含量高，而有机质较少，发热量较低，有机成分中厨余垃圾较多，而废纸、塑料橡胶类物质等高发热量物质较少；垃圾中含水量较高，一般都在 30% 以上。这些特点都不利于垃圾的燃烧利用，实施合理有效的垃圾分类收集和处理，将有利于资源回收和利用。

2010 年，全国设市城市生活垃圾处理率达到 90.72%，无害化处理率达到 77.94%。全国 657 个设市城市生活垃圾清运量 1.58 亿 t，有各类生活垃圾处理设施 628 座，处理能力为 38.8 万 t/d，实际集中处理量约为 1.23 亿 t/年。在 628 座城市生活垃圾处理设施中，填埋场有 498 座，处理能力为 29.0 万 t/d，实际处理量为 9598 万 t/年；城市生活垃圾焚烧厂有 104 座，处理能力为 8.5 万 t/d，实际处理量为 22 317 万 t/年；城市生活垃圾堆肥厂有 11

座，处理能力为 0.55 万 t/d，实际处理量为 181 万 t/年。生活垃圾焚烧处理进一步增加，堆肥处理处于萎缩状态，卫生填埋场处理场的数量和处理能力都在增长中。按生活垃圾清运量统计分析填埋、堆肥和焚烧处理比例分别为 60.7%、2.5%（其中包括综合处理厂数据）和 14.7%，其余为堆放和简易填埋处理。图 1-2 所示为我国城市生活垃圾处理统计。

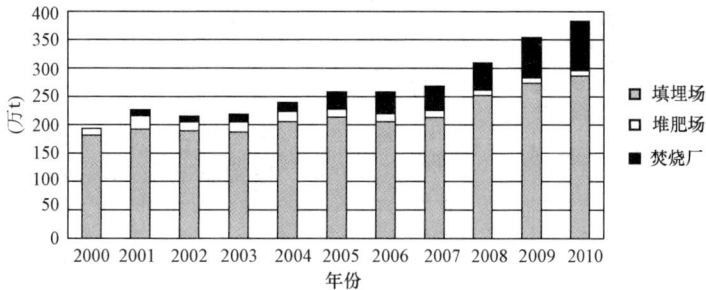

图 1-2 我国城市生活垃圾处理统计

城市垃圾的处理主要包括卫生填埋、堆肥和焚烧三种方式，至于具体采取何种方式，要根据垃圾的种类、垃圾的有机物成分、含水量、发热量以及对环境的影响等诸多因素来考虑。现阶段，垃圾焚烧（发电）技术作为最直接最有效的城市生活垃圾处理方法和能源回收利用技术，在很多国家得到普遍的认同和使用。2008 年，瑞典 48.5% 的垃圾通过全国 22 个垃圾焚烧中心进行焚烧处理，垃圾焚烧产生了 13.7MWh 的能量，为 81 万户家庭供暖，占全瑞典供暖能量的 20%；此外，剩余部分能量为 25 万户中等家庭提供了日常电能。

1.1.4 生物质能转化利用途径

生物质能转化利用途径主要包括燃烧、热化学法、生化法、化学法和物理化学法等，可转化的二次能源依次是：热量或电力、固体燃料（木炭或颗粒燃料）、液体燃料（生物柴油、甲醇、乙醇和植物油等）和气体燃料（氢气、生物质燃气和沼气）。

直接燃烧是生物质能最简单也应用最广的利用方式。直接燃烧后可产生热量，进而产生电力。一般而言，如果是通过传统的农村炉灶直接燃烧产生热量，其热效率低，污染严重，而通过工业锅炉燃烧后把热量传递给工质再通过能量转化来发电，是生物质高效利用的重要途径，也是当代生物质发电采取的主要技术手段。

热化学转化方法主要是通过气化、裂解等化学手段将生物质能转化为气体或液体燃料。其中热解既可以通过干馏获得像木炭这样的优质固体燃料，又可通过生物质的快速热解液化技术直接获得生物原油等液体燃料。而生物质的气化，则是将生物质有机燃料在高温下与气化剂作用而获得合成气，再由合成气获得其他优质的气体或液体燃料。

生化法主要是借助于生物酶和厌氧消化技术将生物质转化为液体或气体燃料，前者是将含有糖分、淀粉和纤维素的生物质转化为乙醇等液体燃料，后者是将生物质（如垃圾和工业污水）通过小型沼气池或大型厌氧污水处理工程转化为沼气。

化学法主要通过间接液化和酯化技术，将生物质转化为甲醇或生物柴油。而物理化学法主要是指将生物质原料压缩为生物质成型燃料。生物质能转化利用形式如图 1-3 所示。

不同形式的生物质能利用技术都在逐渐完善和不断发展之中，随着研究的深入、技术的进步，其应用的层次在逐步提高。如生物质经气化得到的可燃性气体，既可用作燃料提供热

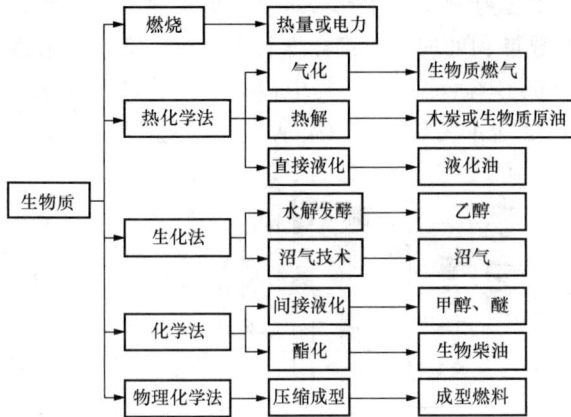

图 1-3　生物质能转化利用形式

能，还可用作发电的燃料，从内燃机到燃气轮机乃至燃料电池，同时气化后获得的合成气还可获得优质的液体燃料，比如武汉凯迪公司已掌握了全球最先进的生物质气化合成液体燃料技术。用生物质制取的甲醇、乙醇，可代替部分石油做内燃机的燃料，用于交通运输行业中。生物质经干馏得到的木炭可用于有色金属的冶炼及环保行业的吸附剂，土壤的改良剂。生物质在厌氧条件下，被沼气微生物分解代谢，得到含有甲烷可燃性气体（沼气），是民用高发热量的气体燃料，亦可与柴油混烧做内燃机的燃料，沼渣、沼液是优质的有机肥料，沼液还可用来浸种。由此可见，生物质能利用技术正在向纵深发展，生物质能的应用范围将会越来越广阔。

1.1.5　发展生物质能的意义

生物质能源技术发展的原始驱动力是环境保护的压力和能源市场的需求，是持续发展的需要。我国是一个人口大国，又是一个经济迅速发展的国家，21 世纪将面临着经济增长和环境保护的双重压力。我国已经拟定了 2020 年非化石能源比重达到 15％和碳排放为 40％～45％的战略目标。因此，改变能源生产和消费方式，开发利用生物质能等可再生的清洁能源资源对建立可持续的能源系统，促进国民经济发展和环境保护具有重大意义。

与矿物能源相比，生物质能源在转化利用过程中对环境的影响较小，生物质的灰分含量低于煤，含硫量很低，转化利用过程中硫氧化物、氮氧化物和粉尘等的排放显著降低，燃用生物质产生的二氧化碳，又可被生长的植物光合作用所吸收，实现二氧化碳零排放，同时，开发利用生物质能对我国农村也具有特殊意义，将农林废弃物转化为优质能源并形成产业化利用，可大量消纳秸秆废弃物，不仅能消除秸秆的危害，还能提高农民收入，促进农村新型产业的发展。

目前，我国的生物质能主要是在农村经济中利用，所以农村未来能源需求和消耗情况对生物质能的开发利用量影响很大。有关资料对我国农村今后能源使用情况做了预测，预测数据可以较大程度地反映我国今后生物质能消耗的趋势。由于影响生物质能开发利用的因素很多，所以不同的预测方法结果差别很大，但是，不论哪种预测方法都说明了生物质在未来的能源体系中具有特别重要的意义，前提条件是不论哪个时间，生物质能总是占总能耗的10％～30％。具体的预测方法有两种：第一种是常规方案预测，即建立在现时生物质能发展情况的基础之上的预测，其结果是各时段（2000、2010、2030、2050）的生物质利用量的增长速度分别为 8.9％、7.7％、8.0％、3.6％；第二种是加强方案预测，即以突出强调生物质能对化石能源的替代为依据的预测，其结果是各时段的发展速度分别为 9.6％，8.0％，7.4％，4.5％。

由预测可知，随着社会的发展，传统利用生物质能的比例将越来越少。到 2050 年，农村生物质能的利用中传统利用方法不到 1％，生物质能的现代化利用技术的比例将越来越高，到

2050 年可能达到农村总能耗的 13%。另外，从预测中可以看出天然生物质能在农村能源的比例随时间推移将越来越少。但是不管哪个时期，也不管哪个方案，生物质能在农村能源中的比例都很大（高于 14%），而且是最主要的可再生能源（占可再生能源的 50% 以上）。这可以充分说明在今后几十年内，生物质能在我国农村能源，甚至我国能源体系中的重要地位。

现阶段，秸秆发电技术已经被联合国列为重点项目推广。随着全球环境问题的日益严重，能源危机越来越紧迫，伴随着《京都议定书》的签订，世界各国开始关心生物质对减少 CO_2 排放的作用；另外，由于发展生物质能源作物有利于改善环境和生态平衡，对今后人类的长远发展和生存环境有重要意义，所以许多国家已把生物质能的利用作为未来的一种重要能源来发展。欧洲的一些国家如瑞典，把生物质能作为替代核能的首要选择，丹麦更是大力发展生物质能，秸秆发电等可再生能源已占丹麦能源消耗量的 24%。丹麦 BWF 公司率先研发的秸秆生物燃烧发电技术在世界上保持领先地位。

目前，国家大力提倡和鼓励发展可再生能源、节约能源、建设节约型的社会。同时，一系列的法律、法规和综合利用的政策出台，保障了生物质能开发利用处于良好的政策环境，应该说当前是发展秸秆发电项目的极好时机，其发展前景十分广阔。

任务 2　生物质能源发电技术

【教学内容】

1.2.1　直接燃烧发电

生物质直接燃烧发电生产过程与燃煤电厂相似。直接燃烧发电是指把生物质原料送入适合生物质燃烧的特定蒸汽锅炉中，生产蒸汽驱动蒸汽轮机，带动发电机发电。

直接燃烧发电的关键技术包括原料预处理技术、蒸汽锅炉的多种原料适用性、蒸汽锅炉的高效燃烧、蒸汽轮机的效率等。生物质直接燃烧技术包括固定床或流化床燃烧，固定床燃烧对生物质原料的预处理要求较低，生物质经过简单处理甚至无需处理即可投入炉内燃烧，如国内第一家生物质电厂——国能单县生物质电厂就是该类进口设备。流化床燃烧要求将大块生物质原料预先切割粉碎，使其达到可流化粒度，流化床燃烧效率和强度比固定床高，如武汉凯迪生物质电厂都采用自主研发的循环流化床锅炉。

生物质电厂采用中小型蒸汽轮机，总体上看技术比较成熟，造价较低，但与燃煤电站相比，其效率并不高，小型凝汽式蒸汽轮机性能见表 1-3。

表 1-3　　　　　　　　　　　　　小型凝汽式蒸汽轮机性能

汽轮机规模 (kW)	进气参数		总进汽量 (t/h)	单位耗汽量 (kg/kWh)	发电效率 (%)	参考价格 (万元)
	(MPa)	(℃)				
3000	3.43	435	14.8	4.93	22.1	180
6000	3.43	435	28.5	4.75	22.9	290
12 000	3.43	435	55.6	4.63	23.5	—
25 000	3.43	435	111.0	4.44	24.5	900

由于直接燃烧发电方式规模较大（单机容量在 2 万 kW 左右）、效率较高、运行成本低，

受到电力行业的高度重视，国家电网公司、五大发电集团以及许多其他单位都已建成或准备建设单机容量 2 万 kW 左右的大型生物质发电厂。现已经建成的大型秸秆发电厂项目有国能单县 2.5 万 kW 秸秆发电厂、国能威县 2.5kW 秸秆发电厂、国能成安 2.5 万 kW 秸秆发电厂、国能高唐秸秆发电厂、国能垦利 2.5 万 kW 秸秆发电厂、河北省晋州市秸秆发电厂、江苏省如东县 2.5 万 kW 秸秆发电厂等，武汉凯迪公司已建成将近 20 座 1.2 万 kW 和 3.0 万 kW 生物质直燃电厂。

1.2.2　垃圾发电

城市生活垃圾处理主要有卫生填埋和垃圾焚烧处理两种方式。由于城市垃圾成分复杂，并受经济发展水平、能源结构、自然条件及传统习惯等因素的影响，所以垃圾处理一般随国情不同而不同，但最终都是以无害化、资源化、减量化为处理目标。

垃圾发电包括垃圾焚烧发电和垃圾气化发电，不仅可以解决垃圾处理的问题，同时还可以回收垃圾中的热量，节约资源。垃圾焚烧发电是利用垃圾做原料在焚烧炉中燃烧放出的热量将水加热获得一定品质的蒸汽，蒸汽推动汽轮机带动发电机发电。垃圾焚烧技术主要有层燃燃烧技术、流化床燃烧技术、旋转燃烧技术（也称回转窑技术）以及控气式焚烧技术等。垃圾气化发电是指直接将垃圾制成可燃气体作为燃料进行发电，垃圾气化技术有固定床气化、流化床气化等形式。另外，垃圾填埋产生沼气可用来发电。现阶段，虽然垃圾填埋仍然是中国处理垃圾的主要方式，但随着国民经济和城市建设的发展和环保标准的提高，新建垃圾填埋场受到越来越多的限制，同时垃圾中可燃物增多，发热量明显提高，垃圾焚烧将成为中国垃圾处理的主要技术之一。因此，大力发展城市垃圾焚烧发电技术，不仅能解决垃圾处理问题，减少环境污染，在一定程度上还能缓解能源紧张状况，一举多得。

1.2.3　气化发电

气化是生物质热化学转换技术的一种。是指在一定的热力学条件下，将组成生物质的碳氢化合物转化为含一氧化碳和氢气等可燃气体的过程。生物质在气化炉中转化为气体燃料，经净化后直接进入燃气机中燃烧发电或直接进入燃料电池发电。气化发电的关键技术是燃气净化，气化出来的可燃气体都具有一定的杂质，包括灰分、焦炭和焦油等，需经过净化系统把杂质除去，以保证发电设备的正常运行。

生物质气化发电可以分为内燃机发电、燃气轮机发电、燃气—蒸汽联合循环发电系统和燃料电厂发电技术等。内燃机一般由柴油机和天然气机改造而成，以适应生物质燃气发热量较低的要求；燃气轮机适合燃烧高杂质、低发热量并且规模较大的生物质燃气；燃气—蒸汽联合循环发电可提高系统发电效率；燃料电池发电是在一定条件下使燃料和氧化剂发生化学反应，将化学能转化为电能和热能的过程，燃料电池本体的发电效率高，热电联产的总热效率可达 80% 以上。

现阶段，生物质气化发电普遍遇到转化效率低、气化炉对燃料适应性差、燃气净化技术以及运行维护费用高等技术难题。

1.2.4　混合燃烧发电

生物质还可与煤混合燃烧发电，称为生物质混合燃烧发电技术。混合燃烧的方式有两种：一种是生物质直接与煤混合后投入燃烧，该方式对于燃料处理和燃烧设备的要求较高，不是所有燃煤发电厂都能使用；另一种是生物质气化产生的燃气与煤混合燃烧使工质产生蒸汽，带动汽轮机发电，该方式的通用性较好，对原煤燃烧系统影响较小。生物质气化技术现阶段并不十分成熟，无论采取哪种方式，生物质原料的预处理技术都非常关键，要将生物质原料处理成符合燃煤锅炉或气化炉的要求。

1.2.5 生物质发电技术特点

不同生物质发电技术有各自不同的特点，在不同时期、不同区域适用及发展不尽一致。现阶段，生物质发电方式特点比较见表1-4。

表1-4 生物质发电方式特点比较

发电方式	特 点
生物质直燃电厂	生物质能源最直接、高效的利用方式
生物质气化发电集中供气/并网发电工程	秸秆气化站实施集中供气/并网发电，可以使项目市场化运行； 为农民提供清洁的生活燃料； 符合国家产业政策，效率低； 并网发电可以得到可再生能源电价附加的补贴，增加经济效益
城市生活垃圾焚烧发电工程	预计到2020年垃圾处理量将达到2.3亿t/年； 焚烧发电，符合"减量化、无害化、资源化"的要求，符合国情； 预计焚烧发电建设规模占垃圾生成总量的80%，每年消纳垃圾1.9亿t，全国总装机容量800万kW； 所有垃圾焚烧发电项目都将得到可再生能源电价附加补贴
大型沼气供气/并网发电工程	大型沼气工程可以配置兆瓦级发电机组，有利于实现并网发电；并网发电可以得到可再生能源电价附加的补贴；可配套完善的沼液、沼渣利用设施，生产有机肥料，增加项目经济效益
生物质液体燃料、成型技术	产业链尚不完善，市场化程度很低

直燃发电和垃圾焚烧发电技术已相对成熟，进入商业化运行阶段，直燃发电技术在大规模生物质利用下效率较高，单位投资也较合理，要求生物质集中，数量巨大，如果考虑生物质燃料的收集、储运和运输，成本较高，并要求有配套的良好运作的燃料收集和运输系统，因此对生物质分散的国家和地区不合适。

生物质气化发电是较直燃发电更洁净的利用方式，几乎不排放任何有害气体。中小型生物质气化发电技术在发达国家已经成熟，但由于规模小，过程复杂，在发达国家没有竞争力。中国开发的中小规模生物质气化发电技术具有投资少、发电成本较低、灵活性好的特点，是同类技术中最具竞争力的技术之一。小规模的生物质气化发电已进入商业示范阶段，适合生物质的分散利用。

大型生物质整体气化联合循环（IGCC）的发电成本与燃料价格、发电规模关系很大，通过理论分析测算，对于生物质IGCC发电系统，在生物质价格大约为250元/t时，70MW IGCC发电厂的发电成本大约为0.35元/kWh，几乎与小型的煤发电电厂成本相当。但由于70MW的规模需要的生物质量非常大（约2000t/d），而且投资也很高，有条件建设这种项目的国家或企业很少，而小规模下的经济性将明显降低，同时，现阶段，生物质价格都要高于250元/t，所以这种项目近期要进入大规模应用是相当困难的。

生物质液体燃料以及生物质成型技术产业尚刚刚起步，产业链不完善，市场化程度很低。

对于技术成熟大规模产业化应用的生物质直燃发电和垃圾焚烧发电，本书在后续章节里将对设备、系统、过程排放及其运行操作进行详细阐述。

1.2.6 中国生物质发电的现状及问题

1. 发展现状

中国生物质能在能源消费中约占 20%，但大部分仍处于低效应用和直接焚烧的状况。中国政府及有关部门对生物质能源利用极为重视，已连续在四个国家五年计划中将生物质能利用技术的研究与应用列为重点科技攻关项目，开展了生物质能利用技术的研究与开发，主要包括秸秆发电、沼气发电、垃圾焚烧发电和生物质气化发电。

到 1998 年，中国在生物质能利用领域已取得重大进展，特别是沼气技术，每年所生产能源已达 115 万 t 油当量，占农村能源的 0.24%；由节柴炕灶每年所节约的能量已达 52.5 万 t 油当量。近年来，中国还发展了一些新的生物质能转换技术，并投入小规模应用。如气化系统已有 820 余套应用于户用和集中供气，提供炊事用能、木材烘干或发电等最终用途；有 800 余台压缩成型机用于处理稻壳或秸秆生产固体燃料。新技术的能源产量已达 254 万 t 标准煤。

目前，中国在生物质发电方面，已经基本掌握了农林生物质发电、城市垃圾发电、生物质致密成型燃料等技术。2012 年年底，国家能源局印发《生物质发展"十二五"规划》（以下简称《规划》），指出到 2015 年，我国要形成较为完整的生物质能产业体系，在电力、供热、农村生活用能领域初步实现商业化和城镇化利用。预计 2015 年，农林剩余物年利用量达 7500 万 t，年利用各类能源作物 2500 万吨，年处理畜禽粪便 5.6 亿 t、城市生活垃圾 6400 万 t、废弃油脂 90 万 t，合计年替代化石能源 5000 万 t 标准煤，相应年减排二氧化碳 9500 万 t、二氧化硫 65 万 t。

《规划》指出：要有序发展农林生物质发电，到 2015 年，农林生物质发电装机容量达到 800 万千瓦；合理发展垃圾发电，到 2015 年，城市生活垃圾发电装机容量达到 3000 万千瓦；积极发展生物质燃气发电，依托大型畜禽养殖场，结合污染治理，建设大型畜禽养殖废弃物沼气发电项目；积极推进燃气集中传气，建设有机物生产沼气的集中供气工程。同时《规划》还指出，到 2015 年，我国生物质能年利用量超过 5000 万 t 标准煤，生物质发电装机容量达到 1300 万 kW，年发电量约 780 亿 kWh。从目前生物质能应用来看，要实现这些目标，仍需要解决资料发散、原料收集成本高、原料供应的连续性和保证度等问题。

2. 生物质发电的优势

（1）资源丰富，发展潜力巨大。到 2050 年，全世界利用农、林、工业残余物以及种植和利用能源作物等生物质能源将相当于或低于化石类燃料的价格，所以有可能提供世界 60% 的电力和 40% 的燃料，使全球 CO_2 排放量减少 54 亿 t（目前全球化石燃料每年排放约 60 亿 t）。

（2）适合发展分布式电力系统，接近终端用户。相对于煤、石油、天然气等化石类燃料，生物质资源是分散的，生物质资源的分散性决定了生物质能利用的分散性。正是根据生物质资源的这一特点，可以在生物质资源相对集中的地域，根据资源量选择适当的生物质发电技术类型，建立相应规模的生物质发电厂（站），所生产的电力可以直接供给附近的用电单位，也可以并入电网。这种分布式电力系统技术适宜，投资小，而且接近终端用户，可以不受电网影响，直接供电，运行方便可靠。中国在电力供应方面存在较大的缺口，因地制宜地利用当地生物质能资源，建立分散、独立的离网或并网生物质分布式电厂拥有广阔的市场前景。如果当前农林废弃物产量的40%作为电厂燃料，可发电3000亿kWh，占目前中国总耗电量的20%以上。

（3）改善生态环境，发展农业生产和农村经济。生物质能属于清洁能源，有助于国家的环境建设和CO_2减排。生物质中有害物质（硫和灰分等）的含量仅为中质烟煤的1/10左右。同时，生物质二氧化碳的排放和吸收构成自然界碳循环，其能源利用可实现二氧化碳零排放，扩大生物质能利用是减排CO_2的最重要的途径。实践证明，生物质能源对减少CO_2排放的作用是十分明显的。

（4）采用生物质发电技术，可将生物质转化为高品位的电能，满足农村紧迫的电力需求，而且可使热效率提高到35%～40%，节约资源，改善农民的居住环境，提高农民生活水平。生物质发电技术的利用还可以从根本上解决我国农村普遍存在的而又始终无法根治的"秸秆问题"。近年来，随着农村经济的发展和农民生活水平的提高，大量作物秸秆被遗弃在田间地头，就地焚烧，烟气污染十分严重，对交通安全构成严重威胁。生物质发电技术将农林废弃物转化为电力，形成产业化利用，可大量消纳秸秆废弃物，达到消除秸秆危害的目的。

生物质的能源利用可带来一系列生态、社会和经济效益。生物质发电技术的发展不仅可以缓解和补充农村短缺的电力，同时还可以带动能源农业和能源林业的大规模发展，有效地绿化荒山荒地，减轻土壤侵蚀和水土流失；并可治理沙漠，保护生物的多样性，促进生态的良性循环，促进现代种植业的发展，成为农村新的经济增长点，增加农村就业机会，改善生活环境，提高农村收入，振兴和发展农村经济。

3. 生物质发电存在问题

近年来，国内外发电行业对生物质资源的开发利用给了了极大的关注，生物质发电正蓬勃兴起。在中国，以秸秆发电、垃圾发电与生物质气化发电为主的新兴发电技术正在大力开发中，但这些技术在应用过程中仍存在不少问题需要解决。

中国生物质发电已经取得了一些可喜的成果。但从总体上看，大多数生物质能技术尚处于初期发展阶段，产业化和商业化程度较低，缺乏持续发展能力。因此，生物质能发电正面临着一些需要认真研究和积极解决的问题，有别于传统的火力发电，农作物秸秆发电的发展应突破的主要瓶颈是秸秆供应和成本、技术和设备以及上网电价问题，具体表现在以下几个方面。

（1）生物质发电产业与上下游配套产业发展不协调。虽然我国的发电技术及模式在近些年取得了较快的发展，但还存在一些制约因素。例如燃烧发电的关键设备是锅炉，但国内缺乏专门燃烧生物质秸秆锅炉的生产和使用经验，从国外进口设备的价格过高，又难以得到国外的核心技术。同时，为适应中国多种生物质的燃烧现状，从国外进口设备还存在进一步技术改造的问题。气化发电的主要技术难点是如何降低成本、有效去除焦油，这方面的技术工艺和设备都需要进一步研究和试验。沼气发电的开发研究主要集中在内燃机系列上，一般都是在柴油机的基础上进行改造。目前我国对燃气发动机的性能研究深度还不够，产品质量有待于进一步提高。

（2）生物质能资源的收集、运输、加工以及储存仍面临一定困难。我国生物质资源丰富，目前每年农村中的秸秆资源总量约7亿t，但可用于生物质发电的资源分布及数量都没有明确的数据，加之各种资源对各地的适应性及发电潜力都没有科学的分析和评价，生物质能源发电项目缺乏统一科学的资源调查方法和评价技术规定。建立一个生物质发电厂必须保证有源源不断的原料供应，才能实现它的利益最大化。

因此，应结合当前的问题和现实，尽快掌握一套科学的统计方法，来调查和评价全国或一定区域内生物质资源总的分布状况、资源总量、未来发展趋势以及各种生物质能技术路线的发展前景，为生物质开发利用规划提供基础数据，并对可用于发电的生物质总量、可获得量、秸秆到厂价格以及秸秆资源的区域差异等相关问题形成一套完整的理论体系。

（3）缺乏促进生物质能发电行业发展的金融税收优惠政策。虽然国家已出台了多种生物质发电的优惠政策，但缺乏具体的实施细则和协调机制，一些政策并未实现真正的优惠，阻碍了一些相关技术的发展和推广，另外中国生物质发展尚处于示范阶段。示范项目从立项、建设、发电上网到验收，都没有专门的管理方法，直接影响了生物质发电的发展进程。生物质发电大多是小型项目，按国家现有的政策，每个生物质电站又都必须完成项目核准、优惠电价审批等一系列相对繁琐的立项建设和验收手续，这些都影响生物质发电示范项目的进度和投资者的积极性。

（4）上网电能定价难以支撑生物质能发电厂的正常运营。现阶段在中国发展生物质发电既不能谨小慎微，望而却步，错失发展的良好机会，也不能一哄而上，轻视面临的难题和挑战。合理规划生物质能发电的厂址和规模，与电网的建设和其他能源发电方式相配合，做到因地制宜，多能互补，协调发展。其次，要积极开展生物质发电上下游产业链研究，开展关键技术自主开发和相关设备自主研制，努力形成从燃料收、储、运、发电到燃烧废料深加工的一整套产业链。再次，将燃料的制备、运输、储存到连续发电作为一个系统工程，认真研究单机的合理容量。要保证电厂在一个运行周期内连续发电，秸秆的采购、运输、制备和储存都是需要认真研究解决的问题。

小 结 与 讨 论

小结：本项目从能量和能源入手，以不同标准对能源进行分类，明晰了新能源和可再生能源的涵义，而生物质是唯一能存储和运输的可再生能源。所谓生物质资源，是指除矿物燃料以外的所有来源于动植物的能源物质，通常包括木材及森林废弃物、农业废弃物、水生植物、油料植物、城市和工业有机废弃物、动物粪便以及能源作物等。生物质能属可再生能源，同时现代生物质能也属新能源。生物质能利用技术主要包括热转化技术、生物化学转化技术等，生物质能源技术发展的原始驱动力是环境保护的压力和能源市场的需求，是持续发展的需要。近些年，国内外发电行业对生物质资源的开发利用给予了极大的关注，生物质能源利用的主体是生物质发电，生物质发电主要包括直燃发电、气化发电、垃圾发电等，不同发电技术的技术关键点及制约发展的瓶颈有差异。我国生物质发电发展迅猛，但还存在诸如发电产业与上下游配套产业发展不协调，生物质能资源的收集、运输、加工以及储存仍面临一定困难，扶持政策难以到位等问题亟待解决。

讨论：

（1）化石能源是当今人类利用的主要能源，我国目前利用的能源中 80% 以上是煤和石油，假设现在世界上的化石能源全部耗尽，新的替代能源尚未问世，将会出现什么情况？请想象几个场景。

（2）从热力学第一定律的角度，能量不会消失而恒为常数，为什么人类却面临能源危机？

（3）你认为21世纪中期的主要能源是什么？人类如何最终解决能源问题？

（4）请你将生物质发电、太阳能发电和风力发电进行比较，它们的发电工艺线路各有什么不同？如果你生活在这三种资源都很丰富的地方，你最愿意选择哪一种发电方式？

习 题 训 练

1. 举例说明可再生能源（如太阳能）与不可再生能源（如煤）各自的优缺点。

2. 什么叫生物质能？与化石能源相比，生物质能源具有什么特点？

3. 生物质资源的来源有哪些？

4. 试述生物质能转化利用途径。

5. 简述生物质发电技术的种类。

6. 各种生物质发电技术有哪些特点？试进行比较。

7. 现阶段我国生物质发电的问题有哪些？你认为解决的途径有哪些？

8. 英国一个利用垃圾填埋气发电的电厂，发电能力为2MW，总投资 $1.5×10^6$ 英镑，为了按时还贷款，每1000英镑每一年应回收117英镑。假设这个电厂一年不停产地运转，运行成本会导致每千瓦时电增加1便士的成本。试计算每千瓦时电至少应定价为多少，才能按时还贷。（1英镑＝100便士）

9. 已知木材密度为 $600kg/m^3$，木材的发热量为15MJ/kg，如果在常温环境下，将1L水烧开大约需要两根20cm长的细木棍（截面积约为 $4cm^2$），试计算这个过程能量转换的效率。

项目 2

生 物 质 原 料 与 燃 料

【项目描述】

通过本项目学习，使学生了解生物质资源的分类及特性，熟悉生物质原料预处理收集和运输方法，知道生物质燃料工业分析和元素分析内容，了解燃料及灰特性，会分析生物质燃料特性对燃烧的影响。

【教学目标】

知识目标：
(1) 了解生物质资源的分类及特性。
(2) 了解生物质原料预处理方法。
(3) 熟悉燃料的元素分析方法。
(4) 熟悉燃料的工业分析方法。
(5) 熟悉发热量测定方法及灰特性。
(6) 熟悉生物质燃料特性及燃烧特性。

能力目标：
(1) 使用正确方法进行燃料元素分析和工业分析。
(2) 能使用专业语言描述生物质燃烧特性。
(3) 会进行燃料发热量测定。
(4) 记住主要生物质燃料发热量。
(5) 会进行灰熔点测定。

任务 1   生 物 质 原 料

【教学内容】

2.1.1　生物质的收集与储运

生物质原料的收集和运输是将田间的农林生物质原料采用较为经济的收集方式和设备进行收集，并通过运输工具运送至原料加工及利用场所，以达到生物质原料转化利用的目的。由于生物质原料多样、分散、量大、收集与储运季节性强、规模化收集成本高，而以其为原料进行加工转化的工业化生产过程则要求集中、规模、持续性的原料供应，因此生物质资源的工业化、规模化应用的收集与储运直接关系着后续加工转化的成本和竞争力，是生物质资源高效利用的重要环节。

1. 林业生物质的收集、储运

我国薪炭林的地形地质特点是绝大部分分布在偏远的丘陵地带，坡度较大，而且较为分散，树种复杂多样。我国现有沙生灌木林对防风固沙起到了无法估量的作用，每隔 4～5 年需要进行平茬复壮作业，这一过程中产生了大量的林业生物质原料。沙生灌木林大多数分布于干旱、半干旱西北地区，地势平坦，树种较少。虽然薪炭林和沙生灌木林的土地条件差别很大，但是道路设施、装备条件相近，收集、处理这两类生物质资源的工艺过程类似（如图 2-1 所示）。

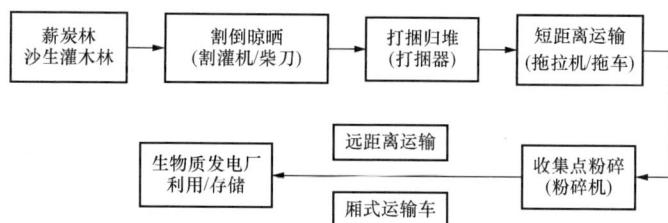

图 2-1   林业生物质收集、储运流程

开发森林原木资源中，除了原条用于木材加工，其他都是剩余物，它们都可以用于生物质能源的开发。由于我国林业六大工程的实施，天然林地的采伐作业基本停止，目前的采伐作业都是在人工林地进行。人工林地大多地形平坦，树种单一，而且较为集中，比较适于进行大规模机械化作业。伐区剩余物主要由两部分组成：一是枝、树头（冠）；二是伐根。其收集、储运流程如图 2-2 所示。

图 2-2   伐区剩余物收集、储运流程

2. 农作物秸秆的收集、储运

在我国，农业废弃物生物质资源量大、多样化，秸秆是能源利用的一种主要农业废弃物，可占农业种植产出物的 50% 以上，其他林业加工剩余物的比例相对较小。虽然农业废弃物产量极大，价格低廉，但极其分散，原料体积庞大，季节性强，收集、存储困难，其收集问题成为农作物秸秆资源综合利用产业发展面临的最大瓶颈。目前在大部分农村，多数秸秆回收仍靠自发回收方式实现。每年的收割期后，仍然有大部分秸秆被就地焚烧，也有一些秸秆作为自家养殖的饲料来源被收购。这种散、杂、不定时、无规律的收集方式无法保障秸秆的充分回收及利用。最好的情况是将粮食收获后的田间废弃秸秆进行规范统一收集，然后将其运送至秸秆加工或利用场所，条件允许也可以进行适当的晾晒、粉碎、打捆等处理以便于运输，甚至可以进行田间压块处理，然后直接运送至秸秆利用场所储存或直

接利用。

　　秸秆预处理可根据秸秆种类和过程经济性的不同选择适宜的方式，一般玉米秸秆、小麦秸秆、稻草等软质农作物秸秆在田间直接将其打成高密度的捆后再进行运输，另外，秸秆打捆一般需设秸秆收购点，这将增加一部分固定费用。而棉花秸秆、大豆秸秆等硬质秸秆则一般可将其粉碎后再进行运输。将秸秆进行田间直接压块，可以大大提高运输和储存性能，直接运送至秸秆利用场所可以减少中间环节和成本，但是压块过程将显著提高秸秆的收购成本。田间秸秆收集过程可以由农户分散进行，也可以由专门收购商采用专业设备进行规模化的收集处理。秸秆收集和运输过程如图 2-3 所示。

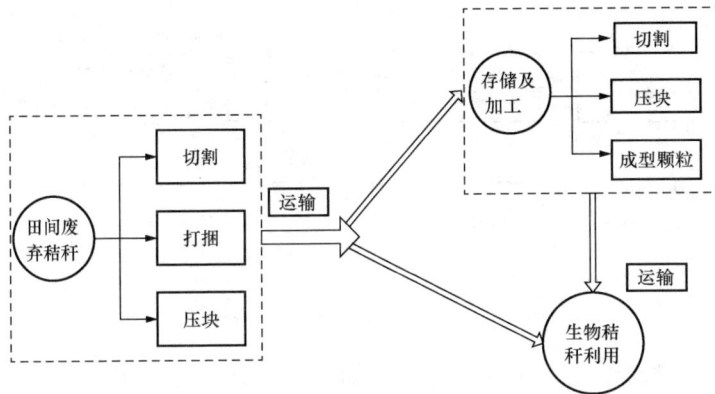

图 2-3　秸秆收集和运输过程

　　根据不同的生物质能转化利用方式（直接燃烧、燃料乙醇以及固体成型原料），国外主要采用的秸秆收集、储运路线如图 2-4 所示。其中线路四主要用于生物质液体燃料的制备工艺。

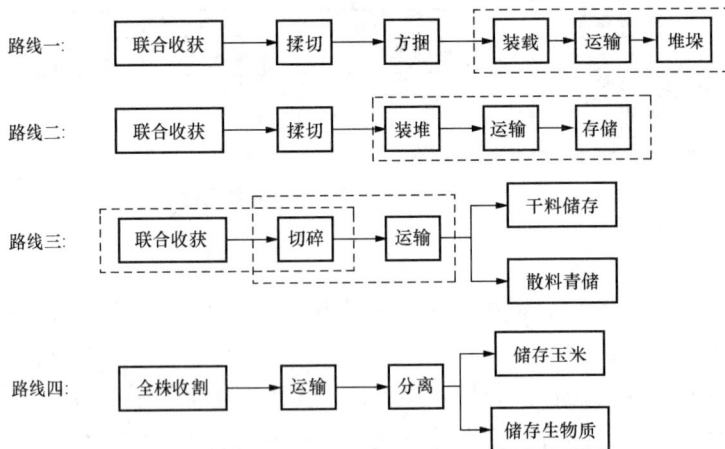

图 2-4　国外主要采用的秸秆收集、储运路线

　　秸秆的运输应该综合考虑秸秆形式（散料、打捆、压块等）、运输方式（卡车、农用车、畜力车）、运输距离以及单位运输成本等方面，确定合理的运输方式和收集半径，获取较低的收集和运输成本。

目前，农林废弃物较新的收集、储运模式还有以下几种。

（1）转化为高发热量的液体燃料（如醇类、汽油和柴油等）。中国科学技术大学生物质洁净能源实验室采用的最佳技术路线是：首先在原料产地将生物质（秸秆）规模适度地（原料收集半径控制在 10～20km）分散热解，转化为便于运输和储存的初级液体燃料——生物油，然后将各地热解得到的生物油收集、集中后进行再加工（精制提炼，制取富氢合成气和氢气，合成甲醇和混合醇，合成汽油和柴油等）。这样可从根本上解决生物质资源分散和受季节限制等大规模应用的瓶颈问题。

（2）制备成生物质固体成型燃料。利用生物质固体成型设备在农村就地将秸秆加工成型，避免了秸秆远距离运输，使秸秆收集、储存都变得相对容易。生物质固体成型燃料的密度通常为 1t/m³ 左右，和煤差不多，从而使得秸秆的运输就像运煤一样，运输难度大大降低。秸秆压缩成型后其燃点是比较高的，通常难以引燃，具有比较好的防火性能。秸秆压缩成型后，体积大幅度缩小，密度大幅度增加，在生物质发电领域的使用过程中，生物质燃料更容易进入燃烧炉。但在生物质固体成型过程中要耗费人力、动力、物力，必将使生物质燃料成本增大。以黑龙江双赢再生能源有限公司设备为例，生物质固体成型费用如下：人工费 20 元/t，电费 40 元/t，秸秆粉碎成本 20 元/t，材料消耗 5 元/t。因此，在秸秆压缩成型过程中，其费用每吨增加了 85 元。

要想真正解决原料收集、储藏和运输的问题，一是靠地方政府县、乡、村的统筹安排，建立秸秆收集、储存、运输管理政策和机制，保证秸秆数量和质量，研究建立新的物流系统、新的基础设施，把十分分散的秸秆等生物质能源人为地收集起来进行转换，再加工输送给分散的终端用户；二是靠市场，发挥经济杠杆作用，以增加农民收入为主导，提高农民收集、储藏和运输的积极性。

3. 人畜粪便的收集、储藏

畜禽粪便的收集一般指将畜禽养殖场的畜禽粪便、污水等在原地收集或在存放场地进行积累。畜禽粪便的收集可利用各种通用工具或专用工具进行收集和固液分离。按照所用工具和方法的不同，可分为人工清粪、机械清粪、水冲清粪等几种方式。

人畜粪便合理储存的目的是：促进腐熟，减少养分损失，消灭病菌等。由于微生物的作用，人畜粪便中的有机物最终分解为碳铵，碳铵极不稳定，加上分解后粪水呈碱性，加速了氨的挥发损失。为减少损失，常用的保氮措施有：粪池应遮阴加盖，严防渗漏和挥发；还可加入保氮物质，如 3% 的过磷酸钙、石膏或硫酸亚铁等，使碳铵转化为稳定的磷酸二氢铵和硫酸铵。另外，对人畜粪便的收集、储藏还需要首先进行无害卫生处理，如：窒息去害法（粪池加盖密封，利用粪水厌氧分解，使环境缺氧并产生硫化氢、甲烷、醇、酚等物质，形成强烈的窒息作用，杀灭病菌和虫卵）；生物热去害法 [利用高温堆肥法产生 60～70℃ 的高温，杀灭病菌和虫卵]；药物去害法 [粪便中加入适量对作物无害的、不影响肥效的药物，如 100kg 人畜粪便中加入 1kg 氨水（15%），密封 1 天后可杀死血吸虫卵]。

人畜粪便的分解速度较快，在夏季 6 天就可以充分分解；其他季节需 10 天。家畜粪尿一般 1～6 天只能分解总量的 1/4。

4. 城市垃圾的分类收集

随着社会经济发展和人民生活水平的提高，垃圾组分发生很大变化，具体表现为垃圾中有机物含量逐渐增多，垃圾发热量逐渐增加。垃圾中可回收成分也在增多，垃圾构成趋于复杂，合理地分类对后续垃圾处理和利用极为重要，它可最大限度地回收利用垃圾中的物质和能量，并降低处理过程中以及处理后的能耗，防止二次污染的发生。图 2-5 所示是城镇生活垃圾收集路线。

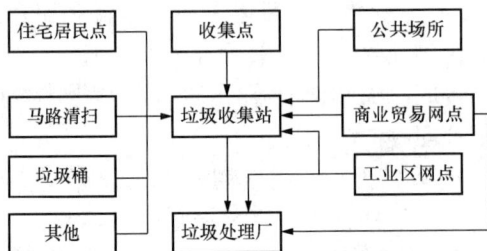

图 2-5　城镇生活垃圾收集路线

最广泛采用的城市垃圾分选方法是从传送带上进行人工手选，几乎所有的堆肥厂和部分焚烧厂均采用此方法，但这种方法效率低，不能适应大规模的垃圾资源化再生利用系统。仅靠机械设备进行垃圾分选，虽然速度快，但往往达不到非常理想的效果，所以在进行大规模的城市生活垃圾处理时，通常都是采用机械分选结合人工分选的方式。适用于城市垃圾的分选技术以粒度、密度差等颗粒物理性质差别为基础的分选方法为主，而以磁性、电性、光学等性质差别为基础的分选方法为辅。这些技术的应用，大大提高了垃圾回收、利用的程度，也推动了垃圾处理技术的发展，使得垃圾处理从过去的简单处理到目前的综合处理及综合利用。

对于产量大、成分复杂的垃圾，采用垃圾分选设备大大降低了垃圾人工分拣的作业强度。分选技术的依据是垃圾中各组分的物理性质的差异，如密度、颗粒大小、磁化率、光电性质等，选用适当的设备，可将垃圾分成性质相近的若干类。气流分选器可将垃圾分成重、中等、轻组分，磁力分选器可将黑色金属分出，筛网可分离出各种颗粒的垃圾，还可利用水或某种液体分离出上浮物和下沉物。图 2-6 所示为典型的垃圾分选工艺流程。

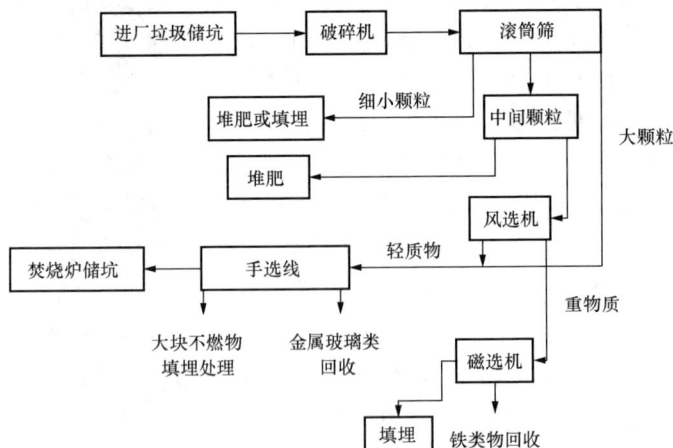

图 2-6　垃圾分选工艺流程

垃圾成分分离的好坏直接影响着后处理的效果。垃圾前处理工艺中，垃圾分类越细、越精确，其利用价值就越高。国外多数发达国家和地区都已实行垃圾的分类收集，分类收集是指按垃圾组分收集，这种方法可以提高回收物料的纯度和数量，减少需处理的垃圾量，有利于垃圾的进一步处理和再利用，并能够大幅度降低垃圾的运输和处理费用。德国、日本、瑞士等国家的垃圾分类收集制度和设施较为健全，居民生活垃圾一般在家庭完成分类，由居民自行投放到邻近的分类收集容器或收集点。目前，我国垃圾机械分选技术与设备的研制还不成熟，垃圾分选主要靠人工分拣，因此可以借鉴国外的先进经验与做法，强化垃圾的分类收集，根据垃圾处理的方法和处理系统设施构成来确定垃圾分类收集的类别，若有堆肥设施存在，则将厨杂垃圾分开收集；若为焚烧处理设施则可把可燃物与不燃物分开；若考虑废品回收，则可将可回收废品分为一类。分类收集优点很多，它是降低垃圾处理成本、简化处理工艺、实现综合治理的前提，然而分类收集相当困难，尤其是分类收集的组织工作非常复杂，而且需要依靠宣传教育、立法并附以相应的垃圾分类收集条件，提高居民分类存放有用物质的积极性。

5. 垃圾衍生燃料（RDF）

垃圾的成分复杂，具有综合利用价值，直接焚烧和简单破碎不仅不利于设备的安全运行，增加了垃圾处理的难度，而且浪费了一些可回收利用资源。随着经济的发展，城市生活垃圾的组分出现明显变化，特别是垃圾中塑料、橡胶等高发热量成分增加，具备较高的回收利用价值。垃圾衍生燃料（RDF）生产技术，是从垃圾中除去金属、玻璃、砂土等不燃物，将垃圾中的可燃物（如塑料、纤维、橡胶、木头、食物废料等）破碎、干燥后，加入添加剂，压缩成所需形状的固体燃料，可作为供热锅炉、发电锅炉、水泥窑炉的燃料。燃烧后的灰渣可作为制造水泥的有效成分，不需填埋，为垃圾的资源化综合处理拓宽了道路。垃圾衍生燃料技术的主要生产工艺如图2-7所示。

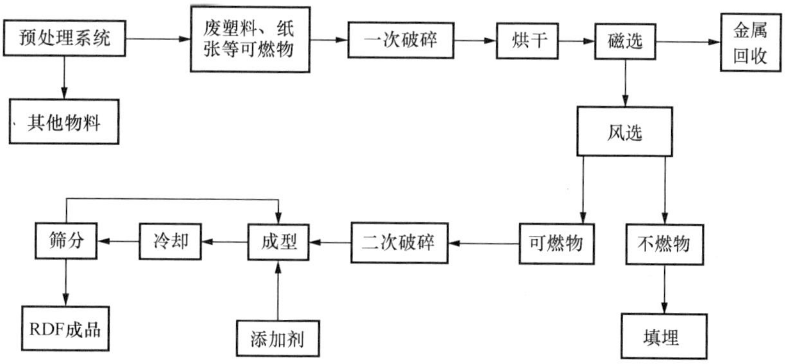

图2-7　垃圾衍生燃料技术的主要生产工艺

垃圾进场经预处理，将可燃部分选出，由一次破碎机破碎为易干燥的碎粒，物料通过输送机进入烘干机，在烘干机内自动滚下。热风在烘干机上部通过，避免物料因与热风直接接触而着火。通过控制热风来调整含水率，使物料水分降到8%以下。干燥后的烟气经除尘器排出。干燥后的物料送入风选机，将不燃物（灰土、碎玻璃、金属屑等）除去后，进入二次破碎机，将物料破碎至易成型的小颗粒，添加一定比例的消石灰（脱氧）和防腐剂后送入成型机。成型机连续制出RDF，经冷却后通过振动筛筛分送入成品漏斗，由自动称量机装袋，筛下物则返回重新成型。所获得的RDF产品水分一般在10%以下，挥发物质为55%～75%，固态碳为7%～13%，灰分为12%～25%，发热量约为12 500～17 500kJ/kg，燃点为 210～230℃，是一种优质的燃料，并且大小均匀，方便运输及储备，在常温下能在仓内保管 1 年以上不会腐烂。这种燃料可以单独燃烧，也可根据锅炉工艺要求，与煤燃油混烧。

RDF 的制造不受场地和规模限制，适合中、小型垃圾厂分散制造后，再收集起来进行高效发电，有利于提高垃圾发电的规模和效益，比用原生垃圾焚烧发电的效率提高 25％～35％，从而使得大规模的热能循环利用成为可能。RDF 经分选、脱氯、脱硫处理，可大大减轻烟气对设备的腐蚀，烟气和灰渣比原生垃圾焚烧时减少 2/3，并减少了相关处理设备的投资。产生的烟气不需要复杂的处理，灰渣干净、易治理，含钙量高，可以再利用，从而减少了填埋量。

2.1.2　生物质原料的物化指标

目前生物质发电技术根据所采用原料的不同，分为农林生物质直接燃烧发电、垃圾焚烧发电、生物质气化发电以及沼气发电等。以生物质直燃发电系统为例，系统除了要求稳定连续的原料供应之外，还要求燃料质量尽可能保持稳定均匀，以避免燃烧或者气化过程及设备运行的大幅度波动。一般对于燃料质量的要求主要涉及原料的水分、灰分以及堆积密度等方面。

1. 水分

水分是生物质原料一个易变的因素，新鲜的木材或秸秆的含水率高达 50％～60％，自然风干后为 8％～20％。水分是燃料中不可燃的部分。根据与燃料的结合情况，生物质燃料所含的水分可分为两部分：一部分存在于细胞腔内和细胞之间，称为自由水，可用自然干燥的方法去除，与运输和储存条件有关，在 5％～60％变化；另一部分为细胞壁的物理化学结合水，称为生物质结合水，一般比较固定，约占 5％。含水率影响燃烧性能、燃烧温度和单位能量所产生的烟气体积。含水率高的生物质在燃烧时水分的蒸发要消耗大量的热，发热量有所下降，点火困难、燃烧温度低，产生的烟气体积较大。因此，在直接燃烧过程中要限制原料的含水率，预先对燃料进行干燥处理。

原料含水率对生物质成型技术也有重要影响。生物质体内的水分也是一种必不可少的自由基，流动于生物质团粒间，在压力作用下，与果胶质或糖类混合形成胶体，起黏结剂的作用，因此过于干燥的生物质材料在通常情况下是很难压缩成型的，甚至颗粒表面碳化，并引起黏结剂自燃。生物质体内的水分还有降低木质素的玻变（熔融）温度的作用，使生物质在较低温度下成型。但是，含水率太高将影响热量传递，并增大物料与模具的摩擦力。秸秆在热压成型时，环（平）模块状燃料含水率控制在 16％～20％，其他含水率一般为 8％～15％。原料含水率的高低直接影响生物质的储存，根据作者的研究，含水率在 25％以上的秸秆，如果不进行预干燥就堆积储存，易霉烂变质，失去应有的燃料特性。

2. 灰分

燃料中的灰分主要为无机矿物质，对于发热量的贡献较小，燃烧或者气化之后将转化为飞灰、底渣等形式，热态条件下灰分中的部分物质可能挥发进入气相，加重设备受热面积灰、腐蚀，同时生物质灰分一般具有较低的灰熔点，在热态条件下容易发生结渣等问题，影响燃烧或气化设备的安全稳定运行。同时，生物质燃料灰渣的利用和飞灰颗粒的排放也是需要关注的问题。

3. 堆积密度

堆积密度是指包括燃料颗粒空间在内的密度，反映了单位容量中燃料的质量，一般在自然堆积情况下进行测量。堆积密度在很大程度上影响着生物质利用反应床的几何尺度和对附属设备的选取，并对其利用的经济性有直接影响。与煤相比，生物质普遍具有密度小、体积大、含氧量高的特点。例如，纯褐煤的密度为 $560\sim600kg/m^3$，玉米秸秆的堆积密度为 $150\sim240kg/m^3$，硬木木屑的堆积密度为 $320kg/m^3$ 左右。

图 2-8 给出了部分生物质原料在颗粒尺度为 $15\sim25mm$ 时的堆积密度。从图 2-8可看到，实际存在着两类的植物原料，一类是包括硬木、软木、玉米芯等在内的所谓硬材，它们的堆积密度为 $250\sim300$ kg/m^3；另一类主要包括各种秸秆即所谓软材，它们的堆积密度远小于木质燃料。例如，玉米秸的堆积密度相当于木材的 $1/4$，麦秸的堆积密度相当于木材的 $1/10$ 以下。

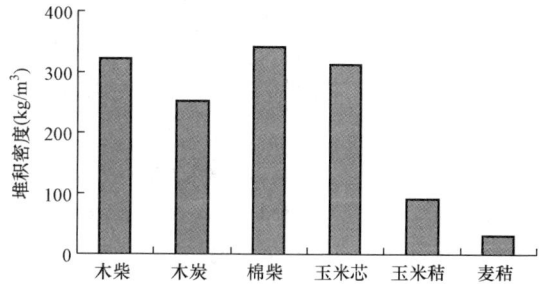

图 2-8 部分生物质原料的堆积密度

堆积密度对生物质的热化学利用有重要的影响。当受热时，挥发分从空隙处析出后，剩余的木炭机械强度较高，可以保持原来的形状，从而形成孔隙率高、均匀的优良反应层，而秸秆炭的机械强度很低，不能保持原有的形状，细而散的颗粒也降低了反应速度。从白杨木、麦秸和玉米秸自然风干后的生物质原料纵剖面的显微结构，可以看出，木材质地紧密，而麦秸和玉米秸仅靠细而疏松的纤维状物质支撑着原料的形状。

秸秆内部分子间距大，堆积密度低，这些特点决定了秸秆具有较大的可压缩性。但同时较低的堆积密度需要占用的堆放空地更大，对生物质的储存和运输非常不利，尤其是秸秆类生物质堆放体积庞大，搬运、运输、码垛需要消耗较多的人力财力，运输有一定的困难，尤其是远距离、大规模运输成本太高。如果除去人工费和含水率及运输损耗，成本将会更高，而且较大的体积对大型生物质燃烧系统带来一定的困难，直接制约了秸秆燃烧技术的推广和应用。

2.1.3 生物质原料的预处理

不同发电方式对于燃料的质量要求不同，而生物质原料中含水率变化大，能量密度低，需要对其进行预处理，以增加其能源密度，减少收集、运输和储存的成本，并满足不同燃烧系统的要求。生物质原料预处理可以改变天然生物质原料的一些特性，如硬度、颗粒度、密度以及一些化学特性等。由于生物质原料的种类繁多，形态各异，在某些特性方面千差万别，不同燃烧工艺对生物质原料特性有不同要求，一般预处理可分为干燥、粉碎、成型等。

1. 干燥

生物质的含水率高，且在收割、运输过程中的变化较大，直接影响着生物质的着火燃烧，从而影响其利用效率，燃烧的稳定性对污染物生成与排放造成影响。因此，干燥有利于其燃烧能量的利用。干燥是利用热能将农林废物中的水分蒸发排出，获得干物质的过程。生物质的种类、当地的气候情况、收获的时间和预处理方式的不同，对农林废物水分均有影响。依据是否使用热源，可将农林废物干燥分为自然干燥和热力干燥。

（1）自然干燥。自然干燥是指利用空气流通或太阳能对农林废物进行干燥的方法，这是最古老、最简单、最实用的一种农林废物干燥方法。例如，将锯好的木材搁置成垛，垛底距地高

500～700mm，在底部留有空隙，使空气流通，带走水分，可将木材含水率从50%降到40%；农作物秸秆在打捆前，遗留在农田内，在日光下晾晒一段时间也可以降低含水率。由于无需额外能源，自然干燥法不需要特殊的设备，成本低，是一种比较经济的干燥方式。但是，自然干燥易受气候条件的制约，尤其在恶劣的天气条件下（如雨、雪等），有可能会得到相反的效果。综合来看，如果没有特殊要求，对于农林废物的干燥还是倾向于采用自然干燥。

（2）热力干燥。热力干燥是指利用干燥设备或废热源对生物质进行加热干燥，热力干燥的效率较高，但需要额外能量，增加利用成本，宜尽量利用废热或生物质自身的低位热量来干燥。与自然干燥不同，人工干燥需要很好地控制干燥温度。如秸秆中含有大量的纤维素、半纤维素、木质素（木素）、树脂等物质，在较高温度下，木素开始软化，并具有黏性，因此必须考虑到木素的软化问题。而秸秆的着火点很低，较高的干燥温度具有火灾隐患，干燥温度控制在80℃左右比较适宜。人工干燥不受气候条件影响，并可缩短干燥时间，但成本高，一般用于高附加值农林废物的烘干过程。

生物质在燃烧之前是否需要干燥并没有一定的要求，主要考虑燃料价格、系统功率和燃烧技术等相关因素。现在主要有流化床干燥、回转圆筒干燥技术等可用于农林废物的干燥，干燥热源可采用热烟气或水蒸气等。

1）流化床干燥技术。在流化床装置中，经过准确计算的热气流经流化床的布风板后，穿过床内的物料，使物料颗粒悬浮于气流之中。这些呈流化状态的物料颗粒在流化床内均匀地混合，与气流充分接触，并发生强烈的传热和传质反应。流化床干燥装置可以轻易地输送物料，可避免局部原料过热，因而对热敏性产品适应性强。装置出口的气体温度一般低于产品最高温度，因此具有极高的热效率。流化床干燥技术比较适合于流动性好、颗粒度不大（0.5～10mm）、密度适中的物料，如稻壳、花生壳以及一些果壳等，但不适合于黏度高的物料。

2）回转圆筒干燥技术。回转圆筒干燥是由一个缓慢转动的圆柱形壳体组成，壳体倾斜，与水平面有较小的夹角，以利于物料的输送。湿物料由高端进入回转圆筒，干燥后的物料由低端排出。在回转圆筒内，干燥介质与农林废物原料并流或者逆流，沿轴向流过筒体。农林废物在滚筒内的流速主要是根据农林废物原料的含水率以及颗粒度等来确定。这种装置适用于流动性好、颗粒度为0.05～5mm的物料，如稻壳、花生壳、造纸废弃物、粉料以及果壳等。

3）筒仓型干燥技术。筒仓型干燥机结构比较简单，把原料堆积在筒仓内，利用热风炉的热风带走原料中的水分。原料在仓内相对静止，与其他方法相比较，其干燥效率较低，对原料水分的控制比较困难。现在常用的筒仓式秸秆干燥机不能连续进出料，这就影响了生产效率，但筒仓干燥机对原料的适应性好。

虽然我国物料干燥技术近年来得到长足发展，但目前国内对于生物质干燥工艺与设备的研究几乎是一片空白，这方面的基础理论研究也很缺乏，也没有实际经验可供设计人员参考，使得这种干燥设备的设计举步维艰。通过查阅资料，发现大量关于间接式干燥的理论分析，而且研究对象主要是种子、药材等物料，对于直接式干燥的理论分析和实际操作经验则很少。分析可能是间接干燥过程中，待干燥物料与热源不直接接触，传热方式以热传导为主，其过程相对简单，较容易做理论研究分析。而直接式干燥时，热流体与物料直接接触，其传热方式包含热传导和热对流甚至热辐射，传热过程远比间接式干燥复杂。因此对生物质直接式干燥过程进行深入的实验研究和理论分析，从定量的角度去分析比较有可行性。

2．粉碎

固体物质在外力作用下，由大块碎裂成小块或者细粉的操作，称为粉碎。物料粉碎以后，表面积增大，使得物料在和其他物料混合时增大接触面积，混合更加均匀。粉碎后颗粒度减小，便于储藏和运输，还可以用风力等输送方式。生物质利用的预处理中，森林废弃物的破碎相当困难。其采集与收割系统处于快速发展期，开发价格低廉的破碎系统和降低运输费用是首要解决的问题。生物质燃料中，木料预处理机械比较复杂，常见的木片切片机结构及其工作原理如图 2-9 所示。

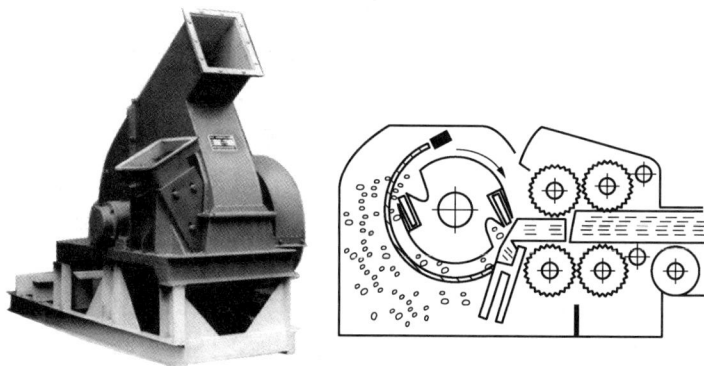

图 2-9　木片切片机结构及其工作原理

目前，根据粉碎原理可分为锤片式粉碎技术、刀片式粉碎技术以及锤片、刀片组合式粉碎技术；根据粉碎方式和粉碎手段分为铡切式、揉切式、锤片式和组合式粉碎；根据其进料方向的不同，分为切向、轴向、径向三个系列；根据粉碎的物料的用途与粒度可分粗粉碎和细粉碎。现在大部分粉碎机主要以粉碎作物秸秆用于动物饲料之用，用于粉碎生物质其他用途的粉碎机大多是参照秸秆粉碎机标准设计的。

（1）铡切式粉碎技术。铡切式粉碎机具有铡切秸秆或饲料、粉碎谷物、揉搓秸秆、稻草等功能，一般可分为铡草机和青饲料切碎机。铡草机是较早定型的产品，该机型主要采用切断的加工方式，具有结构简单、功耗低、生产率较高等特点。但是，铡草机在加工过程中一般无法破碎秸秆的茎节，从而影响了生物质原料加工的质量。20 世纪 80～90 年代，我国自行研制了许多铡切式粉碎机型，按规格主要分小型、中型和大型，按切割方式不同分为滚筒式和圆盘式，按作业方式可分为田间直接收获机（移动式和固定式）和切碎机。如莱阳农学院研制的 9QS-1 型玉米秸秆收获机，与小四轮拖拉机配套，直接在田间完成收获、切碎和收集等过程，生产率为 500～2000kg/h，适用于小型农户作业。固定式切碎机代表机型有内蒙古赤峰市喀喇沁旗农牧机械厂生产的 9QS-70A、90S-120 型青储机，配套动力分别为4.5kW 和 13kW。此外，还有北京燕京牧机集团生产的 9QS-1300 型青饲料切碎机，配套动力为 11kW，生产率为 6000kg/h。小型铡草机适宜小规模经营户，主要用于铡切干秸秆，也可用于铡切青储料。中型铡草机一般可以铡干秸秆与青储料，也称青储饲料切碎机。大中型铡草机为了便于抛送青储饲料，一般采用圆盘式而小型铡草机以滚筒式为多。

（2）揉切式粉碎技术。在我国，秸秆揉搓机械大都采用螺旋排列的锰片进行揉搓，再借助风机进行抛送，加工的物料仅能达到破碎或细碎的状态，生产率较低。新机型采用双螺杆螺旋揉搓推进机构，对物料进行强制揉搓与输送，保证对物料的揉搓及顺畅的出料能力。为适应秸秆等生物质粉碎加工发展的需要，20世纪80年代后期开始，我国一些省、市、区开发研制了粗饲料揉搓机。揉搓机是在锤片式饲料粉碎机基础上发展起来的，用齿板代替筛片，在高速旋转的锤片和齿板作用下，将秸秆揉搓成细丝。如黑龙江省畜牧机械化研究所研制的9RCA0型粗饲料揉搓机、辽宁省农机研究所研制的9RF-40型揉搓粉碎机、吉林省农机研究所研制的9RF-40型揉搓机、吉林省白城市农牧机械化研究所研制的9QT-800型粗饲料揉切调质处理机、安徽省濉溪县农机推广站研制的9JX-300。型秸秆揉搓机均通过鉴定。一些企业也开发生产了生物质揉搓机械，如江西红星机械厂的93FC-50型揉草机、山西省大同农牧机械厂的9RS-40型揉草机、北京燕京集团的9SC-400型揉草机、辽宁省凤城东风机械厂的93RC-40型揉搓机。另外，中国农业大学农业工程研究院研制的9LRZ-80型立式秸秆揉切机，它采用多动与定刀组合的多刀剪切，既利用了刀刃对物料的剪切，物料又在动刀和定刀之间的间隙中进行揉搓，并由高速旋转的转子抛向工作室内壁，随后由转子拖动着再行揉搓，在大大降低能耗的同时，又保证了物料的加工质量。新型揉切机动（定）刀组的设计、新型立式喂入结构设计、轴向喂入设计、改进的动刀结构及其加工工艺和定刀组加装弹簧的设计都有创新。

（3）锤片式粉碎技术。工作时，秸秆等生物质由人工或机械喂入机构将物料由进料口均匀地喂入粉碎室，秸秆先被锤片击打，粉碎到一定程度，同时以较高的速度甩向固定在粉碎室内部的齿板和筛片上，受到齿板的碰撞和筛片的搓擦而进一步粉碎。在粉碎室中如此重复进行，直至粉碎到可通过筛孔为止。锤式粉碎机的粉碎效果，主要由粉碎细度、单位时间粉碎量和粉碎过程的单位能耗等三项指标来进行评定，这些指标取决于被粉碎物料的物理性能、粉碎机的结构、粉碎室的形状、锤片的数量、厚度和线速度，筛的形状及其孔径、锤片与筛面的间隙等因素。如上海市药材有限公司中药机械研制与生产的FCI30D、FCI60B、FC250F、FCF600型锤式粉碎机，辽宁省丹东市正大机械制造厂生产的小型粉碎机，辽宁雄风农牧机械有限公司生产的系列粉碎机，山东省诸城市粉碎机厂生产的GFQ-250、GFZ-200、FSZ-140型粉碎机，北京市旭世盛畜牧机械公司生产的迅雷牌9FQ-50B、9FQ-40B型粉碎机，四川省自贡市渐飞机械厂生产的9FZ23、29、35型粉碎机等。

（4）组合式粉碎技术。将铡草、粉碎和揉搓等功能组合成一体的机械。如黑龙江八一农垦大学研制的93RZ-40型揉浆机，集切断、粉碎、揉搓功能于一体，物料在动刀、定刀、锤和齿板的综合作用下被粉碎，在离心力和风机作用下排出，提高了粉碎的质量与效率。北京顺诚明星机械厂生产的9FZ-700型多功能秸秆组合式粉碎，粉碎室内有高速旋转的锤片，上机体内装有定刀、动刀和齿板，加入的物料在锤片的强烈打击及锤片与齿板之间的撕裂和搓擦等作用下迅速被粉碎成粉状，由于离心力和粉碎机下腔负压的作用，细碎的物料通过筛孔进入出料口。目前在辽宁天鑫饲料有限公司、清华大学清洁能源研究与教育中心、北京佳禾术科技有限公司、江西必高生物质科技有限公司、江苏鼎元科技发展有限公司等企业均有使用该技术设备。

虽然我国在物料粉碎技术方面相对较成熟，粉碎机具种类与粉碎方式也多种多样，但从现有的粉碎设备的产量、能耗、粉碎粒度、物料的适应性、经济性以及机具本身的工作的稳定性、工作性能、寿命、操作的安全性等诸多方面进行综合考虑，还有许多不完善的地方，不能很好地满足各类生物质粉碎作业的要求，具体表现为以下三个方面。

1）生物质加工机具主要工作部件制造质量低。如粉碎机的锤片、揉碎机的刀片等不仅每年要耗费大量的优质钢材，而且还影响生产率和生物质的加工质量。揉搓机尚未形成系列，也未制订有关标准。铡草机和粉碎机型号繁多，结构大同小异，标准化及通用化程度较低，制造质量低。质量不稳定也是目前粉碎加工机械存在的一个重要问题。

2）生物质加工机械的工作室大多数采用闭式，结构不合理，加工性能较差，生产效率偏低。目前，生物质粉碎加工机械无论是性能还是可靠性均较差，型号繁多、结构大同小异、主要工作部件标准化及通用化程度较低。

3）目前在农村中粉碎加工机械的使用中存在不少问题。如不注意安全操作，造成人身伤害事故时有发生。铡草机刀片磨钝后需要进行磨刃，若不会调整切刀间隙，粉碎机锤片磨损后不及时更换，造成能耗高，效率低。

3. 成型

由于生物质原料具有分布散、质地疏松、能量密度小的特性，一般只能当作低品位能源使用，很少具有商品价值。而加工后的生物质成型燃料，粒度均匀，密度和强度增加，运输和储存方便；虽然其发热量并没有明显增加，但其燃烧特性却大为改善；可替代薪柴和煤作为生活及生产用能源。

生物质压缩成型原理为密实填充、表面变形与破坏、塑性变形与破坏、塑性变形四种原因。从结构来看，生物质原料的结构通常都比较疏松，堆积时具有较高的空隙率，密度较小。松散细碎的生物质颗粒之间被大量的空隙隔开，仅在一些点、线或很小的面上有所接触。在外力的作用下，颗粒发生位移及重新排列，使空隙减少、颗粒间的接触状态发生变化，即一个颗粒同时与多个颗粒接触，其中有一些是线或面的接触，接触面积也增加。在完成对模具有限空间的填充之后，颗粒达到了在原始微粒尺度上的重新排列和密实化，物料的单位密度增加，从而实现密实填充，这一过程中通常伴随着原始微粒的弹性变形和因相对位移而造成的表面破坏，此过程为表面变形与破坏；在外部压力进一步增大之后，由应力产生的塑性变形使空隙率进一步降低，密度继续增高，颗粒间接触面积的增加比密度的提高要大几百甚至几千倍，这将产生复杂的机械啮合和分子间的结合力（特别是添加胶黏剂时），此过程为塑性变形。

为了防止压缩后的物料反弹回原来的形态，使其维持一定的形状和强度，压缩后的物料中必须有适量的黏结剂。这种黏结剂可以是在压缩成型过程中加入的，也可以是原料本身所具有的。从生物质的组成来看，生物质主要由纤维素、半纤维素、木质素等主要成分和树脂、蜡等少量成分组成。在构成生物质的各种成分中，木质素普遍认为是生物质固有的、最好的内在黏结剂。在常温下，原本木质素的主要部分不溶于任何有机溶剂，但木质素属于非晶体，没有熔点但有软化点。当温度达 70～110℃时软化，黏合力开始增加；当温度达到 200～300℃时呈熔融状，黏性高，此时施加以一定压力，可使其与纤维素、半纤维素等紧密黏结，同时与邻近的生物质颗粒互相胶结。生物质中的半纤维素由多聚糖组成，在一定时间的储存和水解作用下可以转化为木质素，也可达到黏结剂的作用。生物质中的纤维素分子连接形成的纤丝，在以黏结剂为主要结合作用的黏聚体内发挥了类似于混凝土中钢筋的"骨架"作用，可提高成型块强度。在水分存在时，纤维素可结合成团状，当含水率在 30%（质量分数）左右时，用较小的力作用即可使纤维素形成一定的形状；当含水率在 10%（质量分数）左右时，对其施加较大压力，才能使其成型，但成型后结构牢固。此外，生物质所含的腐殖质、树脂、蜡质等可提取物也是固有的天然黏结剂，且对温度和压力较敏感，当采用适宜的温度和压力时，也可在压缩成型过程中发挥一定的黏结作用。

在较高温度下，生物质中的纤维素、半纤维素和木质素可受热分解为固态、液态和部分气态产物。将生物质热分解技术与压缩成型工艺相结合，即利用热解反应产生的液态焦油等作为压缩成型的黏结剂，可增强微粒间的黏聚作用，并提高成型燃料的品位和发热量。因此对于木质素等黏弹性组分含量较高的原料，可采用加压、加热的方式，使木质素达到软化点发生塑性变形，起到黏结剂的作用，使成型块维持既定的形状；同时，生物质原料加热软化，也利于减少成型时挤压压力。而对于木质素含量较低的原料，在压缩成型过程中，可加入少量的诸如黏土、焦油、废纸浆等无机、有机和纤维类黏结剂，也可以使压缩后的成型块维持致密的结构和既定的形状。因为这些黏结剂的加入，强化了原始颗粒间的结合力，从而在整体上提高了制品颗粒的强度。

成型燃料经冷却降温后，强度增大，即可得到燃烧性能类似于木材的棒状、块状、粒状生物质成型燃料。

现有的生物质压缩成型技术按生产工艺分为湿压成型、冷压成型、热压成型和炭化成型等工艺，很多研究者仍然在对现有的成型设备进行改进和创新，以实现产率高、能耗低的目的。

1）湿压成型工艺。纤维类原料经一定程度的腐化后，会损失一定能量，但是与一般风干原料相比，其挤压、加压性能会有明显改善。通常情况下，将原料在常温下浸泡数日，即可使其湿润皱裂并部分降解。这种方法常用于纤维板的生产，但也可以利用简单的杠杆和木模将腐化后的农林废弃物中的水分挤出，压缩成燃料块。菲律宾一家研究机构的试验结果表明，这类机组的生产率可以达到 1t/h，在 25% 的含水率条件下，燃料的平均发热量约为 23kJ/kg。该类燃料在当地被称为"绿色炭"或"绿色燃料"，在燃料市场上具有一定的竞争能力。

2）冷压成型工艺。这种机械压块是在冷态下进行的，属于冷压致密，其单块密度为 $0.7\sim1.1t/m^3$，其能耗一般为 $30\sim50kWh/t$。目前主要包括造粒和压块。用机械将粉碎的秸秆压成或挤成各种形状的块状、棒状料。这种致密不但要考虑运输和储存的需要，而且要考虑作原料使用时的形状，所以出现很多形状，有棒状的、圆台状的以及颗粒状的，也有不同尺寸的长方体、饼体等。

3）热压成型工艺。热压成型是目前普遍采用的生物质压缩成型工艺。其工艺过程一般可分为原料粉碎、干燥混合、挤压成型和冷却包装等几个环节。由于原料的种类、粒度、含水率、成型压力、成型温度、成型方式、成型模具的形状与尺寸以及生产规模等因素，对成型工艺过程和产品的性能都有一定的影响，所以具体的生产工艺流程以及成型机结构和原理也有一定的差别，但是在各种成型工艺中，挤压成型作业都是关键的作业步骤。图 2-10 所示为农作物秸秆压缩成型工艺流程图。

图 2-10　农作物秸秆压缩成型工艺流程图

4）炭化成型工艺。炭化成型工艺首先将生物质原料炭化或部分炭化，然后再加入一定量的黏结剂挤压成型。由于原料的纤维结构在炭化过程中受到破坏，高分子组分受热裂解转换成炭并释放出挥发分（包括可燃体、木醋液和焦油等），因而其挤压加工性能得到改善，成型部件的机械磨损和挤压加工过程中的功率消耗明显降低。但是，炭化后的原料在挤压成型后维持既定形状的能力较差，储存、运输和使用时容易破碎，所以采用炭化成型工艺时，一般都要加入一定量的黏结剂。如果在成型过程中不使用黏结剂，要保证成型块的储存和使用性能，需要有较高的成型压力，这将明显提高成型机的造价。

从成型燃料的发热量、环保性及总体造价方面考虑，目前较多应用的是冷压和热压成型工艺。用于生物质成型的设备主要有平模制粒式、环模滚压式和螺旋挤压式成型机等几种类型分别，结构分别如图 2-11、图 2-12 和图 2-13 所示。

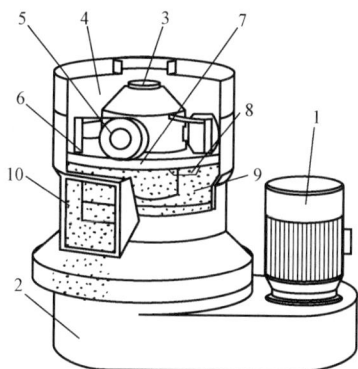

图 2-11　平模制粒式成型机

1—电动机；2—传动箱；3—主轴；4—喂料室；

5—压辊；6—均料板；7—平模；8—切刀；

9—扫料板；10—出料口

图 2-12　环模滚压式成型机

1—均料器；2—压辊；3—环模；

4—环模孔；5—切刀

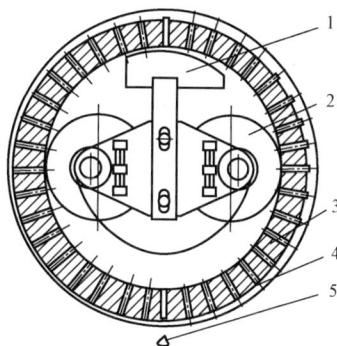

图 2-13　螺旋挤压式成型机

1—底座；2—成型电机；3—联轴器；4—喂料器电机；

5—强制喂料器；6—吹料器；7—出料口；8—成型室

目前，国内生产的生物质成型机一般为螺旋挤压式，生产能力多为 $100\sim200$kg/h，电动机功率为 $7.5\sim18$kW，电加热功率为 $2\sim4$kW，生产的成型燃料为棒状，直径为 $50\sim70$mm，单位产品电耗为 $70\sim120$kWh/t。活塞冲压机通常不用电加热，成型物密度稍低，容易松散。环模滚压式成型机生产的颗粒燃料，直径为 $5\sim12$mm，长度为 $12\sim30$mm，不用电加热，物料水分可放宽至 22%，产量可达 4t/h，产品电耗约为 40kW/h，该机型主要用于大型木材加工厂木屑加工或造纸厂秸秆碎屑的加工，颗粒成型燃料主要用作锅炉燃料。生物质压缩成型燃料热性能优于木柴，与中质混煤相当，而且燃烧特性明显改善，点火容易，火力持久，黑烟少，炉膛温度高，便于运输和储存，使用方便、卫生，是清洁能源，有利于环保，可作为生物质气化炉、高效燃烧炉和小型锅炉的燃料。

1998 年，中国林业科学研究院林产化学工业研究所与江苏正吕粮机集团公司合作，开发了内压滚筒式颗粒成型机，生产能力为 50～300kg/h，生产的颗粒成型燃料适用于家庭或暖房取暖使用。北京老万生物质能科技有限责任公司从 2000 年就开始研发农作物秸秆类生物质颗粒燃料，其致密成型技术主要从瑞典引进。

由于生物质颗粒燃料加热成型过程中，加热的能耗较大，为了降低颗粒燃料成型的能耗，河南省科学院能源研究所研制了一种在常温下生产颗粒燃料的成型机。该成型机由 1 台 17kW 的主电动机驱动环模和压辊执行颗粒成型的挤压，1 台 1.7～2.2kW 的变频电动机驱动螺旋供料装置为挤压装置供料，通过调整供电的频率而实现供料量的调整。颗粒燃料的生产效率可达到 300～500kg/h，但仍有 30% 的原料没有形成颗粒状，需要筛选后再进入供料斗。

2004 年，清华大学清洁能源研究与教育中心通过对具有纤维结构生物质原料的研究和分析，研制出了常温型颗粒燃料生产设备。原料在自然干燥含水率状态下被粉碎成细小颗粒或纤维状，然后放入机器中便可制成颗粒燃料。成型机的装机功率为 55kW，生产率可达到 600kg/h，能耗低于国外同类设备，颗粒成型燃料产品的强度、发热量均大于国外同类产品。该项技术目前在北京怀柔建立了试验和推广基地，正在推广之中。

除上述以外，辽宁省能源研究所、西北农业大学、陕西武功机械厂、江苏东海县粮食机械厂等 10 余家单位研究和开发了生物质成型燃料设备。

任务 2　生物质燃料元素分析及工业分析

【教学内容】

2.2.1　生物质燃料分析计算基准

生物质燃料成分中，可燃部分的含量一般固定不变，但不可燃部分（如水分和灰分）含量易受外界条件的影响而发生改变，当水分或灰分的含量发生变化时，其他元素成分的质量百分数也会随之而变化。例如，水分含量增加时，其他成分的百分含量便相对地减小；反之，水分含量减少时，其他成分的百分含量便相对地增加。所以不能简单地只用各成分的质量百分数来表示生物质燃料的成分组成特性。有时为了使用或研究工作的需要，在计算生物质燃料的各成分百分含量时，可将某种成分（例如水分或灰分）不计算在内。这样按不同的"成分组合"计算出来的各成分百分数就会有较大的差别。这种根据特定条件或特定需要而规定的"成分组合"称为基准。如果所用的基准不同，同一种燃料的同一成分的百分含量结果便会不一样。燃料的元素分析成分和工业分析成分通常是采用以下四种分析基准计算得出的。

1. 收到基

收到基又称应用基，是计算燃料的全部成分的组合，包括了全部水分和灰分的燃料作为 100% 的成分。对进场燃料应按收到基计算各项成分。收到基以下角标 ar 表示。元素分析包括碳（C）、氢（H）、氧（O）、氮（N）、硫（S）五项；工业分析包括水分（M）、挥发分（V）、固定碳（FC）和灰分（A）四项。

元素分析：

$$C_{ar}+H_{ar}+O_{ar}+N_{ar}+S_{ar}+A_{ar}+M_{ar}=100\%　　　　（2-1）$$

工业分析：

$$M_{ar}+A_{ar}+V_{ar}+FC_{ar}=100\%　　　　（2-2）$$

2. 空气干燥基

空气干燥基又称分析基，是以与空气温度达到平衡状态的生物质燃料为基准，即供分析化验的燃料样本在实验室一定温度条件下（温度为 20℃，相对湿度为 60%），自然干燥失去外在水分，其余的成分组合就是空气干燥基。空气干燥基以下角标 ad 表示。

元素分析：

$$C_{ad}+H_{ad}+O_{ad}+N_{ad}+S_{ad}+A_{ad}+M_{ad}=100\%　　　　（2-3）$$

工业分析：

$$M_{ad}+A_{ad}+V_{ad}+FC_{ad}=100\%　　　　（2-4）$$

3. 干燥基

干燥基是以假想无水状态下的生物质燃料为基准，以下角标 d 表示。干燥基中因无水分，故灰分不受水分变动的影响，灰分含量百分数相对稳定。

元素分析：

$$C_d+H_d+O_d+N_d+S_d+A_d=100\%　　　　（2-5）$$

工业分析：

$$A_d+V_d+FC_d=100\%　　　　（2-6）$$

4. 干燥无灰基

干燥无灰基又称可燃基，是以假想无水、无灰状态的生物质燃料为基准，以下角标 daf 表示。

元素分析：

$$C_{daf}+H_{daf}+O_{daf}+N_{daf}+S_{daf}=100\%　　　　（2-7）$$

工业分析：

$$V_{daf}+FC_{daf}=100\%　　　　（2-8）$$

干燥无灰基因无水、无灰，故剩下的成分便不受水分、灰分变动的影响，是表示碳、氢、氧、氮、硫成分百分数最稳定的基准，可作为燃料分类的依据。

应注意的是，在计算时，不能将不同基准、同一组成的结果直接相加减。为了便于查用燃料分析符号，现将常用符号列于表 2-1～表 2-3 中。

表 2-1　　　　　　　　　　　　　　生物质燃料常用符号表

项目	工业分析成分				元素分析成分					各项性质		
	水分	灰分	挥发分	固定碳	碳	氢	氧	氮	硫	灰熔融性		
新符号	M	A	V	FC	C	H	O	N	S	DT	ST	FT
旧符号	W	A	V	CGD	C	H	O	N	S	t_1	t_2	t_3

表 2 - 2			生物质燃料项目状态和条件符号表			
项目	外在水分	内在水分	固定碳	高位发热量	低位发热量	弹筒发热量
新符号	M_f	M_{inf}	FC	Q_{gr}	Q_{net}	Q_b
旧符号	W_{WZ}	W_{NZ}	CGD	Q_{GW}	Q_{GW}	Q_{DT}

表 2 - 3	生物质燃料基准符号表		
名称（旧名称）	收到基（应用基）	空气干燥基（分析基）	干燥基（干基）	干燥无灰基（可燃基）
新符号（旧符号）	ar (y)	ad (f)	d (g)	daf (r)

由于燃料分析所使用的试样是空气干燥基试样，分析结果的计算是以空气干燥基为基准得出的。若需要其他基准下的数据，则可以通过换算得出，换算公式为

$$Y = KY_0 \qquad\qquad (2-9)$$

式中　Y——按新基准计算的某一成分的百分含量；

　　　K——基间换算的比例系数，可通过表 2-4 计算得出；

　　　Y_0——按原基准计算的某一成分的百分含量。

表 2 - 4		不同基准间的换算公式		
	收到基	空气干燥基	干燥基	干燥无灰基
收到基	—	$\dfrac{100-M_{ad}}{100-M_{ar}}$	$\dfrac{100}{100-M_{ar}}$	$\dfrac{100}{100-M_{ar}-A_{ar}}$
空气干燥基	$\dfrac{100-M_{ar}}{100-M_{ad}}$	—	$\dfrac{100}{100-M_{ad}}$	$\dfrac{100}{100-M_{ad}-A_{ad}}$
干燥基	$\dfrac{100-M_{ar}}{100}$	$\dfrac{100-M_{ad}}{100}$	—	$\dfrac{100}{100-A_d}$
干燥无灰基	$\dfrac{100-M_{ar}-A_{ar}}{100}$	$\dfrac{100-M_{ad}-A_{ad}}{100}$	$\dfrac{100-A_d}{100}$	—

2.2.2　生物质燃料的元素分析

1. 生物质燃料的元素分析基础

生物质燃料种类繁多，分类复杂，前面以其原料来源作为分类的基础，是粗线条的划分，并不能完全反映各种生物质燃料在工业利用上的详细差别。因此还需要根据不同的工业需求和加工利用情况，有针对性地对使用的生物质燃料进行分析。参照工业用煤分析方法，生物质燃料分析方法主要有元素分析和工业分析两种。

生物质燃料的元素分析是指对生物质中碳（C）、氢（H）、氧（O）、氮（N）、硫（S）五种元素分析的总称。生物质的元素分析结果用各种元素的质量百分数表示。在实际工程计算中简单地认为燃料就是由这些元素机械混合而形成，而不考虑其中所包含各种单质或化合物的物化特点。这种方法着重强调生物质燃料中各组成元素的含量及物化特性对燃料燃烧性能的影响，但不能完全反映出燃料的其他特性，所以不能用它判断生物质燃料在其他方面的物理化学特性和燃烧特点。

工业分析也叫实用分析、近似分析或技术分析，进行工业分析的目的是了解燃料的经济

价值和基本物理特性。

在生物质燃料着火燃烧过程中，当燃料被加热到一定温度时，水分会被最先蒸发出燃料体系；接着加热，燃料中由碳（C）、氢（H）、氧（O）、氮（N）、硫（S）所组成的有机化合物便会受热分解析出，成为可燃气体挥发出来，通常称这些气体为挥发分；等挥发分都析出后，剩下的就是固定碳和灰分。工业上使用适当的分析方法得出燃料的规范性组成，包括水分、挥发分、固定碳和灰分的质量百分数组成即为生物质燃料的工业分析。其中，水分和灰分合称为不可燃部分，挥发分和固定碳合称可燃部分。

如果按照质量百分比含量计算，则可以写成

$$M_{ad} + A_{ad} + V_{ad} + FC_{ad} = 100\% \tag{2-10}$$

$$C_{ad} + H_{ad} + O_{ad} + N_{ad} + S_{ad} + A_{ad} + M_{ad} = 100\% \tag{2-11}$$

经整理可得：

$$C_{ad} + H_{ad} + O_{ad} + N_{ad} + S_{ad} = V_{ad} + FC_{ad} \tag{2-12}$$

由式（2-12）可以看出：

（1）工业分析中的可燃部分恰好包括碳（C）、氢（H）、氧（O）、氮（N）、硫（S）5个元素含量之和；

（2）从简单的工业分析中的 V_{ad} 和 FC_{ad}，大致可以看出生物质燃料构成中有机质主要成分的含量大小。

（3）从元素平衡来看，全碳C应等于固定碳 FC_{ad} 和挥发分中碳元素含量（C_v）之和。

2. 生物质燃料的元素分析成分

生物质燃料的可燃部分是复杂的高分子有机混合物质，至今也不能完全解析其详细组成。为了进行燃烧计算和了解燃料特性，可通过元素分析（化学分析）的方法来得到燃料的元素组成。元素分析的目的主要在于一是提供相关组分数据，在锅炉设计过程中计算燃料完全燃烧所需的理论空气量、过量空气系数及排烟量；二是计算各种生物质燃料的低位发热量（计算时必须知道氢元素的含量）。

（1）碳元素。碳是燃料中的主要可燃元素。1kg单质碳完全燃烧时生成二氧化碳，可释放出32 792kJ的热量，碳的含量基本决定了生物质燃料的发热量。以干燥无灰基计算，生物质燃料中含碳量在44%~58%，比煤中的含碳量要低，比如泥煤中含碳50%~60%，褐煤中含碳60%~77%，而无烟煤中含碳量更是高达90%~98%。碳在生物质燃料中的存在形式主要有两种：一种是在生物质燃料中与其他元素如氢（H）、氧（O）、氮（N）、硫（S）等组成复杂的有机化合物，在受热或燃烧时以挥发物的形式析出或是燃烧；另一种则是以单质形式存在，一般被称为固定碳。固定碳的燃点较高，燃烧需要较高温度，所以如果燃料中固定碳含量越高则越难被点燃，对着火温度及稳定完全燃烧提出较高要求。

（2）氢元素。氢是生物质燃料中另一种重要可燃成分。1kg氢完全燃烧时可放出14 2351kJ的热量，约相当于碳元素的四倍，也更容易着火燃烧。所以氢的含量直接影响燃料的发热量、点火难易以及燃烧稳定性。燃料中氢的含量一般较低，比如煤中氢含量约为2%~8%，并随着碳化程度的加深（碳含量的增加）而逐渐减少；生物质燃料中的氢含量比煤略高，约占5%~7%。一般在生物质燃料中氢会与其他元素如碳等结合成为易燃化合物，燃烧时可放出很高的热量，但生物质燃料在存储时易发生风化现象，在这一过程中，氢元素会首先失去。另有一部分氢与氧结合以结晶状态的水存在，不能参与燃烧释放热能。

（3）氧元素。氧不是可燃物质，只能作为助燃物参与其他物质燃烧过程。在生物质燃料中，氧可认为是一种杂质，因为它的存在使燃料中其他可燃部分如碳、氢等的含量相对减少，这样燃料的发热量就被相对降低。另外，氧也与部分可燃元素如碳、氢形成稳定的化合物，并不参加燃烧，这也使生物质燃料燃烧释放的热量减少。氧在生物质中以有机和无机两种状态存在，含量一般为 $35\%\sim48\%$。燃料中的氧含量一般不直接使用仪器测定，习惯使用减差法计算，即在已测定燃料试样中，先确定其他元素碳（C）、氢（H）、氮（N）、硫（S）、水分（M）、灰分（A）的质量分数后，再计算氧含量。

（4）氮元素。氮是生物体内重要的营养元素，在生物质燃料中含量一般为 2.5% 以下。氮在生物质中常以含氮有机化合物形式存在，这些含氮有机化合物热稳定性较差，受热后容易挥发分解，在受热初期，会以氮气和氮氧化合物形式析出。在高温（850℃以上）时，氮会与氧反应，生成多种氮氧化合物，统称 NO_x。氮氧化合物 NO_x 排入大气后造成空气污染，但因生物质中含氮量较低，造成的影响较小。

（5）硫元素。硫元素主要是植物对空气中的 SO_2 及土壤中的硫酸盐吸收而固定在植物体内。生物质燃料中硫的含量极低，一般少于 0.3%，有的生物质甚至不含硫（如松木、桦木、枫木等）。1kg 硫完全燃烧时，可放出 9050kJ 的热量。硫燃烧后生成二氧化硫（SO_2）和三氧化硫（SO_3），这些气体会与烟气中的水蒸气发生化学反应生成酸性物质亚硫酸（H_2SO_3）和硫酸（H_2SO_4），在较低温度时，这些酸性物质会凝结在锅炉各金属受热面上，产生腐蚀。若排入大气，则会污染大气，并形成酸雨，进一步危害地面上的动植物。生物质燃料中的硫可分为有机硫和无机硫两类，有机硫是硫与其他元素如碳（C）、氢（H）、氧（O）等形成的有机化合物中的硫成分，它可参与燃烧并放出热量。无机硫则包括单质硫、硫化物硫和硫酸盐硫等，其中单质硫和硫化物硫均能参与燃烧，与前面有机硫合成可燃硫，硫酸盐硫不能参与燃烧，最后计入灰分中。

（6）氯元素。氯在生物体内主要起物质平衡的作用，由于作物对氯的吸收远小于土壤所提供的，植物体内氯含量与土壤中氯浓度水平无关，主要取决于生物质的生理情况。

氯在植物体内主要是以氯离子（Cl^-）的形式存在的，其浓度为 $100\sim7000mg/kg$。氯可以大大提高无机物的活动性，尤其是钾，因此氯对于生物质热化学转化过程中碱金属的析出具有很大的影响，它可以和碱金属形成稳定且易挥发的碱金属化合物，往往是氯的浓度决定了挥发相中碱金属的浓度。在多数情况下，氯起输送作用，将碱金属从燃料中带出。氯是挥发性很强的物质，几乎所有的氯都会进入气相，根据化学平衡会优先与钾、钠等构成稳定但易挥发的碱金属氯化物。在 600℃以上，碱金属氯化物在高温下蒸汽压升高而进入气相是氯元素析出的一条最主要途径。除了碱金属氯化物，HCl 是氯析出的一种重要的形式。

（7）硅元素。硅是生物质原料中含量较高的一种无机元素，它是由于植物体吸收土壤溶液中的硅酸而来。至于硅是否是生物体生长所必需的元素目前还存在着争议，但是对于一些作物如小麦、水稻等表现出很高的选择性吸收的能力。硅是一种惰性元素，不可溶，也没有挥发性。硅在热解过程中几乎全部在残留物中出现。

（8）钙元素。钙是构成植物体细胞壁的重要元素，是强化细胞壁、构成植物机体的重要原料。其主要功能是加强细胞壁硬度并使作物结构完整，还可以促进作物的生长。生物质中的钙主要集中在木质素部分，生物质材料，特别是一些生长快的作物，都含有大量的钙，在生物质中钙基本上存在于可离子交换、可溶于酸的物质中。作物内的钙在热解过程中基本上都不会挥发，而且形成的含钙化合物具有相当高的稳定性。在热解过程中更倾向于进入固态残渣，在固态产物里几乎可以找到生物质原料所带入的所有钙。

（9）钾元素。钾是生物体内重要的无机元素，是植物生长过程中所必需的营养物质，对作物的新陈代谢起到不可忽视的作用。其含量随着生物质种类的不同也存在着差异，在秸秆和一些草本生物质原料中含量较高，稻草和草本植物的新生组织、壳、皮，以及具有年度生长周期的生物质，都包含了 1%～2% 的钾元素。木材中的钾含量比稻草少许多，为 0.1%～0.2%。生物对钾元素的摄入具有很高的选择性，钾参与生物体的新陈代谢，对生物体内酶的活化，膜的传输以及气孔调节等生理过程都有很重要的作用，因此大量存在于生物体内生命力量旺盛的地方，如新叶、苞芽等。

生物质原料中的钾主要以水溶盐的形式存在于生物体内，也有一部分以离子吸附的形式存在于羧基和其他官能团及化学吸附物质上。几乎在所有的生物质中，都有 90% 的钾以离子状态存在于可溶于水或者可进行离子交换的物质中，具有很高的可移动性，并倾向于在热解过程中进入挥发分；而 K_2O 的存在则可降低灰分的熔点，形成结渣现象。

（10）钠元素。钠对植物的生长来说并不是一种必需的元素，其含量较低，虽然对于一些特定的作物来说，低浓度的钠在一定程度上有代替钾的作用，但是对大多数植物来说，过高的钠含量对植物体的生长是有害的。

钠在生物体内的存在形式以及析出特性与钾相似，基本上存在于易挥发的物质中，与钾相比，含量小得多。

（11）磷元素。磷是生物质燃料特有的可燃成分。生物质中磷的含量很少，一般为 0.2%～3%，有机磷、无机磷共存。无机磷，如磷灰石 $[3Ca_3(PO_4)_2·CaF_2]$、磷酸铝矿 $(Al_6P_2O_{14}·18H_2O)$ 等，其余以有机磷的形式存在于生物质细胞中。在燃烧等转化时，燃料中磷灰石在湿空气中受热，这时磷灰石中的磷以磷化氢的形式逸出，磷化氢是剧毒物质。同时，在高温的还原气氛中，磷被还原为磷蒸气。随着在火焰上燃烧，与水蒸气形成了焦磷酸 $(H_4P_2O_7)$，而焦磷酸附着在转换设备壁面上与飞灰结合，时间长了就形成坚硬、难溶的磷酸盐结垢，使设备壁面受损。但一般在元素分析中若非必要，并不测定磷和钾的含量，也不把其发热量计算在内。

表 2-5 给出了几种常见农林业生物质的元素组成情况。

表 2-5　　　　　几种常见农林业生物质的元素组成情况（可燃基）　　　　单位：%

燃料类型	C	H	O	N	S
杉木	52.80	6.30	40.50	0.10	—
杉树皮	56.20	5.90	36.70	—	—
麦秸	49.04	6.16	43.41	1.05	0.34
玉米芯	48.40	5.50	44.30	0.30	
高粱秸	48.63	6.08	44.92	0.36	0.01
稻草	48.87	5.84	44.38	0.74	0.17

燃料类型	C	H	O	N	S
稻壳	46.20	6.10	44.98	2.58	0.14
木屑（白杨、柳树）	47.10	6.10	38.00	0.10	—
芒属	46.70	4.40	41.70	4.00	0.20

元素测定分析工作比较繁琐，设备比较复杂，必须有专门的化学实验室来完成，一般的工程技术人员不做这种测定，燃料元素分析在电厂设计时可以提供重要的数据支持，在电厂实际运行过程中使用较少。此外，我国目前还没有针对生物质进行元素分析的国家标准，所以一般进行的元素分析参照煤的元素分析相关标准进行。

2.2.3 生物质燃料的工业分析及应用

1. 生物质燃料的工业分析

工业分析是把生物质燃料加热到不同温度和保持不同时间而获得水分、挥发分、固定碳和灰分的百分比组成，是电厂在运行时常用的燃料分析方法。工业分析数据是电厂锅炉运行人员调节工况、计算热效率和提高锅炉运行安全经济性的必要依据。

（1）水分。水是生物质维持生存所必需的组成物质之一，所以生物质中或多或少含有一定量的水分，而且不同种类的生物质间水分含量的差异较大，并与生物质的产地、品种有较大联系。生物质中的水分按其存在的不同形态可分为外在水分、内在水分和化学结晶水。前两种水分附着于生物质颗粒内及毛细孔内，后者则和生物质内化学物质成分化合。生物质燃料的水分含量可用通风干燥法测定，即将生物质燃料置于烘箱中，在一定温度下缓慢干燥规定时间，再测定剩余物质质量，与试样原始质量之差就是生物质燃料中的水分。

外在水分一般指附着在生物质燃料表面上及较大毛细孔（直径在 10^{-4} mm 以上）中存留的水分，这部分水分可采用自然干燥法去除。将生物质置于自然环境中，这部分水分会自然不断挥发，直至外在水分水蒸气分压与自然环境中的水蒸气分压平衡，外在水分质量就不会再减少，此时测得的生物质质量变化即为外在水分的质量。

内在水分是指生物质中以物理化学作用力存在于生物质内部毛细管（直径在 10^{-4} mm 以下）中的水分。由于内在水分的水蒸气分压一般小于同温度下水蒸气分压，所以很难在室温下自然除去，必须将生物质加热到一定温度（100～110℃），干燥一段时间才能除去，此时生物质失去的质量就是生物质的内在水分质量，对于生物质燃料，内在水分的含量相对固定（15%左右）。

化学结晶水是指在生物质中与矿物质相化合的水分，如 $CaSO_4 \cdot 2H_2O$、$Al_2O_3 \cdot 2SiO_2 \cdot 2H_2O$ 等，它们在生物质内含量较低，但与矿物质结合紧密，在 100～110℃烘干过程中并不会分解析出，只有当温度超过 200℃后，当生物质中的有机物质也开始分解挥发时才会同步析出，所以结晶水不可能用加热蒸发的方法单独测出，一般将其计入生物质的挥发分中。

水分含量对电厂运行的影响很大。在实际运行中，有时会出现这样一些现象，即在机组高负荷运行时，有时会表现出引风机出力不足，炉膛出口出现微正压，机组无法继续提升负荷的现象。其主要原因就是燃料水分过大，有的电厂入炉燃料水分甚至超过 60%，燃料水分增大导致烟气量增大，所以引风机出力也就显得不足。而且随着燃料水分的增大，燃料发热量相对降低，燃料消耗量也会随之增大，引风机、给料机等设备的电耗增大，机组整体效益就会明显下降。

　　燃料水分的增大，对燃料的储存也会造成一定的安全隐患，特别是秸秆型的燃料。生物质燃料生物活性相对较高，一定的时间堆储，会引起料堆的发酵和发热，同时燃料也会散失一部分发热量。而且燃料水分的过度增加，会加速燃料的发酵和发热，同时也阻挡了料堆的自然散热。已有多个生物质电厂发生了料堆因发酵散热而引起的燃料自燃事件。

　　虽然燃料水分的增大对提高机组的整体发电效率的影响是负面的，但就某些燃料（如稻壳）而言，适当的含水率，对锅炉的燃烧调整还是有利的。从燃烧动力学来讲，燃料中还有适当的水分对燃烧过程却是有利的：首先火焰中的水蒸气对燃料的悬浮燃烧是一种有效的催化剂，还可以提高火焰黑度，增加辐射放热强度，减小燃料粉尘的飞散，利于环境的保护。例如稻壳燃料，就目前各电厂的运行情况来看，当含水率为 15%～20% 时，可以更好地控制炉膛的烟气温度，这对减小炉膛结焦和稳定机组运行是有利的。

　　（2）挥发分。挥发分主要是生物质燃料中有机化合物受热分解的产物。在隔绝空气的环境下，将无水干燥的生物质燃料加热至一定温度，此时析出的气态混合物即为挥发分。它包括多种碳氢化合物、氢气、一氧化碳和硫化氢等可燃气体和少量氧气、氮气、二氧化碳等不可燃气体，并不包括燃料中游离水分蒸发的水蒸气，余下的固体残余物由固定碳与灰分组成。所谓固定碳，并不是纯碳，其中也残留少量的 H、O、N、S 等成分。

　　挥发分并不是生物质中固有的有机物质的形态，而是特定条件下的产物，是在燃料受热时才形成的。所以说挥发分含量的多少，是指燃料所析出的挥发分的含量，而不是指这些挥发分在燃料中的含量。因此，称"挥发分产率"较为确切，一般简称为挥发分。

　　无论在科学研究或工业生产中，生物质燃料的挥发分都是一个重要的指标。挥发分与燃料有机质的组成和性质有密切关系，燃料中挥发分对于生物质燃料的着火和燃烧情况都有较大影响，它是用以反映燃料十分方便的指标之一。生物质燃料的挥发分含量要远高于煤的挥发分含量，见表 2-6。

表 2-6　　　　　　　　　　　部分生物质挥发分含量　　　　　　　　　单位：%

生物质和煤的种类	挥发分含量（质量分数）
农作物剩余量	63～80
木材	72～78
无烟煤	≤10
烟煤	20～40
褐煤	40～60

　　由表 2-6 可知，生物质的挥发分远高于煤的挥发分。因此，挥发分的析出与燃烧是生物质燃料燃烧的主要方式。当生物质燃料受热时，燃烧过程就是预热干燥、挥发分析出、挥发分燃烧、固定碳燃烧的四个环节。与煤的燃烧过程不同，生物质燃料中的挥发分对燃烧过程影响很大，可以说是主宰整个燃烧过程。生物质燃料含有大量的挥发分，挥发分首先析出并着火燃烧，在燃烧过程中析出时温度低，速度快，能释放大量的热量。一般可提供占总热量的 70% 的热量，但余下的固定碳相对较少，所以挥发分含量较高的燃料着火较易且燃烧稳定，燃烧时间不长。

由于生物质燃料挥发分高，在温度为 $250\sim350℃$ 时，挥发分就大量析出开始燃烧，此时如空气供应不足便产生化学不完全燃烧损失。挥发分析出燃尽后，受到灰烬包裹和空气渗透困难的影响，焦炭颗粒燃烧速度缓慢，燃尽就困难。所以生物质燃料为主的电厂锅炉，未燃尽的部分必须参与再循环燃烧。

实际电厂锅炉运行中，针对生物质燃料挥发分含量高、着火容易、燃烧迅速，燃料进入炉膛后迅速在密相区着火燃烧，二次风如果给入过早，将使密相区燃烧更加强烈，造成密相区温度过高。运行中要控制二次风的混入时间，同时要提高二次风风速以提高二次风的扰动作用。从燃烧调整情况看，在低负荷需投入二次风时，宜先投入上层的二次风，并保持二次风足够的入炉风速以加强炉内扰动。由于该锅炉各层二次风只有总风门，各二次风口没有分风门，在二次风量较小时，虽然只开一层二次风也存在二次风压不足的问题，在今后的改造中要增加各二次风口的分风门，在一次风量较小时关闭部分分风门，以提高入炉二次风速。

（3）灰分。生物质灰分是指将生物质燃料中所有可燃部分在一定温度下（$815℃\pm10℃$）完全燃烧，以及其中的矿物质在空气中经过一系列分解、化合等复杂反应后剩余的残渣。生物质中灰分来自矿物质，但它的组成或质量与生物质中矿物质不完全相同，它是矿物质在一定条件下反应的产物，所以称为在一定温度下的"灰分产率"较为确切，一般简称为灰分。由于矿物质的真实含量很难测出，所以常用灰分产率作为矿物质含量的近似值。灰分是生物质中不可燃烧的矿物杂质，可分为外部杂质和内部杂质。外部杂质是在采获、运输和储存过程中混入的矿石、沙和泥土等。内部杂质主要指的是在生物质本身含有的矿物质成分，主要是硅铝酸盐、二氧化硅和其他金属、非金属氧化物等。生物质灰分主要含有 Al、Ca、Fe、K、Mg、Na、P、Si、Ti 等主要成灰元素和 As、Ba、Cd、Co、Cr、Cu、Hg、Mn、Mo、Ni、Pb、Sb、Tl、V、Zn 等少量成灰元素，其中 Si、K、Na、Cl、P、S、Mg、Ca、Fe 是导致积灰结渣的主要元素。对于生物质本身固有的灰分而言，其在燃料中的分布相对比较均匀，在生物质燃烧过程中，燃料固有的灰分从燃料中释放出来。生物质的灰分含量高，将减少燃料的发热量，降低燃烧温度，如稻草的灰分含量可达 14%，导致其燃烧比较困难。农作物收获后，将秸秆在农田中放置一段时间，利用雨水进行清洗，可以减少其中的 Cl 和 K 的含量，可除去部分灰分，减少灰渣处理量。不同的生物质种类灰分组成有所差别，详见表 2-7。

表 2-7　　　　　　　　部分生物质灰分组成（ASTM 法）　　　　　　　单位：%

生物质种类		玉米秸	麦秸	稻壳	稻草	甘蔗秆	柳木	白杨木
灰分		9.52	7.02	20.26	18.67	2.44	1.71	2.70
灰的组成分析	SiO_2	18.60	55.32	91.42	74.67	46.61	2.35	5.90
	Al_2O_3	—	1.88	0.78	1.04	17.69	1.41	0.84
	TiO_2	—	0.08	0.02	0.09	2.63	0.05	0.30
	Fe_2O_3	1.50	0.73	0.14	0.85	14.14	0.73	1.40
	CaO	13.50	6.14	3.21	3.01	4.47	41.20	49.92
灰分		9.52	7.02	20.26	18.67	2.44	1.71	2.70

续表

生物质种类		玉米秸	麦秸	稻壳	稻草	甘蔗秆	柳木	白杨木
灰的组成分析	MgO	2.90	1.06	<0.01	1.75	3.33	2.47	18.40
	Na_2O	13.30	1.71	0.21	0.96	0.79	0.94	0.13
	K_2O	26.40	25.60	3.71	12.30	0.15	15.00	9.64
	SO_3	8.80	4.40	0.72	1.24	2.08	1.83	2.04
	P_2O_5	—	1.26	0.43	1.41	2.72	7.40	1.34
	未确定	—	1.82	0.64	2.68	1.39	8.38	1.91

在高温下，灰分将变成熔融状态从而形成渣，结在反应装置的内壁上或黏结成难以清除的大渣块。灰分开始熔化的温度叫灰熔点，生物质燃料的灰熔点测定方法仿照国家对煤的灰熔点测定标准，可用角锥法测定。在灰受热逐渐熔融的过程中，根据灰的形态变化可以分为四个阶段：变形温度、软化温度、半球温度和熔化温度。方法：将生物质原料灰制成一定尺寸的三角锥，在一定的气体介质中，以一定的升温速度加热，观察灰锥在受热过程中的形态变化，观测并记录它的四个特征熔融温度（如图 2-14 所示）。

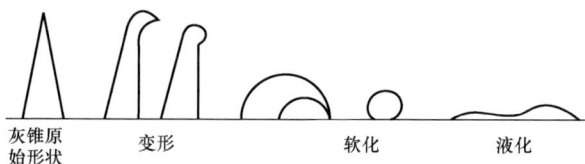

图 2-14　灰的熔融过程

变形温度（DT）：灰锥尖端或棱开始变圆或弯曲时的温度。

软化温度（ST）：灰锥弯曲至锥尖触及托板或灰锥变成球形时的温度。

半球温度（HT）：灰锥形变至近似半球形，即高约等于底长的一半时的温度。

熔化温度（FT）：灰锥熔化展开成高度在 1.5mm 以下的薄层时的温度。

在现场实际运行中，燃料灰分对锅炉运行主要有以下影响。

1）燃料灰的熔点与燃料的种类和成分有关。生物质灰中大量的碱金属和碱土金属是导致锅炉床料聚团、受热面上沉积的主要因素，生物质中的 Ca 元素和 Mg 元素通常可以提高灰分点，K 元素可以降低灰分点，Si 元素在燃烧过程中与 K 元素形成低熔点的化合物，农作物秸秆中 Ca 元素含量低，K 元素含量较高，导致灰分的软化温度较低。例如，麦秸的变形温度为 860～900℃，表 2-8 为生物质灰元素分析结果。

表 2-8　　　　　　　　　　生物质灰元素分析结果（ASTM 法）　　　　　　　　单位：%

试样	Na	Mg	Al	Si	P	S	Cl	K	Ca	Fe
木屑灰	1.43	11.13	7.03	6.39	3.68	3.39	0.57	22.67	42.35	1.37
玉米秆灰	—	—	11.08	9.11	1.37	0.71	22.80	51.19	3.28	0.47
玉米棒芯灰	0.47	1.32	1.58	13.52	2.44	0.63	13.05	63.78	2.73	0.47
稻壳灰	—	0.68	14.68	77.95	—	—	—	6.16	0.54	—

续表

试样	Na	Mg	Al	Si	P	S	Cl	K	Ca	Fe
黄豆秆灰	—	7.79	1.00	2.62	2.48	2.91	1.72	54.96	25.66	0.85
棉花秆灰	7.74	13.47	1.98	6.37	6.99	3.92	0.49	11.91	45.69	1.44
树皮灰	—	2.40	12.38	4.71	1.42	1.59	0.17	7.35	68.44	1.56
杂树叶灰	—	2.06	7.37	32.31	1.33	3.36	—	4.89	42.65	6.10

从表 2-8 中可看到，生物质灰中的 Si、K、Na、S、Cl、P、Ca、Mg、Fe 等碱金属及碱土金属的含量比较高，生物质灰的熔点比较低，一般为 800～1400℃。

2）有的生物质燃料灰分含量少，燃烧后难以形成床料，所以在生物质流化床运用中就要选用与燃烧生物质流化特性相匹配的惰性床料，如炉渣等作为流化媒介，保证形成流化燃烧的密相床层。密相区床料蓄热量很大，床层内传热剧烈，能够为高水分低发热量的生物质燃料提供优越的着火条件。

表 2-9 为灰中主要成分的融化温度。表 2-10 较为详尽地给出了不同生物质燃料灰分熔融性能。

表 2-9   灰中主要成分的熔化温度   单位：℃

成分	熔化温度	成分	熔化温度
SiO_2	1460～1723	CaO	2570
Fe_2O_3	1550	MgO	2800
Al_2O_3	2050	$MgSO_4$	1127
Na_2O	800～1000	K_2O	800～1000
$NaCl$	800	KCl	790
$CaCl_2$	765	$CaSO_4$	1450
$CaO \cdot SiO_2$	1540	$MgO \cdot Al_2O_3$	2135

表 2-10   不同生物质燃料灰分熔融性能   单位：℃

生物质燃料	变形温度	软化温度	半球温度	熔化温度
木材（山毛榉，奥地利）	1140	1260	1310	1340
木材（云杉，奥地利）	1110～1340	1410～1640	1630～1700	1700
树皮（云杉，奥地利）	1250～1390	1320～1680	1340～1700	1410～1700
树皮和矿物质（云杉，奥地利）	1020	1100	1700	1700
芒属（奥地利）	820～980	820～1160	960～1290	1050～1270
芒属（瑞士）	—	980	1210	1320
秸秆（冬小麦，奥地利）	800～860	860～900	1040～1130	1080～1120
秸秆（冬小麦，瑞士）	—	910	1150	1290
谷物（冬小麦，奥地利）	970～1010	1020	1120～1170	1180～1220
草（奥地利）	890～980	960～1020	1040～1100	1140～1170
草（德国）	830～1130	950～1230	1030～1280	1100～1330

生物质燃料	变形温度	软化温度	半球温度	熔化温度
草（瑞士）	—	960	1040	1120
刨花	1050	1070	1080	1100
玉米秸	1040	1060	1090	1110
棉柴	1280	1320	1400	1400
麦秸	860～900	1030	1100	1150
豆秸	1300	1310	1330	1340

3）在循环流化床锅炉燃烧中生物质燃料中的碱金属还可能与床料反应形成低熔点的共晶体化合物，熔化的晶体沿床料的缝隙流动，将床料黏结形成结块而引起烧结团聚，造成流化态恶化。流化床的内烧结、团聚现象与温度、流化风速，还与还原气氛有关。但温度是影响烧结的最主要因素。国外研究资料表明，高碱金属含量生物质在流化床上的燃烧时发现，碱金属能够造成流化床燃烧中床料颗粒的严重烧结。其原因是碱金属（Na、K）氧化物和盐类可以与 SiO_2 等发生以下反应

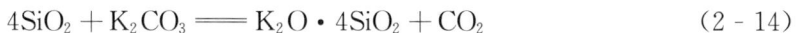

$$2SiO_2 + Na_2CO_3 = Na_2O \cdot 2SiO_2 + CO_2 \tag{2-13}$$

$$4SiO_2 + K_2CO_3 = K_2O \cdot 4SiO_2 + CO_2 \tag{2-14}$$

形成的低温共熔体熔融温度分别仅为 874℃ 和 764℃，从而造成严重的烧结现象。当碱金属和碱土金属以气体的形态挥发出来，然后以硫酸盐或氯化物的形式凝结在飞灰颗粒上时，降低了飞灰的熔点，增加了飞灰表面的黏性，在炉膛气流的作用下，粘贴在受热面的表面上，形成沉积，甚至结垢，受热面上沉积的形成影响热量传输，使得设备堵塞，严重时造成锅炉熄灭，甚至爆炸。图 2-15 所示是秸秆与其他燃料混合燃烧时在锅炉过热器表面结垢的图片。

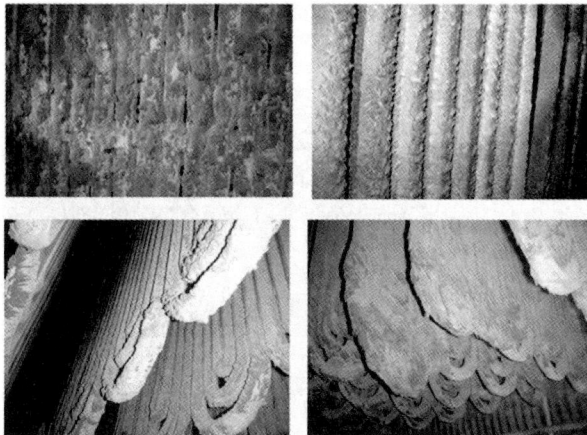

图 2-15　锅炉过热器表面结垢

（4）固定碳。生物质燃料受热析出全部挥发分后的不挥发残留物称为焦渣。生物质燃料试样完全燃烧后，其中的灰分转入焦渣中，焦渣质量减去灰分质量就是固定碳部分的质量。固定碳是相比于挥发分中有机化合物含有的碳而言，是以单质形式存在于生物质燃料中的碳

元素。固定碳的燃点很高，需要较高温度才能着火，所以生物质燃料中固定碳的含量越高，稳定着火燃烧所需的温度就越高。柴草中固定碳含量相对较低（14%～25%），挥发分较多，因此容易着火也容易燃尽。几种主要生物质的工业分析见表 2-11。

表 2-11　　　　　　　　　　　　几种主要生物质的工业分析　　　　　　　　　　　单位：%

种类	水分	灰分	挥发分	固定碳含量
豆秆	5.10	3.13	74.65	17.12
稻草	4.97	13.86	65.11	16.06
玉米秆	4.87	5.93	71.95	17.75
高粱秆	4.71	8.91	68.90	17.48
谷草	5.33	8.95	66.93	18.79
麦秸	4.93	8.90	67.36	19.35
棉花秸	6.78	3.97	68.54	20.71
杂草	5.43	9.46	68.71	16.40
杂树叶	11.82	10.12	61.73	16.33
杨树叶	2.34	13.65	67.59	16.42
桦木（黑龙江）	9.06	2.36	74.90	13.68
柳木（安徽）	6.72	3.67	77.17	12.44
杨木（安徽）	6.26	3.50	73.68	16.65
水杉木（安徽）	7.38	2.20	74.30	16.12
松木（安徽）	6.25	0.76	78.95	14.04
稻壳	—	15.80	69.30	—

2. 生物质燃料的工业分析方法

目前我国还没有关于生物质燃料的工业分析标准出台，实际操作中主要借鉴参考 GB/T 212—2008《煤的工业分析方法》来进行生物质燃料的工业分析。

（1）水分的测量。将生物质试样放置在预先干燥好的称量瓶中，称量后放入通风干燥箱中，加热至 100～110℃鼓风干燥一定时间后取出，在干燥器中自然冷却至室温后称量，为确保水分完全蒸发，进行检查性干燥，直至连续两次干燥生物质试样的质量差值不超过 0.1%。分析生物质试样的水分计算：

$$M_{ad} = \frac{\Delta G_m}{G_1} \times 100\% \qquad (2-15)$$

式中　M_{ad}——分析生物质试样水分的质量分数，%；

　　　G_1——称取的分析生物质试样质量，g；

　　　ΔG_m——生物质试样干燥后失去的质量，g。

（2）挥发分的测量。挥发分的测量受加热温度和加热时间等实验条件影响，根据国家规定，使用标准尺寸的密闭性坩埚。首先将坩埚预先于 900℃温度下灼烧至质量恒定，再将马弗炉预热至 920℃左右,将生物质试样平铺于坩埚内并密闭放入马弗炉中加热 5min,要求 3min 内马弗炉温度恢复至(900±10)℃,从马弗炉中取出坩埚,在空气中冷却 5min 后置于干燥箱中自然冷却至室温,称量,并采用式(2-16)计算挥发分含量。

$$V_{ad} = \frac{\Delta G_n}{G_2} - W_{ad} \qquad (2-16)$$

式中　V_{ad}——分析生物质试样分析基的质量分数,%;

　　　ΔG_n——生物质试样加热后失去的质量,g;

　　　G_2——称取的分析生物质试样质量,g;

　　　W_{ad}——分析生物质试样水分的质量分数,%。

(3)灰分的测定。预先将灰皿灼烧至质量恒定,标准灰皿如图 2-16 所示。将称量好的生物质试样平铺于灰皿并放入升温至 850℃的马弗炉中灰化,然后在马弗炉中于(815±10)℃灼烧一定时间后取出,自然冷却至室温后称量,生物质中的可燃部分及部分矿物质在此温度下均可被分解及挥发,为确保反应完全进行需进行检查性灼烧,直至连续两次灼烧后的质量变化不超过 0.1%。

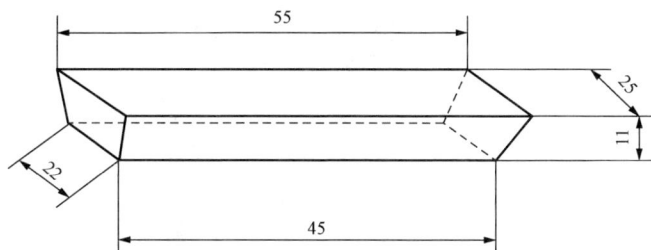

图 2-16　标准灰皿

灰分按式(2-17)计算

$$A_{ad} = \frac{G_A}{G_3} \times 100\% \qquad (2-17)$$

式中　A_{ad}——分析生物质试样水分的质量分数,%;

　　　G_3——称取的分析生物质试样质量,g;

　　　G_A——生物质试样干燥后剩余物质量,g。

(4)固定碳的计算。将生物质试样中水分、挥发分、灰分扣除后即为空气干燥基固定碳的质量百分数。

2.2.4　燃料工业分析数据测定

1. 目的

(1)通过秸秆的水分、挥发分、灰分的测定,掌握秸秆工业分析的组成及秸秆的工业分析成分(水分、挥发分、固定碳、灰分)的概念。

(2)了解秸秆的工业分析实验方法及天平、烘箱、电炉的正确使用。

2. 原理

取三份一定质量、在实验室条件下除秸秆外部水分后的试样为秸秆分析试样。一份试样在规定条件下放入烘箱中干燥,试样减轻的质量为秸秆的内部水分;另一份试样置于电炉中,在规定条件下隔绝空气加热,试样减轻的质量为秸秆的内部水分和挥发分;第三份试样置于电炉中，在规定条件下灼烧到恒重，其剩余质量即为灰分。

3. 设备和仪器（见表 2 - 12）

表 2 - 12 设 备 和 仪 器

名称	型号与规格		备　注
电子分析天平	型号：BSA224S 感量：0.0001g 最大称量值：220g 重复性（s）：0.0001g 线性：±0.0002g 秤盘尺寸：ϕ90mm 校准砝码：200g 设备生产厂家：德国塞多利斯		仪器特点：前置水平仪；防静电涂层玻璃防风罩；超级双杠杆单体传感器 40MHz 高速微处理器 MC1；采用最新 SMT 技术，线路集成度更高；内置 RS232 接口，下部吊钩，满足大体积称量；具有自动校准系统；密度直读；左右除皮键，满足不同使用习惯
电子天平	型号：ES-3002H 最大称量值：3200g 感量：10mg 秤盘尺寸：140mm×140mm 电源：交流电、直流电 设备生产厂家：长沙湘平科技发展有限公司		仪器特点：该仪器采用高精密度的应变式传感器进行称重、测力；采用微机作为数据处理部件，操作简单、称量迅速、准确；液晶 LCD 显示器；仪器配有 RS-232C 通信接口，可直接与微机数据传送；并有多种计量单位选择、百分比设定、故障寻迹、计数等功能
电热恒温干燥箱	型号：5E-DHG 控温范围：50～250℃ 温度波动：±1℃ 工作室尺寸：450mm×550mm×550mm 外形尺寸：750mm×615mm×880mm 设备生产厂家：长沙开元仪器股份有限公司		
	仪器特点：该仪器外壳均采用优质钢板表面烘漆，工作室内胆及搁板材质均为不锈钢，中间层充填超细玻璃棉隔热；箱门中上方设有双层钢化玻璃观察窗，工作室与箱门连接处装有耐高温硅橡胶密封圈；箱内加热恒温系统主要由装有离心式叶轮的德国原装进口低噪声电动机、电加热器、合适的风道结构和控温仪组成；微电脑智能控温仪，采用自整定 PID 技术；设定温度和箱内温度同时均匀有数字显示，具有上限跟踪报警功能；轻触按键设定参数，具有数字定时功能		

名称	型号与规格	备　注
智能马弗炉	型号：5E-MF6000 最高温度：1000℃ 功率：≤3.5kW 控温范围：300～999℃ 温度分辨率：1℃ 控温精度：±2℃ 升温速度：15min 内升至 920℃ 炉膛尺寸：300mm×200mm×120mm 外形尺寸：740mm×400mm×670mm 室内温度：0～40℃ 相对湿度：RH≤80% 电源电压：AC 220V±10V；50Hz±1Hz 设备生产厂家：长沙开元仪器有限公司	
仪器特点：该仪器箱体和温控仪一体化；炉胆结构稳定，炉膛内从两侧和顶部 3 面加热，温度分布均匀；仪器配置国标坩埚及坩埚架；液晶中文清晰显示温度和时间		

4. 步骤

（1）全水分的测定 。全水分是指生物质燃料的外在水分和内在水分的总和。燃料的外在水分是指附着在燃料颗粒表面上或非毛细孔孔穴中的水分。在实际测定中，是指燃料样达到空气干燥状态所失去的那部分水。内在水分是指吸附或凝聚在燃料颗粒内部毛细孔中的水。在实际测定中，是指燃料样达到空气干燥状态时保留下来的那部分水。在燃料分析中，水分的测定包括全水分 M_t 和空气干燥基水分 M_{ad}。收到基水分是指燃料收到状态时存在的水分，与全水分可以混用。分析水分是指分析燃料样品在规定条件下测得的水分，与空气干燥基水分相互混用。

1）仪器、工具：①电热鼓风（恒温）干燥箱，型号为 101 - 1B 型或 5E - DHG 型；②电子天平，型号为 LD5001 型或 ES - 3002H 型，最大称量值为 3200g，感量为 10mg；③盛装容器，规格为 30mm×20mm，不锈钢托盘。

2）试验用标准温度和湿度。试验宜在温度为 20℃±2℃、相对湿度为 65%±3% 的条件下进行。

3）测定方法。将按制样方法中制备出的粒度小于 30mm 的试样，用已知质量的干燥、清洁的托盘称取 200g±10g（称准至 0.1g）试样，并均匀地摊平（使试样充满其容积的 1/2～2/3），然后放入预先鼓风并加热到 105～110℃ 的干燥箱中，在鼓风的条件下首次干燥 2h；直到达到下述的质量恒定要求。

将浅盘取出，1min 后称重，称准至 0.1g；如试样在 105～110℃ 下连续干燥 30mm，质量减少不超过 0.2g 或质量增加，则达到质量恒定，达到质量恒定的时间取决于试样的水分、粒度、烘箱内空气换气速度以及试样层厚度等因素。以上称量均称准至 0.1g。

为减少干燥时间，对于水分较高的燃料试样，可在称重后预先在微波炉内进行预烘，去除部分水分后再放入干燥箱内。用微波炉进行预烘时要控制好时间和强度，防止试样烘焦。

试样中全水分含量（%）按式（2 - 18）计算

$$M_t = \frac{m_1}{m} \times 100\% \qquad (2-18)$$

式中　M_t——试样的全水分含量，%；

　　　m_1——干燥后试样减少的质量，g；

　　　m——试样的质量，g。

（2）灰分的测定（缓慢灰化法）。灰分是指试样在规定条件下完全燃烧后所得的残留物，确切地说灰分是指燃料的灰分产率，它不是燃料中的固有成分，而是燃料在规定条件下完全燃烧后的残留物。灰分对燃料燃烧过程有着一定的影响。

1）仪器、设备：①电子分析天平，型号为 FA214 型或 BSA224S 型，最大称量值为 220g，感量为 0.0001g；②灰皿（瓷方舟），规格为 45mm×22mm×14mm；③智能马弗炉，型号为 YX-WK/MFL 型或 5E-MF6000 型；④干燥器。

2）测定方法。在预先灼烧至质量恒定的灰皿中，称取粒度小于 1mm 的空气干燥试样 1±0.1g，称准至 0.1mg；将灰皿送入温度不超过 100℃ 的马弗炉恒温区中，使炉门留有 15mm 左右的缝隙。在不少于 30min 的时间内，将炉温缓慢升至约 400℃（在此期间只能使挥发分逸出而不能着火），在此温度下保持 30min 后升至 815℃±10℃，关闭炉门，并在此温度下灼烧 1h；取出灰皿，先放在空气中冷却 5min 左右，再移入干燥器中冷却至室温（约 20min）后称量。每隔 0.5h 进行 1 次检查性灼烧，直至质量变化不超过 0.0010g 为止。灰分低于 15.00% 时，不必进行检查性灼烧。

空气干燥试样中的灰分（%）按下式计算：

$$A_{ad}(\%) = \frac{m_1}{m} \times 100\% \qquad (2-19)$$

式中　A_{ad}——空气干燥试样的灰分含量，%；

　　　m_1——灼烧后残留物的质量，g；

　　　m——试样的质量，g。

（3）挥发分的测定。挥发分是指试样在规定条件下隔绝空气加热，并进行水分校正后的质量损失。一般分析试样的含水率是与挥发分同时测定的。挥发分主要含有 H_2、CH_4 等可燃气体和少量的 O_2、N_2、CO_2 等不可燃气体。生物质挥发分含量一般为 76%~86%，远远高于煤，因此，挥发分的热解与燃烧是生物质转化利用的主要过程。影响挥发分测定的主要因素有：加热温度、加热时间和加热速度。其他诸如设备的型式和大小，试样容器的材料、形状、大小甚至容器的支架都会影响测定结果。因此，挥发分的测定方法是个典型的规范性方法。

1）测定原理。燃料在隔绝空气的容器内，在一定高温条件下，加热一定时间，燃料中有机物质和部分矿物质分解为气体释出。从气体质量中减去水分质量即为可燃物挥发分。

2）仪器、设备：①电子分析天平，型号为 FA214 型或 BSA224S 型，最大称量值为 220g，感量为 0.0001g；②挥发分专用坩埚及配套坩埚架；③智能马弗炉，型号为 YX-WK/MFL 型或 5E-MF6000 型；④干燥器；⑤秒表。

3）测定方法。精确称取分析试样 1g±0.1g（准确至 0.1mg），置于已经在 900℃±10℃ 灼烧恒重的专用坩埚中，并放在坩埚架上，迅速将坩埚架推至已预先加热至 900℃±10℃ 的智能马弗炉的恒温区，并立即开动秒表，关闭炉门。准确灼烧 7min，迅速取出坩埚架，在空气中冷却 5min，再将坩埚置于干燥器内冷却至室温，称量。

试样干燥基挥发分按式（2-20）计算

$$V_{ad} = \frac{m_1}{m} \times 100\% - M_{ad} \qquad (2-20)$$

式中　V_{ad}——试样干燥基挥发分含量，%；

　　　m_1——灼烧后残留物的质量，g；

　　　m——试样的质量，g；

　　　M_{ad}——空气干燥基水分，%。

（4）焦渣特征与固定碳的计算。焦渣特征：挥发分测定后，坩埚中残留物称焦渣，观察焦渣的形态并用手指碾压比较其硬度。固定碳含量：测出空干基试样的水分、灰分、挥发分后，可用计算方法算出固定碳含量 FC，即

$$FC = 100\% - (W_{ad} + A_{ad} + V_{ad}) \qquad (2-21)$$

任务 3　生物质燃料发热量

【教学内容】

2.3.1　发热量的定义

1. 发热量的定义

以生物质为原料制造能源和燃料时，生物能源含有能量的多少是重要影响因素。生物能源含有能量的指标常用发热量来表示，发热量是生物质完全燃烧产生的热量，也称为燃烧热。发热量取决于生物质中含有成分的组成比、构成元素的种类及比例（特别是碳元素的含量）。一般分析结果表明，有机物含油率、含碳率越高，发热量也越高；而无机成分与能量值无关。

（1）弹筒发热量（Q_b）。单位质量的燃料（气体燃料除外）在充有 2.6～3MPa 过量氧气的氧弹内完全燃烧，其终态产物为 25℃下的二氧化碳、过量的氧气、氮气、硫酸、硝酸和液态水及固态灰分时所释放的热量称为弹筒发热量（氧弹测热计如图 2-17 所示）。

弹筒发热量是在实验室中用氧弹测热计测定的实测值。测量方法是将约 1g 的生物质燃料样置于氧弹中，氧弹内充满压力为 2.6～3MPa 的氧气，在此条件下对生物质燃料样进行点火燃烧，燃烧后，使燃烧产物冷却到生物质燃料的原始温度（约 20～25℃），在这样的条件下，单位质量的生物质燃料所放出的热量即为弹筒发热量。生物质燃料样中的

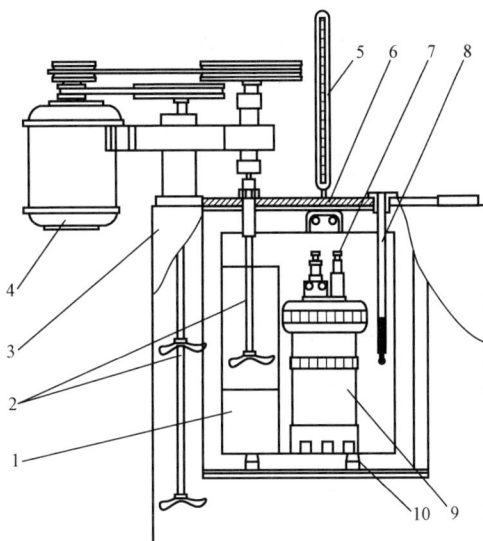

图 2-17　氧弹测热计

1—内筒；2—搅拌器；3—外筒；4—搅拌电机；5—外筒温度计；6—内筒盖；7—电极；8—测温装置；9—氧弹；10—绝热支柱

碳完全燃烧生成 CO_2，氢燃烧经冷却后生成液态水。由于氧弹中有过量的氧存在，生物质燃料中的硫和氮在氧弹内燃烧生成 SO_3 和氮氧化合物，并将生成物溶于事先置于氧弹内的水中，形成硫酸和硝酸。在成酸过程中，伴有热量放出，因此总热量中包括了硫酸和硝酸的生成热，因而弹筒发热量要比煤在锅炉中的实际燃烧中所放出的热量要高。

（2）高位发热量（Q_{gr}）。当 1kg 的生物质燃料完全燃烧，形成的水蒸气又凝结成水时，生物质燃料所释放的热量，即弹筒发热量中的终态产物中氮氧化物和硫氧化物以气态存在，且其余均相同，则此时所放出的热量称为生物质燃料的高位发热量，显然，高位发热量包括燃料燃烧时所生成的水蒸气的汽化潜热。

生物质燃料在常压空气流中实际燃烧时，由于空气中所含的氧与弹筒中的氧相比，量较少，生物质燃料中的硫燃烧时，不能被氧化成 SO_3，所形成的产物只能以 SO_2 的形式存在，生物质燃料中的氮可能因氧量不足而不可能完全变成氮氧化合物，而有可能转变为游离态的氮，生物质燃料的燃烧产物水冷却到生物质燃料的原始温度（约 $20\sim25℃$）时，呈液态。因此，生物质燃料中的硫和氮不一定能形成硫酸和硝酸，即使形成硫酸和硝酸，所放出的热也不一定能够为生产所利用。

弹筒发热量 Q_b 减去生物质燃料中硫和氮在高压氧气中生成酸时的形成热和溶解热所剩余的热量即为高位发热量。高位发热量是生物质燃料在空气中完全燃烧时所放出的热量，能表征生物质燃料作为燃料使用时的主要质量标准。

（3）低位发热量（Q_{net}）。当 1kg 的生物质燃料完全燃烧，形成的水蒸气没有凝结成水时，生物质燃料所释放的热量称为生物质燃料的低位发热量。

在做生物质燃料的弹筒发热量测定时，生物质燃料是以干燥状态燃烧的。而进入炉膛内燃烧的生物质燃料则是原始形态的生物质燃料，包括外在水分及内在水分。生物质燃料在燃烧时，有两部分热量损失，一是生物质燃料中的水分蒸发需吸收一部分热量，蒸发掉的水蒸气以烟的形式排放到大气中，因排烟温度较高（一般情况下在 135℃ 以上），没有再凝结成水。水蒸气吸收的汽化潜热便被排入大气中，不能被利用；二是生物质燃料燃烧后的产物水在此温度下，以蒸汽的状态存在，也像蒸发掉的水蒸气一样，以烟的形式排放到大气中，水蒸气的凝结热被带入大气中。而生物质燃料在氧弹中燃烧时，其燃烧产物的最终温度一般在 25℃ 左右。在此温度下，水蒸气完全凝结成水，在凝结过程中放出热量。因此，燃料在实际燃烧中燃烧所放出的被有效利用的热量比在氧弹量热计中所测出的热量少，所减少的热量包括水的汽化潜热。生物质燃料的高位发热量减去水的汽化潜热，即得低位发热量，由此可见，高、低位发热量的差别在于汽化潜热，每千克水蒸气的汽化潜热约 2.5kJ。烟气中的水蒸气主要来自生物质燃料中所含的水分和生物质燃料中的氢燃烧后生成的水蒸气。实际运行中，锅炉的排烟温度不会低于 100℃，因此，烟气中的水蒸气不会凝结成水而放出汽化潜热，所以锅炉能利用的仅是生物质燃料的低位发热量。

2. 发热量间的换算

（1）由弹筒发热量换算为高位发热量。弹筒发热量 Q_b 减去生物质燃料中硫和氮生成酸时的形成热和溶解热所剩余的热量即为高位发热量。因此在计算高位发热量时，必须确定硫和氮生成酸时的形成热和溶解热。

弹筒发热量换算为高位发热量的公式为

$$Q_{gr,ad} = Q_{b,ad} - (95S_{b,ad} + \alpha Q_{b,ad}) \tag{2-22}$$

式中　$Q_{gr,ad}$——生物质燃料的高位发热量，J/g；

　　　$Q_{b,ad}$——生物质燃料的弹筒发热量，J/g；

　　　$S_{b,ad}$——由弹筒洗液中所测得的含硫量，%；

　　　α——生物质燃料中的氮燃烧形成硝酸时生成热的比例系数。

（2）由高位发热量换算低位发热量。高位发热量减去水的汽化潜热即得低位发热量。参考 GB 213—2008《煤的发热量测定方法》中的规定，生物质燃料在恒容状态下燃烧时放出的热量等于恒容状态下高位发热量减去水（包括分析水、表面水、氢燃烧生成水）在 25℃下的蒸发热，即有

$$Q_{net,V} = Q_{gr,V} - q_V \qquad (2-23)$$

式中　$Q_{net,V}$——恒容低位发热量，J/g；

　　　$Q_{gr,V}$——恒容高位发热量，J/g；

　　　q_V——恒容状态下水的汽化潜热，J/g。

可得低位发热量的计算式为

$$Q_{net,V} = Q_{gr,V} - 206\mathrm{H} - 23M \qquad (2-24)$$

式中　H——生物质燃料中氢含量，%；

　　　M——某一基准下生物质燃料中的水分含量，%。

（3）各基准间发热量的换算。如上所述，低位发热量是生物质燃料中真正可有效利用的发热量，由于生物质燃料中含有全水分，所以必须用收到基低位发热量作为计算的基准。实际工作中由于不同需要，各基准间往往存在着换算，通常情况下，在进行各种基准低位发热量换算之前，需将该基准低位发热量换算成该基准下的高位发热量，然后再进行基准间的换算。这种不同基准间低位发热量的换算较为繁琐，而且易出现错误。为了方便各基准间的直接换算，将公式列于表 2-13。

表 2-13　　　　　　　　　　各基准低位发热量的直接换算公式

已知的基	要 换 算 到 的 基			
	收到基	空气干燥基	干燥基	干燥无灰基
收到基	—	$Q_{net,ad} = (Q_{net,ar} + 23M_{ar})$ $\times \dfrac{100 - M_{ad}}{100 - M_{ar}} - 23M_{ad}$	$Q_{net,d} = (Q_{net,ar} + 23M_{ar}) \times \dfrac{100}{100 - M_{ar}}$	$Q_{net,daf} = (Q_{net,ar} + 23M_{ar})$ $\times \dfrac{100}{100 - M_{ad} - A_{ar}}$
空气干燥基	$Q_{net,ar} = (Q_{net,ad} + 23M_{ad})$ $\times \dfrac{100 - M_{ar}}{100 - M_{ad}} - 23M_{ar}$	—	$Q_{net,d} = (Q_{net,ad} + 23M_{ad}) \times \dfrac{100}{100 - M_{ad}}$	$Q_{net,daf} = (Q_{net,ad} + 23M_{ad})$ $\times \dfrac{100}{100 - M_{ad} - A_{ad}}$
干燥基	$Q_{net,ar} = Q_{net,d} \times$ $\dfrac{100 - M_{ar}}{100} - 23M_{ar}$	$Q_{net,ad} = Q_{net,d} \times$ $\dfrac{100 - M_{ad}}{100} - 23M_{ad}$	—	$Q_{net,ar} = Q_{net,d} \times$ $\dfrac{100}{100 - A_d}$
干燥无灰基	$Q_{net,ar} = Q_{net,daf} \times$ $\dfrac{100 - M_{ar} - A_{ar}}{100} - 23M_{ar}$	$Q_{net,ar} = Q_{net,daf} \times$ $\dfrac{100 - M_{ad} - A_{ad}}{100} - 23M_{ad}$	$Q_{net,ar} = Q_{net,daf} \times$ $\dfrac{100 - A_d}{100}$	—

2.3.2　典型生物质的发热量

在利用生物能源时，生物质的发热量是重要评价指标。而生物质原料的发热量大小与生物质原料中可燃成分的含量有关，但由于生物质原料并不是各种成分的机械混合物，而是存

在极其复杂的化合关系，因而生物质原料的发热量不能简单地用各种可燃元素的发热量的算术和求取，主要借助氧弹测热器进行测定。也就是说，将使生物质原料样置于充满压力氧的氧弹中燃烧，放出的热量被氧弹外的水所吸收，测出水的温升并通过必要的计算和修正便可计算出生物质原料的发热量。表 2-14 列举出几种典型生物质的发热量。

表 2-14　　　　　　　　　　　　　几种典型生物质的发热量　　　　　　　　　　　单位：kJ/kg

生物质种类	高位发热量	低位发热量	生物质种类	高位发热量	低位发热量
麦秸	19 878	18 477	棉秸	19 367	18 079
稻草	18 440	17 242	花生壳	23 015	21 501
稻壳	19 814	18 413	柳木	19 388	18 055
玉米秸	19 508	18 512	杨木	20 485	19 129
玉米芯	17 389	17 157	松木	20 149	18 793

表 2-15 中列出了代表性生物质的含水率、有机物含量、灰分含量和高位发热量。一般地，含水率通过在 1 个大气压下 100～105℃放置时的质量减少量求得。生物质含水率的变化幅度很大，低至 2%～3%（木炭和纸），高至 98%（浓缩污泥）。树木（采伐加工后的木料）的含水率大约在 50%～60%。当希望通过物质燃烧获得能量（热）时，最终能利用的发热量正是燃烧成立的最低条件。一般对生物质而言，含水率超过 2/3 时有效发热量为负值，因此，即使生物质自身含有较高的发热量，自然存在状态下的高含水率所造成的低有效发热量也会使其不适于燃烧，例如剩余污泥和布袋草（一种日本承草）在干燥状态下发热量较高，但收获时的含水率为 90%左右，是不适合燃烧的。所以，在选择能量转化工艺时，含水率是十分重要的考察因素。

表 2-15 表示了灰分含量与燃料发热量间的关系，灰分含量是通过将生物质加热灰化后残余的残渣求得的。灰化过程中灰分（金属）与氧结合，形成的均为氧化物，因此与在生物质中存在的初始形态是不可能一致的。灰分的能量价值为 0，所以灰分含量高的生物质不适于做能源生产原料，因为其发热量太低，比如家畜粪便和活性污泥灰分含量较大，其发热量就对应较低。

表 2-15　　　　　　　　　　　　代表性生物质的性状（质量分数）

分类	生物质	含水率（%）	有机物含量（%）	灰分含量（%）	高位发热量（MJ/kg）
废弃物	家畜粪便	20～70	76.5	23.5	13.4
	活性污泥	90～97	76.5	23.5	18.3
	除尘污泥	90～98	73.5	26.5	19.9
	RDF	15～30	86.1	13.9	12.7
	锯屑	15～60	99.0	1.0	20.5
草本	木薯	20～60	96.1	3.9	17.5
	大戟属植物	20～60	92.7	7.3	19.0
	蓝草	10～70	86.5	13.5	18.7
	高粱	20～70	91.0	9.0	17.6
	柳枝戟	30～70	89.9	10.1	18.0

续表

分类	生物质	含水率（%）	有机物含量（%）	灰分含量（%）	高位发热量（MJ/kg）
木质（树木）	赤杨	30～60	99.0	1.0	20.1
	棉	30～60	98.9	1.1	19.5
	桉树	30～60	97.6	2.4	18.7
	白杨	30～60	99.0	1.0	19.5
	美国杉树	30～60	99.8	0.2	21.0
	梧桐	30～60	98.9	1.1	19.4
副产物	纸	3～13	94.0	6.0	17.6
	树皮（松树）	5～30	97.1	2.9	20.1
	稻草	5～15	80.8	19.2	15.2
生物质原料	伊利诺伊沥青炭	5～10	91.3	8.7	28.3
	北达科达褐炭	5～15	89.6	10.4	14.0
泥炭	里多赛奇泥炭	70～90	92.3	7.7	20.8

表 2-16 列举出了一些代表性的生物质的碳元素含量与燃料高位发热量的对应关系。可以看出，生物质主要结构、碳含量与高位发热量之间有密切联系，纤维素、半纤维素是糖（己糖和戊糖等单糖）的高聚物，其碳元素含量、发热量大致与多糖类相同。

表 2-16　　　　　　　代表性生物质的碳元素含量与燃料高位发热量

主要结构成分	碳元素含量（质量分数,%）	高位发热量（MJ/kg）
单糖类	40	15.6
2糖类	42	16.7
多糖类	44	17.5
粗蛋白	53	24.0
木质素	63	25.1
脂质	76～77	39.8
淀粉类	88	45.2
粗碳水化合物	41～44	16.7～17.7
粗纤维	47～50	18.8～19.8
粗甘油3酯	74～78	36.5～40.0

表 2-17 列出了代表性的生物质和其他有机燃料的元素分析结果与发热量的数据。生物质中所含的有机物与其构成元素种类和组成有重要关系。一般来说，生物质的有机物含量与发热量的关系是：有机物含量越高（碳元素含量越高），生物质的发热量就越高。生物质与生物质原料、石油相比氧元素含量较高，而碳、氢的含量较低，所以单位质量的发热量比生物质原料、石油低。大多生物质的碳、氢元素含量分别为 45%～50% 和 5%～6%，其有机物中的碳、氢元素变化幅度很小是因为生物质的主要构成成分为纤维素和本质素等有限的几种物质。

表 2 - 17 　　　　　　　　代表性的生物质和其他有机燃料的元素分析结果与发热量

项　　目	纤维素	松树	肯塔基蓝草	大型海带	水葫芦	家畜粪便	RDF	污泥	泥炭	沥青炭
元素组成 （质量分数，%）										
碳	44.44	51.8	45.8	27.65	41.1	35.1	41.2	43.75	52.8	69.0
氢	6.22	6.3	5.9	3.73	5.29	5.3	5.5	6.24	5.45	5.4
氧	49.34	41.3	29.6	28.16	28.84	33.2	38.7	19.35	31.24	14.3
氮	—	0.1	4.8	1.22	1.96	2.5	0.5	3.16	2.54	1.6
硫	—	0	0.4	0.34	0.41	0.4	0.2	0.97	0.23	1.0
灰分	—	0.5	13.5	38.9	22.4	23.5	13.9	26.53	7.74	8.7
其他 （质量分数，%）										
水分	—	5～50	10～70	85～95	85～95	20～70	18.4	90～98	84.0	7.3
有机成分	—	99.5	86.5	61.1	77.7	76.5	86.1	73.47	92.26	91.3
灰分	—	0.5	13.5	38.9	22.4	23.5	13.9	26.53	7.74	8.7
高位发热量 （MJ/kg）										
以干物质计	17.51	21.24	18.73	10.01	16.00	13.37		19.86	20.79	28.28
以恒湿无灰基（maf）计	17.51	21.35	21.65	16.38	20.59	17.48	12.67	27.03	22.53	30.97
以碳元素计	39.40	41.00	40.90	36.20	38.93	38.09		45.39	39.38	40.99

2.3.3　生物质燃料发热量测试

1. 目的

（1）掌握生物质原料的发热量测定原理及自动恒温式热量计测定发热量的步骤和方法。

（2）了解热容量及仪器常数的标定方法。

2. 原理

使一定量的样品在充满高压氧气的弹筒（浸没在一定重量的水中）内完全燃烧，生成的热被水吸收，水温升高，由水的升高温度计算样品发热量。

3. 仪器与设备、药剂

ZDHW - 5 型微机全自动量热仪、天平（感量为 0.1mg）、0～6MPa 氧气减压门、药匙、毛刷、洗瓶、点火丝（一般为已知质量和发热量、直径为 0.3mm 的镍铬丝）、擦镜纸、苯甲酸、棉线（规定长度为 10cm，已知热量约为 150J）、小剪刀、蒸馏水或除盐水、氧气、活动扳手。

4. 准备工作

接通电源，仪器"嘟嘟"报讯 4 声，显示内筒和外筒温度、日期及时间；同时放水，外筒搅拌 2min。除"复位"外，按任意键停止放水和外筒搅拌。或按功能键进入相应程序。打印机指示灯亮，并打印 1 条直线，处于待命状态。

5. 量热仪的标定

将燃烧皿清理干净，并准确称重（精确至 0.2mg），然后去皮，放入已知发热量的基准物质苯甲酸（饼状），并准确称重（精确至 0.2mg），记录下苯甲酸的质量，放入弹筒架上，装上点火丝（保持两头不要有过多多余的点火丝，以免影响数值），然后在点火丝上系上棉线，将棉线保持在中心并垂入燃烧皿内，将弹筒用蒸馏水或除盐水冲洗干净，然后加入10mL 蒸馏水或除盐水在弹筒内，将弹筒架垂直放入弹筒内并压紧、密封好，盖上弹盖，并小心旋紧，保证气密，接上导气管，缓慢充入氧气，直至弹筒内压力至 2.8～3.0MPa（充氧时间一般为 30s），拆下氧气导气管。然后将弹筒垂直拿好放入量热仪内筒中心（放入三脚架上，注意不要将弹筒提手靠到加水管上以免形成短路）。仪器自动测定后，如果 5 次结果中有超出 40J 的，则再补做 1 次或两次，若仍不能满足需求，应查明原因重新标定。

　　6. 测定过程

　　（1）样品的准备。在感量为 0.1mg 的天平上称取两张擦镜纸记录下质量，然后在擦镜纸上称取 1.0g±0.1g 燃料试样，记录下试样的质量，然后将其用称量过的擦镜纸包好，放入燃烧皿内。

　　首先精确地称取（1.0+0.1）g 试样，称准至 0.2mg，并用已知质量和发热量的擦镜纸包好，用手压紧，放入燃烧皿中。

　　包纸热测定：抽取 3～4 张擦镜纸，用手团紧，称准质量，放入燃烧皿中，然后按常规方法测定发热量，取三次结果的平均值。

　　（2）安装点火丝。取 0.3mm 粗的点火丝约 10cm 长，中部绕成螺旋状，安装在遮火罩上的电极间，并注意点火丝不要接触遮火罩，以免形成短路，把已知重量的棉线一端夹紧在点火丝上，另一端搭接在试样上。棉线选用粗细均匀，不涂蜡的白棉线。

　　为避免试验中点火失败，可以在试验前试点火 1 次，方法：将点火丝接在两电极柱上，并放在点火支架上，接上点火电极插头，按【点火】键，点火丝应在 4s 内达到暗红。

　　氧弹中加入 10mL 蒸馏水，拧紧氧弹盖，放在充氧仪上充氧，充至压力为 2.8～3.0MPa（28～30 个标准大气压）。氧气 99.5% 纯度，不含可燃成分，不允许使用电解氧。内筒加水 2500g 左右，将氧弹放入内筒，水应淹没氧弹盖的顶面 10～20mm（注意每次试验时用水量应一致，相差 1g 以内）。观察氧弹的气密性，氧弹应无气泡漏出，如漏气，应找出原因或更换胶垫，处理好后重新充氧。把氧弹放在内筒的支架上盖上顶盖。

　　（3）按【设定】键，测试开始。液晶显示器显示内筒温度和试验时间，5min 后显示内筒温度 t_0 和外筒温度 t_j，并通电点火，仪器"嘟嘟"报讯 4 声，开始重新计时，如果点火 1min 后，温升小于 0.05℃，则点火失败，仪器"嘟嘟"报警 10 声，显示点火失败试验终止，如 0.5min 内温度急剧上升，则表明点火成功，当测到最高温升点 t_n 时，仪器"嘟嘟"报讯 4 声，搅拌器停止搅拌，显示并打印出试验结果，放水、外筒搅拌 2min；按任意键停止放水、搅拌返回待命状态；或按【测试】键进行下一次测试。

　　如果 5 次结果中有超过 40J 的，则再补做一次或两次，若仍不能满足要求，应查明原因重新标定。

　　测试结果偏差较大，应检查以下几方面。

　　1）试样及内筒水的称量是否准确。

　　2）相关参数是否正确。

　　3）仪器内、外筒水温的测试是否准确（误差小于 0.5℃）。

　　4）试样是否完全燃烧，弹筒内应无黑渣。

7. 注意事项

（1）新氧弹和新换部件（弹筒、弹头、连接环）的氧弹应经 20.0MPa 的水压实验，证明无问题后方能使用。此外，应经常注意观察与弹筒强度有关的结构，入弹筒和连接环的螺纹、进气门、出气门和电极与弹头的连接处等，如发现磨损或松动显著，应进行修理，并经水压实验合格后再用。弹筒还应定期进行水压实验，每次水压实验后，氧弹的使用时间一般不应超过 2 年。当使用多个设计制作相同的氧弹时，每一个氧弹都应作为一个完整的单元使用。氧弹部件的交换使用可能导致发生严重的故事。

（2）实验室应设在单独的房间，不得在同一实验室进行其他试验项目。室温应尽量保持恒定，每次测定时，室温变化不应超过 1℃，冬夏季室温以不超出 15～35℃ 的范围为宜。室内应无强烈的空气对流，因此不应有强烈的热源和风扇等，实验过程中应避免开启门、窗。试验室最好朝北，以避免阳光照射，否则热量计应放在不受阳光直射的地方。

（3）当钢瓶中氧气压力降低到 5.0MPa 以下时，充氧时间应酌量延长；压力降低到 4.0MPa 以下时，应更换新的钢瓶氧气。

小 结 与 讨 论

小结：本项目首先对常见生物质原料资源进行细致的分类，分成能源作物与废弃物等两大类。详细分析各类生物质原料的物理、化学特性，并针对其特性归纳总结各种原料的收集、运输和储存方法，从生物质原料实际利用工程需求出发，依次介绍干燥、粉碎、原料成型等预处理手段。详细说明了生物质燃料的化学组分、元素分析及工业分析，其中工业分析项目为水分、挥发分、固定碳和灰分，分析生物质燃料特点以及实际运行中工业分析对锅炉燃烧影响，阐述燃料发热量相关概念以及生物质燃料发热量的测定方法，并给出了常用生物质燃料的发热量。

讨论：在传统化石能源储量日趋紧张的现在，试想还有哪一些生物质原料可以被利用，以及能否找到一种或几种较易利用的生物质原料，并用现代工业、农业新技术加速它们的生成与储备，使之成为人类能大量利用的新型绿色能源。

习 题 训 练

1. 常用生物质原料的物理特性有哪些？
2. 生物质原料的特性如何影响它们在实际中的使用？
3. 生物质原料的常用预处理方法有哪些？
4. 常用预处理方法都能在哪些方面改善生物质原料的使用性能？
5. 什么是生物质燃料元素分析、工业分析？
6. 燃料元素分析和工业分析在实际应用中有何作用？两种方法的异同、侧重点是什么？
7. 试述生物质燃料发热量的测定方法。
8. 试述生物质燃料全水分的测定方法。
9. 灰分含量及特性对锅炉运行有何影响？
10. 生物质燃料水分含量对燃烧有何影响？

11. 生物质燃料挥发分对燃烧有何影响?

12. 已知某生物质的工业分析和元素分析数据见表 2 - 18。根据数据说明生物质燃料的特点，并求单位质量生物质燃烧所需的理论空气量与烟气量。

表 2 - 18　　　　　　　　　　某生物质的工业分析和元素分析数据

生物质	工业分析（质量分数,%）				元素组成（质量分数,%）						低位发热量 (kJ/kg)
	水分	灰分	挥发分	固定碳	H	C	O	S	N	K_2O	
杂草	5.43	9.40	68.27	16.40	5.24	41.0	0.22	1.59	1.68	13.60	16 203
稻草	4.97	13.86	65.11	16.06	5.06	38.3	0.11	0.63	0.15	11.28	13 980

项目 3

生物质直燃发电设备及系统

【项目描述】

通过本项目学习,使学生知道生物质的燃烧过程及生物质直燃发电原理,能描述生物质直燃发电设备型式、特性及工作原理,熟悉生物质直燃电厂系统、设备及运行操作要点,了解生物质直燃电厂污染物防治措施及腐蚀结渣的防治方法。

【教学目标】

知识目标:
(1) 掌握生物质直燃发电原理。
(2) 熟悉常见的生物质直燃发电厂设备及其工作原理和应用现状。
(3) 掌握循环流化床的燃烧特点,循环流化床锅炉的构成和运行注意事项。
(4) 熟悉生物质直燃发电厂的系统组成。
(5) 了解生物质直燃电厂污染物处理及腐蚀结渣的防治。

能力目标:
(1) 能说出生物质直燃发电原理。
(2) 能说出常见生物质直燃发电设备的类型及适应性。
(3) 能绘图说明循环流化床的工作过程。
(4) 能描述生物质循环流化床锅炉运行操作要点。
(5) 能绘图说明生物质直燃电厂的系统组成。
(6) 能分析说明典型的直燃电厂各设备作用、系统组成。

任务 1 生物质直燃发电工艺原理

【教学内容】

3.1.1 生物质燃烧的基本特性

生物质燃料挥发分高、含氧量高、灰量偏少、燃料及灰密度低。具有容易着火(300℃左右)、燃尽率低、CO排放量较大的特点,燃烧特性总体劣于煤。需要说明的是,本项目中涉及生物质燃料,不做特殊说明的话,专指诸如秸秆、薪柴等为主的农林废弃物,以区分其他生物质燃料,比如生活垃圾等。

生物质燃料的燃烧过程是强烈的化学反应过程，又是燃料和空气间的传热、传质过程。燃烧除燃料外，必须有足够温度的热量供给和适当的空气供应。燃烧过程可分为预热、干燥（水分蒸发）、挥发分析出和焦炭（固定碳）燃烧等过程。生物质燃料的燃烧过程如图3-1所示。

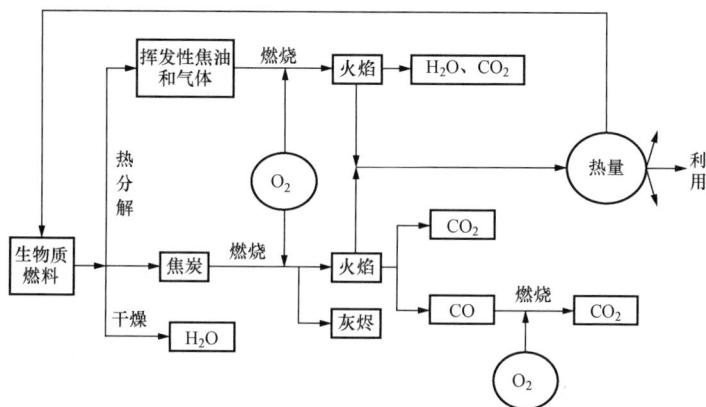

图3-1　生物质燃料的燃烧过程

燃料送入燃烧室后，在高温热量（由前期燃烧形成）作用下，燃料被加热和析出水分。随后，燃料由于温度的继续增高（约250℃左右），热分解开始，析出挥发分，并形成焦炭。气态的挥发分和周围高温空气掺混首先被引燃而燃烧。一般情况下，焦炭被挥发分包围着，燃烧室中氧气不易渗透到焦炭表面，只有当挥发分的燃烧快要终了时，焦炭及其周围温度已很高，空气中的氧气也有可能接触到焦炭表面，焦炭开始燃烧，并不断产生灰烬。从上述说明可以看出，产生火焰的燃烧过程为两个阶段：即挥发分析出燃烧和焦炭燃烧，前者约占燃烧时间的10%，后者则占90%。与煤相比，生物质燃料在燃烧过程中有以下一些特点。

（1）含碳量较少，含固定碳少。生物质燃料中含碳量最高的也仅50%左右。相当于生成年代较少的褐煤的含碳量，特别是固定碳的含量明显地比煤炭少，因此，生物质燃料发热量较低，炉内温度场偏低，组织稳定的燃烧比较困难。

（2）含氧量多。生物质燃料含氧量明显地多于煤炭，它使得生物质燃料发热量低，但易于引燃，在燃烧时可相对地减少供给空气量。

（3）密度小。生物质燃料的密度明显地较煤炭低，质地比较蓬松，特别是农作物秸秆和粪类。这样使得这类燃料易于燃烧和燃尽，灰烬中残留的碳量较燃用煤炭者少。

（4）含硫量低。生物质燃料含硫量大多少于0.2%，燃烧时不必设置气体脱硫装置，降低了成本，又有利于环境的保护。

（5）生物质燃料在不同的季节燃料成分有所差别，燃料量也随季节的不同而改变，这就要求锅炉有较好的适应性以适应燃料的变化。

（6）生物质水分含量较多，燃烧需要较高的干燥温度和较长的干燥时间，产生的烟气体积较大，排烟热损失较高。

（7）生物质燃料含氢量稍多，挥发分较多。生物质燃料中的碳多数和氢结合成低分子的碳氢化合物，在250℃时热分解开始。在325℃时就已开始十分活跃，350℃时挥发分能析出 80%。挥发分析出时间较短，若空气供应不当，有机挥发分不容易被燃尽而排出，排烟为黑色，严重时为浓黄色烟。所以在设计燃用生物质燃料的设备时，必须有足够的扩散型空气供给，燃烧室必须有足够的容积和一定的拦火，以便有一定的燃烧空间和燃烧时间。

（8）挥发分逐渐析出和烧完后，燃料的剩余物为疏松的焦炭，焦炭燃烧受到灰烬包裹和空气渗透较难的影响，妨碍了焦炭的燃烧，造成灰烬中残留余碳。为促进焦炭的燃烧充分，此时应适当加以捅火或加强炉箅的通风。但通风过强气流运动会将一部分碳粒裹入烟道，形成黑絮，降低燃烧效率。

（9）普通燃煤循环流化床锅炉的燃料发热量较高，比重较大，煤炭的流动性与破碎的秸秆相比要好得多。而秸秆和稻壳等燃料发热量较低，普遍在 12 552J/kg 以下，燃烧后灰分中碱性金属含量较高，飞灰熔点较低，容易结渣，燃料与燃料之间难以流动，生物质燃料由于颗粒之间摩擦力较大产生严重搭桥现象，造成下料比较困难。此外生物质秸秆进入炉膛燃烧以后，由于其比重较轻，在炉膛内停留的时间比较短，部分飞灰来不及完全燃烧就被带入分离器，而且飞灰被分离器分离后有可能在立管和回料阀中进行二次燃烧，这就是锅炉的返料器温度有时比较高的原因之一，如果温度超过其灰分的软化温度和熔融温度后，就会产生结焦现象，限制锅炉出力。

由此可见，生物质燃烧设备的设计和运行方式的选择应从不同种类生物质的燃烧特性出发，才能保证生物质燃烧设备运行的经济性和可靠性，提高生物质开发利用的效率。

3.1.2　生物质直接燃烧发电工艺流程

生物质直接燃烧发电的原理是生物质锅炉设备利用生物质直接燃烧后的热能产生蒸汽，再利用蒸汽推动汽轮发电系统进行发电，在原理上与燃煤锅炉火力发电相似，其蒸汽发电部分与常规的燃煤电厂的蒸汽发电部分基本相同，工艺流程如图 3-2 所示。

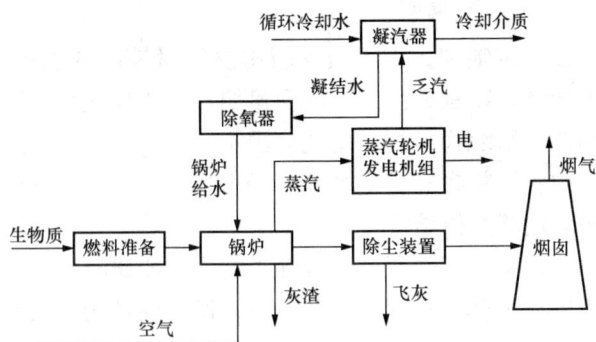

图 3-2　生物质直接燃烧发电工艺流程

将生物质原料从附近各个收集点运送至电站，经预处理（破碎、分选）后存放到原料存储仓库（仓库容积要保证可以存放 5 天的发电原料量），然后由原料输送车将预处理后的生物质送入锅炉燃烧，通过锅炉换热，利用生物质燃烧后的热能将锅炉给水加热成为具有一定压力、温度的合格的过热蒸汽，为汽轮发电机组提供汽源、进行发电。生物质燃烧后的灰渣落入出灰装置，由输灰机送到灰坑，进行灰渣处置。而燃烧产生的烟气则经过烟气处理系统后由烟囱排放入大气中。

任务 2　生物质燃烧设备

【教学内容】

3.2.1　层燃炉

生物质燃烧设备的作用是供应燃料和燃烧空气，实现燃料与空气的分布和充分混合，利于燃料点燃并维持稳定连续的燃烧，实现燃料燃尽并释放出热量，并将热量传递给需要的工质，同时实现低的污染物排放，适宜的设备设计取决于燃料的类型、燃料特性以及所期望的能量形式（热、蒸汽、电力）。下面介绍常见的生物质层燃炉的结构及燃烧特性。

1. 工作特点及分类

层燃方式是生物质直接燃烧中最为常用的方式。其特点是，空气从炉排下部送入，流经一定厚度的燃料层并与之反应，层燃炉燃料层的移动与气流基本上无关。燃料的一部分（主要是挥发分释放之后的焦炭）在炉排上发生燃烧，而燃料大部分（主要是可燃气体和燃料碎屑）在炉膛内悬浮燃烧。在层燃方式下，燃料不需要特别的破碎加工，有较好的着火条件，锅炉房布置简单，运行耗电少，同时炉膛内储存大量的燃料，有充分的蓄热条件保证了层燃炉所特有的燃烧稳定性。但是层燃方式下燃料与空气的混合较差，燃烧速度相对较慢，可能影响锅炉出力和效率。炉排锅炉可用于高含水率、颗粒尺寸变化、高灰分含量的生物质燃料。

层燃炉中炉排的主要作用，一是燃料长度方向上的输送，二是炉排下进入的一次风的分配。层燃炉按照炉排形式和操作方式的不同，又分为固定倾斜炉排炉、往复炉排炉、旋转炉排炉、链条炉排炉和振动炉排炉等。炉排系统可以采用风冷或者水冷的冷却方式，对于农作物秸秆等灰熔点较低的生物质燃料可以避免结渣和延长炉排材料的寿命。

固定倾斜炉排炉，炉排不能移动，燃料受重力而沿着斜面下滑时燃烧，倾斜度是这种炉排的一个重要属性，其缺点主要是燃烧过程控制困难，燃料崩落、燃烧稳定性差等。

移动炉排炉，即链条炉排炉，燃料在炉排一侧给入，随炉排向着灰渣池方向输运过程中发生燃烧。其对燃烧的控制性能得到较大改善，也具有更高的燃尽效率。

往复炉排炉，在燃烧过程中通过炉排片的往复运动而翻动并运送燃料，直至最后灰渣输送到炉排末端灰池中，实现了更好的混合，因此可获得改善的燃尽效果。

振动炉排炉，炉排形成一种抖动运动，能够平衡地将燃料扩散并促进燃烧扰动，相对于其他运动炉排，其运动部件少，可靠性更高，并且碳燃尽效率也得到进一步提高，但可能引起飞灰量的增加，且振动可能引起锅炉密封、设备安全方面的问题。就目前国内外农业废弃物生物质电厂所采用的技术来看，振动炉排炉应用较为广泛。

（1）链条炉排炉。链条炉排炉基本结构如图 3-3 所示。燃料从位于锅炉前部的给料斗落至炉排上进入炉膛，并通过闸门调整燃料层厚度和给料量。炉排自前往后缓慢移动过程中发生燃料的干燥、着火、挥发分和焦炭燃烧燃尽，最后燃烧灰渣在炉排末端被排入灰渣坑。根据燃料种类和特性调整炉排速度，燃烧所需的一次风由炉排下方鼓入，而风室沿炉排长度方向被分成若干小段，每段风量可据燃烧需要单独调节。

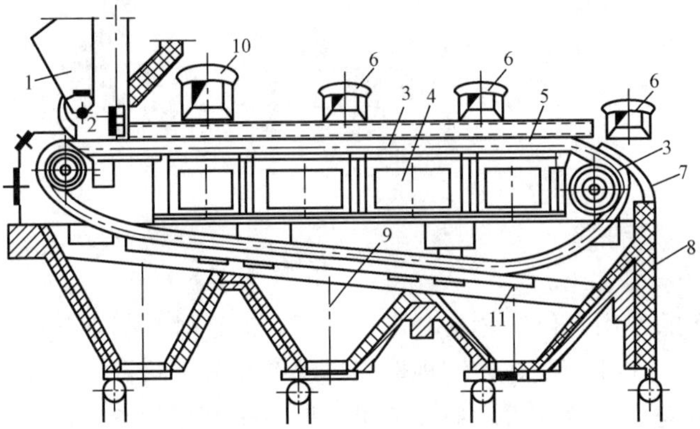

图 3-3　链条炉排炉基本结构简图

1—料斗；2—闸门；3—炉排；4—分段送风室；5—防焦箱；6—看火孔及检查孔；

7—老鹰铁；8—渣井；9—灰斗；10—人孔；11—下导轨

链条炉排炉的优势在于统一的燃烧条件和较低的粉尘排放，运行可靠，燃料适应性广，炉排维护和更换容易，而且相比于流化床，链条炉排炉对于结渣的敏感性低，对于中小规模的电厂，投资成本和运行成本较低。但是链条炉排炉燃烧过程扰动较弱，燃烧条件没有流化床均匀，燃料层几乎没有拨火效果，导致较长的燃尽时间，由于缺乏混合，均匀性较差的生物质燃料可能会存在架桥和炉排表面上分布不均匀的现象。

（2）振动炉排炉。图 3-4 所示为振动炉排炉结构示意图。振动炉排呈水平布置，主要构件有激振器，上、下框架，炉排片，及弹簧板等。激振器是炉排的振源，利用电动机带动偏心块旋转，从而驱使炉排振动。上框架为长方形，其横向焊有安装激振器用的大梁和一组平行布置的反"7"字横梁。炉排片用铸铁制成，通过弹簧和拉杆紧锁在相邻的两个反"7"字横梁上。上下框架由左右两列弹簧板连接，弹簧板与水平成 60°～70°夹角。弹簧板与下框架的联结有固定支点和活络支点两种。固定支点炉排的下框架通过地脚螺栓紧固在炉排基础上。活络支点振动炉排的弹簧板和下框架的连接是通过一个摆轴，弹簧板能沿着炉排纵向摆动。在弹簧板上开有圆孔，减震弹簧螺杆穿过圆孔固定在下框架的支座上，螺杆上套有上、下两个弹簧，通过调节螺杆上的螺母，来改变弹簧对弹簧板的压紧程度，从而改变炉排的固有频率。活络支点连接对减振有一定的作用，并可调节炉排的振动幅度。

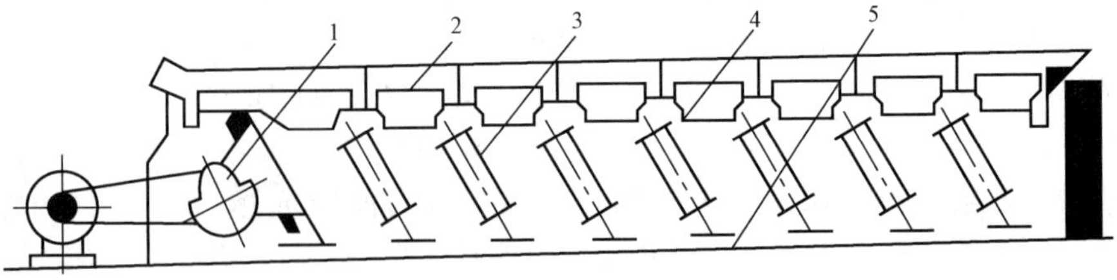

图 3-4　振动炉排炉结构示意图

1—激振器；2—炉排片；3—弹簧板；4—上框架；5—下框架

振动炉排炉的燃烧过程与链条炉排炉基本相似。燃料从炉排前料斗加入，经炉排振动带入炉膛，受到火床上部的辐射热，经过干燥、着火、燃烧、燃尽四个阶段，烧后的渣也因炉排振动而自动从尾部排入渣坑。燃烧中，一次风通过炉排面上布置的小孔从下部送入燃料床。振动炉排上燃料的着火也属单面着火，也需要分段送风、炉拱及二次风等措施。

与链条炉排炉不同的是，振动炉排炉上的燃料层不是匀速前进的，在振动停止间歇时间内，燃料层处于静止状态燃烧。为适应负荷高低而需要调整燃烧时，除像链条炉排炉那样增减炉排速度和通风量之外，还可以靠振动持续时间和间歇时间长短的调节来实现，炉排振动和间歇的时间长短与燃料属性、燃料层厚度和通风量有关，有一个自动调节的范围。

振动炉排炉由于炉排振动而具有自动拨火功能，燃料颗粒在振动时上下翻滚，增加了与空气的接触，燃烧比链条炉排炉强烈，炉排面积热负荷高于链条炉排炉。同时振动还阻止了较大结渣颗粒的形成，因此特别适合于秸秆、废木材等具有烧结和结渣倾向的燃料。振动炉排炉结构简单，运动部件少，金属耗量低，单位投资和运行成本较低，保证了可靠性，但也存在着一些问题。炉排在高频振动下工作，如同一个振动筛将细颗粒筛了下来，漏料量较高。同时，炉排振动时，燃料层被周期性抛起，此时炉排上通风阻力最小，风速最大，燃料中细颗粒就被高速气流吹起，造成大量飞灰，飞灰含碳量高，并可能引起较高的 CO 排放，造成锅炉热效率偏低。振动炉排运行时，炉排片基本位置不变。燃烧旺盛区域的炉排片始终在高温下工作，由于炉排振动，炉排上燃料上下翻滚，没有一个灰渣垫，炉排片直接与红火接触，工作条件较为恶劣，导致炉排片变形，产生裂缝和烧坏堵孔等现象。炉排振动时，其通风阻力明显下降，造成通风量增加，炉膛内形成正压环境，使火焰从炉门间隙喷出，烧坏炉门，这可采用炉膛负压自动调节装置来解决，此外炉排振动会带动锅炉房等其他设施振动，甚至发生共振，严重时会造成炉墙倒塌等事故。因此设计和调试时应将炉排共振频率与其他设施固有频率错开，并采用活络支点连接、装防振垫等减振措施。

采用层燃技术开发生物质能，锅炉结构简单、操作方便、投资与运行费用都相对较低。由于锅炉的炉排面积较大，炉排速度可以调整，并且炉膛容积有足够的悬浮空间，能延长生物质在炉内燃烧的停留时间，有利于生物质燃料的充分完全燃烧。但生物质燃料的挥发分析出速度很快，燃烧时需要补充大量的空气，如不及时将燃料与空气充分混合，会造成空气供给量不足，难以保证生物质燃料充分地燃烧，从而影响锅炉的燃烧效率。

生物质层燃炉适用于含水率较高、颗粒尺寸变化较大及灰分含量较高的生物质，一般额定功率小于 20MW。

2. 主要特性参数

对于层燃锅炉，反映燃烧设备工作特定的主要参数有炉排面积热负荷、炉膛容积热负荷以及炉排通风截面比等，通常这些参数也用于锅炉的设计和评价等。

（1）炉排面积热负荷。单位炉排面积所能发出的功率，或单位炉排面积在单位时间内燃料燃烧放出的热量，标志着炉排面上燃料燃烧的剧烈程度。层燃炉中大部分焦炭燃烧发生在炉排面上，挥发分燃烧和部分颗粒物燃烧发生于炉膛空间。

（2）炉膛容积热负荷，即为燃料在单位炉膛容积、单位时间内燃烧释放的热量。影响燃料在炉内的停留时间和炉膛的出口温度。

（3）炉排通风截面比，即炉排面上通风面积占总炉排面积的比例，其对空气在燃料层中的流动及分布、燃料层中温度分布、炉排通风阻力以及炉排寿命均有影响。

生物质燃烧设备除了常见的层燃炉之外，循环流化床锅炉也在生产实际中广泛应用，流化床内有大量的床料，能够蓄积大量的热量，便于低发热量的燃料快速干燥和点火，同时由于床内高温炽热颗粒的剧烈运动，强化了气固流动，使固体燃料表面的灰层被快速剥离，减少了气体的输送阻力并延长了颗粒在床内停留时间，有利于颗粒的燃尽。流化床的燃料适应广，能够使用一般燃烧方式无法燃烧的石煤、煤矸石及含水率高的生物质，比如木材、秸秆、垃圾等，此外流化床燃烧技术可以降低尾气中氮硫氧化物等有害气体含量，因此得以广泛应用。下面重点介绍循环流化床锅炉在生物质燃烧方面的应用知识。

3.2.2 循环流化床锅炉

1. 循环流化床工作原理

当流体（液体、气体）向上流过固体颗粒床层时，其速度增大到一定值后，颗粒被流体的摩擦力所承托，呈现飘浮状态，颗粒可以在床层中自由运动，固体颗粒层呈现出类似流体状态的现象，这种状态称为固体"流态化"，这样的床层称为流化床。

循环流化床是由一个循环闭路和一个床组合构成。其中"循环"指的是飞出炉膛的物料被气固分离器收集，返回炉膛，循环燃烧和利用以提高燃烧效率；"流化"指的是物料颗粒处于类似流体的状态；"床"指的是反应场所，用于支承物料。流化床指炉内燃料处于流化状态下燃烧。循环流化床工作原理侧重于描述床上物料颗粒的流动状态。

固体物料随着气流速度的不同分为五种不同的流化状态：固定床、鼓泡流化床、紊流流化床、快速流化床和气力输送，如图3-5所示。

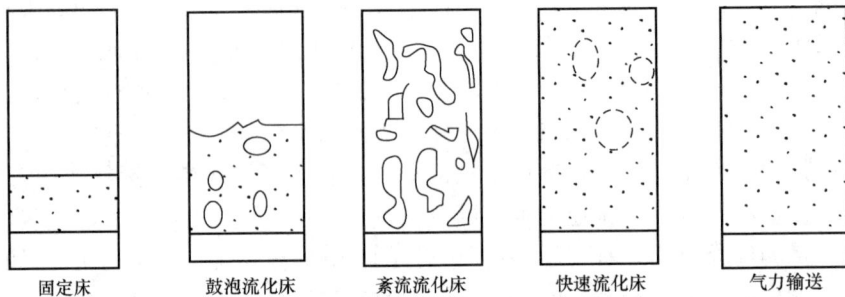

| 固定床 | 鼓泡流化床 | 紊流流化床 | 快速流化床 | 气力输送 |

图3-5 固体物粒的各种流化状态

（1）固定床。此种状态下，气流在颗粒的缝隙中流过，所有固体颗粒呈静止状态。

（2）鼓泡流化床。随着气流速度逐渐增大，静止床层出现松动，床层由静止状态转变为流态化时的最低速度称为最低流化速度。当气流速度超过最低流化速度时，除了非常细而轻的颗粒会均匀膨胀外，一般床料内将出现大量气泡，气泡不断上移，聚集成较大的气泡，穿过料层并且破裂。此时，气—固两相强烈混合，犹如水被加热至沸腾状，这样的床层称为鼓泡流化床。鼓泡流化床床层有明显的床层表面，整个流化床分两个区域：一个是下部的密相区，又称沸腾段，它有明显的床层表面；另一个是上部的稀相区，称为自由空间或悬浮段。

（3）紊（湍）流流化床。随着气速的增加，气泡破碎作用加剧，使得鼓泡床内的气泡越来越小，气泡上升速度也变慢，床层的压力脉动幅度却变得越来越大，直到微小气泡与颗粒团（乳化相）的界限已分不出来，床层的压力脉动幅度达到极大值，于是床层呈现紊流流化床状态。在该状态下，由于存在某些颗粒的大量返混，床层底部颗粒浓度较大，上部空间颗粒浓度要小很多，可以观察到不同大小和性质的颗粒团（乳化相）和气流团（气泡相）的紊乱运动。循环流化床底部密相区大多运行在紊流流化床状态。

（4）快速流化床。如果气流速度继续增加，颗粒夹带量急剧增加，需要依靠连续加料或颗粒循环来不断补充物料到床层中，才不至于床中颗粒被吹空。快速流化床的固体颗粒处于弥散状均匀分布状态，颗粒之间存在大量的颗粒团聚现象。由于强烈的颗粒返混以及外部的物料循环，造成颗粒团不断解体，又不断重新形成，并向各个方向剧烈运动。快速流化床是紊流流化床和气力输送状态之间的流态，快速流化床不再像鼓泡流化床那样具有明显界面，而是固体颗粒团充满整个上升段空间。快速流化床不但气流速度快，固体物料处理量大，而且具有特别好的气、固接触条件和温度均匀性。循环流化床的上升段属于快速流化床。

（5）气力输送。气体速度继续增大，导致固体颗粒空间浓度很稀，气固悬浮物处于气力输送状态。

在紊流流化床和快速流化床状态下，有大量的颗粒被携带出床层、炉膛。为了稳定操作，利用气固物料分离装置把这些颗粒从气流中分离出来，通过物料回送装置返回床层，这样就形成了循环流化床。

相对于以上各种流化状态，还有如下几种不正常的流化状态。

（1）沟流。一次风流速在未达到临界流速时，空气在床料中分布不均匀，颗粒大小和空隙率不均匀，阻力也有大有小，大量的空气从阻力小的地方穿越料层，其他部分仍处于固定状态，这种现象称为沟流。沟流一般可以分为贯穿沟流和局部沟流，如图 3-6 所示。沟流会导致床料流化质量下降，易结焦，影响传热和燃烧稳定性。导致沟流的原因有料层太薄、料层不均、布风板设计不合理或者运行中一次风速低、炉床内结焦、给料太湿等。沟流一般在点火启动和压火再启动时容易发生，根本原因是床层阻力不均和风速低。

（2）气泡与节涌。在床料被流化过程中，一次流化风主要以"气泡"形式在床料中向上运动，在上部小气泡聚集成大气泡。当气泡向上运动达到某一高度时崩裂，气泡中所包含的固

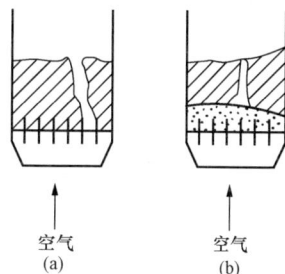

图 3-6   沟流
(a) 贯穿沟流；(b) 局部沟流

体颗粒喷涌而下，这种现象称为节涌。节涌时风压波动剧烈，燃烧不稳，极易在断层下部沉积物料，易引起结渣，还会加剧壁面的磨损。一般在床深和床径较小时容易发生节涌现象，而大尺寸循环流化床锅炉炉膛中一般不易发生。回料阀下降段床径小，当料层深、流化风量大时容易发生节涌现象。因此回料阀运行时确保下降管的松动风的压力要高，而流量不宜大，物料处于移动床状态即可。回料阀的下风室供风仅起松动物料、保证下降段管内物料整体向下移动的作用，从而避免节涌现象的发生。

（3）分层。床料在流化过程中，较粗、较重的颗粒一般在底部，细而轻的颗粒悬浮于上部，这种分层现象在鼓泡床中比较常见，在紊流和快速流化床中则不太明显。分层时上部小颗粒流化，下部大颗粒固定床假流化，导致结渣，影响流化质量，危及床层的安全稳定运行。循环流化床锅炉在点火启动过程中，由于风量较小，容易发生分层现象。正常运行时，由于风速较高，混合十分剧烈，料层分层现象不太明显，但如果料层中冷渣（料层中有密度较大或粒径较大的石块或金属等，或少量燃料因局部高温而黏结成大块，都沉积在床层底部，称为冷渣）沉积过多，会产生分层现象，应及时排冷渣，以防分层发生。

由上述燃烧分类可知，链条炉排炉采用的是固定床燃烧方式，煤粉炉则采用了最稀相的

气力输送悬浮燃烧方式。而循环流化床锅炉采用流态化的燃烧方式，这是一种介于煤粉炉悬浮燃烧和链条炉固定燃烧之间的燃烧方式，即半悬浮燃烧方式。对于循环流化床锅炉，高温固体物料沿着一个封闭的循环回路运动，在这个循环回路中的不同区域，固体颗粒处于不同的流动状态。炉膛中的不同区域存在着从鼓泡流态化、紊流流态化至快速流态化的多种流动形态，同一区域在不同的运行风速下流动形态也有变化。循环流化床锅炉虽属高速流态化范畴，但由于底部床料的加速效应和大量颗粒从底部循环回送，因而存在着底部靠近布风板区域的密相区和二次风口以上的相对稀相区，并且在布风板和二次风口之间的区域基本上处于鼓泡流化床或紊流流化床状态，而在二次风口以上才逐步过渡到快速流化床状态。

循环流化床各个位置的流动状态见表 3-1，这只是目前循环流化床锅炉通常运行的状态，它并不是绝对的，根据具体的运行工况有些位置的流态可能发生变化。例如，当气流速度下降（如锅炉负荷降低）时，循环流化床锅炉也会运行在鼓泡流化床锅炉的运行状态，即此时的循环流化床锅炉相当于带有分离器的鼓泡流化床锅炉。

表 3-1 　　　　　　　　　　**循环流化床各个位置的流动状态**

位　　　　置	流动状态
燃烧室（二次风口以下）	紊流或鼓泡流化床
燃烧室（二次风口以上）	快速流化床
旋风分离器	漩涡流动
返料料腿（立管）	移动床
尾部烟道	气力输送

2. 循环流化床结构

循环流化床装置如图 3-7 所示，由包括燃烧室的下部颗粒密相区和上部上升段稀相区的循环流化床、气—固物料分离装置、固体物料回送装置等三部分组成的一个闭路循环系统。

生物质燃料经破碎至合适粒度后，由给料机从流化床燃烧室布风板上部给入，与燃烧室内炽热的沸腾物料混合，被迅速加热，燃料在充满整个炉膛的惰性床料中燃烧。在较高气流速度的作用下，燃烧充满整个炉膛，并有大量细小固体颗粒被携带出燃烧室，经高温旋风分离器分离收集后，经分离器下的立管和回料阀送回炉膛循环燃烧。

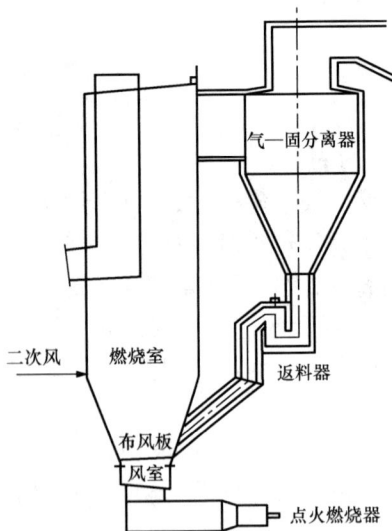

图 3-7　循环流化床装置

（1）燃烧室。立式方形燃烧室是最常见的炉膛结构，炉膛四周由水冷壁围成。为了防止烟气和物料向外泄漏，一般采用膜式水冷壁。这种结构常常与风室、布风板连成一体，悬吊在锅炉钢架上，可以上下自由膨胀。方形结构燃烧室的优点是密封好，锅炉体积相对较小，锅炉启动速度快，但是水冷壁磨损较大。为了减轻水冷壁受热面的磨损，目前已投运的锅炉均在炉膛下部密相区水冷壁内侧衬有耐磨、耐火材料。

燃烧室以二次风入口为界限分为两个区域。二次风入口下部为大粒子还原气氛燃烧区，属密相区，密相区充满炙热物料，是一个稳定的着火热源，也是一个储存热量的热库，新鲜的燃料以及从高温分离器收集的未燃尽的焦炭被送入该区域。由一次风将床料和加入的燃料流化，一次风量为燃料燃烧所需风量的 $40\%\sim80\%$，燃料中挥发分的析出和部分燃烧发生在该区域。当锅炉负荷增加时，增加一次风与二次风的比值，使得能够输送数量较大的高温物料到炉膛的上部区域参与热量的交换与质量交换。

二次风入口上部为小粒子氧化气氛燃烧区，属稀相区。燃烧所需的空气都会流经此处，被输送到这里的焦炭和一部分挥发分以富氧状态燃烧，大多数的燃烧反应也都发生在这个区域，上部稀相区比下部密相区在高度上大得多，延长焦炭在炉内的停留时间，利于焦炭颗粒的燃尽。

（2）布风装置，主要由布风板、风帽、风室和冷渣管组成（如图 3-8 所示）。布风装置的主要作用有：①支撑床料；②使空气均匀地分布在整个炉膛的横截面上，并提供足够的动压头，使床料和物料均匀地流化，避免沟流、腾涌、气泡尺寸过大、流化死区等不良现象的出现；③及时排出已基本烧透、流化性能差、在布风板上有沉积倾向的大颗粒，避免流化分层，保证正常流化状态不被破坏，维持安全生产。

布风板的作用是支承风帽和隔热层，并初步分配气流。布风板一般分为水冷式布风板和非水冷式布风板两种。水冷式布风板（如图 3-9 所示）采用拉稀膜式水冷壁形式，在管与管之间的鳍片上开孔布置风帽。拉稀管可以由水冷壁直接弯管布置，也可由独立联箱结构形式与水冷壁连接为一体。

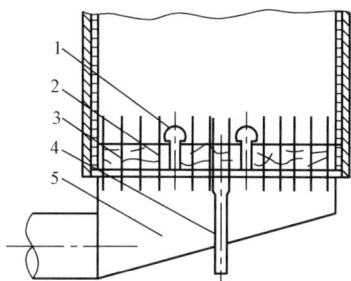

图 3-8　典型风帽式布风装置结构
1—风帽；2—隔热层；3—非水冷式布风板；4—冷渣管；5—风管

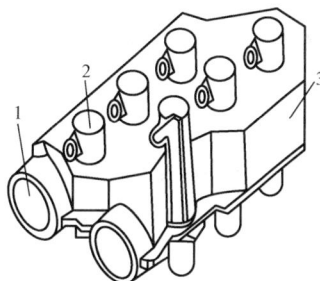

图 3-9　水冷式布风板
1—水冷壁；2—定向风帽；3—耐火层

非水冷式布风板通常由厚度为 $12\sim20\text{mm}$ 的钢板或 $30\sim40\text{mm}$ 的铸铁板制成。钢板按布风要求和风帽形式开设一定数量的圆孔，因此又称做花板。非水冷式布风板的主要缺点是当布风板上保温层破坏或床内温度过高时易变形，影响床料的流化质量，另外对板上保温层厚度和质量要求较高。

风帽的作用在于使进入流化床的空气产生第二次分流并具有一定的动能，以减少初始气泡的生成，并使底部粗颗粒产生强烈的扰动，避免粗颗粒的沉积，减少冷渣含碳损失。风帽还有产生足够的压降、均匀布风的作用，主要有小孔径风帽、大孔径风帽及定向风帽等。

（3）旋风分离器。旋风分离器是保证循环流化床锅炉固体颗粒物料可靠循环的关键部件之一，布置在炉膛出口的烟气通道上，工作温度接近于炉膛温度。它将炉膛出口烟气流携带的固体颗粒（灰粒、未燃尽的焦炭颗粒等）分离出来，通过返料装置送回炉膛进行循环燃烧。它的工作原理比较简单，一定速度（一般大于 20m/s）的烟气携带物料沿切线方向进入分离器后在分离器内做旋转运动，固体颗粒在离心力和重力作用下被分离下来，落入立管，经回料阀返回炉膛。

目前，大型循环流化床锅炉一般都采用高温绝热旋风分离器（如图 3-10 所示）。高温绝热旋风分离器是一个内铺有耐火、隔热两层材料的钢制件。与烟气接触的外层用耐高温、耐磨材料制成，内层用轻质保温材料填充。

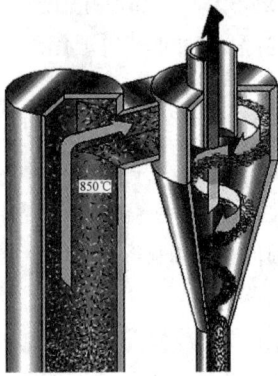

图 3-10　高温绝热旋风分离器

由于高温旋风分离器铺设大量的耐火材料，这些耐火材料的加热和冷却需要很长的时间，因而锅炉的启动也需要很长的时间。同时高温绝热旋风分离器表面的温度相对很高，所以对流和辐射损失很大。此外如果燃烧组织不良，还会在旋风分离器内产生二次燃烧。为了解决这个问题，高温绝热旋风分离器采用水或蒸汽冷却，这样，分离器能减少使用耐火材料的数量，也能减少高温绝热旋风分离器外表面的辐射热损失，同时还能缩短锅炉的启动时间。不仅如此，这种超薄的、带细小龟裂裂纹的耐火、耐磨层使水、汽冷式分离器成为锅炉追加受热面，有利于大型循环流化床锅炉受热面布置。

（4）物料回送装置。物料回送装置是将旋风分离器分离下来的固体颗粒送回炉膛的装置，通常称为返料器，一般由立管和回料阀构成。返料器工作时克服炉膛密相区的压力把旋风分离器捕捉下来的高温循环物料由低压侧送到高压侧的密相区，并防止密相区的烟气从回料阀反窜至分离器。对于旋风分离器而言，如果有烟气反窜进入返料装置，将大大降低分离效率，从而影响物料循环和整个循环流化床锅炉的运行。

立管的主要作用是防止气体反窜，形成足够的压差来克服分离器与炉膛之间的负压差，而回料阀则调节和开闭固体颗粒的流动，对返料固体颗粒的流量进行控制。在各类型的返料器中立管差别不大，主要区别在回料阀部分。

回料阀有机械阀和非机械阀两大类。机械阀靠机械构件的动作来达到控制和调节固体颗粒流量的目的。由于返料器所处理飞灰颗粒处于较高温度（一般 850℃ 以上），所以无法采用机械阀，目前循环流化床锅炉均采用自动调整型的非机械阀。非机械阀没有机械运动部件，靠回料风气力输送物料，运行中主要靠改变通气量来调节回料量，其结构简单，运行可靠，便于自动控制。非机械阀种类较多，常见的有 U形阀、J形阀、L形阀等，这些阀的名称是根据阀的结构与某些英文字母比较相像而得来的。U形阀结构如图 3-11 所示。

U形阀是一种比较普遍的非机械阀，实际上是一个小型鼓泡流化床。阀的底部布置有风室和布风板，布风板由花板和风帽组成。阀体由隔板和挡板分成三部分，隔板的右侧与立管连通，为下降段，左侧为上升段。下

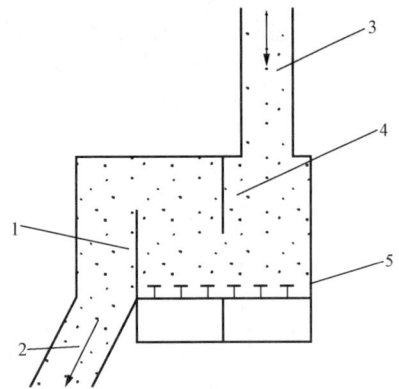

图 3-11　U形阀结构
1—挡板；2—回料管；3—立管；
4—隔板；5—风帽

降段和上升段之间隔板下有水平孔口使物料通过。流化风由阀体下部的两个小风室的流化风

帽进入阀体内。下降段物料在其中向下移动，是移动床状态；上升段为鼓泡流化床，通过回料管与炉膛连通，物料在流化状态下向上溢流进入炉膛。物料在 U 形阀内先向下运动，通过水平通道再折转向上，溢流进入炉膛，整个流动路线像字母 U，这也是它名称的由来。

U 形阀的工作原理与日常生活中下水管的水封弯管类似。水封弯管中总存在一段水柱，这段水柱起到了防止异味反窜的作用，称为水封，水靠压力差作为动力流过弯管。U 形阀中也总存在一定物料，起到防止烟气从回料阀反窜进入分离器下端的作用，因此称为料封。U 形阀内物料在流化状态下具有流体的一般性质，具有很好的流动性，回料阀上升段和下降段的压力差 Δp 也是物料连续不断流向炉膛的动力。U 形阀工作原理如图 3-12 所示。

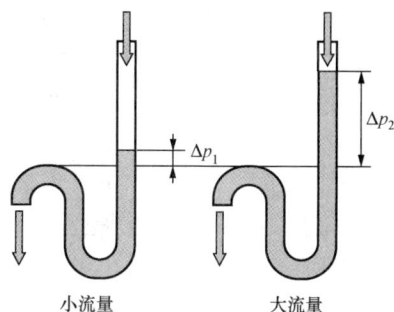

图 3-12 U 形阀工作原理

U 形阀属于自平衡阀，即流出量根据进入量自动调节，这使得 U 形阀操作简单，运行可靠，是其得以广泛使用的一个重要优点。当分离下来的物料量突然增大时，立管内料柱升高，使下降段下部压力增大，回送动力 Δp_2 增加，可以回送更多物料，最后立管内料位在某一较高位置达到动态平衡，流出量与进入量相等；当分离下来的物料量突然减少时，立管内料柱降低，使下降段下部压力降低，回送动力 Δp_1 减弱，回送物料减少，最后立管内料位在某一较低位置达到平衡，流出量与进入量相等。

当然 U 形阀可以通过调整阀底部的流化风的大小来调节回料量的大小，但调整量不能太大，过大时进入立管的空气量增多，在立管直径较小时物料会形成一种不正常的流化状态——节涌，阻碍立管中物料向下流动导致回料量减少。因此运行时回料阀底部流化风量不需要太大，下降段满足移动床的要求，上升段达到鼓泡流化床状态即可。

在负荷变化时，回料量变化很大，使得立管料位变化很大，流化风的压力跟随立管料位变化自动调节回料量。但为了保证物料的流动性，避免因流量大使下降段发生节涌现象，流化风量在不同负荷下尽量保持不变，这使得对返料流化风机性能的要求是压头高、流量小，最好是流量不随压力变化。离心式风机很难达到这些要求，而容积式风机则恰好有这些特点，所以现在大型循环流化床锅炉上一般设有独立的高压容积式风机，如罗茨风机，作为返料流化用高压风机。

U 形阀及立管一般是绝热的，由钢板卷制或焊接成壳体，内衬保温材料层和耐磨、耐火材料层。U 形阀运行中经常发生的故障是阀内结焦，这主要是物料中可燃质在阀内二次燃烧所致。

3. 生物质循环流化床锅炉燃烧特性

从国内外生物质直接燃烧技术的应用情况来看，生物质循环流化床锅炉具有下列特点。

（1）流化床锅炉对生物质燃料的适应性较好，负荷调节范围较大。

（2）床内工质颗粒扰动剧烈，传热和传质工况十分优越，有利于高温烟气、空气与燃料的充分混合，为高水分、低发热量的生物质燃料提供极佳的着火条件，同时由于燃料在床内停留的时间较长，可以确保生物质燃料完全地燃烧，从而提高了生物质锅炉的效率。

（3）采取分段送风燃烧方式。一次风经布风板送入燃烧室，二次风在布风板上方一定高度送入，因此在燃烧室下部的密相区为缺氧燃烧，形成还原性气氛。在二次风口上部为富氧燃烧，通过合理调节一、二次风比例，可维持理想的燃烧效率并控制 NO_x 生成，无需对烟气进行处理也能满足排放要求，能够充分利用灰中的 CaO，减少了 SO_2 的排放。

（4）生物质燃料在低温燃烧后，燃料灰活性好，一些微量元素含量高，可作为水泥添加剂、农作物肥料等，有着很好的市场前景，利于电厂的综合利用。

（5）流化床对入炉的燃料颗粒尺寸要求严格，因此需对生物质进行筛选、干燥、粉碎等一系列预处理，使其尺寸、状况均一化，以保证生物质燃料的正常流化。

（6）对于类似稻壳、木屑等比重较小、结构松散、蓄热能力比较差的生物质，就必须不断地添加石英砂等床料以维持正常燃烧所需的蓄热床料，燃烧后产生的生物质飞灰较硬，容易磨损锅炉受热面，并且灰渣混入了石英砂等床料很难加以综合利用。此外，为了维持一定的流化床床温，锅炉的耗电量较大，运行费用也相对较高。

4. 生物质循环流化床锅炉运行操作要点

（1）冷态试验。循环流化床锅炉在大、小修或布风板、风帽检修，送风机换型检修后，锅炉第一次启动前必须进行锅炉本体及有关辅机的冷态试验，以保证锅炉顺利点火和稳定安全运行。

冷态试验项目主要有风机性能试验、布风板阻力特性试验、布风均匀性检查、临界流化风量测定以及物料循环系统的回送性能试验等。冷态试验的目的有：①鉴定送风机风量、风压是否满足锅炉设计运行要求；②检查风机、风门的严密性及引、送风机系统有无泄漏；③测定布风板的布风均匀性、布风板阻力、料层阻力，检查床料流化质量；④绘制布风板阻力、料层阻力随风量变化的曲线，确定冷态临界流化风量和热态运行最小风量；⑤检查物料循环系统是否能够正常运行。

（2）锅炉点火。循环流化床锅炉点火多采用床下流态化方式点火，在床料充分流化状态下，启动床下高能点火器，点燃油枪，在风室中将空气加热至 800℃，热烟气通过水冷布风板进入流化床，加热启动床料，点火初期是底料的吸热和膨胀阶段，保持最低微流化风量维持床温逐渐上升。床料在流化状态下将温度升至 380℃，维持稳定后开始投入燃料。可先少量脉动式给入燃料，当床温持续上升后，加大给料量并连续给入燃料。床温为 600℃ 时，投料需维持床温稳定，退出油枪。

对于不设置汽轮机旁路系统的机组，锅炉对空蒸发排放阀充当旁路作用。在锅炉升温升压过程中打开锅炉对空排放阀，冷却锅炉受热面及提高主汽温，汽轮机冲转过程中通过微调锅炉对空排放阀维持汽压，发电机并网后关闭该阀门，回收锅炉蒸汽，送往汽轮机做功。

由于锅炉的冷态启动是工质升温升压过程，也是锅炉各部件由常温升高到正常运行温度的过程，在升温升压过程中应注意对锅炉受热面的保护，防止受热面因热应力或超温而造成损坏，因此要严格控制温升速度，以防金属壁温增大和耐火材料因温差过大造成裂纹和脱落（饱和温升一般控制在 50℃/h 以内），整个升温、升压过程禁止通过关闭锅炉疏水阀及对空排放阀点火升压。此外，要注意控制床层温度，防止局部超温结焦，而造成点火失败。为了保护省煤器不超温，在点火升压期间锅炉不上水时，省煤器与汽包再循环门必须开启，在锅炉开始进水时，应将再循环门关闭。

（3）运行调节。生物质循环流化床锅炉从点火转入正常投料后，运行人员根据负荷要求和料质情况调整燃烧工况，保证锅炉安全经济运行。运行中除了注意调整燃烧控制汽温汽压，调节给水控制汽包水位外，风量调节、床温、床压、炉膛差压及物料回送装置的调节控制是生物质循环流化床锅炉重点关注的。

1）一次风的调节。一次风的作用是保证物料处于良好的流化状态，同时为燃料燃烧提供部分氧气。因此，一次风量不能低于运行中所需的最低流化风量。一次风量过低，燃料不能正常流化，锅炉负荷受到影响，而且可能造成结焦；一次风量过大，风机电耗增加，燃料在炉膛下部难以形成稳定燃烧的密相区。因此，无论在额定负荷下还是在较低负荷下，一次风量都要保证物料的良好流化状态。运行中，通过监视一次风量的变化，可以判断一些异常现象。例如，风门未动，送风量自行减小，说明炉内物料层增厚，可能是物料返回量增加的结果；如果风门不动，风量自动增大，表明物料层变薄，阻力降低，或风从较薄处通过，也可能使物料回送系统回料量减少。一次风量出现自行变化时，要及时查明原因，进行调整。

2）二次风的调节。二次风一般在密相区上部切向喷入炉膛，一是补充燃烧所需要的空气；二是可起到扰动的作用，加强气—固相的混合；三是改变炉内物料浓度分布，并延长燃料在炉内的停留时间。二次风口的位置也很重要，例如二次风口设置在密相床上部过渡区浓度大的地方，就可将较多的物料吹入空间，增大炉膛上部的燃烧份额和物料浓度。

启动时，一般先不启动二次风，燃烧所需的空气由一次风供应。并网运行后，根据炉内燃烧状况（烟气含氧量）决定是否启动二次风。

3）床温控制。床温控制的重点是避免超温，维持正常床温是流化床锅炉稳定运行的关键，在运行中要时刻注意料层温度的变化。床温取决于燃烧份额的分配，即循环流化床燃烧室每部分热量的产生和吸收平衡时的温度。床温是密相区流化床料的温度，反映炉内蓄热量。在密相区，燃料燃烧释放的热量由三部分吸收，一是一次风加热形成烟气带走的热量；二是炉内四周水冷壁吸收的热量；三是循环灰带走的热量。这三部分热量中，一次风加热形成烟气带走热量最大，循环灰带走热量其次，四周水冷壁吸收热量最小，通常与前者差一个数量级。控制床温就是控制以上热量分配的份额。床温高容易结焦，生物质燃料中稻壳含量高时密相区下部床温不得高于 920℃，否则会造成大床结焦，最低温度不低于 650℃，否则燃烧不稳容易造成尾部对流烟道飞灰可燃物含量增高，产生烟道再燃烧，同时炉膛负压波动较大，极易造成分离器堵塞。

4）床压调节。床压即床层压降，是指布风板处的静压力与密相区和稀相区交界处的压力差。布风板压降一般占炉膛总压降的 20%～25%，少数情况下可适当增减，保证流化质量的要求。在流化风量一定的前提下它直接反映了床层高度，也大致反映了密相区物料的浓度。

循环流化床锅炉床压的调节，就是对料层厚度的调节，运行中可通过调整锅炉底部的排渣量控制床压。

床压过低，循环灰量（内循环、外循环）不够，密相区的燃烧的放热量无法被传热介质物料输送到稀相区，会出现高床温低负荷的现象；床压过高，一次风量不增加可能会出现流化不良的现象，造成结焦的燃烧事故，提高一次风量会增加一次风的电耗，增加厂用电。

5）炉膛差压的调节。炉膛差压的监测数值可以用燃烧室密相区上界面与炉膛出口之间的压力差计算。炉膛差压是一个反映炉膛内稀相区固体物料浓度的参数，可反映稀相区的燃烧份额，而稀相区燃烧份额的多少可用炉膛上部烟温来定性表示。

炉膛差压通过旋风分离器放灰管排放的循环灰量的多少来控制，一般为 500～2000Pa。此外，炉膛差压还是监视返料器是否正常工作的一个参数。在锅炉运行中，如果物料循环停止，则炉膛差压会突然降低。炉膛差压增大，循环灰量增加，可以通过放掉少量循环灰量来控制炉膛差压在正常值。

炉膛差压低，表明稀相区物料浓度低，燃烧份额少，表现为炉膛上部烟温低，原因是返料量过低或返料不畅，严重时导致床温过高。生物质循环灰较少时，根据锅炉的负荷情况可以增加细床料。

炉膛差压高，表明稀相区物料浓度高，燃烧份额高，炉膛传热系数大，锅炉可以带到高负荷，同时表明循环灰量高，过高时容易造成锅炉的金属及非金属构件的磨损。

6）物料循环系统的运行监视。物料循环系统能否正常投加，对锅炉负荷和燃烧效率具有十分重要的影响。在运行中因分离器结构已定，其分离灰量随负荷变化而有所波动，因此系统的正常运行主要取决于回料阀的工作特性。回料阀多采用非机械U形阀，能自平衡返料，返料量大小根据进入量自动调节。运行中回料阀操作比较简单，一般定风量运行，不进行调整，但要保证足够高的流化风压以松动物料。罗茨风机是容积式风机，可以在供风压力变化很大的范围内保持流量基本不变，适合U形阀的运行要求。虽然运行中回料阀操作简单，但是要经常监视分离器内温度压力及回料阀压力变化。正常运行中分离器及立管为负压，回料阀压力为正，若运行中发生突变，表示物料循环系统运行不正常，分离器堵料或回料阀断料。运行中监视分离器内温度变化，若温度太高容易发生分离器内结焦而影响外循环正常返料。

任务3 生物质直燃发电系统

【教学内容】

3.3.1 燃料系统

生物质的物理特性，如密度、流动性等，对生物质原料的输送和燃烧效果有较大影响。秸秆等生物质原料一般较为松散，流动性差，对旋转设备易于缠绕、挤塞，原料堆积密度差别较大。如棉花秸秆的堆积密度为 $200 \sim 350 kg/m^3$，玉米秸秆的堆积密度为 $120 \sim 200 kg/m^3$，远小于燃煤的堆积密度（烟煤堆积密度为 $800 \sim 900 kg/m^3$），因而生物质燃料占地面积大。由于生物质的发热量明显低于煤，对于发电厂来说，燃料的储备体积要远远大于燃煤电厂，要求电厂中有较大面积的场地用于燃料的储存和处理。而且，对于发电厂外围的燃料收集、运输也存在运输量大的问题，增大了电厂周边道路的交通压力。对于发电厂内的燃料处理单元，如干燥、粉碎、除杂以及输送等，也同样存在着处理量大、设备要求高等问题。并且生物质燃料一般具有较强的吸水性，潮湿的生物质燃料容易腐烂变质，同样还会造成微生物的滋生和料堆温度升高，并有自燃的可能性，而干燥的生物质燃料又存在着火风险增加的问题，因此，生物质储存场所要注意防雨、防水并配备必要的消防设施。

目前，国内的生物质直燃发电厂所采用的燃料系统一般采用如下模式。

1. 电厂外燃料收集系统

对于秸秆等农业废弃物原料用于规模化发电，关于原料的收集和储运方式存在着多种模式，这些模式的优劣评价目前尚存在争议，而这也正是秸秆发电厂长期经济运行亟需解决的问题。具体的方式选择，应根据电厂的装机容量、周边生物质原料种类、资源可获得性以及土地状况确定。

（1）大型收集厂模式。在电厂附近（几十到几百米范围内）建设一处集中的大型收集场，收购、存放电厂较长时间内可用的原料。该模式便于集中管理，可以使用大型机械作业，能降低秸秆原料的保管和短途运输成本，还可保证原料收购质量。但对于装机较大的秸秆发电厂来说，也存在着秸秆进场车辆运输压力大、原料保管困难、占地面积大等一些问题。

（2）小型收储站模式。在电厂周围一定半径（一般为 25～35km）范围内建设多处小型收储站，负责就近收集秸秆、加工打包和储存，并定期向发电厂运送秸秆捆。该模式可以分散集中收储秸秆燃料的风险，每个收储站占地面积小；收储站到电厂运输已打包成形的燃料，装卸运输可使用专用机械，能够降低运输成本。但该模式会增加中间作业环节，增加二次运输成本，还会增加总体投资。

生物质燃料的收集、预处理技术因生物质的种类、特性而不同。麦秆、玉米秆、稻秆等软质秸秆一般采用打捆处理，即在燃料收集时采用专用设备压制成一定尺寸、质量的打捆，可在田野直接打捆，也可在收购站打捆，然后用车辆运输到电厂，在电厂内采用秸秆捆抓斗起重机进行上料、卸料，经过去绳、切碎、散包后送入锅炉，这也是目前国内大多秸秆电厂的做法。棉秆、木片、树枝等硬质原料，多采用打碎方式进行处理，即将原料通过削片、破碎等方式处理成尺寸较小的片状、颗粒状，进行运输和存放，然后再运输到电厂。

2. 电厂内燃料的存放

打包或切碎、散装的生物质原料送入电厂后，将存放于电厂内燃料存放场，以备电厂较短周期内使用。燃料存放场的设计可参考制浆造纸行业相关规范，燃料堆的尺寸、堆间距等需符合相关消防要求，同时燃料堆上需要遮雨覆盖物，燃料堆下部地面需做防水处理。燃料存放场的存料量能够满足电厂一定时间内的用料需求，具体数值可根据电厂周边燃料供应情况和交通情况而定。根据不同的布置方式，目前多数秸秆电厂设置秸秆存放场 2～3 个，储存秸秆量为锅炉 3～5 天的消耗量，一般采用半封闭或全封闭形式，以满足电厂对燃料含水率的要求。在燃料存放场，设置多台起重机和叉车等，用于将秸秆捆从汽车上卸下并堆放到燃料堆，或者从燃料堆上取秸秆捆并放置到输送机用于上料。

燃料运输车首先经过电子汽车衡进行称重，同时进行原料含水率测试。在欧洲的发电厂中，含水率测试由安装在起重机上的红外传感器自动实现，国内目前多采用手动将探测器插入燃料捆中测试的方法。质量合格的燃料被运送到特定的燃料存放场存放或是直接进入输送系统。秸秆发电厂秸秆捆的卸车、上料多是通过抓斗起重机来完成，同时采用先进的管理系统实现统计、管理功能，对入库数量、各库存量、各起重机工作量、存放位置、存放时间等信息进行统计和报表，并具有调度功能。散碎原料进厂后，经汽车衡上称重后进入卸料沟卸料。卸料沟内原料经刮板输送机落至带式输送机，经斗式提升机提升至储料仓内。

3. 电厂内燃料输送及处理

对于秸秆捆，从燃料存放场的燃料堆，利用水平链式或者带式输送机输送，并经中间分配和转运输送装置输送到螺旋破碎机，在向上输送过程中对秸秆捆进行称重解包并将秸秆捆破碎至锅炉要求的物料尺寸，然后进入螺旋给料机，由螺旋给料机经防火门给锅炉供料。国内的大多数生物质直燃发电厂采用了丹麦 BWE 公司的秸秆锅炉及设备，也采用了其设计的燃料供料系统并进行了改进。国内某电厂采用的秸秆燃料输送系统工艺流程如图 3-13 所示。

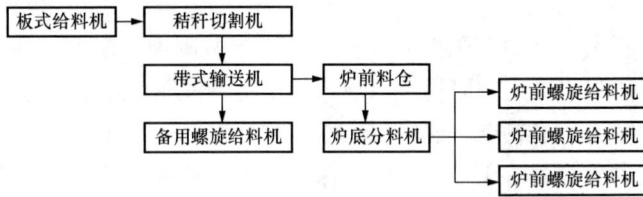

图 3-13　秸秆燃料输送系统工艺流程

某生物质 CFB 锅炉机组总装机容量为 $2 \times 12MW$，设计的燃料为农林和农产品加工废弃物稻壳、秸秆、芭茅草等可再生能源。在电厂内设置封闭燃料存储库，并设置临时露天堆场。燃料进厂直接可以入炉的燃料进入干料棚，其余燃料经破碎后进入干料棚。来料方式采用汽车运输。干料棚设置有一个桥式抓料机，负责在雨天将原料抓入 2 号皮带起始端落料斗。正常上料时，在 1 号皮带机入口前布置一台组合式给料机，采用自卸汽车从其尾部卸入给料机槽内的运行方式。1 号给料皮带采用单条皮带，经 1 号转运站电动三通，燃料被输送到 2 号皮带，经 2 号转运站后被输送到 3 号皮带，最后由电动犁式卸料器将料分配到炉前料仓。该厂共设置两个炉前料仓，每台炉前料仓储存燃料量为 $160m^3$。$2 \times 12MW$ 的生物质发电厂日（按 24h 计）消耗燃料量为 701t。该厂上料流程如图 3-14 所示。

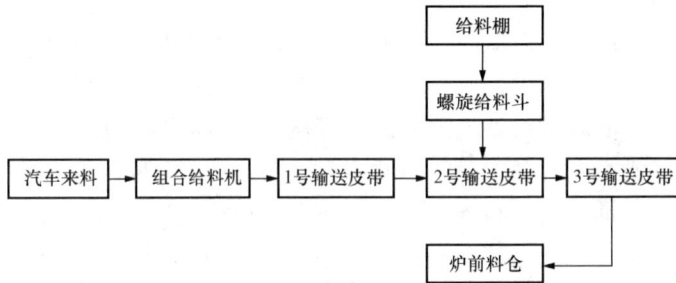

图 3-14　某生物质电厂燃烧上料流程

上料系统范围包括从露天料场、干料棚起到主厂房炉前料仓顶部为止，整个上料系统包括露天料场、干料棚、组合式给料机、活化螺旋给料机、带式输送机系统、除铁器、电子皮带秤、犁式卸料器等。

对于散碎的木片、棉秆等燃料，由布置在卸料沟或原料场底部的送料机将燃料取出，经由带式输送机再将燃料送到主厂房内的配料机上，而后均匀分配到炉前料仓，由布置在料仓底部的分料机根据锅炉需要分配到各个炉前螺旋给料机，并给入锅炉。

炉前给料系统主要由炉前筒仓、取料机、输料机、配料机、给料机、给料管、插板以及膨胀节等部件组成。给料系统一般设两台炉前筒仓，燃料从料仓底部螺旋给料机取出并输送到输料机。配料机将燃料按照合适的比例进行分配后供给多台给料机，给料机将燃料输送到给料管，燃料在自身重力及播料风作用下沿管路进入锅炉。各个电厂的具体的输送流程有一些差别，在燃料输送过程中，系统越复杂，设备就越多，系统运行受到的制约也就越多。科学地设计燃料输送系统的工艺流程对降低成本、提高作业效率并确保作业安全具有重要作用。同时，由于生物质燃料的特殊输送特性，常规的固体物料输送设备可能需要进行一定的改进。另外，生物质原料在很多情况下会混入沙土、石子甚至金属等杂物，利用之前需将这些杂物去掉，进行原料的筛选、分级等有时也可能是必要的。

3.3.2　锅炉系统

1. 锅炉本体部分

锅炉是生物质直燃电厂的三大主要设备之一，由锅炉本体、辅助设备及附件构成。目前生物质直燃电厂锅炉多采用层燃和循环流化床两种燃烧技术，国内常见的生物质燃烧锅炉主要为以丹麦 BWE 公司为代表的高温高压振动炉排炉以及我国自主开发的次高压循环流化床锅炉。

生物质锅炉本体主要由"锅"和"炉"两大部分组成。

"锅"一般指汽水系统，主要包括省煤器、汽包、下降管、下联箱、水冷壁、上联箱、过热器、再热器。"锅"的主要任务是吸收炉内燃料燃烧释放的热量，将给水加热成过热蒸汽。生物质直燃电厂锅炉汽水系统一般采用自然循环汽包锅炉。

"炉"泛指锅炉的燃烧系统，包括燃料、风、烟系统，一般由燃烧室、点火装置、风烟系统、烟道及空气预热器构成。其主要任务是组织燃料在炉内良好的燃烧，释放热量。由于采用秸秆、稻壳等生物质为燃料，因此生物质直燃锅炉的燃烧系统与常规火电厂不同，目前主要采用振动炉排层燃的燃烧方式及循环流化床燃烧方式。对于生物质炉排锅炉，燃烧系统还包括风室、炉排等。而常见的生物质循环流化床锅炉的燃烧系统还包括布置有布风装置的水冷风室及构成循环流化床锅炉外循环的旋风分离器、物料回送装置等。

此外，锅炉本体还包括用来构成封闭的炉膛和烟道的炉墙以及用来支撑和悬吊汽包、受热面、炉墙等设备的构架（包括平台扶梯）。辅助设备包括通风设备、给料设备、燃油系统、给水系统、灰渣处理、除尘设备等构成。为了保证锅炉生产过程的安全运行，还必须设置若干锅炉附件，包括控制锅炉蒸汽压力的安全门、监视汽包水位的水位计、清除锅炉受热面积灰保持受热面清洁的吹灰器、监视锅炉热工参数的热工仪表等。

（1）典型的生物质炉排锅炉。某生物质燃烧振动炉排锅炉采用高温高压蒸汽参数，为自然循环、单汽包、单炉膛、平衡通风、固态排渣、全钢构架、底部支撑结构型锅炉。锅炉的主要燃料是棉花秸秆，另外可掺烧碎木片、树枝等生物质燃料。锅炉汽水系统采用自然循环，炉膛外集中下降管结构。该锅炉采用 M 形布置，炉膛和过热器通道采用全封闭的膜式壁结构，从而达到了保证锅炉的密封性能的功效。过热蒸汽采用四级加热、两级喷水减温方式，使过热蒸汽温度有很大的调节裕量，以保证锅炉蒸汽参数。尾部竖井内布置有两级省煤器、一级高压烟气冷却器和两级低压烟气冷却器。

该锅炉采用的是水冷振动炉排加炉前风力给料的燃烧方式，锅炉用轻柴油点火启动，在炉膛右侧墙装有启动燃烧器。振动炉排由振动机构、风室、支撑件和炉排水冷壁组成，炉排水冷壁由全膜式壁组成，其上开有很多小孔。一次风进入炉底风室后再由炉排水冷壁上的小孔进入炉膛，为燃烧提供所需的氧气。加工到一定尺寸的燃料由输料机进入炉顶料仓，然后由几级螺旋给料机送入炉膛下部燃烧。燃料由于强风的作用进入炉膛时被抛至炉排后部，在此处由于高温烟气和一次风的作用逐步预热、干燥、着火、燃烧。随着振动机构的工作，燃料边燃烧边向炉排前部运动，直至燃尽，最后灰渣落入炉前的除渣口。排渣口下方设有捞渣机，能使得灰渣安全有效排出炉外。空气预热器布置在烟道以外，采用水冷加热的方式，从而有效地避免了尾部烟道的低温腐蚀。经过烟气冷却器的烟气和飞灰由引风机将烟气抽出经过布袋除尘净化，最后经烟囱排入大气。某生物质电厂振动炉排锅炉主要设计技术参数见表

3-2。

表 3-2 振动炉排锅炉主要设计技术参数

名　称	单位	数　值
锅炉额定蒸发量	t/h	130
过热蒸汽出口压力	MPa	9.2
过热蒸汽出口温度	℃	540
饱和蒸汽压力	MPa	10.7
给水温度	℃	210
空气预热器出口风温	℃	190
冷空气温度	℃	35
排烟温度	℃	124
锅炉设计效率	%	92
允许负荷调节范围	%	40～100
灰与渣的比率		8∶2
排放		NO_x 低于 450mg/m³（标况下）；CO 低于 650mg/m³（标况下）
生物质燃料		粒度要求：<100mm，100%；<50mm，90%；>5mm，>50%；<3mm，≤5%

（2）典型的生物质循环流化床锅炉。某典型生物质循环流化床锅炉采用中温次高压参数，为单锅筒、自然循环、单段蒸发系统、集中下降管、平衡通风型式。

锅炉从前到后依次是炉膛、旋风分离器和回料阀、尾部第一烟道、尾部第二烟道及尾部第三烟道。炉膛和旋风分离器相连接，旋风分离器下布置回料阀并通过回料斜管和炉膛下部相连接。炉膛、旋风分离器和回料阀组成了锅炉的物料循环系统。尾部第一烟道内布置二级屏式过热器。尾部第二烟道内布置高温过热器、低温过热器。尾部第三烟道内布置省煤器和热管空气预热器。

炉膛蒸发受热面采用膜式水冷壁，尾部第一、第二烟道采用水冷包墙，尾部第三烟道采用护板结构。炉膛下部布置水冷布风板，布风板上安装钟罩式风帽，具有布风均匀、防堵塞、防结焦和便于维修等优点。炉膛下部水冷风室侧墙上布置两只床下启动燃烧器，用于锅炉的启动和超低负荷稳燃，具有启动速度快、热利用率高、节约启动用油的优点。冷渣器采用水冷滚筒式冷渣器。以工业水为冷却水将渣冷却到150℃以下，然后排至除渣系统。具有运行方便，安全可靠的特点。

锅炉采用两个高温绝热分离器，布置在燃烧室与尾部对流烟道之间，外壳由钢板制造，内衬绝热材料及耐磨、耐火材料，分离器上部为蜗壳形，下部为锥形。耐磨、绝热材料采用拉钩、抓钉、支架固定。高温绝热分离器回料腿下布置一个非机械型回料阀，回料为自平衡式，流化密封风用高压风机单独供给。回料阀外壳由钢板制成，内衬绝热材料和耐磨耐火材料。耐磨材料和保温材料采用拉钩、抓钉和支架固定。

炉膛、旋风分离器和回料阀三部分构成了循环流化床锅炉的核心部分——物料热循环回路，燃料在炉膛内和循环物料混合并燃烧，产生热烟气，形成气、固两相流。气、固两相流在炉膛内向上流动。在这一过程中大颗粒循环物料在不同高度向下回落，形成循环流化床锅炉的内循环。其余循环物料随热烟气经炉膛出口进入到旋风分离器，分离器对汽流进行净化，分离下来的固体颗粒经过回料阀返回到炉膛，形成锅炉的外循环。被分离净化过的烟气则经分离器出口进入锅炉烟道。并依次流经布置在尾部第一烟道中的屏式过热器、布置在尾部第二烟道的高温过热器和低温过热器，以及布置在尾部第三烟道的省煤器和热管式空气预热器，然后被引风机送入布袋除尘净化后经烟囱排入大气。

某生物质 65t/h 循环流化床锅炉机组主要设计参数见表 3 - 3。

表 3 - 3　　　　　　　　　　循环流化床锅炉主要设计技术参数

名称	单位	数值
额定蒸发量	t/h	65
主蒸汽压力	MPa	5.29
主蒸汽温度	℃	450
给水温度	℃	152.2
给水流量	t/h	65
冷空气温度	℃	30
排烟温度	℃	145
炉膛床温	℃	840
锅炉设计效率	%	91

2. 锅炉汽水系统

自然循环锅炉汽水系统主要由省煤器、汽包、下降管、水冷壁、过热器等构成，如图3 - 15所示。

水在水冷壁内吸热，其中部分水转变成饱和蒸汽，形成汽水混合物。汽水混合物进入上联箱汇合后，经汽水混合物引出管进入汽包进行汽水分离，分离出的饱和蒸汽由汽包顶部引出直接进入过热器，饱和水回到汽包水空间进入下降管再次循环。蒸汽进入过热器进一步加热成具有一定压力和温度的过热蒸汽，送入汽轮机做功。对于生物质锅炉，炉排、布风装置、物料分离器可以设计为水冷壁型式，保护这些装置防止超温结焦的同时也充分吸收锅炉热量。

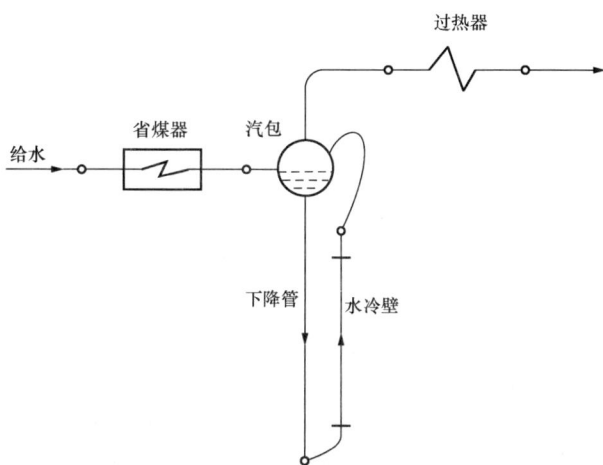

图 3 - 15　自然循环锅炉汽水系统示意图

对于生物质燃烧锅炉的过热器需要特别注意，燃烧生物质，尤其是秸秆等碱金属和氯含量较高的燃料时，由于燃烧烟气具有腐蚀性和较低的灰熔点，高温增加了重度腐蚀和结渣问题的风险，因此需要限制过热器的温度，特点是蒸汽温度在450℃以上的高参数锅炉。例如丹麦 haslev 和 slagelse 电厂，控制烟气温度下降到650～700℃时才允许烟气与第一级过热器接触。

3. 燃烧系统

燃烧系统是为使燃料在炉膛内充分燃烧，向锅炉提供足够数量的燃料和空气，同时排除燃烧生成的烟气所需的设备，是烟、风、生物质燃料管道及其附件的组合。

生物质炉排锅炉的燃烧系统由燃烧室、炉排、风室、点火燃烧器、风烟系统、烟道和空气预热器等组成。

生物质炉排锅炉燃烧系统的工作过程为：生物质燃料由炉前给料机送入燃烧室，在炉排上形成固体燃料层，一次风从布置在水冷炉排上的通风空隙穿过燃料层向上流动，二次风在炉排上部送入，加强后期扰动，并供给燃料燃烧需要的大量 O_2。在高温下，空气和燃料发生燃烧反应，大部分燃料在炉排上形成火床燃烧，只有少数细小颗粒的固体燃料和燃烧生成的可燃气体在火床上的炉膛空间燃烧，燃料在炉排上燃烧生成的高温烟气也离开燃料层向上流动，升入炉膛，在引风机作用下，高温烟气流经锅炉各级受热面后，经过除尘设备，经引风机烟囱排向大气。

生物质循环流化床锅炉的燃烧系统主要由燃烧室、布风装置、点火装置、物料分离器、物料回送装置、风烟系统、空气预热器等设备构成。

生物质循环流化床锅炉燃烧系统的工作过程是：燃料经破碎至合适粒度后，经由布置在炉前的给料机送入燃烧室，一次风从流化床燃烧室布风板上部风帽给入，二次风在稀相区分层送入，加强后期扰动和供氧，入炉燃料与燃烧室内炽热的沸腾流化的惰性床料混合，被迅速加热，燃料在充满整个炉膛的惰性床料中燃烧。在较高气流速度的作用下，燃烧充满整个炉膛，并有大量细小固体颗粒被携带出燃烧室，经高温旋风分离器分离收集后，经分离器下的立管和回料阀在高压流化风作用下送回炉膛循环燃烧。被分离的烟气经过锅炉各级受热面后经过除尘设备经引风机、烟囱排向大气。

锅炉运行中，需要根据负荷和燃烧情况及时对燃烧进行调整，以保证锅炉在最佳效率下运行。要组织合理的燃烧，保证入炉燃料及时着火、完全燃烧，尽可能降低排烟中污染物含量。同时使汽温、汽压、水位等参数维持在规定范围，保证锅炉出力及机组运行的可靠性。

4. 锅炉主要参数的调节

（1）汽包水位的调节。在锅炉运行中，汽包水位过高或过低，都将给锅炉和汽轮机的安全运行带来严重的威胁。一般汽包正常水位应在汽包中心线以下 $100\sim200mm$ 处，允许波动范围为 $\pm50\sim75mm$。

汽包水位表示其蒸发面的高低。水位过高，蒸汽空间缩小，会引起蒸汽中水分增加，使蒸汽品质恶化，容易造成过热器管内沉积盐垢，管子过热损坏。当汽包严重满水时，会造成蒸汽大量带水，引起管道和汽轮机的水冲击，甚至打坏汽轮机叶片。水位过低，可能会破坏正常的水循环，使水冷壁管超温损坏，当严重缺水时，还可能造成水冷壁爆管事故。因此运行中应尽量做到均衡连续供水，使给水流量和蒸发量保持平衡，保持汽包水位正常。

汽包水位的调整，对于采用定速给水泵的机组，可通过改变给水调节阀的开度来调节给水流量。对于采用变速泵的机组，调节给水泵的转速和给水调节阀的开度都可改变给水流量。现代大型锅炉给水采用"三冲量"法进行给水自动调节，即根据汽包水位、主蒸汽流量、给水流量三种信号综合判断并自动调节给水流量，保持汽包水位稳定。

当锅炉低负荷运行时，锅筒水位应稍高于正常水位，以免负荷增大造成低水位；反之，高负荷运行时应使锅筒水位稍低于正常水位，以免负荷降低造成高水位。但上、下变动的范围不应超过允许值。

（2）汽温调节。过热汽温是蒸汽质量的又一重要指标，运行中如果过热汽温偏离规定值过大或频繁波动，将会直接影响到锅炉和汽轮机的安全、经济运行。一般地，当达到额定负荷运行时，过热汽温的变化范围应保持在$-10\sim+5℃$运行。

汽温过高，长期超过设备的允许工作温度，将使钢材加速蠕变，从而缩短设备使用寿命，严重超温时会导致管子在短时间内爆破。

汽温过低不仅降低了机组的循环热效率，还会使汽轮机最后几级的蒸汽湿度增加，造成叶片侵蚀，严重时将发生水冲击。

汽温突升或突降，将会使锅炉受热面焊口及连接部分产生较大的热应力，同时还将造成汽轮机的汽缸与转子间的胀差增加，威胁汽轮机的安全运行。

过热器蒸汽温度用混合式喷水减温器来调节汽温，而且也可以用此消除两侧管壁的温度差。过热器采用二级减温器，第一级为粗调，布置在低温过热器出口与屏式过热器入口管道上。第二级布置为细调，位于屏式过热器与高温过热器之间的连接管道上。利用喷水调节汽温时，运行人员要密切关注喷水量及喷水前、后的蒸汽温度，确保减温后的汽温要有一定过热度，要高于该压力下的饱和温度$11℃$，防止蒸汽带水，影响汽轮机的安全运行。

（3）汽压调节。蒸汽压力是蒸汽质量的重要指标，是锅炉运行中必须监视和调整的主要参数之一。锅炉在额定负荷下运行时，应维持蒸汽压力在正常值的$\pm(0.05\sim0.1)\text{MPa}$。对于采用滑压运行的机组，低负荷时可保持较低的蒸汽压力。

蒸汽压力的变化不仅影响蒸汽温度和汽包水位，而且直接危害锅炉和汽轮机的安全与经济运行。汽压过高，将使机炉承压部件承受过大的机械应力，影响设备寿命。如果经常超压会引起安全阀动作，不仅造成了排汽损失，而且会使安全阀由于磨损和污物沉积在阀座上产生漏汽，同时还会引起水位发生较大的波动。

汽压低于额定值会使蒸汽在汽轮机内膨胀做功的焓降减小，降低了做功能力，使汽耗增大，机组循环热效率下降。汽压过低还可能会导致汽轮机被迫减负荷，影响正常发电。如果汽压频繁波动，会使承压部件经常处于交变应力的作用，引起金属部件的疲劳损坏。同时，汽压的突变容易造成汽包的"虚假水位"，若调节不及时，易导致满水和缺水事故的发生。

汽压调节的主要任务是在锅炉运行中维持主蒸汽出口压力的稳定。蒸汽压力波动的根本原因是锅炉蒸发产汽量与流出量不平衡，如锅炉产汽量大于流出量，则汽压升高；如锅炉产汽量小于流出量，则汽压降低。因此运行中要维持汽压稳定在规定范围内，实际上就是保持锅炉的蒸发量与汽轮机负荷之间的平衡。

影响蒸汽压力波动的因素主要有两类，即内扰和外扰。所谓内扰是指由于锅炉自身原因引起的蒸汽压力波动，如燃烧突然加强，会引起产汽量增大，此时如果流出量不变，会引起锅炉压力升高；反之如燃烧突然减弱，会引起产汽量减少，在流出量不变的情况下，会引起锅炉压力降低。所谓外扰是指由于锅炉外部原因引起的蒸汽压力波动，如汽轮机进汽量突然增大，而锅炉蒸汽产量由于锅炉燃烧调节的延迟不能马上增大，会导致蒸汽压力降低；反之，会引起蒸汽压力的升高。

3.3.3　汽轮机及辅助系统

1. 汽轮机工作原理

汽轮机是完成蒸汽热能转换为机械能的基本部分，和锅炉、发电机一样是火力发电厂最

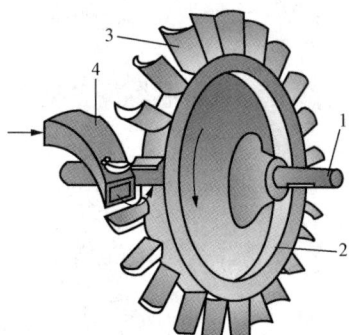

图 3-16　冲动式汽轮机工作原理
1—轴；2—叶轮；3—动叶片；4—喷嘴

基本的三大设备之一。汽轮机是以水蒸气为工质，将热能转变为机械能的高速旋转式原动机。由锅炉来的蒸汽通过汽轮机时，分别在喷嘴（静叶片）和动叶片中进行能量交换。根据蒸汽在动、静叶片中的做功原理不同，汽轮机可分为冲动式和反动式两种。冲动式汽轮机的工作原理如图 3-16 所示。具有一定压力和温度的蒸汽先在固定不动的喷嘴中膨胀，膨胀时，蒸汽压力、温度降低，速度增加，使其热能转换成动能，从喷嘴出来的高速气流，以一定的方向进入动叶通道，在动叶通道中汽流速度改变，对动叶产生一个作用力，推动叶轮和轴转动，使蒸汽的动能转变为轴上的机械能。

在反动式汽轮机中，蒸汽流过喷嘴和动叶片时，蒸汽不仅在喷嘴中膨胀加速，而且在动叶中也要继续膨胀，使蒸汽在动叶流道中的流速更高。当由动叶片流道出口喷出时，蒸汽便给动叶一个反动力。动叶片同时受到喷嘴出口汽流的冲动力和自身出口气流的反动力。在这两个力的作用下，动叶片带动叶轮和轴高速旋转，这就是反动式汽轮机的工作原理。

如上所述，蒸汽的热能转变为机械能是由两步完成的。首先将蒸汽的热能转变为汽流的动能，而后将蒸汽的动能传递给叶片，使之最后转变为轴上的机械能。前者在喷嘴中进行，后者在动叶流道内完成。能量转换的主要部件是一组喷嘴和一圈动叶，由它们组合而成的工作单元，称为汽轮机的级。由于单级汽轮机的能量转换能力有限，因此电厂中都采用多级汽轮机。

汽轮机设备及系统包括汽轮机本体、调节保安油系统、辅助设备和热力系统等。

汽轮机本体由汽轮机的转子和定子组成。转子包括轴、叶轮和动叶片等部件；静子包括气缸、隔板、喷嘴、气封和轴承等部件。

汽轮机调速保安油系统主要包括调速器、调速传动机构、调速汽门、油泵、安全保护装置和冷油器等部件。

汽轮机辅助设备主要包括凝汽器、抽气器、加热器、除氧器、给水泵、凝结水泵、循环水泵等。热力系统包括主蒸汽系统、给水除氧系统、抽汽回热系统和凝汽系统等。

由于生物质电厂机组规模较小，考虑供热设计，目前较多采用高压高温单缸抽凝汽式汽轮机或者背压式汽轮机。

2. 汽轮机的热力系统

汽轮机与锅炉之间的汽水循环系统即为汽轮机的热力系统，它由凝汽冷却系统、回热加热系统、疏水系统以及补充水系统等组成。

其流程为：从锅炉来的高温、高压蒸汽，经由主蒸汽管道和电动主汽门至汽轮机主汽阀，蒸汽通过主汽阀后，经导流管流向调节阀。蒸汽在调节阀控制下流进汽轮机内各级膨胀做功，将蒸汽的热能转化为汽轮机轴上的机械能，做功后的乏汽排入凝汽器。被循环冷却水冷凝后形成凝结水汇集于凝汽器热井中。热井中主凝结水由凝结水泵抽出，并依此打入低压

加热器，接受汽轮机低压回热抽汽的加热，逐渐升高温度后被送入除氧器，利用汽轮机高压回热抽汽直接加热除去溶于水中的氧气，除氧后的给水经给水泵加压送到高压加热器，接受高压回热抽汽的加热，温度得到进一步提高后送到锅炉省煤器。各种加热器、管道、阀门中的凝结的水作为疏水直接引入除氧器或凝汽器。

3.3.4　其他系统

1. 化学水处理系统

在火电厂中，水是整个热力系统的工作介质，为了保证锅炉、汽轮机的正常运行，锅炉和汽轮机对所用水的质量要求比较严格。长期的实践使人们认识到，热力系统中水的品质，是影响发电厂热力设备（锅炉、汽轮机等）安全、经济运行的重要因素之一。没有经过净化处理的天然水含有许多杂质，这种水如进入水汽循环系统，将会造成各种危害。化学水处理系统就是为了保证热力系统各部分有一良好的水汽品质，以防止热力设备的结垢、积灰和腐蚀。因此，在热力发电厂中，化学水处理系统正常运行对保证发电厂的安全、经济运行具有十分重要的意义。

目前农林生物质直燃发电厂的化学水处理系统主要采用多级过滤、反渗透与混合型离子交换除盐系统，也有的采用多级过滤、反渗透与电渗析除盐系统。前一种成本较低，应用较广，但是工艺较复杂，混床离子交换树脂需要再生而停运。后一种为新技术，成本较高，但工艺简单，易于实行自动化控制，且离子交换树脂不需化学再生。

2. 环境保护系统

由于农林生物质自身在环境保护方面的优势，锅炉尾部烟气硫含量很低，无需设置脱硫设备，只需要配备旋风除尘器和布袋除尘器将烟气中的粉尘收集，使其粉尘含量符合国家标准即可排向大气。目前农林生物质直燃发电厂多采用长袋脉冲除尘器，它是在常规短袋脉冲除尘器的基础上发展起来的一种新型、高效的袋式除尘器。它不仅综合了分室反吹和脉冲喷吹清灰的优点，而且加长了滤袋，可以充分发挥压缩空气强力喷吹清灰的作用。该类除尘器还克服了分室反吹清灰强度较低，脉冲喷吹清灰与粉尘过滤同时进行的缺点，防止了粉尘再附与失控问题，从而可提高过滤速度，节省清灰能耗和延长滤袋的寿命。

任务4　污染物排放处理及腐蚀结渣的防治

【教学内容】

3.4.1　污染物排放及处理

生物质燃料燃烧对环境的影响主要表现为排放物对大气的污染。直接排放到大气中的污染物为一次污染物，一次污染物经阳光照射后发生光化学反应，生成的污染物为二次污染物。生物质燃料燃烧污染物的数量和种类与燃料的特性、燃烧方式、燃烧过程及控制措施等诸多因素有关。

生物质燃烧排放的污染物主要包括固体颗粒物、酸性气体、有机污染物和重金属等。

生物质燃料燃烧过程中可采取避免污染物产生的措施，例如通过选择合适的燃烧设备、燃烧过程的优化控制等方式，提高燃烧温度，延长滞留时间，使空气与燃料充分混合，从而减少不完全燃烧热损失，提高燃烧效率，减少污染物的产生。

1. 固体颗粒物

（1）固体颗粒物危害。固体颗粒物是烟尘的主要来源，烟尘可分为两种形式：粉尘和炭黑。

1）粉尘。农林废物燃烧时产生的飞灰，主要包括炭和灰。层燃产生的飞灰粒径为 $10\sim200\mu m$，悬浮燃烧产生的飞灰粒径为 $3\sim100\mu m$。

2）炭黑。炭黑为气相析出型，农林废物挥发分在缺氧条件下，受热分解而形成的灰黑颗粒，炭黑颗粒极细，呈絮状，质量较轻。

这些细颗粒对人类健康的影响越来越受关注，由于其表面通常吸附许多重金属元素和一些致癌物质，沉积到人的肺部会有严重的健康危害。生活垃圾焚烧时，垃圾中不可燃物质大部分滞留在炉排上并以灰渣形式排出，其中部分颗粒在气流携带及热泳力的作用下，与焚烧产生的高温烟气一起流经尾部受热面，进入烟气净化装置。

（2）固体颗粒物净化。对烟气中固体颗粒的净化常用的是除尘设备，因为仅靠改善燃烧技术无法完全消除烟尘，需要通过净化装置去除大部分的烟尘。除尘器种类很多，按照除尘机理，可以分为机械式除尘器、湿式除尘器、过滤式除尘器、电除尘器和组合式除尘器。

1）机械式除尘器。该类除尘器利用质量力（重力、惯性力和离心力）作用将灰分从烟气中分离出来。

2）湿式除尘器。该类除尘器主要是利用气体与液滴或液膜密切接触，依靠惯性、截留、扩散和凝聚效应等机理，将灰分从烟气中分离出来。湿式除尘器结构简单、投资低，可分为湿式离心除尘器、喷淋塔、泡沫除尘器和文丘里管等。

3）过滤式除尘器。过滤式除尘器是含尘气流通过织物或多孔填料层进行过滤分离的装置，主要分为袋式除尘器和颗粒层除尘器。

颗粒层除尘器阻力较大，能耗高，应用受到限制。

袋式除尘器是通过织物滤料进行粉尘分离捕集，对含尘气体具有筛分、惯性碰撞、拦截、扩散、静电及重力作用。当粉尘粒径大于滤料纤维间孔隙或滤料上沉积的粉尘间孔隙时，粉尘即被筛滤下来。通常织物滤料纤维间的孔隙远大于粉尘粒径，开始过滤时的筛分作用很小，主要是靠惯性碰撞、拦截、扩散、静电及重力作用。当滤布上逐渐形成粉尘黏附层后，则碰撞、扩散等作用变得很小，而主要靠筛分作用，把沉积在滤料表面上的粉尘层作为过滤层。

袋式除尘器的主要优点：对粒径 $1\mu m$ 的细微尘粒除尘效率为 99%；适应性强，可以捕集不同性质的粉尘，使用灵活，处理风量可以由每小时数百立方米到每小时数十万立方米或者更大；结构简单，工作稳定。其主要缺点：应用范围受滤料的耐温、耐腐蚀等性能限制，特别是耐高温方面，烟气温度很高时要考虑采用造价较高的特殊滤料，这样就增加了成本；不宜用于黏性强或是吸湿性强的粉末，特别是烟气的温度不能低于酸露点温度，否则会产生结露，致使滤袋堵塞；占地面积大等。

袋式除尘器选择清灰系统非常重要，如果袋式除尘器清灰不畅，则除尘器阻力上升，影响到系统阻力，给设备运行带来障碍。袋式除尘器设备主要是以其清灰方法区分种类，如：机械振动、气箱喷吹、环隙喷吹、高效脉冲（又称行喷吹）等。

4）静电除尘器。含尘气体在静电除尘器中净化的过程，可分为气体的电离、粉尘的荷电和沉积三个步骤。当放电极和集尘极之间的电压增大到某一电压值时，放电极的电荷密度增加，出现部分击穿气体的电晕放电现象，破坏了电极附近气体的绝缘性，使气体离子化；即只有电压达到一定值时，才能产生电晕放电，使电场空间存在较多电荷。当含尘气体从上述高压电场中通过，电场中负离子在向集尘极驱进过程中，与尘粒碰撞并吸附在尘粒上，使尘粒带电；带电尘粒在电场力的作用下移向集尘极，沉积在极板上同时失去电性，然后通过振打装置使电极抖动尘粒从极板上脱落，完成除尘过程。

2. 硫氧化物

农林废物直燃发电厂由于燃料特性，产生的含硫酸性的气体较少，而利用垃圾焚烧发电厂的烟气中酸性气体含量较高，对于含硫酸性气体常用的净化形式有：湿式净化、半干式净化以及干式净化。

（1）湿式净化。湿式净化是将烟气与洗涤液体充分接触，使污染物从烟气中分离出来。湿式净化能净化烟气中的气态污染物，可快速降低烟温并具有加湿作用，这是其他类型净化器所没有的优点。湿式净化器的缺点是净化过程中产生的废水需要进行处理，管道和设备腐蚀较严重，洗涤后烟气温度降低，不利于排放扩散。生活垃圾焚烧烟气湿式净化器的种类很多，常用的有吸收塔和文丘里净化器。

（2）半干式净化。半干式净化器是介于干式与湿式之间，应用较多的喷雾干燥器属半干式净化，不同形式喷雾干燥吸收塔的区别主要在于雾化器结构不同。雾化器有喷嘴型（又称空气—浆液双流体雾化器，或称二流体喷嘴）和旋转离心雾化器两种。常采用生石灰作为脱除剂，将生石灰粉（或小颗粒）经掺水、搅拌、消化后制成具有很好反应活性的熟石灰 [即 Ca（OH）$_2$]浆液，这些吸收剂浆液经泵送至吸收塔上部，由喷嘴或旋转喷雾器将石灰浆吸收液均匀地雾化成雾状微粒，这些雾状石灰浆吸收液与供入的含酸烟气接触，发生物理化学反应，同时吸收烟气中的热量，大部分水分蒸发，然后变成含有少量水分的微粒灰渣。喷雾干燥吸收塔，由于雾化效果好，气液的接触面积大，不仅可以有效降低气体的温度，中和气体中的酸性气体，并且喷入的消石灰浆中的水分可在喷雾干燥塔内完全蒸发，不产生废水。

（3）干式净化。干式净化是用压缩空气将碱性固体粉末（消石灰或碳酸氢钠）直接喷入烟气通道上某段反应器内，使碱性脱除剂与酸性废气充分接触和反应，从而达到中和废气中酸性气体并加以除去的目的。目前常用的干式净化器有气态流化床吸收塔、移动床和固定床等。

3. 氮氧化物

在高温条件下，氮氧化物来源于燃烧过程中 N_2 和 O_2 发生的氧化反应。另外，含氮的有机物的燃烧也可以生成 NO_x，主要为 NO 和 NO_2。NO_x 中的 NO 所占比例高达 95%，NO 是无色无味气体，与血红蛋白的亲和力约为 CO 的 1000 倍，当其浓度较大时，会引起缺氧性中枢神经麻痹。NO_2 是红色的有窒息性气体，对呼吸系统有强烈的刺激作用。当人们长期处于氮氧化物的环境中，可能会导致死亡，因此氮氧化物的含量不能超过 $5mg/m^3$。此外 NO_2 在日光照射下与 O_2 发生反应形成光化学烟雾，它刺激人的眼睛、鼻黏膜，从而引起头痛，还会产生病变。

关于 NO_x 的生成与控制技术有很多种，目前主要有燃烧控制和烟气净化。

（1）燃烧控制特点：①降低燃烧温度，防止局部产生高温；②采用多级送风，低氧燃烧；③流化床燃烧。

（2）烟气净化包括选择性催化还原（SCR）、选择性非催化还原（SNCR）和 SO_2/NO_x 的联合脱除技术。SCR 技术是加入氨为还原剂，使 NO_x 通过以铂、钯、钛等贵金属为组分的催化剂层，与氨反应生成 N_2，而得到去除，反应温度一般为 $300\sim400℃$，脱氮率可达 $85\%\sim90\%$。SNCR 技术需在脱除系统中喷入氨或尿素，使 NO_x 与 NH_3 反应转化成单质 N_2，但过程中没有催化剂。SNCR 的反应环境必须在高温（$800\sim1000℃$）条件下，因此 SNCR 法反应是在焚烧炉炉膛内完成的，而 SCR 法是在焚烧炉的后续设备中完成。SNCR 法比 SCR 法的设备投资低，所需的占地面积小。

需要说明的是，生物质直燃电厂与燃煤电站相比，由于燃料的不同，一般不专门设置脱除氮氧化物和硫氧化物的装置，该部分内容将在项目四垃圾发电中进行较为详细的介绍。

4. 有机污染物及重金属危害

有机污染物的产生机理极为复杂，伴随着多种化学反应，如分解、合成和取代等。有机污染物中毒性最强的是二噁英类物质，二噁英是目前发现毒性最强的化合物，它的毒性相当于氰化钾的 1000 倍以上，在微量的情况下即会引起癌症等症状。国际癌症研究中心将该类物质列为人类一级致癌物。此外二噁英还会引起人体皮肤痤疮、头痛、失聪、忧郁、失眠和新生儿畸形等症，并具有长期效应。二噁英的稳定性和不溶于水的特性，决定了此类物质对人类和周围环境存在直接或间接的巨大危害。

重金属类污染物源于焚烧过程中生物质燃料中所含重金属及其化合物的蒸发，该部分物质在高温下由固态变为气态，一部分以气相的形式存在于烟气中，如金属汞；另有相当一部分重金属分子进入烟气后被氧化，并凝聚成很细的颗粒物；还有一部分蒸发后附着在焚烧烟气中的颗粒物上，以固相的形式存在于焚烧的烟气中。

重金属的危害在于它不能被微生物分解且能在生物体内富集，形成毒性更强的化合物。在环境中重金属经历地质和生物双重循环迁移转化，最终通过大气、饮水、食物等渠道为人体所摄取，对人体的健康产生负面效应。例如汞，由于其蒸发压力高，焚烧处理后，主要以气态形式排放，汞进入大气后易被微生物转化为甲基汞，这种形态的汞毒性最大，通过食物链进入人体后，会损坏中枢神经，造成儿童发育畸形等严重危害。

3.4.2 腐蚀结渣及防治

1. 沉积

沉积是由生物质中易挥发物质（主要是碱金属）在高温下挥发进入气相后与烟气、飞灰一起在对流换热器、再热器、省煤器、空气预热器等受热面上凝结、黏附或者沉降的现象，这些部位的烟气温度低于飞灰的软化温度，沉积物大多以固态飞灰颗粒形式堆积形成，颗粒之间有清晰的界限，温度过高时，外表面会发生烧结，形成一个比较硬的壳。

沉积会随着生产时间的延长逐渐增厚，使换热效率逐步降低，严重时会造成换热管破坏、漏水，中断正常运行。

（1）沉积的形成原因。

1）内因，即秸秆等生物质中含有形成沉积的物质条件，如作物秸秆中几乎含有土壤和水分中所包含的各种元素，其中金属元素 K、Na、Ca、Mg，非金属元素 Cl、N、S 等，它们大都性质活泼，极易与碱金属元素形成 KCl、NaCl、NO_x、HCl 等。碱金属是形成沉积的物质基础，非金属元素 Cl 等有推动碱金属流动的能力，是不断供给沉积成型成长的运输工具。

2）外因，即是炉膛提供的温度及热动力条件，使挥发析出的碱金属以及在热空气中游动的矿物质、有机质颗粒具有到达受热面的推动力，具备进行热化学反应的温度条件。通过内、外因的有机配合形成沉积。

（2）影响沉积的因素，主要包括以下几个方面。

1）原料成分对沉积形成的影响。秸秆燃烧过程中，燃料成分是影响受热面上沉积形成的主要因素之一。与煤等化石燃料相比，秸秆中氧的含量较高，大量的含氧官能团为无机物质在燃料中驻留提供了可能的场所，对这一类物质的包容能力比较强，因此秸秆中内在固有无机物元素的含量一般较高，其中导致锅炉床料聚团、受热面上沉积的主要元素有 Cl、K、Ca、Si、Na、S、P、Mg、Fe 等，尤其是氯元素、碱金属和碱土金属。

燃烧过程中，碱金属和碱土金属在高温下以气体的形态挥发出来，然后与硫或氯元素结合以硫酸盐或氯化物的形式凝结在飞灰颗粒上，降低了飞灰的熔点，增加了飞灰表面的黏性，在炉膛气流的作用下，黏贴在受热面的表面上，形成沉积。很显然，没有这些碱金属的存在就不可能形成沉积。秸秆生物质比煤含有的碱金属多得多，因此比煤的沉积严重，相应带来的腐蚀等问题也多。一般秸秆中钾的含量是煤的 10 倍，氯的含量是煤的 20～40 倍，钙的含量也是煤的 2 倍多。而且 K、Cl、Na 在植物体中都是以离子状态存在的，具有很高的可移动性，并具有受热进入气相中的倾向性，为沉积创造了很好的物质条件。

从表 3-4 中可以看出在三种秸秆中，稻秆和麦秆内的碱金属含量远远高于木材燃料，其中麦秆灰渣中的钾含量达到 25.6%，稻秆灰渣中钾为 9.68%；三种秸秆共同的特点是氯的含量都较高，其中玉米秸秆中含量最高，达到 0.779%，而两种木质燃料中的氯含量均不超过 0.01%。这解释了燃烧秸秆比木材更易在受热面上沉积的现象。

表 3-4   部分秸秆与木材灰渣的主要成分

种类	灰中各元素含量（%）								碱金属含量 （kg/GJ）
	Na_2O	MgO	SiO_2	Cl	K_2O	CaO	Fe_2O_3	P_2O_5	
麦秆	1.71	1.06	55.32	0.23	25.6	6.14	0.73	1.26	1.07
稻秆	0.53	1.65	77.45	0.58	11.56	2.18	0.19	1.41	1.64
玉米秆	0.49	5.67	84.16	0.779	0.9	4.49	0.19	2.72	0.16
杂交白杨	0.13	18.40	5.90	0.01	9.64	49.92	1.40	1.34	0.14
柳木	0.94	2.47	2.35	<0.01	15	41.20	0.73	7.4	0.14

2）炉膛温度对沉积形成的影响。炉膛温度的变化直接影响烟道气中飞灰颗粒和受热面的温度，从而影响受热面上沉积的形成。温度对沉积的影响主要表现在三个方面：一是影响碱金属的析出，温度越高，碱金属析出的量越大，且析出速度越快；二是形成炉膛高温环境，使析出的碱金属挥发分具有流动和热迁移的动力；三是受热面、沉积体上的热化学反应必须有相应的温度，温度低不能形成熔融体，黏结力小，形成的沉积强度小容易脱落。根据试验，炉膛温度低于 600℃左右时，受热面上的沉积呈现灰黑色，手感光滑，主要是未完全燃烧的炭黑融入了沉积体中；随着炉膛温度的升高，碱金属从燃料中逸出，逸出的碱金属凝结在飞灰上，从而降低了飞灰熔点，受热面上的沉积变为银灰色，表面呈玻璃状，有烧结现象。与此同时，沉积中 SiO_2 的含量也上升，使碱金属与 SiO_2 结合生成低熔点的共晶体，增加了沉积的强度。

3）供风量对沉积形成的影响。供风速度影响炉膛内的空气动力场、改变烟气中飞灰颗粒的运动速度、方向，影响沉积量。风速增大时，烟气中的飞灰与受热面撞击百分比增加，沉积量上升，但当风速超过 12m/s 时，烟气中含有较多气体组分的飞灰来不及与受热面接触，就随烟气排出；而初始黏在受热面上的颗粒在较大风速的作用下重新回到烟气中，受热面上的沉积量开始下降。

另外，供风速度对飞灰颗粒的沉积位置也有重要的影响，在燃烧秸秆成型燃料的锅炉中，沉积不仅在受热面上的迎风面形成，在风速产生的漩涡作用下，背风面上也经常出现沉积。

因此，在秸秆成型燃料燃烧过程中，合适的供风速度不但有利于燃料的燃烧，对受热面上沉积的形成及其成分也有重要的影响。

供风量的大小对于氯、钾、钠释放没有太明显的影响，只有风量影响到温度时才产生作用。风动力和热动力共同形成了颗粒在空气动力场中流动的驱动力，没有了空气动力，粉尘、碱金属颗粒就没有足够的撞击力，沉积形成的数量和强度都会受影响。严格控制供风量，使碱金属析出后没有足够的移动动力，是减少沉积的重要技术手段。

4）受热面温度对沉积形成的影响。受热面温度对飞灰沉积率的影响至今尚未深入探讨，这一参数一般取决于其他设计参数，如过热器和再热器温度控制范围，还涉及材料选用在内的经济因素。

当受热面温度较低时，烟气中飞灰颗粒遇到温度较低的受热面会迅速凝结，形成沉积，使受热面上的沉积率升高；随着受热面温度的升高，若低熔点的飞灰仍处于气相状态，就会随烟气排出炉外，受热面上的沉积率会逐渐下降，如温度使初级沉积表面出现熔融态，烟道气中的颗粒物就会碰击后被黏接，使沉积层增厚。但是一旦黏性最大的沉积层全面形成后，受热面温度对沉积率的影响就会因导热率的下降而下降，最终随着沉积物的增长，受热面温度对沉积形成的影响力大大下降直到消除。

（3）沉积的危害及防治措施，分别如下。

1）沉积的危害。受热面上形成沉积带来的最直接的危害是锅炉的热效率下降。受热面上的沉积不但降低了受热面的换热能力，而且影响到排烟温度。积灰沉积对能耗及出力的影响是恶性循环，首先，在燃料放热量不变的情况下，受热面上形成的沉积导致受热面的吸热量减少，排烟温度升高；其次，受热面上形成的沉积使受热面的吸热量下降，降低了锅炉出力，为了达到锅炉需要的负荷必须增加燃料量，这将造成排烟温度的进一步升高。排烟温度的上升，意味着排烟造成的热损失增加，锅炉出力的降低。通常电厂为了维持正常的蒸汽温度，保证锅炉在满负荷下运行，只好增加燃料投放，因此会增加单位发电量的燃料消耗。随着燃料量的增加，炉膛出口温度进一步升高，使得飞灰更易黏结在屏式过热器和高温过热器上，加速这些部位沉积的形成，形成恶性循环。

长期的沉积将对受热面造成严重的腐蚀。如当混合燃烧含氯高的生物质燃料为稻草时，当壁温高于 400℃时，将使受热面发生高温沉积腐蚀，同时酸性烟气也极易造成过热器端低温酸腐蚀。

另外，沉积的形成也会对锅炉的操作带来一定影响。随着锅炉的运行，受热面上的沉积物日益增厚，当重力、气流黏性剪切力以及飞灰颗粒对壁面上沉积的撞击力等破坏沉积形成的共同作用力超过了沉积与壁面的黏结力时，沉积渣块就从受热面上脱落，形成塌灰。锅炉塌灰严重影响锅炉正常燃烧，会诱发运行事故，导致设备损坏，甚至造成人员伤亡。

当水冷壁表面上有大渣块形成时，在渣块自重和炉内压力波动或气流扰动的作用下，大渣块会突然掉落。脱落的渣块有可能损坏设备，引起水冷壁振动，引发更多的落渣。而且渣块形成时的温度很高，渣块的热容较大，短时间内大量炽热渣块落入炉底冷灰斗，蒸发大量的水蒸气，会导致炉内压力的大幅度波动。压力波动超过一定限制时，会引发燃烧保护系统误动，切断燃料投放，导致锅炉灭火或停炉。

2）降低沉积的方法措施。目前，降低沉积的有效方法主要有以下几种。

a. 掺混添加剂以减少沉积物形成。通过添加剂降低秸秆燃烧过程中受热面上的沉积物，就是将添加剂与秸秆混烧，生成高熔点的碱金属化合物，使碱金属固定在底灰中，从而降低受热面上的沉积腐蚀。经常采用的添加剂有煤、石灰石等。

b. 机械降低沉积物的形成。解决秸秆燃烧过程中受热面上的沉积腐蚀问题还可以通过在管壁上喷涂及吹灰等机械方式。

c. 通过操作方式的变化降低受热面上沉积物。通过操作方式的改变降低受热面上的沉积物，就是通过对锅炉运行中的参数的调整、改变锅炉布置及燃料燃烧方式等方法降低受热面上的沉积物。

风速对受热面上沉积物的形成具有重要的影响。当风速超过一定速度时，大部分飞灰来不及撞击受热面而随烟气排出，减少了飞灰颗粒与壁面的接触概率；与此同时，初始黏在受热面上的颗粒在较大风速的作用下也会重新回到烟气中，从而降低了受热面上的沉积物，因此，增大风速应该是降低水冷壁表面上沉积物的一种方法。但是较大的风速提高了排烟热损失，降低了锅炉效率，同时过大的风速可能吹灭锅炉。目前，对锅炉供风速度的调整一般是根据锅炉和燃料的类型而进行的。

较高的炉膛温度是影响沉积物形成的主要原因之一。较高的炉膛温度使得烟气中碱金属、氯化物含量较高的飞灰颗粒处于熔融状态，当遇到温度较低的受热面时就凝结在受热面上，形成沉积物。通过锅炉串联降低受热面上的沉积就是根据使用目的及燃料特点将两台锅炉串联起来，降低燃烧秸秆锅炉的炉膛温度，减少高温下熔融的飞灰颗粒，从而降低受热面上的沉积物。

低温热解也是降低在锅炉受热面上形成沉积物的一种非常有效的方法。其过程是首先将秸秆在低温下进行热解，然后将产生的热解气体通入一个独立的燃烧器里进行燃烧。由于热解温度低，还没有达到灰熔点，就已经析出挥发分并开始燃烧，在热解过程中碱金属、氯仍然保留在焦炭内，产生的热解气体中含有较少的氯、碱金属及飞灰颗粒，因此减少了受热面上的沉积物，从而降低了腐蚀率。必须指出，秸秆低温热解的确可以减少沉积物，但是低温热解也增加了焦油析出量，可能会引起管道堵塞、黏结烟尘的产生等问题。

2. 碱金属引起的腐蚀

（1）腐蚀过程与机理。腐蚀就是物质表面与周围介质发生化学或电化学作用而受到破坏的现象。腐蚀可由沉积物引起，也可由酸碱性有害气体引起，腐蚀程度视沉积物累积或有害气体的浓度决定。

秸秆燃烧过程中受热面上的沉积物若不及时清理，不但会降低燃烧设备的换热效率，也会对受热面造成严重的腐蚀。另外，一般认为当燃料中氯或硫的含量超过一定数值时，在燃烧过程中形成的有害酸性气体在低温下（酸露点）冷凝，形成的强酸液体就会腐蚀燃烧设备，并且在设备运行过程中产生结皮和堵塞现象。与木材等其他燃料相比，秸秆作物中的氯含量过高。根据试验测定，中国的玉米秸秆中氯的含量为 0.5%～1%，燃烧过程中燃料释放出来的氯与烟气中的其他成分反应生成氯化物，然后与飞灰颗粒一起沉积在受热面上形成沉积物，其中的氯化物就与受热面上的铁发生化学反应，将管壁中的铁逐步转移到沉积物中，从而使管壁越来越薄，对管壁造成严重的腐蚀。

生物质成型燃料燃烧对设备造成的腐蚀通常分为如下四种情况。

1）炉膛水冷壁高温腐蚀。主要由于生物质成型燃料中硫元素、氯元素的存在，以及燃烧过程缺氧造成的。在缺氧气氛条件下，高温下的氧化铁会转化为亚铁（FeS、FeO 等）形式，熔点降低；同时，H_2S、HCl 及游离的 S 容易破坏金属表面原有的氧化层，而导致水冷壁发生腐蚀。

2）高温对流受热面的腐蚀。主要由于碱金属形成的盐类在受热面沉积造成腐蚀。碱金属离子在 730℃ 左右就会凝结，然后与烟气中有害气体（SO_2、SO_3、HCl 等）形成低熔化合物或共晶体——复合硫酸盐及盐酸盐，在高温时黏结在受热面上并被烧结沉积，在 590℃ 左右具有较强腐蚀性，造成过热器及再热器管道腐蚀，研究发现，沉积造成的腐蚀在 550～730℃ 时比较严重。

3）低温受热面腐蚀（低温腐蚀）。主要由于受热面壁温低于烟气中酸露点时，酸性气体形成酸雾冷凝在受热面形成腐蚀。酸性气体的多少及酸露点的高低影响腐蚀的程度，一般 300℃ 以下低温腐蚀就会发生，主要由酸雾形成的硫酸及盐酸对金属产生腐蚀。

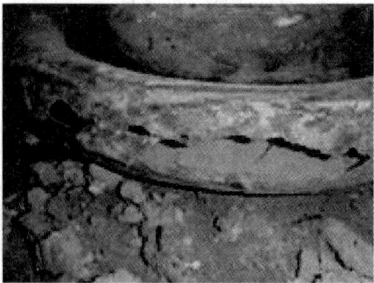

图 3-17　生物质锅炉高温下过热器
受热面金属腐蚀实物照片

4）高温氧化腐蚀。烟气或者管内蒸汽的温度超过金属的氧化温度时，金属氧化层被高温破坏，造成高温氧化腐蚀。

图 3-17 所示是一台生物质锅炉过热器受热面金属在燃烧生物质不到一年时间内被腐蚀的实物照片，因为腐蚀严重，过热器管道已经开始漏水，不得不停炉并卸下此过热器，更换新的过热器。

（2）降低腐蚀的方法和措施。产生腐蚀的最主要根源是沉积形成的，因此从理论上分析，降低腐蚀首先要减少沉积，其方法措施已在本章前节做了叙述。其次是对原料进行预处理，减少碱金属及 Cl 的含量。最后是通过工艺和设计措施降低沉积形成，减少沉积造成的腐蚀程度，本节将对这几个内容作简要叙述。

1）水洗法脱除碱金属和氯。水洗法脱除秸秆中碱金属和氯，是一种预防沉积腐蚀非常有效的预处理方式。在秸秆成型燃料成型之前对秸秆进行处理，除去秸秆中所含的碱金属和氯，是减少秸秆成型燃料燃烧过程中在受热面上腐蚀的一种有效方法。一般水洗或自然放置一段时间便可减少碱金属和氯元素的含量。

秸秆水洗实验发现，用水萃取可以除去 80% 的钾和钠以及 90% 的氯。采用预先热解的办法将生物质燃料制成焦炭，然后再对焦炭进行水洗，发现焦炭中 71% 的钾、72% 的氯和 98% 的钠可以在 80℃ 左右的热水中被洗掉，但采用这种方法处理后还需进行干燥，成本较高。试验测得，收获粮食后，作物茎秆在田间经受过雨淋后，其碱金属和氯的含量会减少 70% 以上。

随着木质纤维素爆破等预处理技术的突破，生物质综合利用技术有了较快的发展。生物质预处理过程中，绝大部分碱金属及有腐蚀作用的氯元素等得到了脱除，也为生物质成型燃料直燃技术防腐蚀提供了极好的条件。例如，秸秆沼气化工程与纤维素乙醇技术预处理及发酵过程使用了大量的水洗处理，绝大部分碱金属和氯元素被洗出，发酵后剩余的木质素可以用来生产颗粒燃料，可以广泛用于生物质锅炉，其性能优于纯木质颗粒燃料，使结渣、沉积与腐蚀的危害性大大降低。

2) 自然预处理法脱除碱金属和氯，这是降低秸秆中碱金属和氯的另外一种预处理方式。将收获的秸秆在大自然中自然露天放置，使氯及碱金属等流失，这种方法的指标是垂萎度，即存放时间与氯和碱金属的关联度，用百分比表示，垂萎度越低，碱金属和氯含量越低，越不易于产生腐蚀。

表3-5是露天放置及水洗两种条件下，新收获的玉米秸秆中的碱金属及氯含量的变化情况，其中表中露天放置的样品是每隔10天取一次样。

表3-5　　　　　　　　露天放置及水洗两种条件下秸秆中碱金属及氯的变化

成分	露天放置（天）					水洗
	0	10	25	35	365（粉碎）	
Cl	0.79	0.68	0.80	0.72	0.56	0.1
K	0.90	0.86	0.88	0.81	0.43	0.20
Na	0.49	0.38	0.45	0.42	0.21	0.10

从表3-5中可以看出，露天放置时，新收获的玉米秸秆中的碱金属及氯含量随时间的变化而降低，但由于秸秆表面具有光滑的角质层，碱金属及氯随时间变化的速度较慢；当将玉米秸秆粉碎后再露天放置一年后，秸秆中的碱金属及氯随时间大量流失，分别降为原有的43.2%、21.4%、56.2%。

从表3-5中还可看到，水洗后，秸秆中的碱金属及氯的含量更低，因此，如果先将秸秆粉碎后进行水洗，然后露天放置进行自然干燥，最后入库存放，不但能减少其中的碱金属及氯的含量，降低秸秆燃烧在受热面上形成的沉积物及腐蚀，同时也降低了水洗后的干燥成本。但是这种方法也存在耗水量过大、干燥时间太长等问题。

3) 通过结构与机理控制沉积及腐蚀的产生。根据秸秆类生物质燃烧特性，合理设计生物质燃烧设备，主要通过结构设计，如分段供风、分室燃烧以控制燃烧温度，不给沉积提供合适的温度及环境气氛。

除以上介绍的锅炉燃烧过程发生的沉积腐蚀之外，空气预热器的低温腐蚀也常常影响燃烧设备的正常运行，因此，需要采取必要的措施防止或减轻低温腐蚀程度。

对于减轻低温腐蚀，主要采用以下几种措施：一是提高空气预热器受热面的壁温，实践中常采用提高空气入口温度的方法来提高空气预热器受热面壁温；二是冷段受热面采用耐腐蚀材料，使用耐腐蚀的金属材料可以减缓腐蚀进程与程度，同时也会增加设备造价，需要根据要求进行设计使用；三是采用降低露点或抑制腐蚀的添加剂，一般采用石灰石添加剂以降低烟气中 SO_3 和 HCl 等浓度；四是降低过量空气系数并减少漏风，避免 SO_3 产生，减轻腐蚀。

利用混烧降低沉积量或利用吹灰等机械方法清除沉积，也可以减少沉积对受热面的腐蚀，具体方法与措施与前文所述相同，这里不再赘述。

3. 结渣及防治

（1）结渣过程。生物质成型燃料的灰熔点较低，燃烧过程容易结渣，影响燃烧效率及锅炉出力，严重时会造成锅炉停机。生物质成型燃料易于结渣的根本原因在于碱金属元素能够降低灰熔点，导致结渣。生物质中的钙和镁元素通常会提高灰熔点，钾元素可以降低灰熔点，硅元素在燃烧过程中容易与钾元素形成低熔点化合物。农作物秸秆中钙元素含量较低，钾元素和硅元素含量较高，因此农作物秸秆的灰熔点较低，燃烧温度超过 700℃时即会引起聚团结渣，达到 1000℃以上将会严重结渣。

生物质成型燃料结渣的形成过程可以描述为如下三个阶段。

1）灰粒软化具有黏性。成型燃料燃烧过程中，随着炉温的升高，局部达到了灰的软化温度，这时灰粒就会软化，灰中的钠、钙、钾以及少量硫酸盐就会形成一个黏性表面。

2）灰粒熔融形成聚团。随着炉膛内温度的进一步升高，氧化层和还原层内温度超过了灰的软化温度，熔融的灰粒开始具有流动性，特别是在还原层内，燃料中的 Fe^{3+} 被还原成 Fe^{2+}，致使燃料的灰熔点降低，灰粒在还原层大都软化并相互吸附，形成一个大的流态共熔体。

3）聚团冷却形成结渣。熔融态的灰粒聚团块温度逐渐降低，冷却后形成固体，黏附在炉排或水冷壁形成结渣。

（2）影响结渣的主要因素。生物质成型燃料燃烧过程中，燃料层燃烧的温度高于灰的软化温度 t_2，是造成结渣的重要原因。在低于灰的变形温度 t_1 时，灰粒一般不会结渣，但燃烧温度高于 t_1 甚至达到软化温度 t_2 时，灰粒熔融的灰渣形成共熔体便黏在炉排或水冷壁上造成结渣。当然，如果锅炉设计的风速不合理，造成炉内火焰向一边偏斜，引起局部温度过高，使部分燃料层的温度升高达到灰熔点，冷却不及时也会造成结渣。另外，燃烧设备超负荷运行，或者炉膛层燃炉内的燃料直径、燃料层厚度较大等都会使层燃中心的局部温度过高，使燃料层的温度达到燃料的灰熔点，同样会造成结渣。在以下几种工况下可能具有形成结渣的条件。

1）炉膛温度过高形成结渣。作者通过对玉米秸秆成型燃料燃烧研究发现，玉米秸秆成型燃料结渣率随炉膛温度的增高而增大，在温度为 800～900℃时结渣增加缓慢，在温度达到 900～1000℃时结渣现象明显增加，在 $T>1000℃$ 以后结渣率逐渐增大。考虑到燃烧装置运行安全性，作者研究认为，炉膛温度过高较易形成炉排及换热面结渣，生物质成型燃料燃烧设备的炉膛温度在 900℃以下时，结渣率较低。

2）燃料粒径及料层厚度过大形成结渣。研究发现，随着生物质成型燃料粒径的增大，结渣率逐渐增大。这是因为随着粒径的增大，燃料燃烧中心温度升高，灰渣温度达到灰熔点，因而易发生结渣。随着燃料层厚度的增大，结渣率增大。主要由于随着燃料层厚度的增大，燃烧层内氧化层与还原层的厚度增大，燃烧中心温度增高，达到灰熔点，形成结渣。

3）运行整体工况恶劣形成结渣。运行工况影响炉内温度水平和灰粒所处气氛环境。炉内温度水平是由调整和控制炉内燃烧工况来实现的。若燃烧调整和供风控制不当，使炉内温度水平升高，易引起炉膛火焰中心区域受热面或过热面结渣。运行时，在保证充分燃烧和负荷要求的情况下，通过调整和控制燃烧风量、燃料量来降低炉内温度，防止或减轻结渣。

生物质燃烧装置运行时过量空气系数通常为 1.5～2.0。若过量空气系数过大或过小，则炉膛内烟气中含有的 CO 量增多，火焰中心的灰粒处于还原性气氛中，Fe^{3+} 还原成 Fe^{2+}，会引起灰粒的熔融特性降低，加大炉内结渣的倾向。运行时，应调整风速、风量，改善燃烧质量，将炉内烟气中还原性气氛降低，使结渣降低到最低水平。

（3）减少结渣及消除结渣的措施如下。

1）控制燃烧温度，抑制结渣形成。由于生物质成型燃料结渣的主要原因是灰熔点较低，在高温下易聚团结渣，因此可以通过供风与燃料量的配合调节，利用自动控制系统，让燃烧在温度状态下维持稳定的温度燃烧，保证不超过灰熔点温度，便不会形成结渣。

目前生物质锅炉通常有采用水冷或空冷炉排的结构，结合自动控制系统来降低炉排的温度，实现生物质成型燃料在低于灰熔点温度下燃烧，控制结渣的生成。

丹麦某生物质锅炉企业回用烟气风冷技术设计运行工况，精确控制炉膛温度不高于 700℃，整个燃烧过程几乎没有结渣发生。炉排下的通风除了供给必需的空气量外，还有一部分是来自烟囱的低温烟气，烟气温度在 140℃ 以下。这样设计的好处是，利用了烟气，既起到冷却炉排的作用，又不至于输入过多的冷空气降低燃烧温度，从而增加热损失。

同样是欧洲的生物质锅炉技术，还有一些采用水冷炉排的设计方式，就是在炉排中间通入冷却水，起到冷却炉排的作用。典型水冷炉排炉的代表是丹麦 BWE 公司的水冷振动炉排技术，实际应用案例比较多，中国的国能生物发电锅炉就是采用该技术进行设计加工的，目前在中国已有近 40 座生物质电站采用了该技术，运行效果表明该设计可以有效避免炉排结渣。

2）机械除渣。现代生物质锅炉的设计，机械除渣的应用也很普遍，其设计理念就是使炉排定时振动、转动、往复运动，通过捶打或剪切等外力破坏渣块聚团，避免结渣。如上所述的水冷振动炉排设计就是采用了炉排的振动来破坏渣块的形成和聚团。往复炉排应用于生物质锅炉的设计也相当普遍。

国内有生物质锅炉燃烧过程依靠炉排模块中心的活塞式推杆破渣。该锅炉结构设计时，在炉排中心设计有活塞式破渣推杆，间歇式推动该推杆，破碎聚团的渣块，避免结渣。该推杆中心有通风孔与风机相连，兼有通风作用，既可提供燃料燃烧所需氧气，又具有吹去灰渣功能，避免灰渣堆积。

3）改善结构设计，避免结渣。除了利用机械外力破除灰渣聚团和降低燃烧温度避免结渣产生的方法外，通过改善结构设计使燃烧温度降低也是有效避免结渣的措施。比较成熟的设计思路是生物质燃烧设备分段式燃烧理念的植入，首先在燃料输入阶段前端供给少量的空气，让生物质成型燃料进行热解过程，低温下（一般不高于 650℃）挥发分在此阶段大量析出，并有部分在此燃烧，更多的可燃气体将于下一阶段在受热面区域与二次、三次空气接触燃烧，释放热量。由于热解温度低于灰熔点，灰分形成后没有遇到高温区域，高温区几乎没有灰粒聚集，这样就不会在燃烧过程形成结渣，从结构设计上根本杜绝了结渣的可能。这种结构现已广泛用于生物质成型燃料中小锅炉，甚至一些炊事采暖炉也采用了这种设计，也有人把它叫做半气化燃烧。单炉排反烧结构以及双炉排下燃式设计就是采用的这个原理进行设计的，都能很好地解决生物质成型燃料燃烧结渣的问题。

4）加入添加剂混燃，减少结渣。研究发现，生物质原料灰熔点低的主要因素是灰的成分中含有大量碱金属氧化物造成的，为了减少结渣，通过混合一些易于与碱金属氧化物反应并把碱金属固定下来的添加剂，可以起到减少和避免结渣的作用。

　　试验证明，添加剂可以使灰熔融现象基本消除，可以减少结渣的添加剂很多，通过试验验证，结合性价比来分析，原料易于采集的、比较理想的添加剂通常采用 $CaSO_4$、CaO、$CaCO_3$ 等。$CaSO_4$ 可以将钾以 K_2SO_4 的形式固定于灰渣中；CaO、$CaCO$ 能够促进系统中熔融态钾的转化析出，使底灰中钾的含量相对减少，底灰变得比较松软而不发生聚团。以上几种添加剂中，用得较多的添加剂是在生物质燃烧过程中定量添加 CaO，这项技术在丹麦等欧洲国家的生物质秸秆锅炉中已经得到普遍应用。

　　一定比例的生物质成型燃料与煤的混燃也会减少结渣，这里不做探讨。

小 结 与 讨 论

　　小结：生物质直燃发电原理与常规火力发电机组类似，生物质锅炉利用生物质直接燃烧后的热能产生蒸汽，再利用蒸汽推动汽轮发电系统进行发电。区别仅在于生物质直燃锅炉形式的多样化。

　　生物质燃烧设备在生产实践中常用的是层燃炉和循环流化床锅炉。

　　层燃方式是生物质直接燃烧中最为常用的方式。其特点是，空气从炉排下部送入，流经一定厚度的燃料层并与之反应，层燃炉燃料层的移动与气流基本上无关。燃料的一部分（主要是挥发分释放之后的焦炭）在炉排上发生燃烧，而燃料大部分（主要是可燃气体和燃料碎屑）在炉膛内悬浮燃烧。常见的生物质层燃锅炉包括链条炉和振动炉排炉。利用层燃技术开发生物质能，锅炉结构简单，操作方便，投资与运行费用都相对较低。

　　除了常见的层燃炉之外，循环流化床因其具有高效率、低污染和良好综合利用的燃烧技术，同时，由于它在燃料适应性和变负荷能力以及污染物排放上具有的独特优势，使其得到迅速发展。

　　循环流化床锅炉采用流态化的燃烧方式，这是一种介于煤粉炉悬浮燃烧和链条炉固定燃烧之间的燃烧方式，即通常所讲的半悬浮燃烧方式。所谓的流态化是指固体颗粒在空气的作用下处于流动状态，从而具有许多流体性质的状态。循环流化床锅炉的不同部位处于不同的气固两相流动形式，炉内处于快床的工作状态，具有颗粒间存在强烈扰动和返混等性质；回料阀进料管内处于负压差移动填充床状态，返料管内处于鼓泡床流动状态；尾部烟道处于气力输送状态。

　　生物质循环流化床锅炉的工作过程是：生物质燃料经破碎至合适粒度后，由给料机从流化床燃烧室布风板上部给入，与燃烧室内炽热的沸腾物料混合，被迅速加热，燃料在充满整个炉膛的惰性床料中燃烧。在较高气流速度的作用下，燃烧充满整个炉膛，并有大量细小固体颗粒被携带出燃烧室，经高温旋风分离器分离收集后，经分离器下的立管和回料阀送回炉膛循环燃烧。

　　生物质直燃发电系统主要包括燃料系统、锅炉系统、汽轮机及辅助系统、化水处理系统以及烟气净化处理系统等。本任务通过实例简单介绍了生物质直燃发电机组燃料系统的收集、运输输送的工作状况；对常见的生物质层燃锅炉、生物质循环流化床锅炉本体构成及锅炉系统、常规锅炉参数水位、汽温、汽压的调节做了重点介绍，汽轮机及辅助系统与常规火电机组工作原理基本一致，因此本环节并未过多赘述。

　　生物质直燃发电机组排放的污染物主要包括固体颗粒物、酸性气体、有机污染物和重金属等。腐蚀可由沉积物引起，也可由酸碱性有害气体引起。生物质燃烧过程中，燃料层燃烧的温度高于灰的软化温度是造成结渣的重要原因。

讨论：

（1）查阅相关资料，说明目前国内外炉排炉和循环流化床在生物质直燃电厂的应用情况，比较两种燃烧设备在性能上的优缺点。

（2）查阅相关资料，说明我国已建或在建的生物质直燃发电项目，归类并分析技术特点。

习 题 训 练

1. 简述生物质的燃烧过程。

2. 生物质燃烧的特点有哪些？

3. 绘图说明生物质发电原理。

4. 简述层燃炉分类及工作原理。

5. 反映层燃炉的燃烧设备的特性参数有哪些？

6. 简述循环流化床工作原理。

7. 循环流化床非正常流化状态有哪些？运行中如何避免？

8. 简述循环流化床的组成及各设备的作用。

9. U形阀如何实现自平衡调节回料量？

10. 生物质循环流化床锅炉的燃烧特性是什么？

11. 生物质循环流化床锅炉运行操作要点有哪些？

12. 典型生物质直燃发电锅炉本体由哪些设备构成？

13. 绘制生物质直燃发电锅炉汽水系统图，并说明汽水系统的作用及构成。

14. 简述典型生物质直燃发电锅炉燃烧系统的构成及工作过程。

15. 生物质直燃锅炉主要参数的调节方法有哪些？

16. 简述生物质发电机组汽轮机工作原理。

项目 4

垃圾焚烧发电设备及系统

【项目描述】

通过本项目学习，使学生知道垃圾焚烧过程及垃圾焚烧发电工艺，垃圾焚烧常用设备及性能，能分析不同焚烧设备特点，熟悉炉排垃圾焚烧炉燃烧调整和操作要点，知道垃圾焚烧电厂污染物防治及灰渣处理方法。通过典型工程实例，掌握垃圾焚烧发电厂设备功能及系统组成。

【教学目标】

知识目标：
(1) 掌握垃圾焚烧过程及主要影响因素。
(2) 熟悉垃圾焚烧常用设备及性能特点。
(3) 了解垃圾焚烧设备燃烧调整方法。
(4) 熟悉垃圾焚烧电厂污染物防治及灰渣处理方法。
(5) 熟悉垃圾焚烧电厂设备功能及系统组成。

能力目标：
(1) 能说出垃圾焚烧发电过程及主要影响因素。
(2) 能说出常用垃圾焚烧设备类型及性能。
(3) 能绘图说明常见焚烧炉工作原理。
(4) 能说明垃圾电厂的系统组成及功能。
(5) 能绘图说出典型机械炉排焚烧炉运行操作要点。
(6) 能分析典型的垃圾焚烧电厂设备及工艺特点。

任务 1 生活垃圾特性及焚烧发电工艺

【教学内容】

4.1.1 生活垃圾特性及处理方法

1. 我国生活垃圾特性

城市生活垃圾是指在城市日常生活中或者为城市日常生活提供服务的活动中产生的固体

废物以及法律、行政法规规定视为城市生活垃圾的固体废物。

城市生活垃圾成分非常复杂，按物理组成可分为纸、橡胶、塑料、金属等 18 类。我国城市生活垃圾一般分为有机物（厨余垃圾、果皮等）、无机物（包括灰土、渣、陶瓷、砂石等）、纸、塑料、布、木竹、玻璃、金属，其中大多是可回收废物。

影响垃圾产量及构成的因素主要有居民生活习惯、生活水平和民用燃料结构等。目前，我国城市生活垃圾中有机物占总量的 60%，无机物约占 40%，废纸、塑料、玻璃、金属、织物等可回收物约占总量的 20%，如图 4-1 所示。

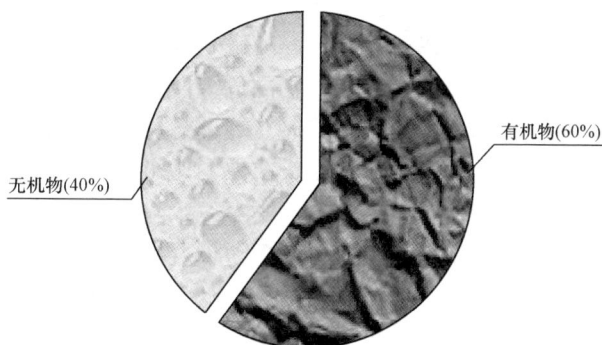

图 4-1　我国城市生活垃圾的构成

根据目前我国城市生活垃圾的状况，垃圾在焚烧时作为燃料的特点是：多成分和多形态、高水分、高挥发分、低发热量、低固定碳。现阶段，我国城市垃圾在产量迅速增加的同时，垃圾的构成及特性也发生了很大的变化。

（1）多成分和多形态。由于我国城市生活垃圾没有进行分类收集，进入垃圾处理场的除厨余垃圾，灰、渣土、砂石、塑料、橡胶，纸张，金属等，部分城市生活垃圾还混有工业垃圾（包括电子垃圾）和建筑垃圾。同时垃圾物理形态也较为复杂，有块状，粉末、条状，带状等不同几何形状，还有干与湿、硬与软等不同物理状态。

（2）高水分和高挥发分。受生活水平和生活习惯的影响，我国城市生活垃圾的水分含量较高，平均达到 50% 左右。另一方面，垃圾挥发分较高，达 17%～30%。垃圾的发热量主要来自挥发分，这是垃圾在焚烧时与固体化石燃料显著不同的重要原因。

（3）低发热量和低固定碳。我国城市生活垃圾的发热量较低，据统计，2013 年，我国生活垃圾的平均发热量为 4160kJ/kg。垃圾中固定碳含量较低，平均为 3.32%。

目前，我国城市生活垃圾中的可燃物增多，可利用价值增大。随着今后我国居民尤其是大城市居民生活水平的提高，生活垃圾中垃圾的发热量将进一步增加。

居民生活水平和消费结构的改变不仅影响城市垃圾的产量，也影响着城市垃圾的成分。尤其是近十年来，随着居民收入的不断增加，人民的生活水平不断提高，包装产品的废纸、塑料、玻璃、金属、织物等可回收物的消费不断增加。

包装废物的快速增长，是城市生活垃圾增长的重要原因之一。实际上垃圾中的废纸、金属、玻璃、塑料等绝大部分是使用后废弃的包装物。随着包装业的快速发展，商品包装形式越来越繁多，包装物的种类和数量增加很快，这在大城市尤为突出。一次性的商品被广泛用于宾馆和餐饮业，一次性商品完成消费后就作为废弃物，成为垃圾，大大增加了垃圾的产量。目前我国包装品废弃物约占城市家庭生活垃圾的 10％以上，而其体积要构成家庭垃圾的30％以上。

总之，我国城市生活垃圾构成变化趋势为：①有机物增加；②可燃物增多；③可回收利用物增加；④可利用价值增大。

2. 生活垃圾处理方法

由于城市垃圾成分复杂，并受经济发展水平、能源结构、自然条件及传统习惯等因素的影响，各国对垃圾处理的侧重点并不一致，往往一个国家中各地区也采用不同的处理方式，很难有统一的模式，但最终都是以无害化、资源化、减量化为处理目标。

生活垃圾对环境的影响不同于建筑垃圾、燃煤锅炉灰渣等污染性较小的固体废弃物，又不同于医疗垃圾等危害性很强的固体废弃物，它的危害性介乎其间。在处理生活垃圾时，无害化是首要而基本的，在无害化前提下尽可能对垃圾进行减容减量，并在一定条件下利用垃圾中的可利用资源。目前，从世界范围看，比较成熟的城市生活垃圾处理方法主要有卫生填埋、堆肥和焚烧。

（1）卫生填埋处理技术。卫生填埋是从传统的垃圾堆填发展起来的，但它对垃圾渗滤液和填埋气体能进行有效控制，是应用最早、最为广泛的垃圾处理手段。在建设时，通常首先要进行防渗处理，在填埋场底部采用人工衬层，四周采用防渗幕墙并使之与天然隔水层相连接，使填埋场底下形成一个独立的水系，渗滤液一般通过管道收集后直接处理。垃圾填埋场产生的气体则经过预先埋置好的管道进行收集，收集后的气体可以焚烧或者经过净化处理作为能源回收。垃圾卫生填埋处理流程如图 4-2 所示。

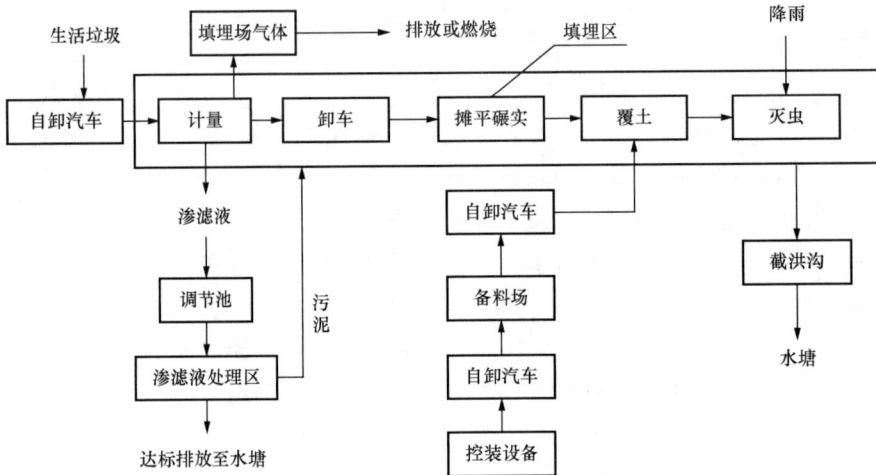

图 4-2　垃圾卫生填埋处理流程

垃圾填埋处理是垃圾最基本的处理方法，卫生填埋技术成熟，操作管理简单，投资和运行费用相对较低，处理量大，是目前世界上多数国家的主要垃圾处理方法。但这种垃圾处理方式有明显缺点：一是垃圾减量减容效果差，需占用大量土地资源，填埋物受到地理和水文地质条件限制多，场址选择较困难；二是渗滤液成分复杂，处理难度大，处理很难达到标准，同时渗滤液对地下水和土质很容易造成污染；三是垃圾填埋场产生沼气的收集、处理难度也较大，存在安全隐患。卫生填埋垃圾资源化利用程度低。对于土地资源紧缺的国家和地区，垃圾卫生填埋方法受到了越来越多的限制。

（2）堆肥处理技术。堆肥处理就是将城市垃圾运到农村作肥田处理。其原理是利用微生物分解作用，将城市生活垃圾中可降解物质转化为稳定的腐殖质的生化过程。按生物发酵方式，堆肥处理可分为厌氧堆肥和好氧堆肥；按垃圾所处状态，可分为静态堆肥和动态堆肥；按发酵设备形式可分为封闭式堆肥和敞开式堆肥。

堆肥处理能利用垃圾中的有机成分，达到资源化利用，同时也能达到减量化的目的，可延长填埋场寿命，降低填埋成本。但不是所用垃圾都可堆肥，堆肥之前需要分拣，同时堆肥过程中极易存在二次污染，减量化和资源化均不彻底，需要配合其他方法共同使用，因此，堆肥处理并不是大规模处理垃圾的理想方法。

（3）垃圾焚烧发电技术。城市生活垃圾的焚烧发电是利用焚烧炉对生活垃圾中的可燃物进行焚烧后，再通过蒸汽轮发电机组发电。高温焚烧后的垃圾能较彻底地清除有害物质，达到无害化、减量化的目的，同时利用回收的热能进行供热、供电，达到资源化。

与其他处置方法相比，垃圾焚烧处理具有以下特点。

1）能够使垃圾的无害化处理更为彻底。经过 700～900℃ 的高温焚烧处理，垃圾中除重金属以外的有害成分充分分解，细菌、病毒能被彻底消灭，各种恶臭气体得到高温分解，尤其是对于可燃性致癌物、病毒性污染物、剧毒有机物几乎是唯一有效的处理方法。

2）垃圾减量化效果明显。城市生活垃圾中含有大量的可燃物质，焚烧处理可以使城市垃圾的体积减少 90% 左右，重量减少 80%～85%。焚烧处理是目前所有垃圾处理方式中减量化最为有效的手段。

3）可实现垃圾的资源化利用。垃圾焚烧产生的热量可以回收利用，用于供热或发电，焚烧产生的灰渣可作为生产水泥的原材料或者用于制砖。

4）对环境的影响小。现代垃圾焚烧技术进一步强化了对垃圾焚烧产生的有害气体处理工艺，能够减少垃圾焚烧产生的有害气体的排放，垃圾渗滤液可以喷入炉膛内进行高温分解，不会出现污染地下水的情况。

5）能够节省大量的土地。焚烧厂占地面积小，建设一座处理 1000t/d 生活垃圾的焚烧厂，只需占地 100 亩（1 亩 = 666.6m²），按运行 25 年计算，共可处理垃圾 832 万 t，而且可以在靠近市区的地方建厂，缩短垃圾的运输距离。

6）全国城市每年因垃圾造成的损失近 300 亿元（运输费、处理费等），而将其综合利用却能创造 2500 亿元以上的效益。

因此，垃圾焚烧处理及综合利用是实现垃圾处理的无害化、资源化、减量化最为有效的手段。城市垃圾中的二次能源如果能充分资源化并用于发电，可以节省其他能源如煤炭。按我国目前垃圾年产量 2.5 亿 t 计，以平均低位发热量 3762kJ/kg 折算，相当于 3214 万 t 标准煤。若 35% 生活垃圾用作焚烧发电，年发电量可达 262 亿度，资源潜力巨大，经济效益可观。

垃圾焚烧发电可成为实用性很强的技术，世界各发达国家都将其作为资源综合利用、生态环境保护的一项重要措施大力推广。欧美是垃圾焚烧发电较普及的地区，各国政府给予了许多优惠政策。

受资金和技术的限制，我国垃圾发电起步较晚，最早的垃圾发电厂直到 1988 年才投入运行。由于垃圾发电兼具经济和环境效益，国家自"十五"期间开始鼓励其发展。近几年我国垃圾发电发展尤为迅速，每年呈现成倍增长态势。

目前，世界新建的垃圾焚烧设施中超过一半都在我国，国内已有近 30 个省、市和自治区的城市建成了垃圾发电厂，70％以上的焚烧厂集中在东部地区。2010 年 10 月，亚洲最大的垃圾发电项目在上海正式并网，预计满负荷生产后将每年向上海电网输送约 1.1 亿 kWh "绿色电力"，可解决 10 万户左右居民的日常用电。到 2015 年，我国垃圾焚烧发电厂还将增加 384 座，焚烧能力届时可达 31 万 t/d。

截至 2010 年底，我国建成并投入使用的填埋气体发电厂有 35 座，发电装机容量超过 80MW。填埋气体利用方式主要是直接燃烧发电。2011 年底，我国建成和在建的垃圾焚烧发电厂总数超过 160 座，而"十二五"规划期间的垃圾焚烧发电厂超过 200 座。未来四年，垃圾焚烧发电厂的数目可能增加 2 到 3 倍。

目前，我国垃圾焚烧电厂建设和营运有如下特点。

（1）垃圾焚烧电厂投资建设多元化，如政府投资、政府运行管理或企业运行管理；借用外国政府贷款、企业运行管理；采用 BOT 方式建设；企业投资、企业运行管理等。

（2）垃圾焚烧发电技术日趋完善和成熟，大多数新建电厂的建设标准、处理规模、环保等均达到国际领先水平。如创冠垃圾发电厂、深圳宝安 750t/d 垃圾焚烧发电厂、上海 1000t/d 御桥垃圾焚烧发电厂、上海 1000t/d 江桥垃圾焚烧发电厂、宁波 1000 t/d 垃圾焚烧发电厂等，正常运行时，烟气处理标准能达到甚至超过欧盟 20 世纪 90 年代烟气排放标准。

目前垃圾焚烧发电主要是受一些技术或工艺问题的制约，如设备国产化率低，燃烧产生的废气、废水得不到有效处理等，垃圾发电的成本仍然比传统的火力发电高。专家认为，随着垃圾回收、处理、运输、综合利用等各环节技术不断发展，工艺日益科学先进，垃圾发电方式很有可能会成为最经济的发电技术之一。从长远效益和综合指标看，将优于传统的电力生产。

据统计，目前我国垃圾处理方式依然以填埋为主，填埋占比 60.7％，其他如焚烧占比约为 14.7％，堆肥不到 2.5％，此外仍有 22.1％的生活垃圾任意堆放未能处理，如图 4-3 所示。垃圾发电率不到 10％，相当于每年白白浪费 3000MW 的电力，照这样计算，被丢弃的可利用资源价值高达 2500 亿元人民币。

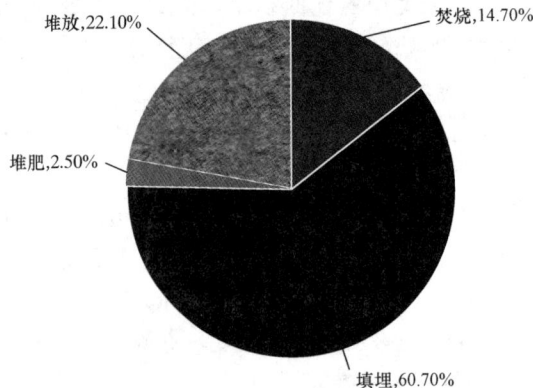

图 4-3　2010 年全国城市生活垃圾处理方式

4.1.2　垃圾焚烧发电工艺

1. 垃圾焚烧发电工艺

垃圾焚烧发电厂生产工艺流程与前述生物质电厂极为相似，利用设备也大致相同，其不同之处是垃圾焚烧系统及烟气净化系统较为复杂。垃圾焚烧发电厂通常采用热电联供方式，将供热和发电结合在一起，以提高热能的利用效率。

　　垃圾焚烧发电厂主要包括以下系统：垃圾的接收、储存与输送系统；焚烧系统；烟气净化系统；垃圾热能利用系统；残渣处理系统；自动化控制系统；废水处理系统；垃圾焚烧厂生产过程中输入与输出各类物质计量装置；油品供应、压缩空气供应和化验、机修等其他辅助系统。一般而言，垃圾焚烧发电厂工艺流程如图 4-4 所示。

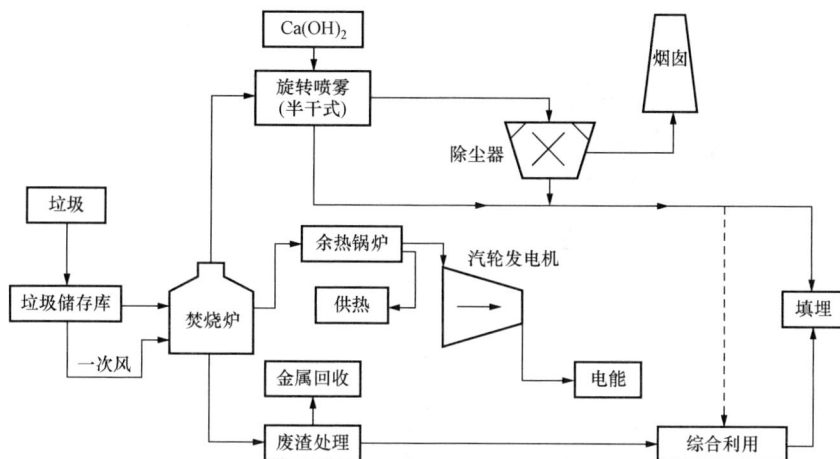

图 4-4　垃圾焚烧发电厂工艺流程

　　由垃圾车运来的垃圾倒入经特殊设计的垃圾坑内，垃圾坑容量较大，一般可储存 3~4d 的焚烧量。垃圾在坑内经微生物发酵、脱水后由垃圾坑上方的吊车（抓斗）将垃圾投放到焚烧锅炉入口的料斗中。在料斗的底部装有送料器，可将垃圾均匀连续地送入焚烧炉中焚烧，因垃圾水分较大，在开始点炉时，需投入启动助燃装置喷油（或掺煤）助燃，一旦启动完毕，送风机经过空气预热器使送入炉下部的风成为热风，这样就可使垃圾充分燃烧，助燃装置即可停用。送风机的入口与垃圾相连通，这样，可将垃圾坑的污浊气体送入焚烧炉内进行热分解，变为无臭气体。烟气经尾气净化器、布袋除尘器后，由烟囱排出。燃尽后的灰渣通过渣斗落到抓灰器内，灰渣在进行冷却降温后送到振动型的灰运输带。在灰运输带上方装有电磁铁，用以将灰渣中的铁金属吸选出回收。然后灰渣与电除尘器下灰斗中排出的灰一起进行综合利用处理或用车运至填埋场进行填埋处理。

　　垃圾焚烧发电中，焚烧炉是最重要的设备，目前，技术比较成熟的垃圾焚烧装置主要有以下几类。

　　（1）炉排焚烧炉。使用最为普遍，几乎都为进口设备，深圳、上海和宁波等垃圾焚烧电厂均使用该炉型。

　　（2）流化床焚烧炉。国内开发研制的设备，要求焚烧前破碎，绍兴、义乌、枣庄等垃圾焚烧电厂使用该炉型。

　　（3）回转窑式焚烧炉。通常只用来焚烧有毒有害垃圾，焚烧电厂很少使用。

　　图 4-5 所示为目前国际范围内有代表性城市生活垃圾焚烧厂整个工艺过程，其焚烧炉采用机械炉排焚烧炉。

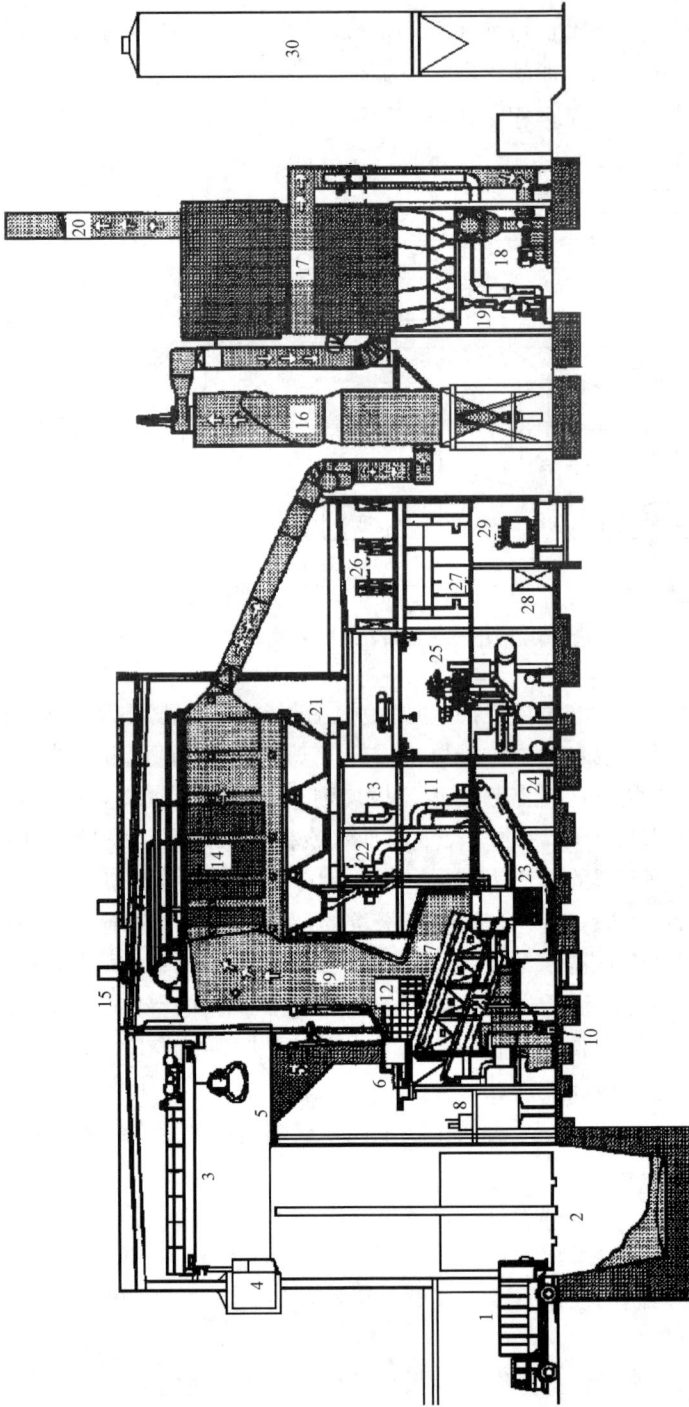

图 4-5 机械炉排焚烧炉城市生活垃圾焚烧厂

1—垃圾车；2—垃圾储存；3—垃圾车；4—垃圾吊装控制室；5—垃圾进料斗；6—推料系统；7—燃烧炉排；8—驱动炉排和推料器液压站；9—油燃烧；10——二次风机；11——次风机；12—一次风机；13—油燃烧器供风机；14—锅炉；15—消声器；16—反应器；17—袋式过滤器；18—引风机；19—循环压缩机；20—烟囱；21—锅炉灰清除；22—飞灰系统；23—除渣器；24—汽轮机；25—配电室；26—控制室；27—中控室；28—变电房；29—石灰仓；30—烟气监测站

2. 垃圾焚烧发电厂分类

按照日处理垃圾的能力，可把垃圾焚烧发电厂分为以下几类。

（1）Ⅰ类垃圾焚烧厂：全厂总焚烧能力为 1200t/d 以上。

（2）Ⅱ类垃圾焚烧厂：全厂总焚烧能力为 600～1200t/d（含 1200t/d）。

（3）Ⅲ类垃圾焚烧厂：全厂总焚烧能力为 150～600t/d（含 650t/d）。

（4）Ⅳ类垃圾焚烧厂：全厂总焚烧能力为 50～150t/d（含 150t/d）。

一般而言，采用连续焚烧方式的新建电厂宜设置 2～4 台垃圾焚烧炉。

任务 2　垃圾在焚烧炉中的燃烧过程

【教学内容】

4.2.1　城市生活垃圾成分分析

1. 工业分析

按国家的垃圾成分分析方法，工业分析就是测定垃圾中水分、可燃质和灰分的质量百分比。而且使用收到基成分，即垃圾入厂时的成分。需要说明的是，垃圾焚烧厂建厂前通常是在垃圾收集过程或填埋场进行取样分析，其分析的数据与垃圾在垃圾焚烧厂入厂成分略有差别，而垃圾入厂进入垃圾储坑由于渗滤液排出、泥土沉积和堆酵效应，入厂垃圾的成分又会有所变化，有时发热量相差 10％～20％（主要是水分的变化），因此，垃圾工业分析时，必须注明垃圾成分的基准或取样条件，不能简单地认为垃圾成分是变化的。

2. 元素分析

固体燃料中有机物由碳（C）、氢（H）、氧（O）、氮（N）和硫（S）等元素组成，垃圾中通常含有一定量的氯（Cl）元素，此外，还含有水分（M）和灰分（A）等惰性成分。垃圾的元素分析成分用式（4-1）表示。

$$C + H + O + N + S + Cl + A + M = 100\% \qquad (4-1)$$

垃圾元素测定的样品粒度要求小于 0.2cm。

3. 发热量

发热量是指单位质量（1kg）的垃圾完全燃烧所产生的热量，单位为 kJ/kg。燃料发热量有高位发热量和低位发热量，若不计入所生成的水蒸气的潜热称为低位发热量。我国在锅炉计算中采用低位发热量。

垃圾的发热量（Q_v）可由氧弹仪测定，也可以根据垃圾中化学成分含量，采用式（4-2）计算。

$$Q_v = 348\,\frac{C}{100} + 939\,\frac{H_2}{100} + 105\,\frac{S}{100} + 63\,\frac{N_2}{100} - 108\,\frac{O_2}{100} - 25\,\frac{H_2O}{100} \qquad (4-2)$$

根据垃圾产生的热量和烟气量，可计算出焚烧炉中烟气的温度。

生活垃圾的低位发热量是决定一个城市生活垃圾适不适合焚烧处理技术的关键，2000 年，由建设部科技部国家环保总局联合印发的《城市生活垃圾处理及污染防治技术政策》要求焚烧进炉垃圾的平均低位发热量高于 5000kJ/kg。一般认为，低位发热量小于 3300kJ/kg 的垃圾不宜采用焚烧处理，介于 3300～5000kJ/kg 的垃圾可采用焚烧处理，大于 5000kJ/kg 的垃圾适宜焚烧处理。为了确保垃圾的彻底燃烧和控制二噁英的产生，GB 18485—2014《生活垃圾焚烧污染控制标准》要求生活垃圾的焚烧温度要大于 850℃，在炉内停留时间大于 2s。根据热量衡算及整个焚烧工艺系统的经济性，垃圾进炉的低位发热量应达到 6280～7000kJ/kg。

据统计，2013 年，我国生活垃圾的平均发热量为 4160kJ/kg，提高生活垃圾发热量的基本途径如下。

（1）生活垃圾的分类收集。生活垃圾的分类收集即在源头把影响生活垃圾发热量较大的生物质垃圾分离出来，这是解决我国生活垃圾发热量偏低的最有效手段，考虑到我国生活垃圾收运现状和人们长期以来形成的生活习惯，这一过程需要很长的时间，短时间内很难取得明显效果。

（2）降低生活垃圾入炉前的含水率。垃圾燃烧所需最低发热量随垃圾水分的升高而增加，当垃圾含水率分别为 40％、48％和 55％时，对应的最低发热量分别为 7658kJ/kg、7908kJ/kg 和 8126kJ/kg。对于采用混合收运的生活垃圾，降低生活垃圾的含水率是提高生活垃圾发热量的最有效方法。因此，垃圾焚烧发电厂均设置有垃圾池，在垃圾池堆储的过程中，垃圾中一部分水分被沥干或蒸发流失，提高了垃圾的发热量。

专家通过实验表明，混合原生垃圾在密闭的垃圾池内堆高 1.5m，强制通风，二次翻堆，含水率 62％的混合原生垃圾 7 天后含水率降至 45％左右，垃圾的低位发热量可超过焚烧的基本要求。

有资料表明，天津顺港垃圾焚烧厂原生垃圾在垃圾池储存 5～7 天，用抓斗进行翻堆，夏季含水率从 50％～60％降低到 30％～48％，低位发热量从 4180～4600kJ/kg 提高到 4600～45 130kJ/kg。

4. 灰渣与灰熔点

固体燃料燃烧所产生的残渣称为灰分，灰分的成分因燃料不同而不同，对垃圾而言，一般把直接从燃烧室（炉膛）排出的灰分称为炉渣，从烟气净化系统收集到的灰分称为飞灰，有些焚烧炉在余热锅炉中排出部分灰分，称为中灰，从排放控制角度看也应归入飞灰，但中灰颗粒比烟气净化系统收集到的飞灰要粗大，停留时间较短，所吸附的重金属和有机污染物也较少，为减轻飞灰处置负荷和费用，对中灰进行成分测定再依国家标准判定其是否属于危险废弃物是比较科学的。

表 4 - 1　为典型城市生活垃圾组分及工业分析数据。

表 4 - 1　　　　　　典型城市生活垃圾组分及工业分析数据

组分与分析样品		厨芥	塑料	纤维	纸类	木竹	不可燃物	全样
工业分析	水分（％）	64.25	42.18	48.63	51.64	46.33	1.13	52.84
	挥发分（％）	18.63	48.26	34.15	32.89	35.91	—	24.33
	固定碳（％）	12.73	8.68	8.56	7.79	9.16	—	18.45
	灰分（％）	4.39	0.88	8.66	7.68	8.60	98.87	4.38
全样中的组分比例	质量比例（％）	56.82	13.10	3.86	10.61	7.27	8.34	100.00
	干重比例（％）	20.31	7.58	1.98	5.13	3.90	—	47.16

表 4 - 2 是我国创冠某生活垃圾焚烧发电厂入炉垃圾的特性数据。

表 4-2   某生活垃圾焚烧发电厂入炉垃圾的特性数据

项　目	最高	设计值	最低
低位发热量 $Q_{ar,net}$（kJ/kg）	8374	6908	4605
水分 M_{ar}（%）	37.45	41.10	52.31
含灰分量 A_{ar}（%）	21.92	25.65	21.71
可燃质（%）	40.63	33.25	25.98
含碳量 C_{ar}（%）	24.76	18.81	14.81
含氢量 H_{ar}（%）	3.41	3.08	3.52
含氧量 O_{ar}（%）	12.09	11.02	7.19
含氮量 N_{ar}（%）	0.29	0.26	0.41
含硫量 S_{ar}（%）	0.08	0.08	0.05

4.2.2　垃圾焚烧过程

1. 垃圾焚烧过程中物化变化

燃烧过程是一个复杂的物理、化学的综合过程，是指燃料中的可燃物质与空气中的氧发生强烈的化学反应，并放出大量热量的过程。大多数燃烧过程会产生火焰，伴有升温和显著的热辐射现象，反应生成的物质称为燃烧产物（烟气和灰渣）。需要说明的是，在垃圾处理领域中"焚烧"与"燃烧"是同义的，人们习惯于将以燃烧方式处理废弃物的方法称之为焚烧。

城市生活垃圾中，可燃的成分基本上是有机物，由大量的碳、氢、氧元素组成，有些还含有氨、硫、磷和卤素等元素。这些元素在燃烧过程中与空气中的氧发生反应，生成各种氧化物或部分元素的氢化物。具体而言，生活垃圾的主要可燃成分及其产物包括如下几种。

（1）碳的焚烧产物是二氧化碳。

（2）有机物中的氢的焚烧产物是水。若有氟或氯存在，也可能有其氢化物生成。

（3）生活垃圾中的有机硫和有机磷，在焚烧过程中生成二氧化硫或三氧化硫以及五氧化二磷。

（4）氮化物的焚烧产物主要是气态的氮，也有少量的氮氧化物生成。由于高温时空气中氧和氮也可结合生成一氧化氮，相对空气中氮来说，生活垃圾中的氮元素含量很少，一般可以忽略不计。

（5）氟化物的焚烧产物是氟化氢。若体系中氢的量不足以与所有的氟结合生成氟化氢，可能出现四氟化碳或二氟氧碳（COF_2）。金属元素存在时，可与氟结合形成金属氟化物。添加辅助燃料（CH_4、油品）增加氢元素，可以防止四氟化碳或二氟氧碳的生成。

（6）氯化物的焚烧产物是氯化氢。由于氧和氯的电负性相近，存在着下列可逆反应：

$$4HCl + O_2 \rightleftharpoons 2Cl_2 + 2H_2O$$

当体系中氢量不足时，有游离的氯气产生。添加辅助燃料（天然气或石油）或较高温度的水蒸气（约 1100℃）可以使上述反应向左进行，减少废气中游离氯气的含量。

（7）溴化物和碘化物焚烧后生成溴化氢及少量溴气以及碘元素。

（8）根据焚烧元素的种类和焚烧温度，金属在焚烧以后可生成卤化物、硫酸盐、磷酸盐、碳酸盐、氮氧化物和氧化物等。

2. 垃圾焚烧方式

由于垃圾成分的多样性，垃圾的燃烧过程比较复杂，通常由热分解、熔融、蒸发和化学反应等传热、传质过程所组成。根据不同可燃物质的种类，一般有三种不同的燃烧方式：一是蒸发燃烧，垃圾受热熔化成液体，继而化成蒸汽，与空气扩散混合而燃烧，蜡的燃烧属于这一类；二是分解燃烧，垃圾受热后首先分解，轻的碳氢化合物挥发，留下固定碳及惰性物，挥发分与空气扩散混合而燃烧，固定碳的表面与空气接触进行表面燃烧，木材和纸的燃烧属于这一类；三是表面燃烧，如木炭、焦炭等固体受热后不发生熔化、蒸发和分解等过程，而是在固体表面与空气反应进行燃烧。

生活垃圾中含有多种有机成分，其燃烧过程是蒸发燃烧、分解燃烧和表面燃烧的综合过程。由于生活垃圾的含水率高于其他固体燃料，可将垃圾焚烧过程依次分为干燥、热分解和燃烧三个阶段。在实际焚烧过程中，这三个阶段没有明显的界线，只不过在总体上有时间的先后差别而已。

（1）干燥。垃圾的干燥是利用热能使水分汽化，并排出生成的水蒸气的过程。生活垃圾的含水率较高，在送入焚烧炉前其含水率一般为 30%～40%，甚至更高，因此，干燥过程中需要消耗较多热能。生活垃圾的含水率越大，干燥阶段也越长，可能导致炉内温度降低，影响垃圾的整个焚烧过程。如果垃圾水分过高，会导致炉温降低太大，着火燃烧困难，此时需添加辅助燃料改善干燥着火条件。

（2）热分解。热分解是垃圾中多种有机可燃物在高温作用下的分解或聚合的化学反应过程，反应的产物包括各种烃类、固定碳及不完全燃烧物等。可燃物的热分解过程包括多种反应，这些反应可能是吸热的，也可能是放热的。热分解速度与可燃物活化能、温度以及传热及传质速度有关，在实际操作中应保持良好的传热性能，使热分解能在较短时间内彻底完成，这是保证垃圾燃烧完全的基础。

（3）燃烧。生活垃圾的燃烧是在氧气存在条件下有机物质的快速、高温氧化。生活垃圾经过干燥和热分解后，产生许多不同种类的气、固态可燃物，这些物质与空气混合，达到着火所需的必要条件时就会形成火焰而燃烧。因此，生活垃圾的焚烧是气相燃烧和非均相燃烧的混合过程，它比气态燃料和液态燃料的燃烧过程更复杂。垃圾完全燃烧，最终产物为 CO_2 和 H_2O，不完全燃烧则还会产生 CO 或其他可燃有机物。

3. 垃圾焚烧过程

垃圾焚烧都要经历烘干→干馏→点燃→气化→燃烧→燃尽几个阶段，从垃圾入炉开始，这几个阶段的具体情况如下。

（1）烘干（100～180℃）。通过预热的一次风来烘干垃圾，垃圾中的水分蒸发。

（2）干馏（250℃）。低温闷烧产生气体（H_2、CH_4、CO 等），热传导为燃烧过程中的辐射热。

（3）点燃（300℃）。点燃垃圾，可燃气体燃烧。

（4）气化/碳化（400℃）。有机物分解与一次风发生氧化，形成可燃气体（CO）。

（5）燃烧（850～1000℃）。借助二次风，可燃气体完全氧化。

（6）燃尽（250℃）。灰、渣中的碳含量减少到最低，烟气中可燃质完全燃烧。

4.2.3　垃圾焚烧的影响因素

在理想状态下，生活垃圾进入焚烧炉后，依次经过干燥、热分解和燃烧三个阶段，其中的有机可燃物在高温条件下完全燃烧，并释放热量。但在实际燃烧过程中，由于焚烧炉内的操作条件不能达到理想效果，致使燃烧不完全。严重的情况下将会产生大量的黑烟，从焚烧炉排出的炉渣中还含有有机可燃物。

不同垃圾焚烧设备对垃圾焚烧效果不同，除了设备本身因素外，生活垃圾焚烧的影响因素主要包括生活垃圾的性质、停留时间、温度、紊流度、空气过量系数及其他因素，其中停留时间（Time）、温度（Temperature）及紊流度（Turbulence）称为"3T"要素，是反映焚烧炉性能的主要指标，这些指标直接影响焚烧效率及污染物排放指标。

1. 生活垃圾的性质

生活垃圾的发热量、组成成分、尺寸是影响燃烧的主要因素。发热量高有利于燃烧过程的进行。垃圾中易燃组分的比例可能会影响着火温度和燃烧的稳定性。组成成分的尺寸越小，单位质量或体积生活垃圾的比表面积越大，与周围氧气的接触面积也就越大，焚烧过程中的传热及传质效果越好，燃烧越完全。因此，在生活垃圾被送入焚烧炉之前，对其进行破碎预处理，可增加其比表面积，改善焚烧效果。

2. 停留时间

停留时间有两方面的含义：其一是燃料在焚烧炉内的停留时间，它是指垃圾从进炉开始到焚烧结束，炉渣从炉中排出所需时间；其二是焚烧烟气在炉中的停留时间，所谓烟气停留时间，是指燃烧气体从最后空气喷射口或燃烧器到换热面（如余热锅炉换热器等）或烟道冷风引射口之间的停留时间。

实际操作过程中，生活垃圾在炉中的停留时间必须大于理论上干燥、热分解及燃烧所需的总时间，停留时间过短会引起过度的不完全燃烧。同时，焚烧烟气在炉中的停留时间应保证烟气中气态可燃物达到完全燃烧。当其他条件保持不变时，停留时间越长，焚烧效果越好，但停留时间过长会使焚烧炉的处理量减少，经济上不合理。

3. 温度

由于焚烧炉的体积较大，炉内的温度分布是不均匀的。焚烧温度主要是指生活垃圾焚烧所能达到的最高温度，该值越大，焚烧效果越好。一般来说，位于垃圾层上方并靠近燃烧火的区域内的温度最高可达 800～1000℃。生活垃圾的发热量越高，可达到的焚烧温度越高，同时，温度与停留时间是一对相关因子，在较高的焚烧温度下可适当缩短停留时间，也可维持较好的焚烧效果。

4. 紊流度

紊流度是表征燃料和空气混合程度的指标。紊流度越大，生活垃圾和空气的混合越好，有机可燃物能及时充分获取燃烧所需氧气，燃烧反应越完全。紊流度受多种因素影响，对于特定焚烧设备，加大空气供给量和改善供给方式，可提高紊流度，改善传质与传热效果。

5. 过量空气系数

过量空气系数对垃圾燃烧状况影响很大，供给适当的过量空气是有机物完全燃烧的必要条件，增大过量空气系数，不但可以提供过量的氧气，而且可以增加炉内的紊流度，有利于焚烧。但过大的过量空气系数可能使炉内的温度降低，给焚烧带来副作用，导致污染物排放的增加，而且还会增加输送空气及预热所需的能量。

6. 炉渣热灼减率

焚烧效果的表征除了燃烧效率，通常还用另一个指标来表示，即炉渣热灼减率。炉渣热灼减率是指焚烧残渣经灼热减少的质量占原焚烧残渣质量的百分数。其计算公式为

$$P = \frac{A-B}{A} \times 100\% \tag{4-3}$$

式中　P——热灼减率，%；

　　　　A——焚烧炉渣经 110℃ 干燥 2h 后冷却至室温的质量，g；

　　　　B——焚烧残渣经 600℃（±25℃）3h 灼热后冷却至室温的质量，g。

国家标准规定生活垃圾焚烧炉的炉渣热灼减率不得大于 5%，一般大型炉排炉的 P 值为 3%～5%，流化床焚烧炉的 P 值通常可以达到 1% 以内。不过炉排炉的飞灰含碳量较低，流化床的飞灰含碳量稍高，尤其是燃煤流化床掺烧垃圾时更显著。

7. 其他因素

影响焚烧的其他因素包括生活垃圾在炉中的运动方式及生活垃圾层的厚度等，对炉中的生活垃圾进行翻转、搅拌，可以使生活垃圾与空气充分混合，改善燃烧条件。炉中生活垃圾层的厚度必须适当，厚度太大，在同等条件下可能导致不完全燃烧，厚度太小又会减少焚烧炉的处理量。在生活垃圾的焚烧过程中，应在可能的条件下合理控制各种影响因素，使其向着有利于完全燃烧的方向发展。但同时也应认识到，这些影响因素不是孤立的，它们之间存在着相互依赖、相互制约的关系，某种因素产生的正效应可能会导致另一种因素的负效应，应从综合效应来考虑整个燃烧过程的因素控制。

作为垃圾处理的重要手段，为体现垃圾处理"无害化，减量化，资源化"的处理原则，垃圾焚烧时，为避免二次污染，完全充分燃烧非常重要。根据生活垃圾焚烧有关国家标准要求，为达到垃圾完全燃烧，应具备以下条件和要求。

(1) 烟气中的 CO 含量应小于 40mg/m³。

(2) 灰渣中的热灼减率 P 小于 5%。

(3) 灰渣中的有机碳含量小于 3%。

(4) 过量空气系数为 $\alpha = 1.6 \sim 2.0$。

(5) 炉膛内紊流充分。

(6) 炉床上的垃圾分布均匀。

垃圾焚烧处理作为垃圾处理的重要手段，充分燃烧非常重要，一是可以减少环境污染，使垃圾焚烧后产生的有毒、有害气体降至最低；二是可以防止焚烧厂有关设备材料腐蚀；三是可以减少填埋量。

4.2.4　焚烧过程中的物质与能量转化

1. 能量平衡

对一个燃烧设备来说，能量平衡在设计、运行过程中十分重要。所谓能量平衡是指在稳定燃烧工况下，输入焚烧炉的热量应与输出焚烧炉的热量相平衡，这种热量的输入输出关

系，就叫做热平衡或能量平衡。图 4-6 所示为垃圾焚烧炉的能量平衡关系。

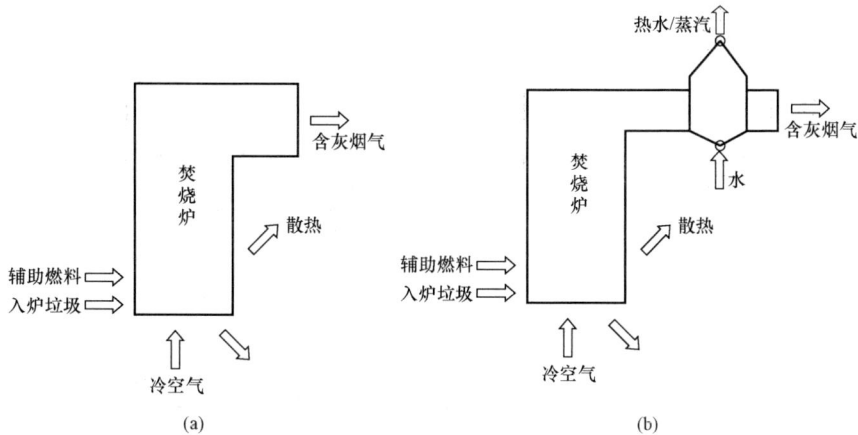

图 4-6 垃圾焚烧炉的能量平衡关系
(a) 无余热锅炉的焚烧炉；(b) 有余热锅炉的焚烧炉

图 4-6 (a) 表示没有余热锅炉的焚烧炉或者是燃烧室没有布置受热面，余热锅炉单独设置时的焚烧炉部分，进入系统的总能量为

$$Q_{in} = Q_{Msw} + Q_{Aux} + Q_{air} \qquad (4-4)$$

式中　　Q_{in}——进入系统的总能量；

Q_{Msw}——入炉垃圾能量（包含物理热与化学能）；

Q_{Aux}——辅助燃料的能量；

Q_{air}——入炉冷空气的能量（当有空气预热器时，热空气的热量是内循环）。

离开系统的总能量为

$$Q_{out} = Q_6 + Q_{chg} + Q_2 + Q_5 \qquad (4-5)$$

式中　　Q_{out}——离开系统的总能量；

Q_6——炉渣和飞灰带走的热量；

Q_{chg}——炉渣、飞灰、烟气中未完全燃尽的可燃物的能量（化学能）；

Q_2——烟气带走的热量；

Q_5——焚烧炉外表散失的热量。

总的能量平衡关系为

$$Q_{in} = Q_{out} \qquad (4-6)$$

图 4-6 (b) 表示有余热锅炉的焚烧炉，进入系统的总能量除式 (4-4) 各项外，增加了吸热介质（水）进入系统的能量 $Q_{m,in}$，即

$$Q_{in} = Q_{Msw} + Q_{Aux} + Q_{air} + Q_{m,in} \qquad (4-7)$$

而离开系统的总能量则为

$$Q_{out} = Q_6 + Q_{chg} + Q_2 + Q_5 + Q_{m,out} \qquad (4-8)$$

式中　　$Q_{m,out}$——离开系统的介质（热水／蒸汽）带走的热量。

余热锅炉的有效吸热量 Q_m（忽略汽水系统排污热损失）为

$$Q_m = Q_{m,out} - Q_{m,in} \qquad (4-9)$$

入炉燃料的总输入热量 Q_t 为垃圾化学能 Q'_{Msw} 与辅助燃料化学能 Q'_{Aux} 之和，即

$$Q_t = Q'_{Msw} + Q'_{Aux} \tag{4-10}$$

那么整个系统的热效率 η（锅炉效率）为

$$\eta = \frac{Q_m}{Q_t} \times 100\% \tag{4-11}$$

焚烧锅炉的热效率是指锅炉有效吸热量 Q_m 与单位时间内锅炉总输入热量 Q_t 的百分比。

对垃圾焚烧炉而言，图 4-6（a）没有余热锅炉时，因有效吸热量 Q_m 为 0，则锅炉效率为 0，有余热锅炉的大型生活垃圾焚烧炉，热效率一般为 60%～85%。

2. 质量平衡

图 4-7 所示为焚烧炉质量平衡示意图。

对有余热锅炉的情形，因吸热介质与焚烧炉烟气之间是表面式（间壁式）换热器，相互间没有质量交换，因此进入余热锅炉的介质质量等于离开余热锅炉的质量，这里只讨论燃烧系统的质量平衡，进入系统的总质量 M_{in} 为

$$M_{in} = M_{Msw} + M_{Aux} + M_{air} \tag{4-12}$$

式中　M_{Msw}、M_{Aux}、M_{air}——分别为垃圾、辅助燃料和入炉空气的质量。

离开系统的总质量 M_{out} 为

$$M_{out} = M_{slag} + M_{ash} + M_{gas} \tag{4-13}$$

式中　M_{slag}、M_{ash}、M_{gas}——分别为炉渣、飞灰和烟气的质量。

按质量守恒关系，有

$$M_{in} = M_{out} \tag{4-14}$$

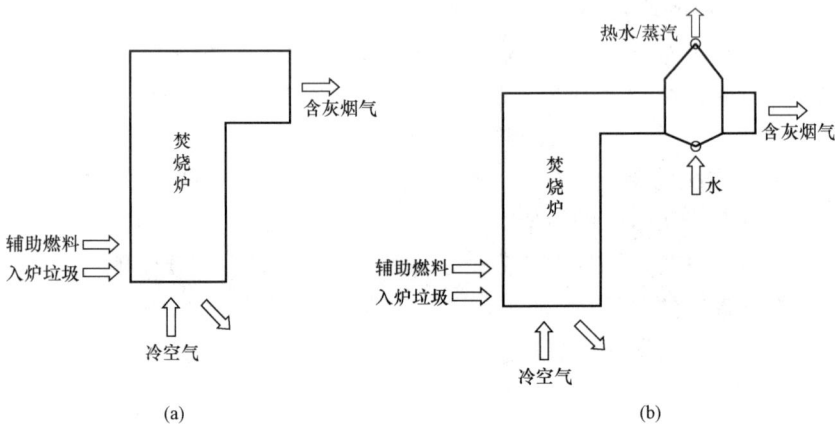

图 4-7　焚烧炉质量平衡示意图
（a）无余热锅炉的焚烧炉；（b）有余热锅炉的焚烧炉

上述关系未涉及实际设备在运行时发生的漏灰、漏风情况，也没有讨论物质内循环（如用于加热垃圾的循环烟气）以及尾气净化系统的质量平衡等。对垃圾焚烧炉，没有余热锅炉时，因有效吸热量为零，锅炉热效率为零，有余热锅炉的大型垃圾焚烧炉，热效率一般为 60%～85%。

任务3　垃圾焚烧设备

【教学内容】

国内外垃圾焚烧技术主要有层状燃烧技术、流化床燃烧技术及旋转燃烧技术三大类。垃圾焚烧炉选型至关重要，直接关系到设备投资、运行费用以及垃圾适应性，其基本原则和要求是，能有效焚烧处理现有垃圾、焚烧炉设备的价格低、运行费用省、燃烧排放污染物少、能源和资源回收利用价值高等。目前焚烧炉的种类较多，对应以上燃烧技术，焚烧设备主要有机械炉排焚烧炉、流化床焚烧炉和回转窑垃圾焚烧炉等。

4.3.1　机械炉排焚烧炉

1. 工作原理及特点

（1）工作原理。机械炉排焚烧炉属于层状燃烧技术，是目前垃圾焚烧的主导性产品，占全世界垃圾焚烧市场份额的80%以上。目前国内选用炉排炉的垃圾焚烧厂也较多。这种形式的垃圾焚烧炉使用时间长、品种多、技术成熟，运行可靠性高，而且炉子的结构比较紧凑，热效率较高。

炉排炉的燃烧可分为三个阶段：第一阶段为加热段，垃圾在这里被预热、气化；第二阶段为燃烧段，垃圾在这里进行焚烧；第三阶段为燃尽段，垃圾在这里被燃尽，并排出焚烧渣。炉排炉的特点是通过活动炉排移动，推动垃圾从上层落向下层，对垃圾起到切割、翻转和搅拌的作用，实现完全燃烧。炉排由特殊合金制成，耐磨、耐高温，炉膛侧壁和天井由水冷或耐火砖炉壁构成，保证垃圾在控制温度条件下燃烧、燃尽。典型的炉排结构如图4-8所示。

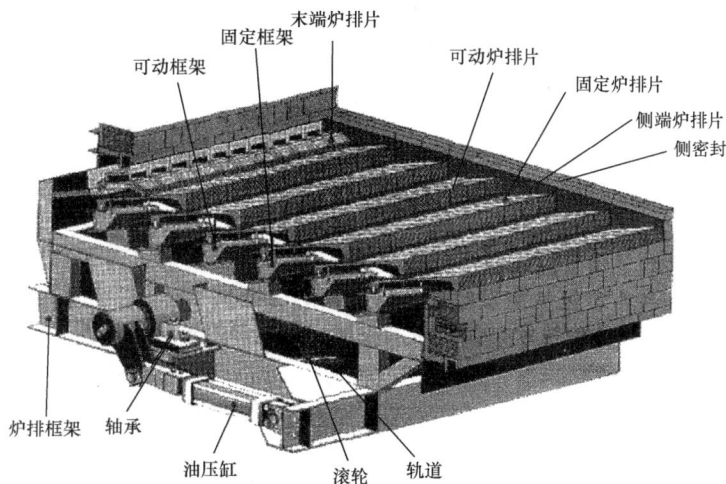

图4-8　典型的炉排结构示意图

机械炉排是炉排式焚烧炉的核心设备，垃圾从进料口进入，通过供给段炉排、烘干段炉排、燃烧段炉排以及燃尽段炉排，完成垃圾从进料、干燥、燃烧、燃尽并排出炉渣整个燃烧过程，炉排式焚烧炉排整体结构如图4-9所示。为了保证垃圾完全燃烧，对炉排有如下要求。

1）保证垃圾流的连续性、稳定性，即要求炉排在垃圾给料器接受垃圾开始，到燃烧完全后炉渣排出的整个工艺过程中物质流的连续、稳定，不能出现物流阻塞、堆积。

2）保证炉排上的垃圾良好燃烧，即要求炉排上垃圾分布均匀、移动速度合理，得到适当的搅拌与混合，并合理分配燃烧需要的空气，防止局部吹透造成空气短路，根据料层厚度，一次风以穿透燃料为宜。

3）保证炉排的机械可靠性。首先，炉排孔眼畅通，倾角合理，停止间隔、振动频率和振动时间要适当；另外，炉排工作在高温、腐蚀、磨损和运动环境，因此要提高炉排工作可靠性和寿命，防止炉排直接暴露在高温火焰的辐射之下，所选用的材料应具有耐高温、耐腐蚀、耐磨损及抗氧化还原等性能，并利用燃烧所需空气冷却炉排片，机械运动部件结构、加工及热处理都应满足要求，以延长炉排的使用寿命。

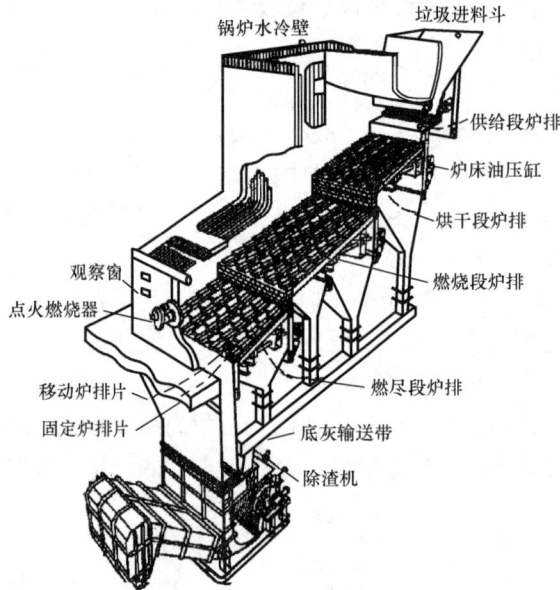

图 4-9　炉排式焚烧炉炉排整体结构

（2）特点如下。

1）单台炉处理量大，目前国内已有 800t/d 的焚烧炉在运行。

2）垃圾在炉内分布均匀，料层稳定，燃烧完全。运行时可视炉内垃圾焚烧状况调整。

3）可调节炉排转速，控制垃圾在炉内的停留时间，使其燃尽。

4）由于鼓风机压头低，风机所需功率小，故动力消耗少。

5）因为垃圾在炉排上燃烧，而不需掺燃煤，所以烟气中粉尘含量低，减轻了除尘器的负担，降低了运行成本。

6）炉排炉具有进料口宽，适合我国生活垃圾分类收集规范化程度差的特点，不需要对垃圾进行分选和破碎等预处理。采用层状燃烧方式，烟气净化系统进口粉尘浓度低，降低了烟气净化系统和飞灰处理费用，一般情况下，无需添加辅助燃料即可完成燃烧温度在 850℃持续 2s 以上。

7）由于燃烧速度慢，炉排倾斜，因而炉体高大，占地面积大。同时炉体散热损失增加。

8）高温区炉排片长期与炽热垃圾层接触，容易烧坏。

9）由于活动炉排与固定炉排等关键部件由耐热合金钢制造，所以设备造价较高。

2. 往复式炉排炉

（1）工作原理。炉排焚烧炉分为往复炉排焚烧炉和滚动炉排焚烧炉两类。其中往复炉排焚烧炉是垃圾焚烧炉应用比例最高的炉型，其特点为：通过固定炉排与活动炉排交替安装，往复运动，可使垃圾有效地翻动、搅拌，以破坏层燃方式，使燃烧空气和垃圾充分接触，以实现充分燃烧。炉排往复运动的速度依据垃圾的性质及燃烧状况确定，并可通过液压装置调节。炉排下部有燃烧空气送风系统，具有炉排冷却效果。根据炉排运动方向与炉内垃圾运动方向相同或相反，往复炉排焚烧炉可分为逆向推动、顺向推动以及二段顺逆推几种形式。

图 4-10（a）所示的活动炉排片倾斜布置，在垃圾料层运动时其运动方向与垃圾的移动方向夹角 β 小于 90°，可认为两者大体是同向的，称为顺推炉排。图 4-10（b）所示的活动炉排片水平布置和运动的，也是顺推炉排；图 4-10（c）所示的活动炉排片倾斜布置，在向垃圾料层运动时其运动方向与垃圾的移动方向夹角 α 大于 90°，可认为两者大体是反向的，因而称为逆推炉排。

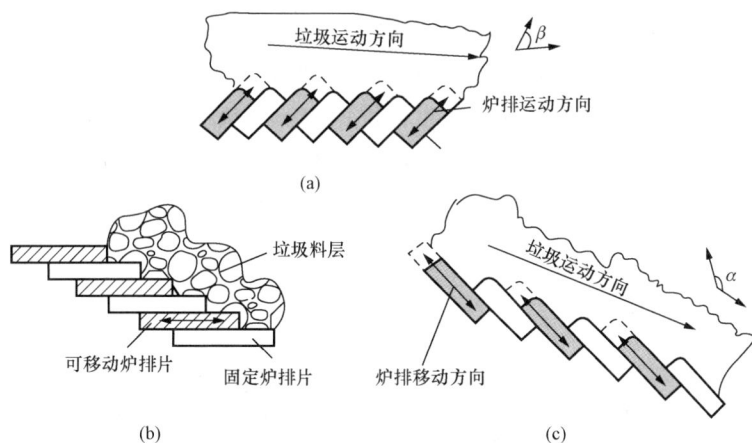

图 4-10 往复式炉排结构示意
（a）、（b）顺推炉排；（c）逆推炉排

（2）二段往复式炉排炉。二段往复式垃圾焚烧炉是引进国际技术，结合我国国情研制的第三代炉型，是针对中国城市生活垃圾低发热量，高水分的特点而设计，具有适应发热量范围广，负荷调节能力大，可操作性好和自动化程度高等特点。能实现垃圾的充分燃烧，使得各项燃烧参数达到国际标准。我国创冠垃圾焚烧电厂大多采用此种炉型。

二段往复推式炉排炉的特征在于炉排沿垃圾运行方向分为前段（逆推）和后段（顺推），并且在前后段炉排衔接处设有一定高度的落差，如图 4-11 所示。

该工艺的主要流程为：抓斗将垃圾从垃圾坑送入落料槽，在给料机的推送下进入炉膛落在倾斜的逆推炉排上，垃圾在炉排上不断做螺旋状的翻滚、搅拌、破碎，完成干燥、着火和燃烧过程，随后在逆推炉排的末端经过一段高度落差掉入水平的顺推炉排床面上继续燃尽，最后灰渣经出渣机排出炉外。这种燃烧方式使垃圾燃烧更完全，燃烧效率高，炉渣热灼减率可降低 1%～2%，减少二次污染。

二段式垃圾焚烧炉排炉主要由落料槽，给料平台，逆推炉排本体，顺推炉排本体，风室

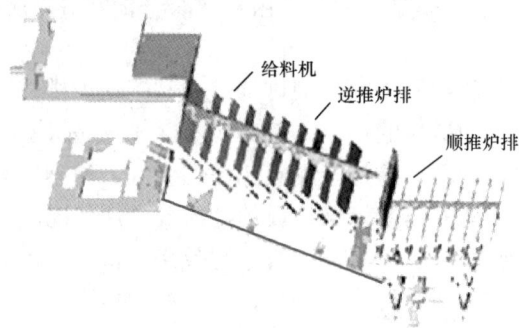

图 4-11　二段式垃圾焚烧炉排

及放灰通道，出渣通道，液压出渣机，炉排密封系统，风门调节机构，气力除灰系统，炉排液压系统，炉排自动控制系统及二次风喷嘴等部分组成。

3. 滚筒式炉排炉

滚筒式炉排炉是一种较新型的垃圾焚烧设备，它由电动机、减速机构、传动机构、滚筒、滚筒支承装置、风管、灰室所组成。每个滚筒就是一个独立的风室，滚筒上设置通风孔，空气由筒内排出，用以干燥和助燃。整个炉排由一组滚筒（通常为 5～8 个）组成，炉排面向下倾斜，如图 4-12 所示，垃圾料层在滚筒的缓慢转动下移动，达到两筒的间隙，上一个滚筒底层的垃圾会被下一个滚筒向上前方推动，垃圾被充分翻动和搅拌，加上通风较为均匀，燃烧效果良好。

图 4-12　滚筒炉排结构示意图
(a) 运动示意图 ；(b) 结构示意图

多个平行排列的空心滚筒由电动机通过减速机构、传动机构而带动其同步转动，同时送风机将冷风送入到这些滚筒内，并由滚筒表面的多排小孔喷出，滚筒上的垃圾在切力和风力的推动下边沿着滚筒炉排向前输送，边向上翻滚，呈峰谷状前进，这样不仅通风好，使垃圾燃烧完全，而且风力集中，无泄漏，它可使总风量省约 50%。

滚筒（回转）式焚烧炉是用冷却水管或耐火材料沿筒体排列，筒体水平放置并略为倾斜。通过滚筒筒身的不停运转，使炉体内的垃圾充分燃烧，同时向筒体倾斜的方向移动，直至燃尽并排出炉体。

两滚筒有一定间距、滚筒表面有多排小孔，筒内是与风管相通的空心滚筒和置于各滚筒间的冷却水箱及置于滚筒下半部处的挡风板，从而运行时形成了自冷却装置。

滚动炉排焚烧炉有多个滚筒可分别调节,具有炉排冷却性能好和检修较容易的特点。滚筒式炉排是德国巴布高科(DBA)公司的技术,目前在世界上已有 250 余套滚筒式炉排在垃圾焚烧厂中使用,该种炉排多用于处理规模较大、垃圾发热量较高的项目,在我国使用较少。

表 4 - 3 对两种机械炉排焚烧炉的综合技术性能做了简单比较。往复炉排与滚筒式炉排焚烧炉均属于成熟技术,有着几十年的使用经验,比较适合国内的高水分、低发热量垃圾,从业绩角度,往复式炉排焚烧炉要优于滚筒式炉排焚烧炉。近几年,顺逆推二段往复式炉排炉由于对低发热量垃圾良好的燃烧性能,在我国得到了广泛的应用。

表 4 - 3 滚筒式炉排炉与往复式炉排炉的综合性能比较

项目	滚筒式炉排炉	倾斜往复式阶梯炉排炉	
炉排形式		倾斜逆推	倾斜顺推
炉排调节	多个滚筒可分别调节	整个炉排整体动作	几段炉排分别可调节
炉排面积	中	小	大
炉排检修	方便	方便	方便
垃圾搅拌性	好	好	好
炉排片互换性	好	不好	好
世界各地建炉	较多	多	多
低发热量垃圾适应性	一般	好	好
炉排冷却性	好	较好	较好
炉排检修难易程度	容易	容易	容易

4.3.2 流化床焚烧炉

流化床焚烧炉没有运动的炉体和炉排,炉体通常为竖向布置,炉底设置了多孔分布板,并在炉内投入了大量石英砂作为热载体。焚烧炉在使用前先将炉内石英砂通过喷油预热,加热至适当温度,并由炉底鼓入热空气(200℃以上),使砂沸腾,再投入垃圾。垃圾进炉接触到高温的砂石被加热,同砂石一同沸腾,垃圾很快被干燥、着火、燃烧。未燃尽的垃圾比重较轻,继续沸腾燃烧,燃尽的垃圾灰渣比重开始增加,逐步下降,同一些砂石一同落下。炉渣通过排渣装置排出炉体,进行水淬冷后,用分选设备将粗渣、细渣送到厂外,留下少量的中等颗粒的渣和石英砂,通过提升机送到炉内循环使用。

流化床焚烧工艺特点是:焚烧物料与空气接触面积大,反应速度快;一次风从床下进入空气分布板,迫使流化床砂子在砂层内形成内循环,增加垃圾在床层内的燃烧时间;热解气体与细颗粒可燃物被吹出密相区,在床层上部空间与补充的二次风进一步氧化燃烧。

流化床焚烧炉适用性广,生活垃圾、污水厂污泥、炼油厂的渣油与焦油、低品位煤、林产工业废物、农业废弃物等都可用流化床焚烧处理;燃烧效率高,焚烧残渣炭量低(为 0.5%~1%);过量空气系数低,并采用分级送风,减少 NO_x 的生成量;可方便地掺烧煤粉稳定燃烧,提高经济效益,由于炉内的蓄热热量大,可燃烧低发热量、水分大的垃圾。

流化床焚烧炉的不足之处在于:对进炉垃圾粒度有要求,通常要求进炉垃圾粒度不大于 150mm,大块垃圾必须进行破碎后才能入炉焚烧,所以需要配备大功率的破碎装置,否则垃圾在炉内无法保证完全呈沸腾状态,影响完全燃烧;空气鼓入压力高,焚烧炉本体阻力大,动力消耗比其他焚烧方案高;运行和操作技术要求高,需要非常灵敏的调节手段和有经验的技术人员操作。

4.3.3 回转窑焚烧炉

回转窑焚烧炉技术的燃烧设备主要是一个缓慢旋转的回转窑，其内壁可采用耐火砖砌筑也可采用管式水冷壁，用以保护滚筒，其焚烧工艺配置如图 4-13 所示。回转窑直径为 4～6m，长度为 10～20m，可根据垃圾的燃烧量确定。生活垃圾通常采用抓斗吊车从储坑吊至给料斗，再用推杆器推至回转窑内，废物燃烧所需空气由回转窑燃烧风机输送至回转窑内。回转窑操作温度控制在 950～1050℃，正常操作温度为 1000℃，当窑内温度不能达到工艺要求时，可通过自带风机的燃烧器进行喷油燃烧给窑内提供热量。由于垃圾在筒内翻滚，可与空气充分接触，经过着火、燃烧和燃尽进行较完全的燃烧。在回转窑内，尚未完全燃烧的垃圾裂解气及回转窑焚烧过程所产生的二噁英等有毒气体进入一个垂直的二次燃烧室，送入二次风，烟气中的可燃成分在此得到充分燃烧。二次燃烧室温度一般为 1000～1200℃。二次燃烧后的烟气送至烟气处理工序进行再处理。回转窑和二次燃烧室焚烧所产生的炉渣，由二次燃烧室底部的出渣机刮出，通常送至稳定/固化工序进行再处理。

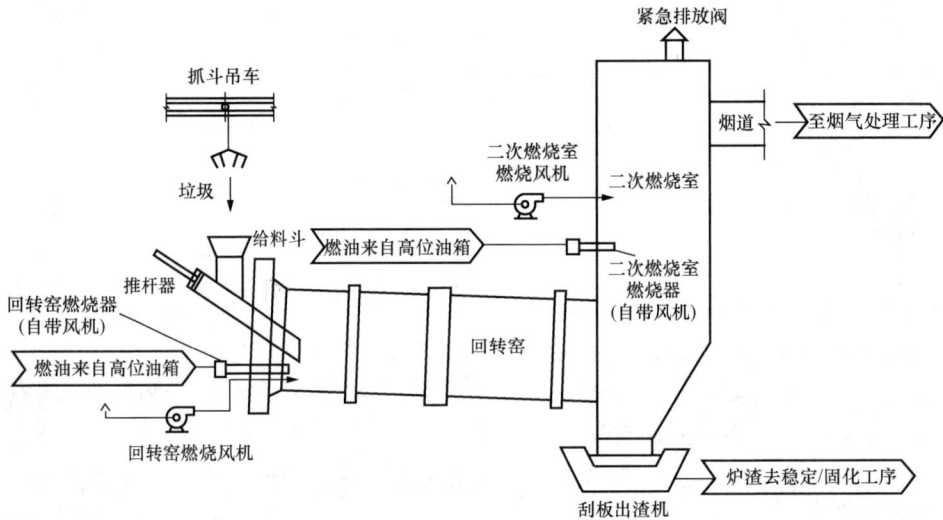

图 4-13　回转窑焚烧炉工艺流程

回转窑焚烧炉是一种成熟的技术，如果待处理的垃圾中含有多种难燃烧的物质，或者垃圾的水分变化范围较大，回转窑是较为理想的选择。回转窑可通过转速改变，影响垃圾在窑中的停留时间，并且对垃圾在高温空气及过量氧气中施加较强的机械碰撞，能得到可燃物质及腐败物含量很低的炉渣。

这种炉型的主要优点是：焚烧能力较强，能量回收率高，设备费用低，操作维修方便，厂用电耗与其他燃烧方式相比也较少。同时，由于冷却水的水冷作用，降低了燃烧温度，抑制氮氧化物的生成，减轻炉体受到的腐蚀作用。

该技术也有一些明显的缺点：炉体转动缓慢，垃圾处理量不大，燃烧不易控制，耐火衬里磨损严重，并且对垃圾的颗粒度也有一定的要求，这使其很难适应发电的需要，在当前的垃圾焚烧发电厂中应用较少。

4.3.4　气化熔融焚烧炉

垃圾气化熔融焚烧技术是目前发展的新一代生活垃圾焚烧工艺。该技术将垃圾中的有机成分的气化和无机成分的熔融相结合，完全燃烧完垃圾中可燃成分的同时熔融焚烧后的无机灰渣，并回收灰渣中的有价金属等有用物质，熔融后的熔渣是一种优良的建筑材料。该技术可以更高效地回收垃圾中的资源、能源，同时满足更严格的垃圾焚烧污染排放标准。

气化熔融焚烧技术可分为两步法和一步法技术。两步法气化熔融焚烧技术，先将垃圾置于温度为 $500\sim600℃$ 的设备中进行热解，然后将热解炭渣分拣出有价金属后置于温度高于 $1300℃$ 的设备中进行熔融处理，其基本工艺流程如图 4-14 所示。

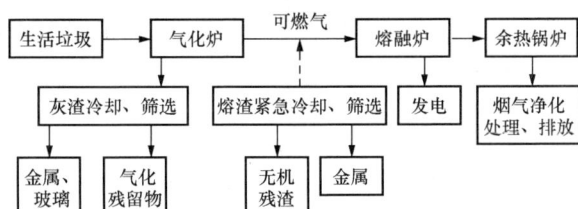

图 4-14　两步法气化熔融技术基本工艺流程

一步法熔融焚烧技术，则是将垃圾的气化过程和熔融焚烧过程置于一个设备中进行，其基本工艺流程如图 4-15 所示，工艺过程设备简单，工程投资和运行费用大大降低。随着经济的发展及环境保护要求的提高，气化熔融焚烧技术具有取代垃圾直接焚烧的潜力。垃圾气化熔融技术在各发达国家的发展势头迅猛。我国清华大学、东北大学、浙江大学等在上述领域也进行了探索。垃圾气化熔融技术主要有回转窑式和流化床式，回转窑式气化熔融技术将垃圾置于内热式回转窑中进行部分燃烧和气化，残留物进行分

图 4-15　一步法气化熔融技术基本工艺流程

选，金属回收，含碳可燃物进入熔融炉进行熔融处理，热回收率约为 55%，发电效率为 $30\%\sim32\%$。流化床式气化熔融技术将垃圾置于流化床气化炉中进行气化，不燃物从炉底排出并进行分选，含碳可燃物和低发热量可燃气体进入熔融炉进行熔融处理，热回收率约为 75%，发电效率为 $30\%\sim32\%$。

垃圾气化熔融技术被广泛地认为是 21 世纪的新型垃圾焚烧技术，其具有以下特点：①城市生活垃圾先在还原性气氛下热分解制备可燃气体，垃圾中的有价金属没有被氧化，利于有价金属回收利用，同时，垃圾中的 Cu、Fe 等金属不易生成促进二**噁**英类形成的催化剂；②热分解和气化得到的气体燃烧时过量空气系数较低，燃烧充分，能大大降低烟气排放量，提高热能利用率，降低 NO_x 的排放量，减少了烟气处理设备的投资及运行费用；③含炭灰渣在 $1300℃$ 以上的高温熔融状态下进行燃烧处理，能扼制二**噁**英在灰渣中的存在，同时最大限度地实现垃圾减容、减量化。显然这一技术具有较好的环保效果，但气化技术不成熟，处理成本也比较高。

4.3.5　几种焚烧炉的比较

综上所述，垃圾焚烧电厂目前常用的焚烧炉型为机械炉排炉焚烧炉、流化床焚烧炉和回转窑焚烧炉，表 4-4 对三种形式的垃圾焚烧设备进行了比较。

表 4 - 4　　　　　　　　　　　国内三种常见焚烧炉的有关比较

项目	机械炉排炉焚烧炉	流化床焚烧炉	回转窑焚烧炉
炉床及炉体特点	往复运动炉排，炉排面积较大，炉膛体积较大	炉膛体积较小	无炉排，靠炉体和转动带动垃圾移动
垃圾预处理	不需要	需要	不需要
设备占地	大	小	中
灰渣热灼减率	可达标	可达标	原生垃圾在连续助燃下易达标
垃圾炉内停留时间	较长	较长	长
燃烧空气供给（根据工况）	易调节	较易调节	不易调节
对垃圾含水率的适应性	可通过调整干燥段适应不同湿度的垃圾	炉温易随垃圾含水率的变化而波动	可通过调节滚筒转速来适应垃圾和湿度
对垃圾不均匀性的适应性	可通过炉排往复运动使垃圾反转，使其均匀	较重垃圾快速到达底部，不易燃烧完全	空气供应不易分段调节，大块垃圾难以燃尽
烟气中含灰尘量	较低	高	高
燃烧介质	不用载体	需要石英砂	不用载体
燃烧工况控制	较易	不易	不易
运行费用	低	较高	较高
烟气处理	较易	较难	较易
维修工作量	较少	较多	较少
运行业绩或市场占有率	最多	较少	多用于工业垃圾处理
工程适应性	广	窄	窄
综合评价	对垃圾的适应性强，处理性能好，运行成本较低	需要前处理，故障率高，运行成本高	需要垃圾发热量较高，运行成本高

任务 4　垃圾焚烧电厂系统及运行

【教学内容】

4.4.1　系统组成

垃圾焚烧发电与常规火力发电过程基本相同，它是利用燃烧垃圾所释放的热能进行发电的火电厂。垃圾发电所需设备除电站锅炉、汽轮机、发电机等设备外，还包括密闭垃圾堆料仓、垃圾焚烧炉等专用设备。采用炉排炉垃圾焚烧厂工艺流程如图 4 - 16 所示。

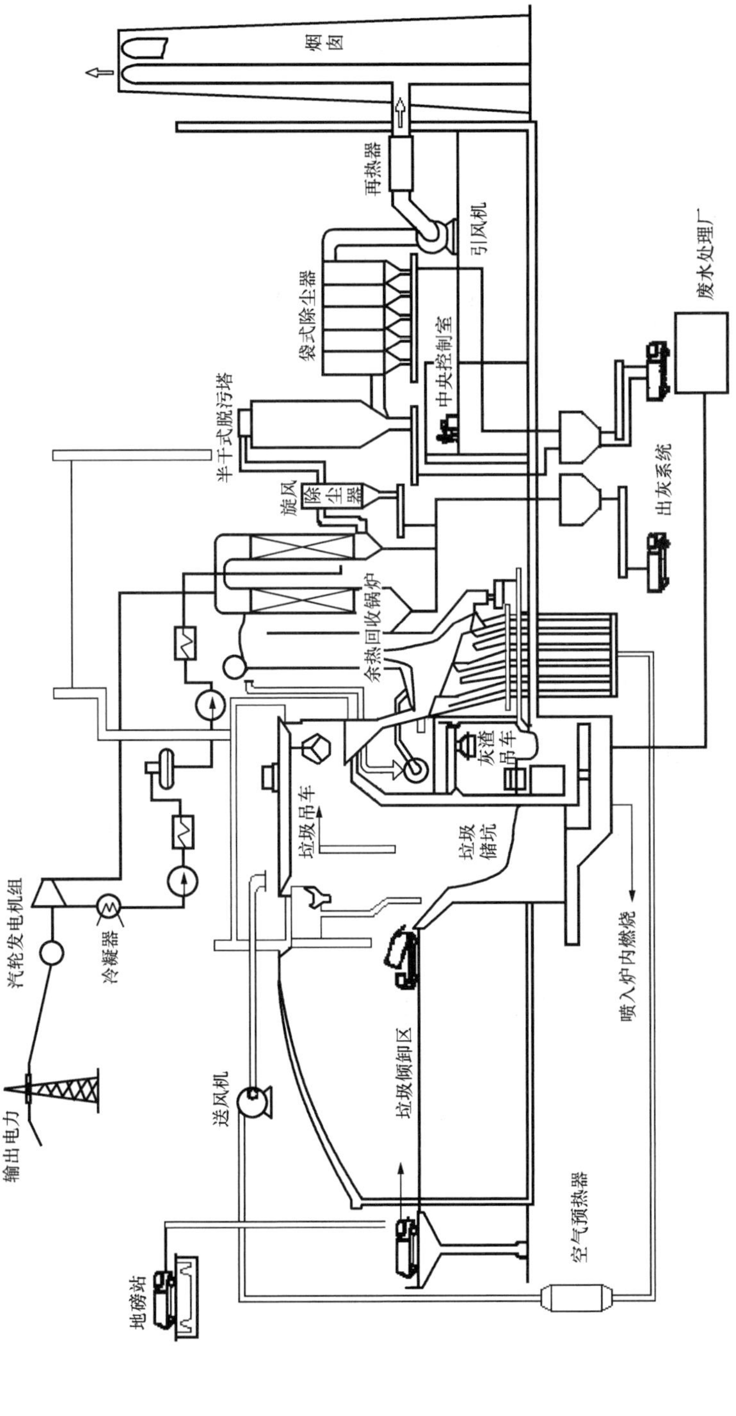

图 4 - 16　炉排炉垃圾焚烧厂工艺流程

垃圾焚烧厂包括以下系统及主要设备。

（1）垃圾的接收、储存与输送系统。入口地磅，卸料、破碎设备，垃圾储存仓，进料设备等。

（2）焚烧系统。焚烧炉，炉渣排出储存设备等。

（3）烟气净化系统。分干式、半干式、湿式烟气净化系统，不同焚烧厂选择不同工艺。

（4）垃圾热能利用系统。余热锅炉，汽轮机，发电机等。

（5）残渣处理系统。飞灰和炉渣进行固化处理的设施。

（6）自动化控制系统。检测、调节、保护、连锁、报警等仪表和设备。

（7）废水处理系统。分混凝沉淀—生物处理法，膜处理—生物处理法等，不同焚烧厂选择工艺不同。

（8）输入与输出系统。垃圾焚烧厂生产过程中输入与输出各类物质计量装置。

（9）其他系统。油品供应、压缩空气供应和化验、机修等。

4.4.2 系统功能

1. 入口地磅

（1）用途及功能如下。

1）控制进厂通道。

2）计量进厂垃圾和其他材料。

3）检查垃圾组成。

4）收取垃圾处理费。

（2）设计要求如下。

1）地磅的大小和承载量应适合垃圾车大型化、重型化的变化。

2）大门通道是整个焚烧厂控制系统的一部分，通道门应能闭锁。

3）从计量操作室能够清楚地看到进入的车辆。

4）两台地磅，一台为进厂车辆，另一台为出厂车辆，或当其中一台故障维修时可备用。

5）整个地磅区光线条件良好。

6）大门外应有信息牌，标明开放时间。

7）地磅区有防雨棚。

8）为防止雨水流入地磅房，整个地磅房周围应设较好的排水坡度。

（3）运行维护与安全措施如下。

1）每年对地磅检查 2 次。

2）在本地报刊和电话簿上定期公布焚烧厂开放时间。

3）制定员工操作规程。

4）规范地磅和计算机的操作。

5）检查进厂垃圾特性。

6）现金出纳和记账。

2. 卸料、破碎和垃圾存仓

（1）用途及功能如下。

1）倾倒垃圾，大件垃圾破碎。

2）垃圾压缩和储存，垃圾脱水。

（2）设计要求如下。

1）具有一周的存储能力，4 天的脱水能力。

2）可载重 3t 的垃圾抓斗起重机（尽量能带计量秤），能全年全天（24h）操作。图 4 - 17 所示为垃圾抓斗起重机示意图。

3）有两台垃圾抓斗起重机（一台备用）。

4）尽可能将垃圾抓斗起重机操作室和控制室放在一起。

5）垃圾储存仓具有良好的防渗性能，保护地下水。

6）避免异味，防火。

图 4 - 17　垃圾抓斗起重机示意图

（3）运行管理与安全措施如下。

1）垃圾卸料必须有人监督管理，以下物品不得倒入垃圾储存仓：废液（溶剂、油、泥浆）；金属件；砂、石、工业废灰、工业废渣；动物尸体；易燃品；压缩气瓶；危险废物；轮胎；荧光灯；电池。大件垃圾（长度超过 50cm 的物件）必须先破碎，然后才能进入垃圾储存仓。

2）垃圾储存仓区域禁止吸烟。

3）制定操作规章，明确发生火灾时的职责。

4）配备足够的垃圾抓斗起重机缆绳，备足电缆线。

5）定期搅拌垃圾储存仓中的垃圾，使进入焚烧炉的垃圾尽可能均匀。

6）不要将大件物品直接送入垃圾斗，以免堵塞焚烧炉进料口。

7）设置卸料口关闭门（卸料门）。卸料门平时是关闭的，以保证安全并防止垃圾储坑的灰尘及臭气向外泄漏。当车辆倾卸垃圾时，卸料门才开启。要求卸料门密封性好、开关灵活方便、能抵御垃圾储坑气体腐蚀、强度高、耐磨损与撞击。

8）为避免臭味逸出，垃圾储存仓内部应处于负压状态，焚烧炉所需的一次风应从垃圾储存仓抽取。

9）垃圾储存仓要附设排水系统，收集渗滤液和其他污水。

10）为了防火，应设有自动喷水装置，也可通过垃圾抓斗起重机控制室手动控制。

3. 进料系统

（1）用途及功能。进料系统主要设备包括进料斗和垃圾进料器。

1）进料斗的功能有：①接收垃圾吊车提供的垃圾并储存；②利用垃圾的自重向炉内连续不断地提供垃圾；③利用垃圾本身厚度形成密封层，使燃烧区与垃圾储存仓区分开，防止空气进入焚烧炉和焚烧物进入垃圾储存仓。

2）垃圾给料器的功能有：①连续、稳定、均匀地向垃圾焚烧炉提供垃圾；②按要求调节垃圾供应量；③停炉时将给料平台上的垃圾推干净。垃圾进料装置如图 4 - 18 所示。

（2）设计要求如下。

1）垃圾进料斗要有适宜的坡度，进料斗中垃圾储存容量为焚烧 1h 的量。有时为了解决垃圾在料斗中的搭桥问题，还设搭桥解除装置（破桥装置）。

2）采用水冷却的垃圾进料斜槽以避免垃圾回燃。

3）在开启和关闭阶段，进料斜槽没有充满垃圾时，进料斜槽要封闭。

4）垃圾进料器的种类有多种，机械炉排炉多采用推送式。

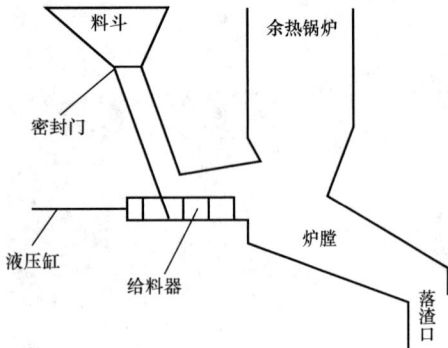

图 4-18　垃圾进料装置

5）垃圾进料器由液压驱动，并由焚烧炉控制系统控制。

（3）运行管理与安全措施如下。

1）为了防止垃圾回燃使垃圾储存仓着火，垃圾抓斗起重机操作员需要注意保持进料斜槽内一直装满垃圾。

2）垃圾斗和斜槽易磨损，每次维修时，应用超声波检测其厚度。

3）在每次维修时，还应检查进料器是否因热和磨损而损坏。

4. 炉排和燃烧区

（1）用途及功能如下。

1）可进行垃圾与一次风焚烧。

2）可控制一次风量。

3）可向炉排的各个区域输送一次风。

4）可向垃圾层均匀地分布一次风。

5）可将垃圾从进料区均匀缓慢地输送到出渣口（停留时间大约 1h）。

6）可控制二次风进口，产生强紊流。

（2）设计要求如下。

1）为了减少环境污染，燃烧完全后的炉渣热灼减率不超过 5%，有机碳含量不超过 3%。燃烧完全后 $CO<40mg/m^3$。

2）炉排受高温腐蚀和垃圾磨损，设计时应予考虑。

3）炉排需要一次风来冷却。

4）水冷炉排可以采用碳素钢，由于不是用一次风来冷却，调节一次风和二次风的比例更灵活。

5）炉排运动频率和速度均可调节，运动形式取决于炉排类型。

（3）一次风与二次风。

1）一次风应从垃圾池上方抽取，进风口处设置格栅等过滤装置。一次风经过炉排均匀供入。要合理配置一次风的风压风量，通常薄料层采用低风压、少风量配比，一次风压一般控制在 1.5kPa 左右；厚料层采取高风压、大风量配比，风压一般在 2.0kPa 以上。而不同发热量的垃圾料层厚度应不同，当垃圾质量差且发热量较低时，应采用薄料层，料层厚度应控制在 300~400mm，垃圾质量较好且发热量较高时，料层厚度应控制在 500~600mm，炉排运动速度和风压也可适当提高，料层也要尽可能均匀。

2）通过控制二次风量，使可燃气体（CO、HCl 等）完全燃烧。

3）二次风经过通风装置输送，并控制烟气中的含氧量。烟气含氧量一般要求为 6%~10%。当烟气含氧量在 6% 时，可以得到较高的热效率；在 10% 时，就不易形成 CO。燃烧后要测烟气中 O_2 和 CO 含量，低 CO 含量不仅可以减少温室气体效应，而且可以减轻锅炉腐蚀。

4）在炉膛的不同部位引入二次风，并与烟气形成高速混合。在这一阶段，会出现很高的温度，并形成 NO_x。为避免这一情况，有些焚烧炉分两个阶段来引入二次风。

5）垃圾发热量低于 8500kJ/kg 时，一、二次风需预热，加热装置宜采用蒸汽—空气加热器，加热温度根据垃圾池内的垃圾低位发热量确定。也可加煤或重油等辅助燃料来助燃。

6）垃圾发热量低于 7500kJ/kg 时，必须安装油燃烧器，以便满足燃烧温度 850℃（烟气停留时间 2s）的条件。

7）一、二次风机的风量，应为最大计算风量的 110%～120%。风量的调节采用连续方式。

（4）炉膛设计要求如下。

1）炉膛有三种类型（如图 4-19 所示）。顺流式适合于高发热量垃圾焚烧，而逆流式炉膛适合于低发热量垃圾焚烧。炉膛要满足特定的热负荷 1250GJ/m³。

2）炉排简便，安装牢固；空冷炉条要用耐高温材料，如含镍铸钢；炉排往复运动控制良好；设有观察燃烧状况的摄像机；设有用来测定燃烧区温度的温度计；设有能够目测燃烧区及各控制部位的开口；设有焚烧室后的 O_2 和 CO 测定装置。

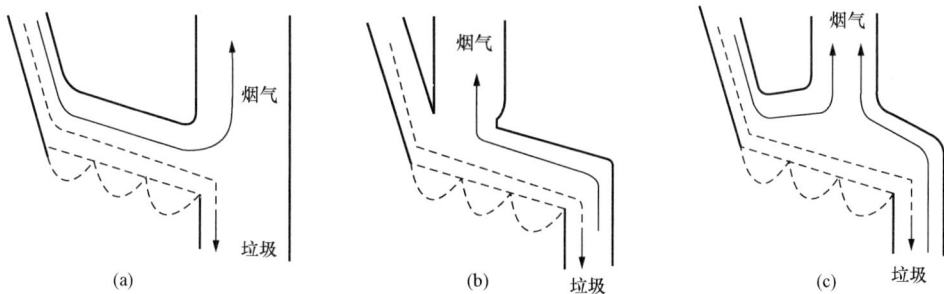

图 4-19　炉排焚烧炉常见炉膛类型
（a）顺流式；（b）逆流式；（c）混合流式

（5）运行管理与安全措施。

1）火焰明亮清晰，没有较多烟雾（二噁英）。

2）需要经常观察燃烧状况。

3）受垃圾成分和焚烧状况的影响，有时会出现液态炉渣黏附在炉墙壁面上，液态炉渣经常会聚集成固体状，形成结渣，可能导致大块渣落到炉排上，这种状况会损坏炉排。特殊成分垃圾（如塑料含量高）往往是产生这种状况的原因。通常，改变炉排的一次风分布状况可解决这一问题。

4）炉排受高热负荷作用，同时受到垃圾和炉渣的磨损。根据条件，每年需要对炉排状况检查 1～2 次。炉排的使用寿命通常为 1 年或更长时间。

GB 18485—2014《生活垃圾焚烧污染控制标准》对焚烧炉技术性能的要求见表 4-5。表 4-6 为创冠某垃圾焚烧电厂炉排结构参数。

表 4-5　　　　　　　　　　焚烧炉技术性能

项目	出口烟气温度（℃）	烟气停留时间（s）	焚烧炉渣热灼减率（%）	焚烧炉出口烟气中氧含量（%）
指标	≥850	≥2	≤5	6～12
	≥1000	≥1		

表 4-6   **某垃圾焚烧电厂炉排结构参数**

项 目	单 位	数 据
炉排形式	—	二段式（逆、顺推）
逆推炉排级数	—	14
顺推炉排级数	—	6
逆推炉排倾斜角度	°	25
顺推炉排倾斜角度	°	10
炉排总长度	m	9.7
炉排总宽度	m	4.16
炉排总面积	m²	40.35
额定焚烧处理量	t/h	9.375
炉排最大热负荷	MW/m²	0.435
炉排最大机械负荷	kg/(m²·h)	258
垃圾在炉排上停留时间	h	约等于 1

5. 炉渣排出、储存和处理

（1）用途及功能：燃烧区域的密封；炉渣排出；炉渣冷却；炉渣储存；炉渣装卸。

（2）设计要求如下。

1）炉渣排出是整个焚烧过程不可缺少的部分，必须保证其可靠性。

2）炉渣池的容量要求能够储存 5～7 天炉渣产量。

3）炉渣池的废水中铅和硫酸盐含量较高，应该把废水抽到排渣器中。

4）设 2 台抓斗起重机，抓斗起重机上有漏水孔。

5）炉渣中的铁尽可能回收利用。

6）利用和处理炉渣的一个重要参数是其中未燃尽物含量（燃烧损失或有机碳含量）。

7）炉渣可用来铺路，但炉渣毕竟是一种污染源，所以要遵循大量相关设计和施工参数。

8）炉渣处理可采用单一的炉渣填埋场，填埋炉渣的渗滤液含有较高的铅（Pb）和锌（Zn）成分，还有很高的硫酸盐（SO_4^{2-}）和氯化物（Cl^-）成分，其中，硫酸盐含量高达 400mg/L。因而这种渗滤液可能会腐蚀钢筋混凝土。

6. 余热锅炉

（1）用途及功能如下。

1）利用垃圾焚烧的余热来加热给水产生蒸汽。

2）焚烧烟气被降温，烟气中烟尘部分沉积分离。

（2）设计要求如下。

1）锅炉给水和冷却水循环是一个非常复杂的系统，城市生活垃圾焚烧锅炉的设计着重考虑垃圾焚烧特性对锅炉的要求。

2）锅炉主要有纵置式和横置式锅炉两种，横置式锅炉比较适合于垃圾焚烧厂。

3）垃圾焚烧设计要特别考虑 CO、氯化物含量高造成锅炉受热面腐蚀和高温造成的腐蚀。

4）过热器出口蒸汽压力和温度是垃圾焚烧锅炉设计的主要参数，建议值如下：蒸汽压力为 3.7MPa；蒸汽温度为 420℃。

5）在高温高压条件下，锅炉受热面会出现很快的腐蚀。

6）烟气的露点取决于其成分（主要是烟气中的硫含量），一般为 120～150℃。为了提高热效率和保证安全，锅炉排烟温度设计为 170℃，大于烟气露点。

7）从锅炉中收集的飞灰重金属含量比炉渣高，不能用于铺路和制砖，而应采用专门的卫生填埋场处理。

（3）运行管理与安全措施。

1）垃圾焚烧锅炉在垃圾额定低位发热量与下限低位发热量范围内，应保证垃圾额定出力的能力，并适应全年内垃圾特性变化的要求。

2）应有超负荷出力能力，垃圾进料量可调节。

3）正常运行期间，炉内应处于负压燃烧状态。

4）炉膛内烟气在不低于 850℃ 的条件下滞留时间不小于 2s。

5）采用连续焚烧方式的垃圾焚烧锅炉，宜设置垃圾渗滤液喷入装置。

6）焚烧炉在燃烧区有时会出现水管爆裂，锅水会在短时间内大量流失，并无法补充，由此造成汽包（锅筒）中水位很快下降，部分水冷壁管蒸干，这是非常危险的状况。为了避免锅炉受热面损坏，当锅筒中水位降低到最低水位以下时，需要自动停止一次风和二次风。

7）要根据标准测量程序，用超声波手段每年对锅炉受热面管的壁厚测量 1～2 次。

8）每 3 年更换一次过热器的保护层（预防性维修）。

4.4.3　炉排炉燃烧调整及运行操作要点

1. 燃烧调整思路

正常运行时，生活垃圾在炉排风和二次风之间，在炉内高温烟气的强烈扰动和炉排风的播火作用下，迅速形成还原性气氛，并能产生满足负荷的能量。为保证垃圾在炉排上完全燃烧，燃烧调整很重要，其思路主要有以下几点。

（1）在炉排终端一定高度，制造一个强力的燃烧中心，以保障完全燃烧，减少不完全燃烧。要合理配风，垃圾与氧气充分混合。垃圾燃烧过程中，沿炉排长度方向的氧气需求量是不均匀的，配风的原则是"按需分配"，即烘干、燃烧、燃尽各区域所送的风量是不同的。一般是通过理论估算、火焰温度分布的测量、炉膛烟气成分测量以及运行经验等多种因素综合分析得出。

（2）加强炉排振动，使垃圾料层充分搅拌、翻动与混合，利用一次风的穿透，使垃圾在炉排低端还能继续燃烧，最大限度地减少不完全燃烧产物的增加。由于垃圾成分复杂，水分含量大，在炉排上翻滚、混合就特别重要，这是炉排性能优劣的主要判别指标之一。

（3）燃烧室设计要满足烟气中可燃组分充分燃尽的要求。这不仅涉及燃烧效率问题，更主要的是为了保证排放的烟气中 CO、总烃和二噁英类（PCDD/Fs）的浓度符合标准，必须尽可能降低焚烧炉出口（即尾气净化系统入口）的污染物原始浓度。

垃圾在炉排中焚烧是一个复合过程，包括烘干→干馏→点燃→气化→燃烧→燃尽，与之相对应，垃圾在炉排中焚烧可按垃圾推进过程分为干燥段、燃烧段和燃尽段三个阶段，如图 4-20 所示。炉排沿长度方向的配风分布示意图如图 4-21 所示。

2. 各阶段燃烧特性

（1）干燥段。由给料器将垃圾送入焚烧炉，在干燥区上接受来自前拱强烈热辐射，燃烧

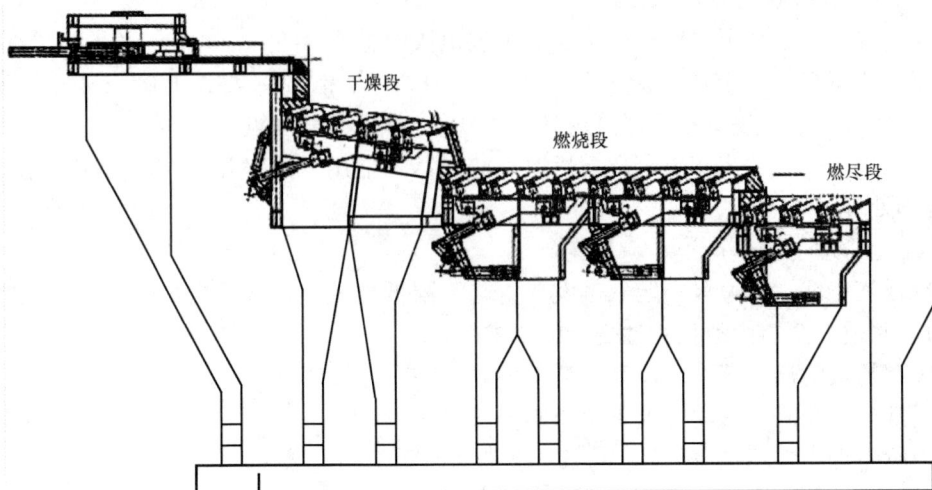

图 4-20 炉排炉燃烧阶段

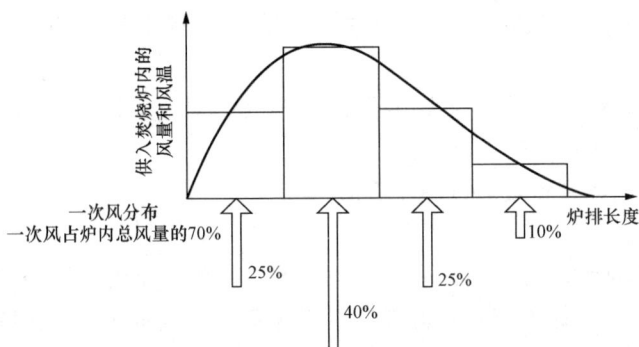

图 4-21 炉排沿长度方向的配风分布示意图

火焰对流加热和烟气辐射加热，再加上炉排风孔吹出的 200℃左右的一次风烘烤，将垃圾从入炉的初温加热到 200～300℃。该阶段基本属于吸热段，此区域的热量主要用于对垃圾的加热和水分蒸发所消耗的汽化潜热。在此过程中，并不消耗很多氧气，故该区域引入风量仅占一次风量的 25%，甚至更少。

（2）燃烧段。干燥区来的垃圾继续受热，接受炉拱辐射、火焰对流和烟气辐射三种加热方式，使垃圾中的可燃挥发分析出，与氧气充分混合，进行强烈燃烧并迅速将挥发分燃尽，所以需要大量的氧气。为此该区域一次风管的风门挡板开度大，占一次风量的 65% 以上。另外要达到完全燃烧以及对有害有机物二噁英的生成抑制，需借助于二次风的高速喷射，形成紊流对燃烧中心火焰的强烈扰动，再次使烟气与氧气充分混合，使烟气在 850℃ 以上区域滞留时间增加。

（3）燃尽段。燃烧后的垃圾中残留碳在高温环境下继续燃烧直至燃尽。该区域内仍有少量可燃物存在，但大部分为灰渣和不可燃气体，所需氧气很少，因此在该区域一次风管的风量占整个炉排下一次风量的 10% 左右，其放热量也很少。

3. 运行操作要点

垃圾燃烧的主要特点是工况不稳定，要使进炉垃圾发热量稳定，进行充分搅拌相当重要，因此，垃圾在坑内应充分脱水发酵，并进行充分搅拌均匀后投入炉内。

炉排垃圾焚烧炉，稳定完全燃烧应把握以下几个原则。

（1）合理的给料和炉排速度来控制炉内一定的垃圾量及料厚。

（2）匹配的一次风量来保证足够的燃烧空气量及风压。

（3）匹配的一次风温，使垃圾在理想区域内燃烧。

（4）匹配的二次风量，来保证 O_2 在合理范围内。

实际运行操作中，主要注意以下几点。

（1）加强炉排的错动来加强垃圾的搅拌，使垃圾层在大范围内不断翻动，尽量使垃圾层底部能翻至表面，接受炉膛高温的加热。

（2）保证一次风的刚度（压力和风孔畅通），一次风从炉排底部风箱进入从其前端风孔吹出，一定有相当的刚度能穿透垃圾层，从而达到垃圾的完全燃烧。

（3）控制好燃烧位置。垃圾燃尽区位置控制在主燃烧的末端，在燃尽段，根据炉渣中可燃份额来调节一次风量，通过留有足够的燃尽空间，保证垃圾在燃尽段充分的滞留时间，可将炉渣可燃份额控制在小于 5%，一般可达到 3%。

任务 5　垃圾焚烧污染物防治及灰渣处理

【教学内容】

4.5.1　烟气污染物

1. 烟气中污染物的种类及排放标准

由于垃圾成分的复杂性和不均匀性，焚烧过程中发生许多不同的化学反应，产生的烟气中除了包括过量的空气和二氧化碳外，还含有对人体和环境有直接或间接危害的成分。根据污染物的性质不同，可将垃圾焚烧中的污染物分为颗粒物、酸性气体、重金属和有机污染物四大类。不同类别的污染物见表 4-7。

表 4-7　　　　　　　　　　　生活垃圾焚烧烟气中污染物的种类

类别	污染物名称	表示符号	类别	污染物名称	表示符号
尘	颗粒物	—	重金属类	汞及其化合物	Hg 和 Hg^{2+}
酸性气体	氯化氢	HCL		铅及其化合物	Pb 和 Pb^{2+}
	硫氧化物	SO_x		镉及其化合物	Cd 和 Cd^{2+}
	氮氧化物	NO_x		其他重金属及其化合物	
	氟化氢	HF	有机物	二噁英	PCDD（Dioxin）
	一氧化碳	CO		呋喃	PCDF（Furan）
				其他有机物	

表 4-8 为 GB 18485—2014 和欧盟 EU2000/76/EC 的标准对照。由表 4-8 可知，中国和欧盟标准都对烟尘、HC1、HF、SO_x、NO_x、CO 以及 TOC、Hg、Cd、Pb 和二噁英浓度

有明确的上限规定，但总体来说，我国与欧盟标准相比还有一定的距离。

表 4 - 8　　　　　　　　　　　　　烟气主要污染物排放标准

序号	污染物名称	单位	GB 18485—2014	EU2000/76/EC
1	烟尘	mg/m^3，标况下	80	10
2	HCl	mg/m^3，标况下	75	10
3	HF	mg/m^3，标况下	—	1
4	SO_x	mg/m^3，标况下	260	50
5	NO_x	mg/m^3，标况下	400	200
6	CO	mg/m^3，标况下	150	50
7	TOC	mg/m^3，标况下	—	10
8	Hg	mg/m^3，标况下	0.2	0.05
9	Cd	mg/m^3，标况下	0.1	0.05
10	Pb	mg/m^3，标况下	1.6	$\leqslant 0.5$
11	其他重金属	mg/m^3，标况下	—	$\leqslant 0.5$
12	二噁英	（ng-TEQ/m^3，标况下）	1.0	0.1
13	烟气黑度	林格曼级	1	—

2. 污染物形成机理

生活垃圾在焚烧过程中，由于高温热分解、氧化的作用，燃烧物及其产物的体积和粒度减小，其中的不可燃物大部分滞留并最终以炉渣的形式排出，一小部分质小体轻的物质在气流携带及热泳力作用下，与焚烧产生的高温气体一起在炉膛内上升，经过热交换后从锅炉出口排出，形成含有颗粒物即飞灰的烟气流。飞灰中可能含有各种较高浸出浓度的重金属元素，如 Pb、Cr、Cd 等，属于要控制的危险废物的范畴。研究表明，垃圾焚烧飞灰中还含有二噁英，其含量超过了废弃物排放标准，必须经有效处理，才能进行填埋、资源化利用等最终处理。

酸性气体污染物主要由 SO_x、HCl 和 NO_x 组成。其中 SO_x、HCl 主要是垃圾中所含的S、Cl 等的化合物在燃烧过程中产生的。据研究，城市垃圾中 S 有 30%～60% 转化为 SO_2，其余则残留于底灰或被飞灰所吸收。NO_x 主要来源于垃圾中含氮化合物的分解转换和空气中的氮气高温氧化，其主要成分为 NO。

重金属类污染物源于焚烧过程中生活垃圾所含重金属及其化合物的蒸发。该部分物质在高温下由固态变为气态，一部分以气相形式存在于烟气中，如 Hg；另有相当一部分重金属分子进入烟气后被氧化，并凝聚成很细的颗粒物；还有一部分蒸发后附着在焚烧烟气中的颗粒物上，以固相的形式存在于焚烧烟气中。由于不同种类重金属及其化合物的蒸发点差异较大，生活垃圾中的含量也各不相同，所以它们在烟气中气相和固相的比例分配上也有很大差别。以 Hg 为例，由于其蒸发点很低，故它在烟气中以气相形式存在，而对于蒸发点较高的重金属，如 Fe，则主要以固相附着的形式存在于烟气中。

有机类污染物主要是指在环境中浓度虽然很低，但毒性很大，直接危害人类健康的二噁英类化合物，其主要成分为多氯二苯并二噁英和多氯二苯并呋喃。通常认为，垃圾的焚烧，特别含氯化合物的垃圾焚烧，是环境中这类化合物产生的主要来源。垃圾焚烧炉中二噁英有两种成因：一是垃圾自身含有微量的二噁英类物质，二是焚烧炉在垃圾燃烧过程中产生二噁英。

由于垃圾中污染物主要由颗粒物、酸性气体、重金属类物质和有机类物质组成，因此烟气净化包括：颗粒物分离（硅酸盐、重金属氧化物、盐类）；悬浮物质沉降（HCl 悬浮物质、盐、金属汞）；有毒有害气体吸收（氟化氢和盐酸、硫酸和氮氧化物、二噁英/呋喃）。

很明显，为了完成这些不同的任务，单一类处理系统组分是不够的，必须包括多个处理系统组分。烟气净化系统是一个或多种设备的组合，其基本原则是：①遵守政府有关排放标准的一切规定（颗粒物、有毒有害气体、重金属化合物、二噁英/呋喃），且运用到所有实际操作系统中；②减少有毒、有害残留物的产生（重金属化合物）；③回收一切可再利用的物质（盐酸、硫酸、石膏、食盐）；④减少能源和资源的消耗；⑤提高可靠性和运转安全性。

4.5.2　烟气净化

1. 净化技术

（1）颗粒物净化技术。垃圾焚烧厂的颗粒物控制和其他行业相同，可以分为静电分离、过滤、离心沉降及湿法洗涤等形式。由于焚烧烟气中的颗粒物粒度很小（$d<10\mu m$ 的颗粒物含量相对较高），为了去除小粒度的颗粒物，必须采用高效除尘器才能有效控制颗粒物的排放。文丘里洗涤器虽然可以达到很高的除尘效率，但能耗高且存在后续的废水处理问题，所以不再作为主要的颗粒物净化设备。

静电除尘器和袋式除尘器广泛应用于垃圾焚烧厂烟气净化。国外的工程实践表明，静电除尘器可以使颗粒物的浓度控制在 $45mg/m^3$（标况下）以下，而袋式除尘器可使颗粒物的浓度控制在更低水平，同时具有净化其他污染物的能力（如重金属、PCDD 等）。袋式除尘器虽然易受气体温度和颗粒物黏性的影响，致使滤料（耐高温、耐冲击）的造价增加和清灰不利，但净化效率却不受颗粒物比电阻和原始浓度的影响，而太高或太低的比电阻却使静电除尘器的净化效率降低，故二者各有其优缺点。

（2）酸性气体的净化技术。对垃圾焚烧尾气中 SO_2、HCl 等酸性气体的处理方法，有干式、半干式和湿式洗气技术。这些技术后续将做详细介绍。

NO_x 的净化是最困难且费用最昂贵的技术，这是由于 NO 的惰性和难溶于水的性质决定的。垃圾焚烧烟气中的 NO_x 以 NO 为主．其含量高达 95％ 或更多，利用常规的化学吸收法很难达到有效去除。降低烟气中 NO_x 的方法主要有通过分级燃烧的方式和 SCR、SNCR 等方式。垃圾焚烧过程中，如果要通过控制炉内过剩空气量减少 NO_x 的产生量，需要注意的是，当氧的浓度过低时，易引起不完全燃烧，产生 CO 进而形成二噁英，因此需应用高水平的自动燃烧控制技术来抑制 NO_x 的产生。另外，NO_x 脱除还可采用氧化吸收法，用臭氧或次氯酸钠、高锰酸钾等氧化剂将 NO 氧化成 NO_2 后，再以碱性溶液中和、吸收。

（3）重金属的捕获。焚烧前对垃圾进行归类分拣，将含重金属浓度较高的废旧电池及电器、杂质等，从原生垃圾中分拣出来，可以大幅减少焚烧产物中的 Hg、Pb、Cd 含量。焚烧过程中对重金属的捕获，可采用冷凝、喷入特殊的试剂等方法吸附，还可以通过催化转变及尾气洗涤等方法控制重金属。

根据挥发—冷凝机理，金属在离开炉膛后将经历冷凝过程，当温度低于重金属露点时，金属发生同类核化（形成重金属颗粒）或异相吸附（富集在飞灰颗粒上），其颗粒大小取决于到达露点温度后的滞留时间。通常情况下，所形成的颗粒直径都很小，尤其是对于金属的同类核化（$<1\mu m$）。通过降温，使重金属自然凝聚成核或冷凝成颗粒物后被除尘设备捕集。常规颗粒捕获设备对主要的微量元素，如 Sb、Be、Cd、Cr、Co、Pb、Mn 等均能有效捕集，捕集率超过 95%；而对于大部分富集在微小颗粒中，或者以气体形式出现的 Hg、As、Se 等，捕集效率则很低。

向烟气中喷入粉末状或颗粒状的活性炭，吸附重金属后形成较大颗粒而被除尘设备捕集，这种方法在脱除 Hg 方面效率高达 90%。其吸附机理通常认为气体分子向碳基体扩散。由于分子间范德华力的作用，而将这些扩散的分子保留在表面。有研究表明，一种现场固化 Pb 的方法，即可通过向燃烧环境中喷入气相硅石的前驱体，现场氧化生成 SiO_2 颗粒来吸附 Pb。

催化转变是去除重金属的一个有效方法。有研究发现，TiO_2 颗粒加紫外线照射，能有效捕获焚烧废气中的 Hg，效率可达 96%。其原理是元素 Hg 首先吸附在大表面积的 TiO_2 吸附剂上，然后经紫外线照射催化氧化，使吸附的 Hg 转变为 Hg 的氧化物而与 TiO_2 络合，达到被除尘设备捕获的目的。

（4）有机污染物的净化。PCDD、PCDF 和其他痕量级有机污染物的净化越来越受到重视，GB 18485—2014 也对 PCDD、PCDF 排放浓度有了严格规定。目前国内外在焚烧过程中控制二噁英的技术主要如下。

1）改善燃烧条件。由于二噁英在 800℃ 以上的高温下可在 0.21s 内完全分解，所以为避免产生这类有害物质，要尽可能使垃圾在炉内得到完全燃烧。因此，必须维持炉内高温，延长气体在高温区的停留时间，加强炉内紊动，促进空气扩散、混合，即通常所说的"三 T"（停留时间，温度，紊流度）技术。

2）垃圾与含硫量较高的煤掺烧。有研究表明，煤燃烧产生的 SO_2 能抑制二噁英的形成。一方面当 SO_2 存在时，SO_2 和 Cl_2、H_2O 反应生成 HCl，从而减少氯化作用，进而抑制了二噁英的生成；另一方面 SO_2 与 CuO 反应，生成催化活性小的 $CuSO_4$，从而降低了 Cu 的催化活性，减少催化形成二噁英的可能性。

3）有研究指出，Cu 或 Fe 的化合物在悬浮微粒的表面催化了二噁英前驱物，并遇到 300～500℃ 的温度环境，促成二噁英类物质炉外合成，因此应尽量缩短烟气在冷却和排放过程中处于 300～500℃ 温度域的停留时间。

4）垃圾焚烧时加入脱氯物质（如含钙化合物、氨等）。可在烟气中喷入 NH_3 以控制前驱物的产生，或喷入 CaO 以吸收 HCl，这两种方法已被证实对去除二噁英有相当大的效能。一方面氨与氯的结合能力比二噁英前驱物与氯的结合能力强，降低了前驱物与氯结合而生成二噁英的可能性；另一方面飞灰中的 Cu 等重金属是前驱物合成二噁英的催化剂，在前驱物合成中起决定作用，而胺和氨对 Cu 等重金属催化剂是最有效的催化毒化物，可使其失去催化作用，从而减少二噁英的生成。

5）对焚烧炉的烟气用袋式除尘器，并结合活性炭吸附。由于活性炭具有较大的比表面积，所以吸附能力较强，能有效地吸附二噁英。目前有两种常用方法，一种是在布袋除尘器之前的管道内喷入活性炭，另一种是在烟囱之前附设活性炭吸附塔。一般控制其处理温度为 130～180℃，吸附塔处理排放烟气的空速一般为 500～1500h^{-1}。

2. 烟气净化系统

（1）干式烟气净化系统。干式烟气净化系统一般使用氢氧化钙粉末中和烟气中的酸性气体，再使用除尘设备除去烟气中的重金属、有机物等其他颗粒物的净化工艺，如图 4-22 所示。

该工艺中，用压缩空气将氢氧化钙 $Ca(OH)_2$ 注入到反应器中，反应器通常使用文丘里反应器（膨胀流化床）或旋风反应器等。碱性吸收物质与烟气充分混合，在有毒有害气体和氢氧化钙分子之间的吸收和反应过程中，干状颗粒表面会有盐分形成。放热化学反应引起温度升高，进而使反应物膨胀，一些盐分会从表面脱落，从而使氢氧化钙粒子的部分表面重新恢复活性。

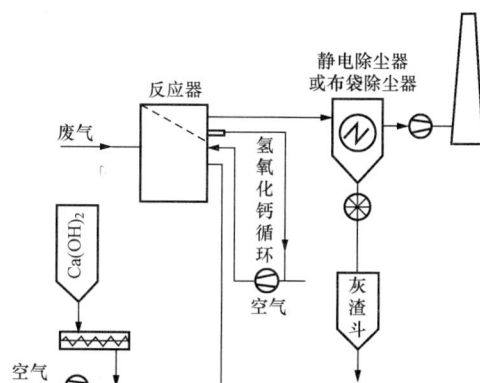

图 4-22 干式烟气净化系统

该过程中会发生一系列放热反应：

$$2HCl + Ca(OH)_2 \longrightarrow CaCl_2 + 2H_2O \tag{4-15}$$

$$2HF + Ca(OH)_2 \longrightarrow CaF_2 + 2H_2O \tag{4-16}$$

$$SO_2 + Ca(OH)_2 + \frac{1}{2}O_2 \longrightarrow CaSO_4 + H_2O \tag{4-17}$$

影响反应的因素很多，主要包括接触面积、接触时间及烟气中的水分含量等。如果有毒、有害气体含量变化很大，焚烧厂必须配备充足的吸收物质，以确保被处理的气体符合排放要求。

反应后的烟气进入静电除尘器或袋式过滤设备，可发生反应物的分离。袋式过滤器有助于滤层的表面吸收更多的反应。在进行有毒有害气体的沉降时，为了使用尽可能多的氢氧化钙，沉降后专门把部分残渣重新送回到这一循环系统中。

干式烟气净化工艺与其他烟气净化工艺相比，有如下特点。

1）整个过程在干态下进行，因此，对设备或烟囱（非饱和烟气）腐蚀损坏很小。

2）烟气中含有多余的吸收剂最终在除尘器沉降，沉降后残渣含吸收剂较多。

3）颗粒物（包括重金属化合物）的吸收效果较好。

4）大部分有毒有害气体被吸收去除。

有资料表明，标况下处理气体的典型结果是：HCl 为 $30\sim40\,\mathrm{mg/m^2}$，HF 为 $0.1\sim0.2\,\mathrm{mg/m^2}$，$SO_2$ 为 $60\sim70\,\mathrm{mg/m^2}$。

该工艺对汞蒸气的吸收效果也很好，但不能吸收氮氧化物。因为工艺简单，安装的可靠性很高。然而，一旦反应器出现问题，气体的沉积就不可能进行。如果过滤器出现问题，颗粒物的沉降就会停止。

目前，很多焚烧电厂通过在反应器添加活性炭或焦炭来加快汞的去除，促进烟气中二噁英/呋喃的脱除，确保烟气达标排放。

由于干式烟气净化系统需要大量中和剂，未反应和反应后的产物以颗粒形式存在于飞灰和残渣中，使固体废物的处理难度加大，因此，该工艺在我国垃圾焚烧电厂较少使用。

（2）半干式烟气净化系统。半干式烟气净化系统的处理过程与干式烟气净化过程基本相同。如图 4-23 所示，现阶段，国内垃圾电厂常采用"烟气冷却＋石灰中和＋活性炭吸附＋袋式除尘器"的半干式组合工艺，用来脱酸、除尘和吸附重金属及二噁英类物质。

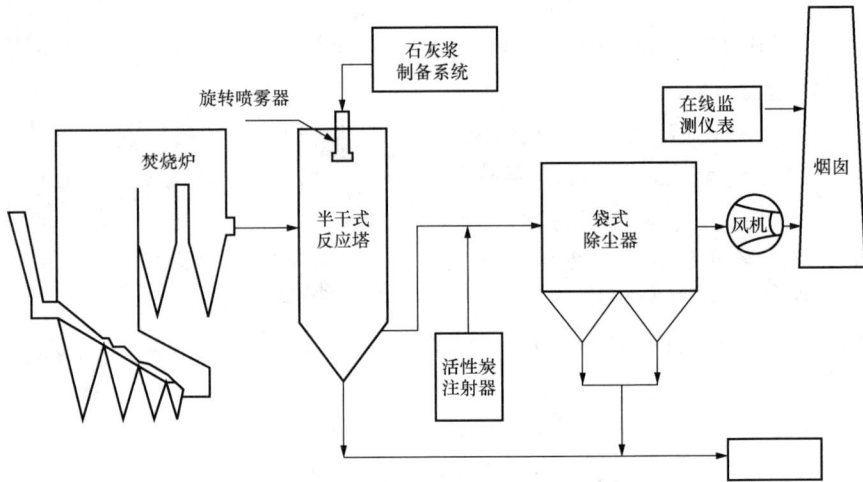

图 4-23　半干式或准干式烟气处理系统

半干式烟气处理系统也是先用反应器对有毒有害气体进行吸收，然后通过颗粒物沉降装置分离颗粒物。与干式烟气净化系统不同，该系统不使用干的氢氧化钙，而是把生石灰悬浮液注入反应器（喷雾干燥器）。

注入悬浮物可以改善烟气气流中吸收物的分布。随着吸收物的比表面增加，有毒、有害气体的吸收可以进行得更快、更充分。在部分吸收剂的循环过程中，未反应的钙离子周围的盐分被石灰水容器中的吸收液溶解。这种半干式清理过程比干式清理过程所消耗的氢氧化钙要低。

烟气冷却在反应塔塔中进行。余热锅炉出来的 210℃ 的烟气，在减温塔中温度急剧降至 170℃ 之间，避开了二噁英再合成温度（250～300℃）；同时，在减温塔中喷入脱酸剂 CaO［或 Ca（OH）$_2$］，中和烟气中大量的酸性气体，反应后的温度可降至 120℃ 左右。

在减温反应塔和除尘器之间，通过混粉器在烟气中喷入活性炭，利用活性炭的强吸附能力吸附重金属及二噁英类物质。

除尘器是烟气净化的末端设备，GB 18485—2014 中规定，生活垃圾焚烧炉除尘装置必须采用袋式除尘器。袋式除尘器不仅收捕一般颗粒物，而且能收捕挥发性重金属或其氯化物、硫酸盐或氧化物所凝结成直径小于或等于 $0.5\mu m$ 的气溶胶，同时收捕吸附在灰分或活性炭颗粒上的二噁英等有机物污染物。运行中控制除尘器入口烟气温度低于 200℃，有利于有机物及重金属污染物的脱除。

有些电厂半干式烟气净化工艺还加设了烟气脱氮系统，该方法适用于对烟气中 NO_x 要求更为严格的国家或地区。图 4-24 所示为国外某生活垃圾焚烧电厂烟气净化系统，该系统烟气净化系统较为复杂。

该系统所用工艺是"半干式吸收器＋静电除尘＋脱氮系统"，不仅脱除了烟气中的酸性气体、粉尘、重金属以及有机污染物，同时还设置了脱氮工艺。

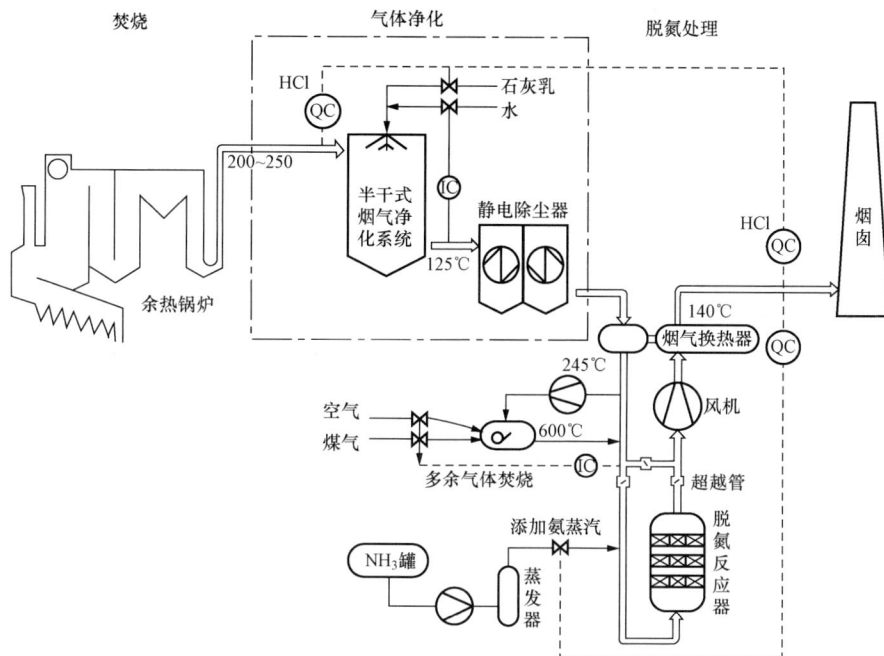

图 4-24   某生活垃圾焚烧电厂烟气净化系统

通过监测（标准干态、11％氧气），处理后的烟气中有毒、有害物浓度与最大允许值相比较见表 4-9。

表 4-9   有毒、有害物质浓度与最大允许值比较

项 目	测量值（mg/m³）	最大允许值（mg/m³）
颗粒物	3.9	10
铅和锌的总量*	0.82	1
贡	0.017	0.1
镉	0.012	0.1
二氧化硫	23.70	50
氮氧化物（以 NO$_2$ 计）	54.6	80
无机氯化物（以 HCl 计）	15.3	20
无机氟化物（以 HF 计）	<0.02	2
氨和铵化合物（以 NH$_4$ 计）	0.31	5
气态有机物（以总 C 计）	2.5	20
一氧化碳	47.0	50

* 包括烟尘中的含量。

（3）湿式烟气净化系统。湿式烟气净化系统也使用组合烟气净化设备。在烟气离开锅炉后，其中的烟尘在静电除尘器里被去除掉。它的除尘效率高达 99％（标况下，处理前的原始气体中有 5~1000mg/m³ 的颗粒物，处理后的气体中不到 50 mg/m³），大部分重金属颗粒物被收集在静电除尘器里。

颗粒物除去后，烟气继续前往洗涤区。洗涤区包括以下阶段，每一阶段实际上都是一个完整的烟气净化过程。

1）快速冷却，烟气被冷却和饱和。

2）酸性洗涤，HCl 和 HF 被除去。

3）中和洗涤，通常有苛性钠就，以去除 SO_2。

4）最细小的颗粒物和悬浮物质的去除。

每一阶段都可装备烟气净化设备。表 4-10 是实际安装中可能会使用的组合形式，使用时可根据实际情况选择。

表 4-10 实际安装中烟气净化设备可能使用的组合形式

快速冷却	空心塔洗涤塔，文丘里洗涤器
酸性洗涤	空心塔洗涤塔，文丘里洗涤器，填料塔
中和洗涤	空心塔洗涤塔，文丘里洗涤器，填料塔
小颗粒物和悬浮物的去除	文丘里洗涤器，湿静电除尘器，电动文丘里洗涤器，离子湿式洗涤器，冷凝洗涤器

这样的组合工艺能满足法律规定的所有污染物排放要求，通过增加细小颗粒物和悬浮物质的沉降程度可以减少二噁英排放量，不过在目前，二噁英的去除仍需要特殊的设备。

废水是湿式烟气净化系统中的一大难题。在大多数系统中，水流与气流方向相反。这意味着清水在气体净化末端进入，而出水在气体净化初端，即洗液逆向流入烟气中。由于湿式烟气净化系统复杂，又有大量废水产出，该种方法在我国使用很少。

（4）氮氧化物的去除方法如下。

1）NO_x 的产生方式。NO_x 生成机理较为复杂，垃圾燃烧过程中，其生成量与排放量不仅与系统中总氮量有关，还与燃烧方式有关，NO_x 产生方式主要有热力型 NO_x、瞬时型 NO_x 和燃料型 NO_x。

根据 NO_x 来源，控制垃圾焚烧电厂 NO_x 排放可采取如下措施：一是合理选择焚烧炉，改善燃烧室的结构，合理布风、送风和控制过量空气；二是对燃烧后烟气进行脱硝处理，通常是把 NO_x 还原成氮（N_2）。烟气脱硝处理可分为干处理或湿处理。湿处理涉及到将 NO 氧化成 NO_2 或 NO 直接还原 N_2，在洗涤液吸收之前或之后这两种反应都可能发生。干式工艺过程有 SCR、SNCR 和电子束工艺等。

2）选择性非催化还原（SNCR，干式）工艺。SNCR 最初用于燃煤电站，是由美国 Exxona 公司开发的技术。在 20 世纪 80 年代，欧洲的公司（德国 Bremerhaven 和 Von Roll 公司、瑞士 Lucerne 和 Sulzer 公司和 Basel 的 Noell 公司）将此工艺应用于对城市生活垃圾焚烧厂生产的烟气进行脱氮处理。

烟气中的 NO_x 绝大多数是 NO，SCNR 脱氮过程是用还原剂氨水 NH_3 和氮氧化物 NO_x 发生化学反应，氮氧化物被氧化成氮气和水。如果周围温度足够高，这些反应不需要催化剂就可发生。反应式可表示如下：

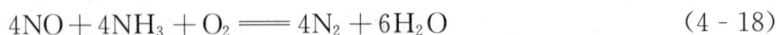

$$4NO + 4NH_3 + O_2 = 4N_2 + 6H_2O \tag{4-18}$$

$$4NH_3 + 5O_2 = 4NO + 6H_2O \tag{4-19}$$

$$4NH_3 + 3O_2 = 2N_2 + 6H_2O \tag{4-20}$$

式（4-18）是所希望发生的反应，它把氮氧化物还原成氮和水，这一反应发生的温度为 850～1000℃。超过 1000℃，不利的反应式（4-19）和式（4-20）就会占主导地位。如果温度下降到 850℃以下，反应式（4-18）在无催化剂时也会发生，但反应的速度很慢，且必须添加大量的 NH_3。

城市生活垃圾焚烧锅炉里的温度分布波动大，因此需要调节氨水加入量。在锅炉侧边，注料阀直接嵌入水平管壁以保证喷射范围涵盖尽量多的气流区。在焚烧厂使用此工艺时，一般设置 3 个氨水注入区和多个注料阀安装在不同高度，朝着气流反向喷射。在燃烧室的顶端紧挨对流区的附近即在烟气进入多管热交换器之前安装着一个参考温度计。温度计与一个触发器相连，在接近理想的温度约 650℃ 的注料位置，触发器放出液体氨。通过使用专门设计的能同时喷射两种物质的双束喷嘴增加蒸汽来产生氨雾气。垃圾电厂要对已净化 NO_x 的烟气进行连续监测，一旦接近限值时，NH_3 的加入量就自动地重新调整，如图 4-25 所示。

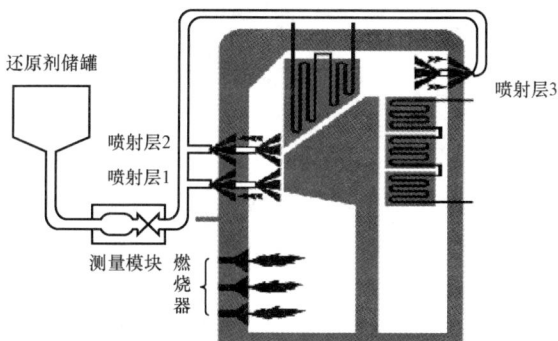

图 4-25　SNCR 脱硝反应示意图

采用这种脱氮工艺最好配置湿式或半干式烟气净化系统，这样可以在较低温度范围内进行这一过程并且使 NH_3 的燃烧保持在最少。然而，要达到成功运行，需要 3 倍的理论需要量的 NH_3。大量的剩余 NH_3 被喷洒到湿式净化器里并在此溶解。NH_3 以 25% 的氨水形式喷洒到废热锅炉的辐射部分。剩余的氨气分子（既没有发生反应又没有燃烧），在第一酸洗阶段不断地转化为离子形式（NH_4^+）从而可以重新利用起来。烟气中的一些剩余氨水与盐酸（HCl）在 300℃ 以下发生反应生成氯化铵（NH_4Cl）。同时，它也与 SO_2 发生反应生成 $(NH_4)_2SO_4$。这些悬浮物实质上是盐类物质。

SNCR 系统所产生的废水中的过量氨必须进行特殊处理。废水先经过石灰水中和处理。通过把氨水的 pH 值从 0.5 提高到大约 11，铵离子转化为氨溶液。由于石灰水用作中和剂，因而污泥中就不会有二氧化硫，从而就不会形成有副作用的石膏，也不会造成设备的堵塞。整个净化过程在充满蒸汽的汽提塔里进行。

图 4-24 所示的电厂使用的便是该工艺。

3）选择性催化还原（SCR，干式）工艺。选择性催化还原法（SCR）是通过还原剂（如 NH_3）在适当温度并有催化剂存在的条件下，将烟气中的 NO_x 还原为无害的 N_2 和 H_2O，从而完成烟气脱氮过程。与 SNCR 相同，该工艺之所以称作选择性，是因为还原剂 NH_3 优先与烟气中的 NO_x 反应，而不是被烟气中的 O_2 氧化。但在 SCR 工艺中，烟气中 O_2 的存在能促进反应，是反应系统中不可缺少的部分。

SCR 脱氮过程使用非均相固体催化剂，催化剂在使用过程中容易中毒、失效（接触中毒，如重金属），进而可能影响甚至抑制反应的发生，且催化剂制造工艺复杂，价格昂贵，这是 SCR 脱氮的最大问题。SCR 工艺流程如图 4-26 所示。

SCR 工艺中，将还原剂（如 NH_3）喷入烟道，与烟气充分混合后，经过催化剂层，在一定温度下，在催化剂作用下，烟气中 NO_x 有选择地与还原剂反应，从而脱除掉。通过控制反应条件，可使反应物基本正好反应完全，且反应产物为无毒无害物质。

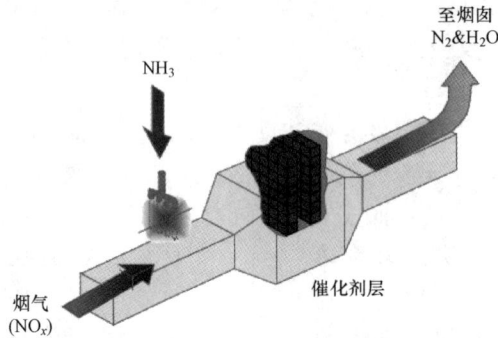

图 4 - 26　SCR 工艺流程示意

在 SCR 工艺中，NO_x 还原反应与 SNCR 是一样的，但一般不会发生氨氧化，而且由于有催化剂存在，反应能在 400℃ 以下发生。式（4 - 21）～式（4 - 24）是该工艺中全部有关的化学反应式：

$$4NO + 4NH_3 + O_2 \Longrightarrow 4N_2 + 6H_2O \tag{4-21}$$
$$2NO_2 + 4NH_3 + O_2 \Longrightarrow 3N_2 + 6H_2O \tag{4-22}$$
$$6NO + 4NH_3 \Longrightarrow 5N_2 + 6H_2O \tag{4-23}$$
$$6NO_2 + 8NH_3 \Longrightarrow 7N_2 + 12H_2O \tag{4-24}$$

城市生活垃圾焚烧过程排放的气体中氧气成分相对较高（体积比为 7%～12%），而 NO_2 成分相对较低（体积比小于 10%），在催化剂和有 O_2 存在的条件下，保证了反应式（4 - 21）能处于主要地位。

图 4 - 27 所示是国外某城市生活垃圾焚烧厂干式 SCR 脱氮系统。需要说明的是，按照目前我国 GB 18485—2014 规定，NO_x 控制在 $400mg/m^3$（标况下）以下，我国垃圾焚烧电厂在保证合理燃烧的情况下，不需加设脱氮系统。

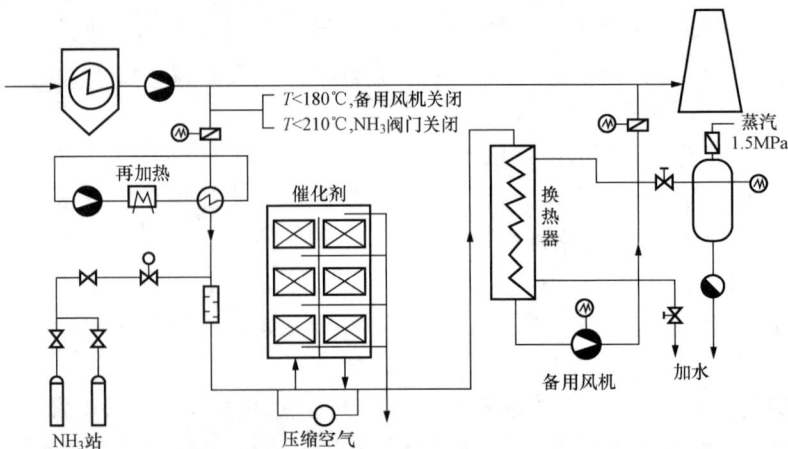

图 4 - 27　城市生活垃圾焚烧厂干式 SCR 脱氮系统

SCR 工艺与 SNCR 工艺的比较见表 4 - 11。从有关数据可以看出，SCR 投资高，脱硝效率高，SNCR 投资相对较低，但脱硝效率低，操作温度高，耗 NH_3 量大。

表 4 - 11　　　　　　　　　　　　　　SCR 工艺与 SNCR 工艺的比较

工艺名称	选择性催化还原法（SCR）	选择性非催化还原法（SNCR）
NO_x 脱除效率（％）	70～90	30～60
操作温度（℃）	200～500	850～1100
NH_3 与 NO_x 摩尔比	0.4～1.0	0.8～2.5
氨泄漏（体积分数 ppm）	<5	5～20
总投资	高	低
操作成本	中等	中等

4.5.3　废水处理

1. 垃圾焚烧污水的产生源和性质

（1）垃圾渗透液的产生量和性质。垃圾渗透液主要产生于垃圾储坑，是垃圾在储坑中发酵腐烂后，垃圾内在水分释放造成的。垃圾渗透液产生量主要受进厂垃圾成分、水分和储存天数（一般为 2～4 天）的影响，其中厨余和果皮类垃圾含量是影响渗滤液质和量的主要因素。由于地域的差异，各地的垃圾的成分和含水率差别较大，垃圾渗滤液产生量偏低，在南方瓜果使用高峰季节，渗滤液产生量可达到 15％。

垃圾渗滤液的特点是具有强烈臭味、有机污染物浓度高、氨氮含量高。高浓度的垃圾渗滤液主要是在酸性发酵阶段产生的，其水质基本情况如下：pH 值为 4～8；5 日生化耗氧量（BOD_5）为 5000～10 000mg/L；化学耗氧量（COD_{Cr}）为 20 000～80 000mg/L；溶解固形物（SS）为 500～10 000mg/L；此外还含有较多重金属如 Fe、Mn、Zn 等。垃圾渗滤液 BOD_5 与 COD_{Cr} 比值为 0.4～0.6，由于渗滤液中含有较多难降解物质，一般在生化处理后，COD_{Cr} 浓度仍在 500～2000mg/L 范围内。某地垃圾渗滤液的典型的指标见表 4 - 12。

表 4 - 12　　　　　　　　　　　　　　某地垃圾渗滤液的指标

项目	pH	BOD_5	COD_{Cr}	SS	CL^-	VFA	T-A	NH_4^+-N
浓度	8.01	22 379	54 932	9098	3369	6060	2511	764
项目	NO_3^-	T-P	PO_4^{3-}	As（μg/L）	Hg（μg/L）	Pb^-	Cr	Cd
浓度	235.9	77.32	49.04	16.80	8.31	2.43	0.73	0.25
项目	Fe	Zn	Ni	Cu	Ag			
浓度	170.9	12.46	1.92	0.41	0.85			

注　单位除标明和 pH 值外，均为 mg/L。

（2）生产和生活污废水的产生量和性质如下。

1）垃圾运输车冲洗时产生的废水，废水产生量与洗车方法、洗车装置、车辆吨位及垃圾性质有关，一般需 10～500L/辆。主要污染物质是有机物，车辆是否进行内部清洗对水质有影响。

2）冲洗垃圾运输车倾倒平台时产生的废水，一般处理每吨垃圾需 33L，具体要根据洗涤次数、平台面积而定。

3）垃圾焚烧灰渣的消火、冷却时产生的废水，一般需 5～10m³/(h·炉)。干式除渣时没有这部分废水。

4）经喷水冷却后的灰槽内产生的废水，连续燃烧时废水产量比间歇燃烧多，一般需 $0.1\sim0.15\ m^3/t$。干式除灰渣时没有这部分废水。

5）燃烧烟气喷水冷却而产生的废水，与喷射量、喷射方法有关。有受热面的焚烧炉没有这部分废水或者相应废水较少。

6）洗烟设备中为去除烟气中有害气体成分而产生的废水，为洗烟用水量的 15%，需 $0.5\sim1.3\ m^3/t$。此外还含较多重金属，如 Cd、Fe、Zn、Hg、Pb 等，其中汞的处理问题比较重要。

7）为调整锅炉水质、去除锅炉底部结垢而产生的废水。与给水水质、锅炉压力及形式有关，一般为锅炉给水量的 5% 左右。锅底废水含有较多铁分，可达 100 mg/L。

8）软水装置的离子交换树脂再生时产生的废水，与软水装置 30min 出水量相当。

9）实验室废水，污染物排放测定时产生的废水。根据实验项目不同，所含有害物质不同。

2. 污水处理

（1）污水处理原则。污水处理程度的确定，不仅要考虑污水性质，更要考虑污水的出路以及与不同出路相应的处理标准。只有在确定不同出路的处理标准后，才可能确定与这种标准相适应的处理系统。

污水经处理最后出路有三：一是排入市政水道；二是进入自然水体；三是中水回用。

当处理后的污水需要直接排入自然水体时，水质标准应执行我国 GB 8978《污水综合排放标准》的最高允许排放浓度标准值。

当污水处理尾水需要回用于灰渣处理、烟气净化、冲洗和绿化等场合时，需要在前述污水处理流程后增加处理设施，使回用水达到 GB/T 18920—2002《城市污水再生利用城市杂用水水质》。

（2）常见工艺。表 4 - 13 分析了各种常用处理方法对垃圾焚烧厂废水中污染物质的去除能力。

表 4 - 13　常用垃圾污水处理工艺

工艺方法	颜色	臭气	pH	BOD	COD	SS	动植物油	矿物油	碘	酚	CN	F	重金属：铅、铜、铁、锰	水银	六价铬	无机盐
							n-石油醚抽取物									
中和法			+													
活性污泥		+		+	+		+			O						
生物滤池				+	+		+			O						
接触氧化				+	+		+			O						
深井曝气				+	+		+			O						
混凝沉淀				+*	+*		+		+	O					+*	
生物转盘				+	+		+			O						
活性炭吸附	+	+		+	+											

续表

工艺方法	颜色	臭气	pH	BOD	COD	SS	n-石油醚抽取物		碘	酚	CN	F	重金属：铅、铜、铁、锰	水银	六价铬	无机盐
							动植物油	矿物油								
离子交换											+	+	+	+	+	+
铁酸盐法													+	+	+	
氧化处理				O	O				+	+	+					
还原处理															+	
树脂吸附														+		
反渗法				+	+											+
电渗法													+	+	+	+
燃烧法				+				+								
过滤法						+										

　＋　　表示该工艺能有效去除该污染物。

　O　　表示该工艺能部分去除该污染物。

　＊　　表示根据所加药剂和处理条件不同可以处理。

　　　垃圾焚烧发电厂及其他类型的废水处理系统，一般情况都是一种或几种工艺的组合，具体如下。

　　　1）混凝沉淀——生物处理法。先通过混凝沉淀去除废水中对微生物有害的重金属等物质，再与其他污水一道进行生物处理。此流程一般针对灰冷却水和洗烟废水等排放水体时采用。

　　　2）分段混凝沉淀法。重金属用碱性混凝沉淀时，不同的重金属离子在不同的 pH 条件下才能达到最佳处理效果，因此需分几段进行混凝处理。一般采用选择一种条件能同时去除多种重金属离子，可以提高运行效率。此流程一般用于灰冷却水和洗烟废水等排入下水道前的预处理。

　　　3）膜处理＋生物处理法。可应用于排放要求较高的垃圾渗滤水处理，通过膜处理去除悬浮物质和大分子难生物降解的有机物，降低后一级生物处理的负荷，使水质达标排放。

　　　4）活性污泥法——接触氧化法。该工艺适用于废水排放要求高的地区。

　　　5）生物处理法——活性炭处理法或生物处理法＋混凝沉淀＋过滤。该工艺适合于必须再利用废水的深度处理。在生物处理段分解有机物，后段通过活性炭吸附或滤料截留去除残留的污染物。

　　　此外，垃圾渗滤液也可以通过喷入炉内燃烧的方法处理。该方法是将废水喷入垃圾焚烧炉内，废水中的有机物由燃烧过程分解。该方法能够去除有机废水，适用于高浓度有机废水。垃圾焚烧发电厂中，垃圾储坑内废水可以用该方法处理，缺点是导致燃烧状况变差并降低焚烧发电厂的经济性。

　　　创冠垃圾焚烧发电厂渗滤液经过厌氧、好氧、纳滤处理环节，将渗滤液转换为可使用的清水，充分实现环保技术。

4.5.4　灰渣处理及利用

1. 垃圾焚烧灰渣

垃圾焚烧灰渣包括垃圾焚烧炉的炉排或流化床密相区排出炉渣以及烟气除尘器等内收集下来的飞灰，主要是不可燃的无机物以及部分未燃尽的可燃有机物。焚烧灰渣是城市垃圾焚烧过程中一种必然副产物。根据垃圾成分的不同，灰渣的数量一般为垃圾焚烧前总重量的5%～20%。灰渣特别是飞灰中由于含有一定量的有害物质，尤其是重金属，若未经处理直接排放，将会污染土壤和地下水源，对环境造成危害。另一方面，由于灰渣中含有一定数量的铁、铜、锌、铬等金属物质，有些具有回收利用价值，故又可以作为一种资源予以利用。焚烧灰渣的处理是城市垃圾焚烧工艺的一个必不可少的组成部分。焚烧灰渣可分为两部分：一部分是飞灰，是由除尘器等捕集下来的烟气中的颗粒物；另一部分是炉渣，是从炉排或者密区排出的焚烧炉渣。

2. 常用的安全处置方法

（1）固化。废物固化是用物理—化学方法将有害废物掺合并包容在密实的惰性基材中，使其稳定化的一种过程。固化处理机理十分复杂，目前尚在研究和发展中，固化过程有的是通过控制温度、压力，调整 pH 值而使有害废物发生化学变化或引入某种稳定的晶格中的过程；有的是通过物理过程将有害废物直接用惰性材料加以包容的过程；有的兼有上述两种过程。

固化所有的惰性材料称为固化剂，有害废物经过固化处理所形成的固化产物称为固化物。对固化处理的基本要求包括：①有害废物经固化处理后形成的固化体应具有良好的抗渗透性、抗浸出性、抗干湿性、抗冻融性及足够的机械强度等，最好能作为资源加以利用，如做建筑基础和路基材料等；②固化过程中材料和能量消耗要低，增容比（即所形成的固化体体积与被固化废物的体积之比）要低；③固化工艺过程简单、便于操作；④固化剂来源丰富、低廉易得；⑤处理费用低。

固化技术按固化剂分为水泥固化、沥青固化、塑料固化、玻璃固化和石灰固化等。因水泥和石灰低廉易得，本节主要介绍水泥固化和石灰固化。

1）水泥固化是一种以水泥为固化基材的固化方法。水泥作为结构材料使用已有近百年的历史，它是一种无机胶结材料，水化反应后可形成坚硬的水泥石块，可把砂、石等添加料牢固地黏结在一起。水泥固化处理有害固体废物就是利用水泥的这一特性。水泥固化的基本原理在于通过固化包容减少有害固化废物的表面积和降低其可渗透性，达到稳定化、无害化的目的。

可以用作固化剂的水泥品种很多，通常有普通硅酸盐水泥、矿渣硅酸盐水泥、火山灰质硅酸盐水泥、矾土水泥和沸石水泥。具体可根据固化处理废物的种类、性质，以及对固化剂的性能要求选择水泥的品种。

水泥固化过程中，由于废物组成的特殊性，常会遇到混合不均匀、过早或过迟凝固、有害成分的浸出率高、固化体的强度较低等问题。为改善固化条件，提高固化体的质量，需要掺入适量的添加剂。常用的添加剂有吸附剂（如活性氧化铝、黏土、蛭石等）、缓凝剂（如酒石酸、柠檬酸、硼酸盐等）、促凝剂（如水玻璃、铝酸钠、碳酸钠等）和减水剂（表面活性剂）等。

固化产物性能可根据最终处置或使用要求，调节废物、水泥、添加剂、水的配比来控制、对于最终进行安全土地填埋处置和装桶后储存的废物固化体，其抗压强度要求较低，一般控制在 980～4900kPa；对于准备做建筑基材使用的固化物，其抗压强度要求较高，一般控制在 9.8MPa 以上。固化体的浸出率要尽可能的低，浸出液中污染物浓度要低于相应污染物的浸出毒性鉴别标准。水泥固化防止有害重金属溶出的机理有两种：①有害重金属在碱性钙中形成溶解度极小的不溶性氢氧化物；②生成水泥矿物时，与钙和铝等进行转换反应，形成固溶体，被固定在矿物中。鉴于水泥固化的机理，因而对难以利用氢氧化物的难溶特性处理的水银和两性金属铅以及需要还原处理的六价铬等，需要用药剂进行不溶化和还原处理。现在有专用螯合剂用于固定这些物质，但是价格高且易受 pH 值的影响。水泥固化法也存在一些问题，比如由于向灰渣中加水而增加了最终处理量；填埋处理后，由于所含盐类大部分可被雨水溶出，因此需要严格的填埋管理；对二噁英类物质不宜直接固化，最好热分解后采用水泥固化；专用的螯合剂价格高，增加了处理费用。

2）石灰固化是以石灰为固化剂，以粉煤灰或水泥窑灰为填料，用于固化含有硫酸盐或亚硫酸盐类废渣的一种固化方法。其原理是基于水泥窑灰和粉煤灰汇总含有活性氧化铝和二氧化硅，能与石灰和含硫酸盐、亚硫酸盐废渣中的水反应，经凝结、硬化后形成具有一定强度的固化体。

石灰固化法的优点是使用的材料丰富，价廉易得；操作简单，不需要特殊的设备，处理费低；被固化的废渣不要求脱水和干燥；可在常温下操作等。其缺点主要是石灰固化体的增容比偏大，固化体易受酸性介质侵蚀，需对固化体表面进行涂覆。

（2）其他方法。日本对垃圾燃烧灰渣的处理还采用药剂处理法、熔融固化法、酸或其他溶剂稳定法等。药剂处理法是向灰渣中添加重金属固定剂和水，均匀混合形成不溶性化合物，从而固定重金属的方法。重金属固定剂有氯化二铁、液体硫酸铝、硫化钠等无机物和水溶性螯合高分子等。这些药剂不管是单独或混合作用，都能得到较好的结果。通常，由于煤灰具有较强的碱性，几乎所有的重金属都不溶出，但是由于铅在碱性条件下容易溶出，所以添加试剂、调整 pH 值，对防止铅的溶出有较大效果。高分子螯合剂的添加对在低 pH 值范围防止水银溶出有效果。药剂处理法与水泥固化法并用有较大效果。药剂处理法具有处理过程比较简单，设备投资低，不加水泥、最终处理量少的优点。药剂处理法有以下问题：①高分子螯合剂的价格较高；②填埋处理后，用于雨水会溶出大部分盐类，需要进行严格的填埋管理；③pH 值较低时，当添加药剂进行调整后，有时会产生有害气体。

熔融固化法有点熔化法（电弧炉、等离子炉、电阻炉、微波炉）和燃烧熔化法（薄膜熔化炉、内部熔化炉、焦炭熔化炉、回转熔化炉）两大类。这些方法都是在 1300～1600℃ 的高温中加热灰渣，有机物热分解、燃烧、汽化，而使无机物熔化成玻璃纸的熔渣，因此有下列优点：①约 90% 的除尘灰会转变成物理化学性质稳定的熔渣被排出；②由于熔渣的体积比除尘灰小，排放物质的体积减小；③通过融化处理，可分解除尘灰中 99.9% 的二噁英类物质，从而防止二噁英类物质被排放到环境中；④从熔融中熔出的重金属、盐类极其少。这种方法有一些问题：①在熔化处理过程中，灰渣中含有的低熔点重金属将扩散到排放气体中，因此必须在装置的后部捕集这些重金属，并做进一步处理；②由于用 1200～1400℃ 高温对灰渣进行加热，需要电力和补助燃料，因此运行费用高。

固化处理灰渣是为了降低重金属的浸出毒性，重金属一旦被固定在所处理的灰渣中，就可用相对便宜的填埋法对之进行处理。

创冠垃圾焚烧发电厂飞灰固化螯合有效控制飞灰中的重金属，无二次污染。

根据焚烧的温度不同，又可将垃圾焚烧炉排出的灰渣分为两种：一种是 1000℃ 以下垃圾焚烧炉排出的普通焚烧炉渣；另一种是 1500℃ 高温垃圾焚烧炉排出的熔融状态的烧结炉渣。烧结炉渣是密度很高的块粒状物质，由于玻璃化作用，具有强度高、重金属浸出量少等特点，可用作建筑材料、混凝土骨料、筑路基材等。普通的灰渣一般可以回收铁、玻璃等物质之后作建筑材料。另外，从燃烧过程的燃烧尾气中收集的飞灰，可以作为水泥添加剂、烧砖辅助材料等。我国贵阳、西安等地利用 80%～85% 的垃圾焚烧灰渣，配上其他原料，制出了符合国家标准的硅酸蒸养垃圾砖。

任务6 工 程 实 例

【教学内容】

4.6.1 垃圾发电厂建设

1. 总体规划

垃圾焚烧发电厂的总体规划，是指在拟定的厂址区域内，结合用地条件和周围的环境特点，对发电厂的厂区、厂内外交通运输、水源地、供排水管线、储灰场、施工场地、施工生活区、绿化、综合利用、防排洪等各项工程设施，进行统筹安排和合理地选择与规划，总体规划电厂的建设、运行、发展及工程投资具有举足轻重的作用。

2. 总平面布置

（1）总平面布置原则如下。

1）满足生产工艺和各设施性能要求。

2）功能分区及布局合理，节约使用土地。

3）道路设置顺畅，满足消防、物料输送及人流通行疏散需求。

4）竖向设计合理，便于场地排水，减少土石方工程量。

5）合理布置厂区管网，力求管网短捷顺畅。

6）妥善处理好建设与发展的关系，为预留扩建留有余地。

7）创造良好的生产环境，搞好绿化，以降低各类污染。

8）满足国家现行的防火、卫生、安全等技术规程及其他技术规范要求。

（2）根据生产工艺、运输组织和用地条件，厂区布置如下功能分区。

1）主要生产区，由主厂房、烟囱、上料坡道等组成。

2）水工区，由净化水装置、综合泵房、净水池及冷却塔等组成。

3）渗滤液处理区，主要由综合机房和渗滤液综合处理池组成，其中综合处理池包括调节池、厌氧池、硝化池、反硝化池、污泥浓缩池等。

4）辅助生产区，包括地磅房、油泵房及地下油罐等。

5）行政管理区，主要由综合楼、门卫等组成。

3. 工程管线布置原则

厂区管线大体包括有：生产给水管、生活给水管、消防给水管、生产排水管、生活污水管、循环水管、雨水管、电力电缆、照明电缆、仪控电缆、蒸汽管、渗滤液管等。管线布置原则主要有：与厂区平面布置、竖向布置及绿化布置统一协调；满足生产、安全及检修的要求；管线布置顺畅、短捷，减少交叉；认真执行相关规范，满足管线之间及管线与相邻建、构筑物和各种设施的间距要求；管线交叉时，满足管线间垂直间距的要求；合理管线排序，同类管线相对集中布置，有条件的采用共沟、共架敷设，节约用地，为发展要留有余地。

4.6.2　垃圾焚烧发电厂设计要点

垃圾焚烧项目初始投资高，对垃圾性质要求高。发电厂建设应参照《城市生活垃圾焚烧处理工程项目建设标准》（建标〔2001〕203 号）、GB 18485—2014 以及 CJJ 90—2009《生活垃圾焚烧处理工程技术规范》等相应规范，并因地制宜地确定具体规划和方案。

按照"无害化、减量化、资源化"的原则，应在实现清洁生产的前提下对城市生活垃圾进行焚烧处理。垃圾焚烧发电厂建设应能保护环境，防止污染，污染物排放指标采用较高标准，并在一定程度上满足未来发展的需要，节约用地、用水，避免资源的浪费。

1. 厂址选择

垃圾焚烧发电厂厂址选择基本要求：①满足城市整体规划、环境卫生专业规划以及国家现行有关标准的规定，与周围环境相协调；②符合经济运输要求，有效降低运输成本；③市政设施较为齐全，充分利用已有的市政基础设施，减少工程投资费用；④选择在生态资源、地面水系、机场、文化遗址、风景区等敏感目标少的区域；⑤有足够的用地面积，动迁少，尽可能少占或不占耕地，征地费用低；⑥满足水文地质条件，不受自然灾害的威胁；⑦有可靠的电力供应，应满足电力上网要求；⑧水源充足，选址应靠近河流等自然水源。

2. 焚烧工艺方案设计

焚烧工艺方案设计主要包括焚烧炉炉型选择、焚烧生产线的配置、汽轮发电机组的配置、烟气净化方案和垃圾处理工艺流程。

（1）焚烧炉炉型选择。目前国内外应用较多、技术比较成熟的生活垃圾焚烧炉炉型主要有机械炉排炉、流化床焚烧炉、回转窑焚烧炉等。可根据国家建设部、国家环保总局、科技部发布的《城市生活垃圾处理及污染防治技术政策》要求做出相应的选择。以下意见可供设计时参考：①卧式焚烧炉优于立式焚烧炉；②炉排型焚烧炉优于回转窑和流化床焚烧炉；③往复式炉排优于链条式炉排；④明火燃烧方式优于焖火燃烧方式；⑤合金钢炉排优于球墨铸铁炉排。另外，生产厂家的综合实力、产品业绩、企业信誉、技术力量、设备价格、服务质量等也是选择焚烧炉炉型时应考虑的重要因素。

（2）焚烧生产线的配置。根据《城市生活垃圾焚烧处理工程项目建设标准》（建标〔2001〕203 号）的规定和国内外城市生活垃圾焚烧发电厂建设的经验，对于Ⅱ类处理规模的垃圾焚烧发电厂，焚烧生产线数量应为 2～4 条。

（3）汽轮发电机组的配置。CJJ 90—2009 和《城市生活垃圾焚烧处理工程项目建设标准》均要求生活垃圾焚烧发电厂汽轮机组的数量不宜大于 2 套。国内大多数焚烧发电厂也都是采用 1 套或 2 套汽轮机。目前国内常见的汽轮发电机组标准产品汽轮机形式一般是 6MW 和 12MW。

（4）烟气净化方案。烟气净化要满足相应的国家标准要求，按照上述系统进行选择。

（5）垃圾处理工艺流程。根据典型垃圾焚烧发电基本工艺流程，并依据实际情况进行整个垃圾焚烧发电工艺流程的最终确定。

3. 电气设计内容和原则

电气设计内容包括厂区红线内所有子项的电气设计，包括发电、接入系统、厂用电、室内外照明、防雷与接地、消防、电信等。设计原则是在电气主接线方面力求简单、可靠；电气设备布置以便于运行维护为原则，尽量紧凑集中，达到节约投资及运行费用，降低成本的目的；继电保护的配置采用微机保护，以便准确、迅速地排除故障并满足电厂自动化要求。

4. 仪表及自动化控制

垃圾焚烧发电厂自动化控制的目的是要获得最佳的垃圾焚烧效果，满足严格的烟气净化要求，实现稳定的垃圾热能利用和防止事故发生。同时还要实现对工厂各种辅助设备、公用设施的运行控制。垃圾焚烧发电厂的自动化控制应采用成熟的控制技术，具有高可靠性且采用性能价格比适宜的设备与元件，根据垃圾焚烧设施的特点设计，能够满足设施安全、经济运行和防止对环境二次污染的要求。

自动化控制系统将对全厂进行控制，实现对工艺系统的检测、调节、保护、连锁以及报警，保证垃圾全量完全燃烧并达到环保标准，实现汽轮发电机组并网发电，保证系统安全、经济运行。垃圾焚烧工艺控制系统总体内容如图4-28所示。

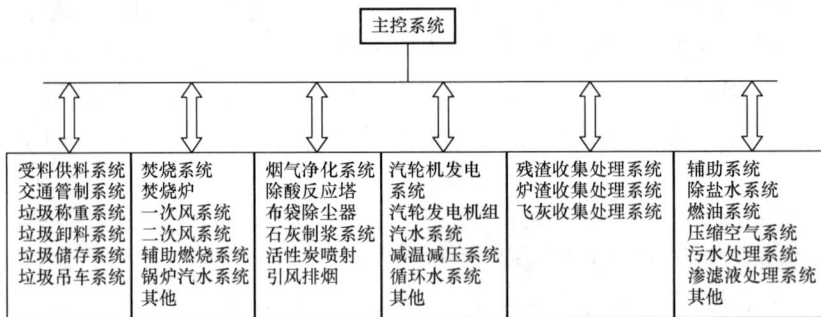

图4-28　垃圾焚烧工艺控制系统总体内容

5. 给排水系统

给排水系统设计范围包括全厂的供水和排水工程，其中包括给水处理、污水处理和给排水管网。设计依据国家和行业相关技术规范及标准。

6. 通风与空气调节

通风与空气调节的设计依据国家和行业相关技术规范及标准。

7. 除臭

垃圾焚烧中除臭是一个非常重要的方面，其设计应满足工艺先进、运行稳定、废气达标排放，工程造价合理、运行费用低等要求。设计依据包括GB 16297—1996《大气污染物综合排放标准》等污染物排放标准以及有关的设计规范及设计手册。

8. 灰渣处理系统

灰渣可分成两部分：一部分是炉渣，从炉排下收集到的；另一部分为飞灰，是由锅炉尾部烟道收集到炉灰及除尘器等捕集下来的烟气中的颗粒物质。根据GB 18485—2014，焚烧炉渣与除尘设备收集的焚烧飞灰应分别收集、储存和运输。

9. 渗滤液处理系统

生活垃圾焚烧厂的渗滤液的来源：生活垃圾倒入储坑内后，垃圾外在水分及分子间水分经堆压、发酵，渗滤液逐渐至垃圾储坑底部；垃圾卸料平台冲洗污水及车间地面冲洗水；垃圾运输车冲洗污水。渗滤液经处理后，应达到相应的国标中三级排放标准。

4.6.3　工程实例

1. 广西来宾市垃圾焚烧发电厂

（1）工程简介。该工程为垃圾焚烧发电厂示范工程，系统主要由垃圾储存及输送给料系统、焚烧与热能回收系统、烟气处理系统、灰渣收集与处理系统、给排水处理系统、发电系统、仪表及控制系统等子项组成，采用国产技术，配备 2 台 35t 循环流化床焚烧炉，2 台 7.5 MW 凝汽式汽轮发电机组，日处理垃圾能力达到 500t，具有"减容、减量、无害、资源化"的优点。

工程选用的循环流化床焚烧炉由无锡太湖锅炉有限公司生产，主要技术参数为：额定蒸发量 38t/h，额定蒸汽参数 450℃/3.82 MPa，给水温度 105℃，一次风热风温度 204℃，二次风热风温度 178℃，一、二次风比例 2∶1，排烟温度 160℃，设计热效率大于 82%。锅炉设计燃料为城市生活垃圾 80%＋烟煤 20%，设计燃料发热量 8700kJ/kg，额定垃圾处理量 250t/d，设计燃烧温度 850～950℃，灰渣热灼减率小于 3.0%，烟气净化采用半干法脱酸、布袋除尘。各项排放指标全部达到我国生活垃圾焚烧污染控制标准，二噁英等主要指标达到欧盟污染控制标准，用灰渣制砖各项检测指标均不超过相关标准限值。

（2）工艺流程如下。

1）垃圾储存与输送给料系统。该系统由垃圾储坑、抓斗起重机和输送给料设备等组成。垃圾坑起着储存、调节、熟化、均化、脱水的作用，其容积可储存 7～10 天垃圾。设有垃圾抓斗吊车 2 台，其功能是将垃圾从储坑抓到料斗并对垃圾进行翻动。2 台垃圾焚烧炉并列布置。2 台炉共用 1 条煤助燃输送线，垃圾输送给料则每台炉配备 1 条，煤助燃输送线采用胶带输送设备，垃圾输送给料由胶带输送机、链板输送机和拨轮给料机等组成。考虑当地有廉价丰富的甘蔗叶，在垃圾料斗旁设一条输送带，需要时输送甘蔗叶与垃圾混合燃烧，减少煤的消耗以降低运行成本。垃圾坑中垃圾臭味是垃圾焚烧发电厂臭味的主要来源，为使垃圾坑形成负压不致臭气外逸，一次风机吸风口设计从垃圾坑中抽取，二次风机吸风口设计从垃圾输送廊抽取。同时，在土建设计、施工时注意采取有效措施，以保证垃圾坑区域和垃圾输送廊的密封严密性。在垃圾卸料间和储坑屋顶设无动力排气扇，保证停炉时臭气外排。

2）焚烧与热能回收系统。该系统由循环流化床焚烧炉和鼓风机、引风机、罗茨风机等燃烧空气系统的辅助设备组成。焚烧炉由流化床、悬浮段、高温旋风分离器、返料器和外置换热器等部分组成。在旋风分离器的烟气出口布置对流管束，尾部烟道依次布置有省煤器和一、二次空气预热器。外置换热器采用空气流化、高温循环物料为热载体，使高低温过热器管束布置在酸性腐蚀气体浓度极低的返料换热器内，降低了过热器管束与垃圾焚烧产生的腐蚀气体直接接触发生高温腐蚀的条件，有效地解决垃圾焚烧高温腐蚀问题。采用垃圾与煤混烧，国内外试验及实际运行数据表明在垃圾中掺煤量达到一定比例（＜7%质量比）时，可大幅度降低二噁英的生成（其他条件相同情况下，生成二噁英类物质的浓度可减小 80%左右）。其机理为煤中 S 对降低烟气中二噁英的合成有多种作用，是减少二噁英产生的有效方法。另外流化床布风板采用常规风帽和定向风帽，使垃圾可在流化床内产生大尺度的床料横向运动，提高垃圾在流化床内的扩散混合及排料能力。

3）烟气处理系统。该系统主要由脱酸反应塔、布袋除尘器、给粉系统、增湿器、飞灰回送循环和排灰系统等组成，采用半干法和布袋除尘工艺。

该系统的消石灰和循环灰在循环流化脱酸塔中形成强烈流化紊流，并在形成巨大的反应表面上进行脱酸反应和增湿干燥。设置在脱酸塔出口的惯性分离器，可有效地降低布袋除尘器入口浓度和除尘器负荷。另外在脱酸塔出口烟道中喷入活性炭，可有效地去除烟气中的重金属和二噁英，保证烟气排放达到国家规范要求。由于系统的脱酸反应过程采用在绝热饱和温度以上进行，水分汽化后进入烟气，故没有废水产生。整个烟气处理系统的附属设备均设置在一个钢架单元内，设备占地面积小、投资省、水耗量少、吸收剂利用率高，反应产物呈干粉状态易于处理。

4）垃圾渗滤液处理系统。垃圾渗滤液为高浓度废水，采用高温热解方法由泵将垃圾储坑收集的渗滤液喷入焚烧炉内燃烧处理。垃圾的含水率直接影响垃圾的低位发热量。根据有关单位测试，每脱 1% 的水分，垃圾的发热量约可增加 100kJ/kg。在夏季，南方垃圾含水率高时，可脱出 20% 的水分，其他季节脱水率为 10%～15%。因此，在南方要求垃圾坑设有完善而有效的渗滤液排导和收集系统尤其重要，否则，垃圾将被浸泡在渗滤液中影响垃圾焚烧。为保证垃圾渗滤液导排和收集，垃圾坑底设大于或等于 2% 的斜坡，底部设置收集沟。在垃圾坑墙壁的一侧做人工通道，并沿垃圾坑墙壁的不同高度设排水格栅，形成渗滤液排出和人工清理的通道，渗滤液可沿垂直和水平方向通过格栅流入通道的收集沟，进入收集池；清理人员可进入通道清理淤泥和清理、更换格栅，格栅设在靠近卸料门侧，因为这一侧的垃圾一般不会堆积较长时间，以保持排导系统的畅通。

5）灰渣收集与处理系统。垃圾焚烧产生的固体废弃物主要是飞灰和炉渣，飞灰及炉渣分开收集。炉渣考虑作建筑或路基材料综合利用。飞灰则采用大型灰罐储存，作单独安全处理或综合利用。

6）给排水处理系统。全厂用水由河边泵站和市政管网供给。在厂区设置循环冷却系统供厂区设备使用，其用水由河边泵站供给。锅炉给水采用除盐加混床除盐工艺，以保证锅炉给水符合相关技术标准要求。厂区清洗废水、生活污水采用序批式活性污泥法处理达 GB 8978 一级标准后排放。

7）发电系统。设置 2 台 7.5MW 凝汽式汽轮发电机，2 台 1000kV·A 38.5/10.5kV 主变压器，10kV 母线经主变压器升压至 35kV 接入当地电力网，发配电系统采用微机保护测控装置。

2. 深圳宝安垃圾焚烧电厂（二期）

（1）工程简介。深圳市宝安垃圾焚烧发电厂二期工程建于 2009 年，处理规模为 3000t/d，采用国外先进的垃圾焚烧技术，由 4 台处理规模为 750t/d 的往复式炉排焚烧炉、余热炉二位一体的垃圾焚烧处理线组成，配置 2 台 30MW 汽轮发电机组；垃圾焚烧机组年利用时间按 8000h 计算。深圳市宝安区所有生活垃圾，由城管办负责以专用压缩汽车运至电池垃圾池。

（2）工艺流程。城市生活垃圾由垃圾运输车运抵焚烧厂内，经称重后进入卸料平台并卸入垃圾储存池储存。位于垃圾储存池上部的垃圾抓斗将垃圾送入进料斗，垃圾经进料斗和进料斜槽进入焚烧炉。进料斜槽在焚烧炉的端部起到密封作用，并通过给料炉排向智能化炉排系统配送垃圾。垃圾通过给料炉排输送到焚烧炉内经过干燥段、燃烧段和燃尽段所构成的多级炉排，有效地进行焚烧，垃圾燃烧后留下的炉渣经炉排末端排出。炉渣由湿式出渣装置排向灰渣储坑，然后由灰渣吊车抓取并装车外运，进行综合利用。垃圾经焚烧后产生的高温烟气经余热锅炉产生高温高压蒸汽，推动汽轮发电机组发电或进行供热，实现能源回收。烟气进入吸收塔与石灰浆液雾滴接触，进行化学反应去除重金属和酸性气体（HCl，SO_x）。在反应器和袋式除尘器之间喷入活性炭吸收剂，吸收二噁英、呋喃和汞蒸气。烟气进入袋式除尘器，粉尘和反应物被袋式除尘器的滤袋收集，净化后的烟气通过烟囱达标排放。如图 4 - 29 所示。

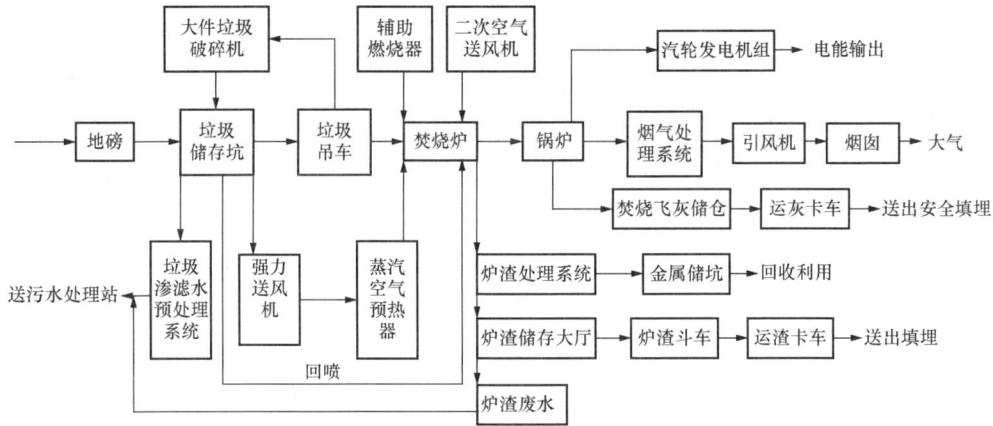

图 4 - 29　深圳宝安垃圾焚烧电厂工艺流程

该电厂主体工程与辅助工程系统及主要设备见表 4 - 14。

表 4 - 14　　　　　　　　　　　　主体工程与辅助工程系统及主要设备

	组成内容	主　要　设　备
主体工程	垃圾接收、储存与输送	垃圾称量设施（地磅）、卸料平台、卸料门、垃圾池、抓斗起重机（垃圾吊）、渗滤液收集及处理系统
	焚烧系统	垃圾进料装置、垃圾焚烧装置、残渣处理装置、燃烧空气装置（一、二次风配风系统）、启动点火与辅助燃烧装置、渗滤液喷炉系统等
	烟气净化系统	石灰浆制备系统、旋转雾化器及半干式反应塔、活性炭喷射系统、袋式除尘器、引风机、飞灰处理系统
	垃圾热能利用系统	锅炉系统、汽轮发电机组、热力系统、化学水处理系统
	电气系统	电气主接线系统，厂用电系统，事故保安电源系统
辅助工程	自动化控制	焚烧线及烟气处理控制系统、热力与汽轮发电机组控制系统、化学水处理控制系统等
	给排水及消防系统	锅炉给水、雨水和污水排放系统、消防系统
	其他辅助设施	水质化验室、电气设备与自动化实验室、空调系统等

（3）主要污染物排放如下。

1）大气污染物排放量。该垃圾焚烧工程大气污染物排放量见表 4 - 15，大气主要处理工艺为半干式吸收塔＋活性炭喷射＋袋式除尘器烟气净化组合工艺加脱氮系统，烟气处理后经 80m 烟囱排放。

表 4-15　　　　　　　　　　　　　　大 气 污 染 物 排 放 量

污染物	产生浓度 (mg/m³)	产生量		设计排放浓度 (mg/m³)	排放量		去除率 (%)	标准限值 (mg/m³)
		kg/h	t/a		kg/h	t/a		
烟尘	10 000	5205	41 638	30	15.6	125	99.7	30
CO	50	26	208	50	26	208	0	50
NO$_x$	400	208	1666	240	124.9	999.3	40	240
SO$_2$	461	239.9	1919.5	60	31.23	250	87	60
HCl	1000	520	4164	50	26	208	95	50
Hg	1.0	0.52	4.16	0.1	0.052	0.416	90	0.1
Cd	2.5	1.30	10.41	0.1	0.052	0.416	96	0.1
Pb	6.0	3.12	24.98	1.0	0.520	4.164	83.3	1.0
二噁英类	3ng TEQ/m³ (标况下)	1561μg TEQ/h	12.492g TEQ/a	0.1ng TEQ/m³ (标况下)	52.05μg TEQ/h	0.416g TEQ/a	96.7	0.1ng TEQ/m³ (标况下)

2）水污染物排放量。该垃圾焚烧发电工程废水包括垃圾渗漏液、生活废水、冲洗废水、化学用水排水和定连排冷却水等。二期工程水污染物排放量见表 4-16。

表 4-16　　　　　　　　　　　　　　水 污 染 物 排 放 量

污染物	处理前		处理后		排放标准 (mg/L)
	浓度（mg/L）	产生量（t/a）	浓度（mg/L）	排放量（t/a）	
COD	12 400	3080.4	110	27.3	110
BOD$_5$	6940	1724.0	30	7.5	30
SS	10 300	2558.7	100	24.8	100
NH$_3$-N	398	98.9	15	3.7	15

3）固体废物。该电厂所产生的固体废弃物来源于生活垃圾中不可燃的无机物以及部分未燃尽的可燃有机物，主要包括焚烧炉飞灰、余热锅炉飞灰和炉渣，飞灰产生量设计值为 113.4t/d，炉渣产生量为 702.96t/d。

（4）污染防治措施如下。

1）大气污染物治理措施。大气污染物治理主要通过以下途径。

控制焚烧炉燃烧温度，使其高于 850℃，保持停留时间不小于 2s，O_2 浓度不少于 6%，并合理控制助燃空气的风量、温度，从焚烧工艺上抑制二噁英的生成。

采用半干式吸收塔+活性炭喷射+袋式除尘器烟气净化组合，去除烟气中酸性气体、重金属、烟尘和二噁英等污染物。配炉内喷尿素脱氮氧化物（NO$_x$）系统，降低氮氧化物排放。经处理后的焚烧烟气通过 80m 高的烟囱排放。

工程中焚烧炉的燃烧温度、过量空气量及烟气与垃圾在炉内的滞留时间，足可保证垃圾完全燃烧，可使产生的废气中的 CO 符合排放标准，不必经过特殊处理。

通过烟气排放连续监测装置，监测项目为 SO$_2$、NO$_2$（NO$_x$）、HCl、烟尘等，并与深圳市环保局联网，以便实现随时监督。垃圾池和垃圾上料系统采用全封闭式建筑结构，垃圾池采用自动门随时关闭；锅炉一次风机从垃圾池内吸风，保持垃圾池内呈微负压，抽出后送入焚烧炉作为助燃空气，以防止垃圾池内臭气外溢；在垃圾卸料车间的汽车进出门处设置侧吹空气幕，隔断室内外空气流动，防止垃圾臭气泄漏。在垃圾渗滤液地下泵房地面屋体内架设一条通风管道，装置轴流风机，将垃圾渗滤液储存坑中外溢的臭气引入垃圾仓，保持地面屋体呈负压，避免臭气外泄于环境中。为防止垃圾池内可燃气体聚集，引起火灾，在垃圾池内设置可燃气体检测装置。当检测到可燃气体超标时，或者锅炉停运检修，垃圾池需要通风排味时，即自动开启除臭风机将臭气送入位于除臭间内的活性炭除臭装置过滤。臭味经过活性炭除臭装置吸附过滤后排至高空大气，从而保证电站小区内的空气质量。为了防止垃圾池的臭气进入参观走廊等区域，上述区域采用微正压送新风系统，防止垃圾池的臭味外溢至该区域。同时，新风经空气净化机过滤，以保证参观走廊内的空气质量。

2）废水治理措施。该厂约 $180m^3/d$ 垃圾渗滤液进行回喷焚烧处理，剩余渗滤液 $450m^3/d$、工程主厂房和卸料台垃圾渗滤液冲洗水 $40m^3/d$ 及一期工程剩余渗滤液和一期工程主厂房和卸料台垃圾渗滤液冲洗水 $124m^3/d$，全厂剩余渗滤液及其冲洗水共约 $514m^3/d$ 随压力管排入厂区垃圾渗滤液处理系统，排入低温蒸发冷凝处理设施，经处理后产生的浓缩液进行回喷焚烧，凝结水与生活污水共约 $746m^3/d$ 一起进行生化处理后出水水质达到广东省 DB 44/26—2001《水污染物排放限值》的第二时段二级标准后经市政管网入燕川污水处理厂处理。

3）固体废弃物治理措施。炉渣由宝安区城管局运走处理，同时也开发炉渣综合利用的方法；飞灰固化后运至深圳市危险废物填埋场填埋。污水处理污泥后直接焚烧进行无害化处理。

4.6.4　垃圾焚烧发电厂营运分析

从垃圾焚烧发电工艺路线和运行实践中，不难看出，垃圾焚烧发电工程是最快捷、最有效、最彻底的处理垃圾的方法，垃圾焚烧发电厂的建设和运行中的重点问题，表现在以下几个方面。

（1）实践证实，国内的城市生活垃圾虽然发热量低，含水率较大，但只要运行得当，可以用现代焚烧技术处理，能够获得较好的垃圾处理效果。垃圾焚烧发电厂应以焚烧处理城市生活垃圾为主，兼顾垃圾热能发电的高效率与高经济性。

（2）从国外引进的垃圾焚烧设施和技术，性能稳定可靠，系统配置成熟，但要真正稳定、高效焚烧处理城市生活垃圾，尤其是低发热量、高水分、多变化、不分类城市生活垃圾，必须调整运行工艺和控制参数，建立适合国情的生活垃圾运行工艺和模式。

（3）从国外引进的城市生活垃圾焚烧发电厂建厂模式很不经济，应大量采用本土化设备，降低建设投资和运行成本，以及改变国内运行、检修人员的作业习惯。

（4）城市生活垃圾焚烧发电相关政策与技术规范宜借鉴国外的发展，并深入调查研究国内的实际情况，切合我国国情和地方经济承担能力。政策与技术规范尚需要进一步健全。

（5）垃圾焚烧发电设施应采用企业模式管理，以提高总体效益。运行费用应以发电上网和供热收入为主，不宜过分强调垃圾处理收费收入，以防加重政府和居民负担，对行业发展不利。

（6）烟气处理设备应与垃圾焚烧设备和热力发电设备并重。但环保标准不宜指定必须采用何种工艺设备，而只宜限定排放浓度和数量。

（7）垃圾焚烧飞灰不宜无条件作为危险废物处理，而宜将监测毒性超标的飞灰作为危险废物处理，毒性不超标的飞灰作一般废物处理，否则将大幅加大垃圾焚烧发电厂的运行成本，以致难以以自负盈亏企业模式运作。

（8）垃圾含水率较高时，不宜将垃圾储坑汇集收集的垃圾渗滤液喷入炉内干燥处理，而应寻求其他处理技术、工艺和方式，以提高经济性。

（9）只要设备设施施工工艺配置科学合理，运行管理规范、严格，城市生活垃圾焚烧发电厂不会对厂区周围环境造成不可恢复的不利影响。

（10）应注意垃圾焚烧发电厂的外貌与周围环境景观的协调，控制三废污染、恶臭与噪声，使厂区周围居民认同垃圾焚烧发电厂的存在与运行，以免发生不必要的投诉等麻烦事项。

小 结 与 讨 论

小结：我国生活垃圾具有"多成分和多形态，水分多和高挥发分，低发热量和低固定碳"的特性，现阶段城市生活垃圾处理方法主要有卫生填埋处理、堆肥处理和焚烧处理三种方式，垃圾焚烧发电符合垃圾处理"无害化、资源化、减量化"的原则，是处理垃圾的较佳方式。垃圾焚烧发电厂主要包括以下系统：垃圾的接收、储存与输送系统、焚烧系统、烟气净化系统、垃圾热能利用系统、残渣处理系统、自动化控制系统、废水处理系统等。

由于生活垃圾成分多样，垃圾焚烧过程较为复杂，要经历烘干→干馏→点燃→汽化→燃烧→燃尽几个阶段，影响垃圾焚烧的因素除垃圾本身性质外，主要有停留时间、温度、紊流度、过量空气系数以及炉渣热灼减率等，燃烧符合国家有关标准的要求，以达完全燃烧。

国内外垃圾焚烧技术主要有层状燃烧技术、流化床燃烧技术及旋转燃烧三大类，对应垃圾焚烧炉有机械炉排炉焚烧炉、循环流化床焚烧炉以及回转窑焚烧炉，不同形式焚烧炉对垃圾适应性不同，运行调节难易也不同。往复式炉排炉是目前应用最多的炉型。垃圾焚烧发电厂热力系统与燃煤电站大致相同。炉排炉燃烧调整及运行操作要点是：合理的垃圾量及料厚、匹配的一次风量来保证足够的燃烧空气量及风压、匹配的一次风温，使垃圾在理想区域内燃烧、匹配的二次风量，来保证 O_2 在合理范围内。

根据垃圾焚烧过程烟气污染物种类、形成机理以及国家有关标准要求，垃圾焚烧电厂常用的烟气净化技术主要有干式、半干式和湿式技术，各类技术工艺过程及使用设备不尽相同。现阶段使用最多的是半干式"吸收塔＋活性炭喷射＋袋式除尘器"烟气净化组合技术。灰渣处理应用及污水处理也是垃圾焚烧发电特别要关注的技术。广西来宾垃圾焚烧电厂使用循环流化床焚烧炉，深圳宝安垃圾焚烧厂使用机械炉排焚烧炉，两个电厂运营情况良好，污染物排放均能达到或优于国家标准。

讨论：

（1）对照分析我国 GB 18485—2014 和欧盟 EU 2000/76/EC 的污染物控制标准，分析说明两者差异之处。

（2）查阅相关资料，论述目前我国城市生活垃圾的处置方法。与发达国家比较还存在的哪些问题？分析我国垃圾焚烧发电应用前景。

（3）查阅相关资料，列举出我国已建成的垃圾焚烧发电项目，归类并分析技术特点。

（4）查阅相关资料，分析说明垃圾焚烧发电厂建设普遍采用的 BOT 模式的特点。

（5）查阅某典型垃圾焚烧发电厂生产运行规程，并自行学习。

习 题 训 练

1. 我国城市生活垃圾的基本特征有哪些？

2. 绘图说明垃圾焚烧发电厂基本工艺流程。

3. 生活垃圾的主要可燃成分有哪些？燃烧后生成什么产物？

4. 影响垃圾焚烧的主要因素有哪些？

5. 绘图说明机械炉排焚烧炉结构及工作原理。

6. 试简述流化床焚烧炉的工作原理。

7. 试比较常用垃圾焚烧炉的性能及优缺点。

8. 垃圾完全燃烧应具备哪些基本条件？

9. 垃圾焚烧炉的炉排和燃烧区各有什么作用？

10. 为保证垃圾的完全燃烧，炉排炉的燃烧应满足哪些条件？

11. 试简述往复式炉排炉工作原理。

12. 分析二段往复式垃圾焚烧炉结构特点及工作原理。

13. 分析滚筒炉排炉的结构特点及工作原理。

14. 分析垃圾在机械炉排炉中的燃烧过程及配风情况，说明原因。

15. 炉排炉燃烧调整及运行操作要点有哪些？

16. 绘图说明干式烟气净化系统的组成及净化过程。

17. 绘图说明半干式烟气净化系统的组成及净化过程。

18. 写出 SNCR 工艺原理及工艺过程中的主要反应式。

19. 写出 SCR 工艺原理及工艺过程中的主要反应式。

20. 垃圾焚烧污水的成分及性质如何？

21. 垃圾发电厂污水如何处理？

22. 试简述垃圾焚烧灰渣的处理机理及利用方法。

23. 垃圾焚烧发电厂设计要点有哪些？

24. 垃圾焚烧发电厂由哪些生产系统组成？简述其功能。

25. 绘图说明深圳宝安垃圾焚烧电厂工艺流程。

26. 深圳宝安垃圾焚烧电厂污染物防治措施有哪些？

项目 5

生物质直燃发电机组运行

【项目描述】

本项目通过典型工程实例，以生物质循环流化床锅炉机组的全冷态启动为例，使学生掌握生物质直燃发电厂系统组成、机组冷态启动的操作过程及机组的运行调节。

【教学目标】

知识目标：

（1）掌握典型的生物质直燃电厂系统组成及运行特点。

（2）熟悉生物质直燃发电厂设备功能及运行操作技术。

（3）熟悉生物质发电机组的运行调节要点。

能力目标：

（1）能默画主要系统的系统图。

（2）能借助于仿真机，进行生物质发电机组的运行操作。

任务 1　电气系统运行

【教学内容】

5.1.1　生物质发电机组运行特点

由于生物质燃料发热量低，生物质发电机组容量一般比常规火电厂小，主蒸汽系统大多采用单元制，汽轮机与供汽的锅炉组成独立的单元。而发电机与电网系统连接多采用发电机—变压器扩大单元接线方式，以减少变压器的台数或高压断路器数目，节省配电装置的占地面积。生物质直燃发电系统除了燃料系统及锅炉燃烧系统与常规火电厂不同，其余与一般火电厂相同。因此生物质发电机组与常规火电机组运行的不同主要在于燃料及锅炉燃烧的运行调节。机组启动常采用滑参数压力法调速汽门冲转的启动方式。

1. 滑参数启动

锅炉点火、升温、升压过程中，利用低温蒸汽进行暖管、冲转升速、暖机、定速并网及带负荷，并随汽温、汽压的升高，逐步增加机组负荷，直至锅炉达到额定参数，汽轮发电机达到额定出力。

滑参数启动方式的主要特点如下。

（1）安全可靠性好，机炉金属能得到均匀冷却。经济性高，减少停机过程中热量和汽水损失，充分利用锅炉余热发电。对汽轮机喷嘴、叶片上的盐垢有清洗作用。

（2）提高设备的利用率，增加运行调度的灵活性。

（3）简化操作，由于减少了蒸汽排放所产生的噪声，改善了环境。

（4）对锅炉操作要求高。启动过程中运行人员除了考虑锅炉方面的技术要求外，还要考虑汽轮机冲转、升速、并网带负荷对蒸汽参数的要求。锅炉低负荷运行时间长，燃烧稳定性差。

机组滑参数启动主要操作步骤：启动前的准备→机组辅助设备及系统投用→锅炉点火及升温、升压→暖管→汽轮机冲转与升速→发电机并列及带负荷→机组升负荷至额定出力。

2. 压力法启动

锅炉点火前将汽轮机主汽门和调速汽门置于关闭状态，只对汽轮机抽真空和投盘车，锅炉点火后，蒸汽升温升压，待主汽门前蒸汽压力达到一定值时冲动转子。冲转、升速直至定速一般均由调节汽阀控制，锅炉保持蒸汽参数不变。并网后，转入滑压运行，由锅炉控制升温升压过程。汽轮机随主蒸汽参数提高自动增加负荷。

滑参数压力法启动便于维持锅炉低负荷下稳定运行。冲转参数高，对汽轮机升速、蒸汽湿度控制较好，可消除转速波动和水冲击对汽轮机的损伤。

3. 调速汽门冲转

所谓调速汽门冲转，是指电动主汽门和自动主汽门处于全开位置，进入汽轮机的蒸汽量由调速汽门控制。

调速汽门冲转易于控制进汽流量，但由于大部分高压机组都采用喷嘴调节，因而冲转过程中依次开启的调速汽门只限于进汽区较小的弧段，属部分进汽，造成加热不均匀。因此，高压机组较少采用此方式。但由于这种启动方式系统设置和操作相对简单，一些采用滑压运行的节流调节机组仍然采用此方式。

5.1.2　电气设备倒闸操作

1. 倒闸操作与设备状态

电气设备由一种状态转换到另一种状态，或改变系统的运行方式所进行的一系列操作，称为倒闸操作。

电气设备所处的状态有四种，即检修状态、冷备用状态、热备用状态和运行状态。

（1）检修状态。检修状态指设备各方面的电源及所有操作电源均已断开，并布置了与检修有关的安全措施（如合接地开关或挂接地线、悬挂标识牌、装设临时遮栏）。

（2）冷备用状态。冷备用状态指设备的检修工作已全部结束，有关检修临时安全措施已全部拆除，恢复常设安全设施，其各方面的电源和所有操作电源仍断开，设备具备一切投入运行的条件。

（3）热备用状态。设备一经合闸便带电运行的状态称热备用状态。

（4）运行状态。凡带电设备均为运行状态。

2. 倒闸操作的内容

倒闸操作有一次设备的操作，也有二次设备的操作。其操作内容如下。

（1）拉开或合上某些断路器和隔离开关。

（2）拉开或合上接地开关（拆除或挂上接地线）。

（3）装上或取下某些控制回路、合闸回路、电压互感器回路的熔断器。

（4）投入或停用某些继电保护和自动装置及改变其整定值。

（5）改变变压器或消弧线圈的分接头。

倒闸操作常用术语见表 5-1。

表 5-1 　　　　　　　　　　　　**倒 闸 操 作 术 语**

被操作设备	术　　语	被操作设备	术　　语
发变组	并列、解列	继电保护	投入（加用）、退出（停用）、动作
环状网络（环网）	并列、解环	自动装置	投入、退出、动作
联络线	并列、解列、充电	熔断器	装上、取下
变压器	运行、备用、充电	接地线	装上、拆除
断路器	合上、断开、跳闸、重合	有功功率、无功功率	增加、减少
隔离开关	合上、拉开		

3. 倒闸操作基本步骤

（1）接受任务。当系统调度员下达操作任务时，操作前，预先用电话或传真将操作票（包括操作目的和项目）下达给发电厂的值长或变电站的值班长。值长或值班长接受操作任务时，应将下达的任务复诵一遍，并将电话录音或传真件妥善保管。当发电厂的值长向电气值班长或变电站的值班长向值班员下达操作任务时，要说明操作目的、操作项目、设备状态。接受任务者接到操作任务后，复诵一遍，并记入操作记录本中。电气值班长向值班员（操作人、监护人）下达操作任务时，除了上述要求外，还应交待安全事项。

（2）填写操作票。值班长接受操作任务后，立即指定监护人和操作人，操作票由操作人填写。如果单项操作任务的操作票已输入计算机，则根据操作任务由计算机开出操作票。

填写操作票的目的是拟定具体的操作内容和顺序，防止在操作过程中发生顺序颠倒或漏项。

（3）审核操作票。操作票填写好了以后，必须经过以下三次审查。

自审：由操作票填写人自己审查。

初审：由操作监护人审查。

复审：由值班负责人（值班长、值长）审查，特别重要的操作票应由技术负责人审查。

（4）接受操作命令。正式操作，必须有系统调度员或值长（值班长）发布的操作命令。系统调度员发布操作命令时，监护人、操作人同时受令，并由监护人按照填写的操作票向发令人复诵，经双方核对无误后，在操作票上填写发令人、受令人姓名和发令时间；值长（值班长）发布操作命令时，监护人、操作人同时受令。监护人、操作人接到操作命令后，值长（值班长）、监护人、操作人均在操作票上签名，并记录发令时间。

（5）模拟操作。正式操作之前，监护人、操作人应先在模拟图板上按照操作票上所列项目和顺序进行模拟操作，监护人按操作票的项目顺序唱票，操作人复诵后在模拟图板上进行操作，最后一次核对检查操作票的正确性。

（6）正式操作。电气设备倒闸操作必须由两人进行，即一人操作，另一人监护。监护人一般由技术水平较高、经验较丰富的值班员担任，操作人应是由熟悉业务的值班员担任。特别重要和复杂的倒闸操作，由熟练的值班员操作，值班负责人监护。

操作监护人和操作人做好了必要的准备工作后，携带操作工具进入现场进行正式的设备操作。操作设备时，必须执行唱票、复诵制度。每进行一项操作，其程序是：唱票→对号→复诵→核对→下命令→操作→复查→做执行记号"√"。具体地说，就是每进行一项操作，监护人按照操作票项目先唱票，然后操作人按照唱票项目的内容，查对设备名称、编号、自己所处位置、操作方向（即四个对照），确定无误后，手指所要操作的设备（即对号），复诵操作命令。操作人听到监护人的"对，执行"的命令后方可进行操作。操作完一项后，复查该项，检查该项操作结果和正确性，如断路器实际分、合位置，机械指示，信号指示灯、表计变化情况等，并在操作票上该项编号前做一个记号"√"。按上述操作程序，依次操作后续各项。

（7）复查设备。一张操作票操作完毕，操作人、监护人应全面复查一遍，检查操作过的设备是否正常，仪表指示、信号指示、连锁装置等是否正常，并总结本次操作情况。

（8）操作汇报。操作结束后，监护人应立即向发令人汇报操作情况、结果、操作起始和结束时间，经发令人认可后，由操作人在操作票上盖"已执行"图章。

（9）操作记录。监护人将操作任务、起始和终结时间记入操作记录本中。

4. 倒闸操作基本原则

电气运行人员在进行倒闸操作时，应遵守下列基本原则。

拉、合隔离开关及小车断路器送电之前，必须检查并确认断路器在断开位置（倒母线例外，此时母联断路器必须合上）。

在断路器操作后，应检查有关信号灯及测量仪表的指示，以判断断路器动作的正确性。但不能从信号灯及测量仪表的指示（更不能仅靠信号灯指示）来判断断路器的实际开、合位置，应到现场检查断路器的机械位置指示器来确定实际开、合位置，以防止在操作隔离开关时，发生带负荷拉、合隔离开关事故。

严禁带负荷拉、合隔离开关，所装电气和机械防误闭锁装置不能随意退出。

停电时，先断开断路器，后拉开负荷侧隔离开关，最后拉开电源侧隔离开关。

送电时，先合上电源侧隔离开关，再合上负荷侧隔离开关，最后合上断路器。

在操作过程中，发现误合隔离开关时，不准把误合的隔离开关再拉开，发现误拉隔离开关时，不准把已拉开的隔离开关重新合上。只有用手动涡轮传动的隔离开关，在动触头未离开静触头刀刃之前，允许将误拉的隔离开关重新合上，不再操作。

上述规定的制定，是由于隔离开关无灭弧装置，不能用于带负荷接通或断开电路，否则，操作隔离开关时，将会在隔离开关的触头间产生电弧，引起三相短路事故。而断路器有灭弧装置，只能用断路器接通或断开有负荷电流的电路。

（1）母线倒闸操作原则。母线送电前，应先将该母线的电压互感器投入；母线停电前，应先将该母线上的所有负荷转移完后，再将该母线的电压互感器停止运行。

母线充电时，必须用断路器进行，其充电保护必须投入，充电正常后应停用充电保护。

母线倒闸操作时，母联断路器应合上，确认母联断路器已合好后，再取下其控制熔断器，然后进行母线隔离开关的切换操作。母联断路器断开前，必须确认负荷已全部转移，母联断路器电流表指示为零，再断开母联断路器。

倒母线操作前，取下母联断路控制熔断器的原因是：若倒母线操作过程中，由于某种原因使母联断路器分闸，此时母线隔离开关的拉、合操作实质上是对两组母线进行带负荷解列操作（即带负荷拉、合母线隔离开关），此时，因隔离开关无灭弧装置，会造成三相弧光短路。因此，母联断路器在合闸位置取下其控制熔断器，使其不能跳闸，保证倒母线操作过程中，使母线隔离开关始终保持等电位操作，避免母线隔离开关带负荷拉、合闸引起弧光短路事故。

（2）变压器操作原则。变压器停送电操作顺序：送电时，应先送电源侧，后送负荷侧；停电时，操作顺序应与此相反。按上述顺序操作的原因是：由于变压器主保护和后备保护大部分装在电源侧，送电时，先送电源侧，在变压器有故障的情况下，变压器的保护动作，使断路器跳闸切除故障，便于按送电范围检查、判断及处理故障。

送电时，若先送负荷侧，在变压器有故障的情况下，对小容量变压器，其主保护及后备保护均装在电源侧，此时，保护拒动，这将造成越级跳闸或扩大停电范围。对大容量变压器，均装有差动保护，无论从哪一侧送电，变压器故障均在其保护范围内，但大容量变压器的后备保护（如过流保护）均装在电源侧，为取得后备保护，仍然按照先送电源侧，后送负荷侧为好。停电时，先停负荷侧，在负荷侧为多电源的情况下，可避免变压器反充电；反之，将会造成变压器反充电，并增加其他变压器的负担。

凡有中性点接地的变压器，变压器的投入或停用，均应先合上各侧中性点接地隔离开关。变压器在充电状态，其中性点接地隔离开关也应合上。中性点接地隔离开关合上的目的是：其一，可以防止单相接地产生过电压和避免产生某些操作过电压，保护变压器绕组不因过电压而损坏；其二，中性点接地隔离开关合上后，当发生单相接地时，有接地故障电流流过变压器，使变压器差动保护和零序电流保护动作，将故障点切除。

两台变压器并联运行，在倒换中性点接地隔离开关时，应先合上中性点未接地的接地隔离开关，再拉开另一台变压器中性点接地的隔离开关，并将零序电流保护切换到中性点接地的变压器上。

变压器分接开关的切换。无载分接开关的切换应在变压器停电状态下进行，分接开关切换后，必须用欧姆表测量分接开关接触电阻合格后，变压器方可送电。有载分接开关在变压器带负荷状态下可手动或电动改变分接头位置，但应防止连续调整。

（3）环网的并列、解列操作。环网的并、解列操作亦称合环、解环操作。这些操作除应符合线路和变压器操作的一般技术原则外，还应具备下条件：合环操作时，首先要考虑的问题是相位一致，在初次合环或进行了可能引起相位变化的检修后的合环操作，均要进行定相，以免发生事故；其次，各电气设备不应过负荷，并且系统继电保护装置应适应环网的方式。

进行解环操作时，首先应满足的条件是解环后各电气设备不应过负荷，其次是继电保护不致误动作。

总之，厂用电系统操作应遵循以下规定。

1）厂用电系统的倒闸操作和运行方式的改变，应有值长发令，并通知有关人员。

2）除紧急操作及事故处理外，一切正常操作均应按规定填写操作票，并严格执行操作监护及复诵制度。

3）厂用电系统的倒闸操作，一般应避免在高峰负荷或交接班时进行。操作当中不应进行交接班。只有当操作全部终结或告一段落时，方可进行交接班。

4）新安装或进行过有可能变更相位作业的厂用电系统，在受电与并列切换前，应进行核相，检查相序、相位的正确性。

5）厂用电系统电源切换前，必须了解两侧电源系统的连接方式，或环网运行，应并列切换；若开环运行及事故情况下系统不清时，不得并列切换，防止非同期。

6）倒闸操作应考虑环并回路与变压器有无过载的可能，运行系统是否可靠及事故处理是否方便等。

7）厂用电系统送电操作时，应先合电源侧隔离开关，后合负荷侧隔离开关；先合电源侧断路器，后合负荷侧断路器。停电操作顺序与此相反。

8）断路器拉合操作中，应考虑继电保护和自动装置的投、切情况，并检查相应仪表变化，指示灯及有关信号，以验证断路器动作的正确性。

5.1.3　生物质发电机组全冷态送厂用电实例

某 12MW 生物质电厂电气主接线如图 5-1 所示，低压厂用电系统如图 5-2 所示。其中厂用电系统采用 10kV 和 380/220V 两级电压厂用供电系统。高压厂用电采用 10.5kV，中性点采用不接地方式。10kV 厂用电按机炉分段，设置 2 段厂用 10kV 工作段。全厂设 1 段厂用 10kV 0 段为备用段，电源引自厂外。单相接地点在某个负载回路，则停运检查。

低压厂用电系统采用动力、照明并用的 400/220V 中性点直接接地系统。采用负荷控制中心（PC）、马达控制中心（MCC）供电方式。主厂房工作母线按机炉分段，分别由相应的低压厂用变压器供电。其电源分别引自对应的 10kV 母线段。10kV 母线、400V 母线及MCC 段电源和备用电源禁止合环运行，厂用电源切换应先检查电源是否同一系统（同期），否则采取瞬停切换（先断后合）的方式。

该电厂全冷态送厂用电步骤是直流系统送电→10kV 备用段送电→400V 母线送备用电源→主变压器充电→10kV 母线送电→400V 母线送工作电源→MCC 段母线送电→厂用电动机送电。该电厂 12MW 生物质仿真机全冷态送厂用电操作步骤如下。

1.220V 直流系统送电

（1）220V 直流电源由临时交流电源给 2 号充电柜供电。

（2）220V 直流系统由 2 号充电柜给蓄电池送电。

（3）220V 直流负荷送电。

（4）UPS 系统送电。

（5）UPS 负荷送电。

2.10kV 备用段送电

（1）操作前的现场条件如下。

1）K13 断路器试验合格，绝缘试验完毕，经确认合格。

2）10kV Ⅰ、10kV Ⅱ、10kV 0 备用段各段母线的开关控制回路调试完毕，并经过分布式控制系统（DCS）远方合、跳正确，信号指示正确。

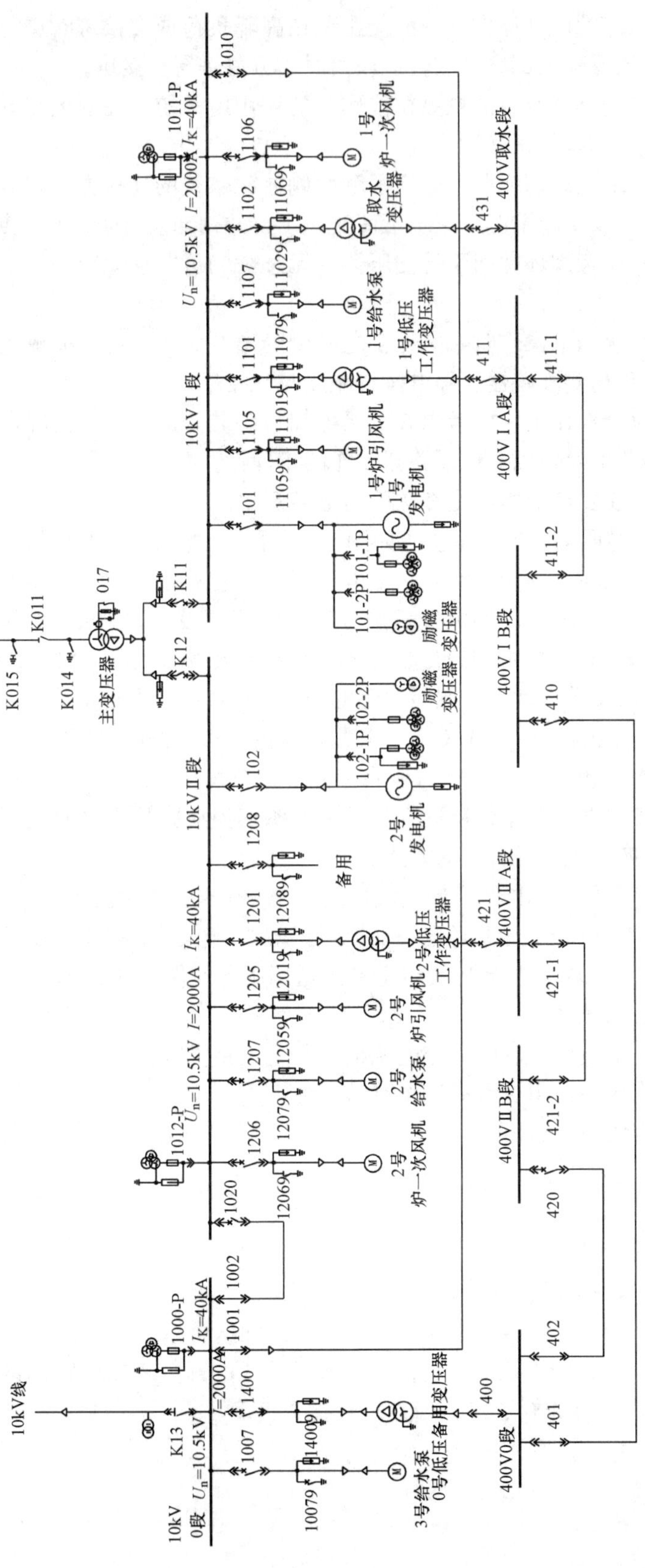

图 5 - 1　某生物质电厂电气主接线

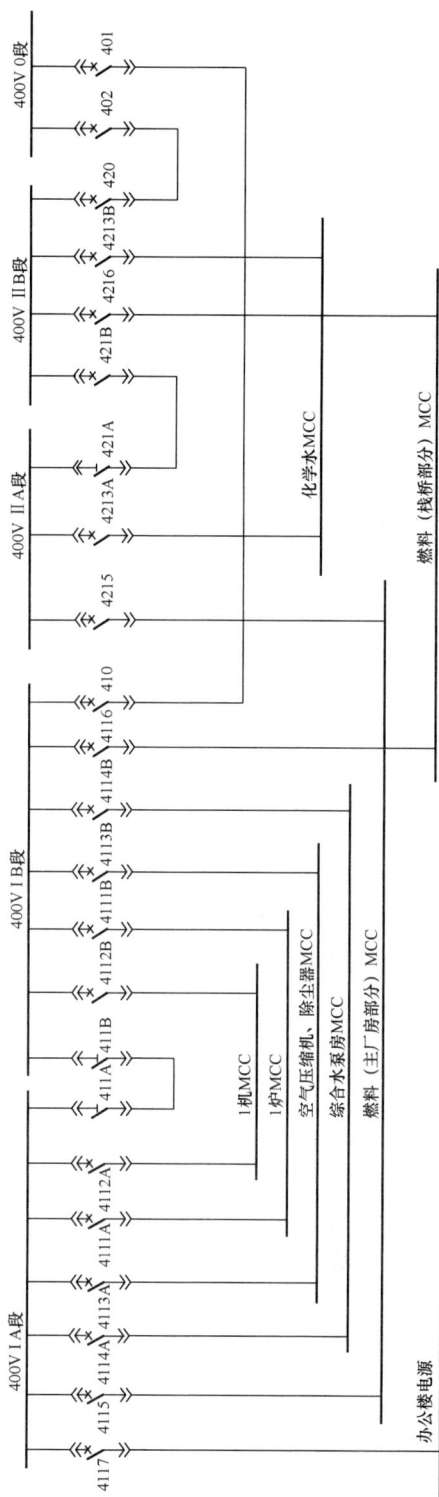

图 5 - 2　某生物质电厂低压厂用电系统

（2）厂外 10kV 线路对 10kV 0 备用段送电。

1）10kV Ⅰ、10kV Ⅱ、10kV 0 备用段电压互感器（TV）送电。

2）10kV 线路从厂外系统取电，K13 由检修转冷备用。

3）K13 冷备用转热备用。

4）K13 热备用转运行，10kV 0 厂用备用段母线转运行，检查 10kV 0 厂用备用段母线电压正常。

3.400V 系统母线由备用段送电

（1）检查操作前的现场条件。

1）各段低压厂用变检修工作全部结束，绝缘试验合格。

2）各段低压厂用母线绝缘试验合格。

3）10kV 厂用备用段进线保护按照定值要求校验完毕，经验收合格，保护传动试验动作正确，相应的跳闸及报警回路准确无误。10kV 段备用变压器各保护按照定值要求校验完毕，经验收合格，保护传动试验动作正确，相应的跳闸及报警回路准确无误，备用电源自动投入装置静态试验应完成。

（2）备用变压器、1 号工作段母线、2 号工作段母线送电。

1）备用变压器及 380V PC 备用段由检修转运行。

2）380V 工作 PCⅡB、PCⅡA 段由检修转运行。

3）380V 工作 PCIB、PCIA 段由检修转运行。

4.110kV 系统送电，10kV Ⅰ、10kV Ⅱ 系统送电

（1）检查操作前现场具备的条件。

1）110kV 开关设备安装和调试工作应全部结束，绝缘试验合格。

2）主变压器检修工作全部结束，绝缘试验合格。

3）10kV 厂用各段工作电源进线开关检修工作应全部结束，绝缘试验合格。

4）线路及变压器保护按照定值要求校验完毕，经验收合格，保护传动试验动作正确。

5）各开关、刀闸控制回路调试完毕，经网络监控系统远方合、跳正确，信号指示正确。

6）主变压器本体保护及冷却系统调试完毕，测温装置经验收合格。送电设备的测量系统及录波系统调试完毕可投入运行。

（2）送电步骤如下。

1）检查 110kV 线路及开关保护电源完好。

2）装上 110kV 线路侧 TV，装上主变低压侧 TV。

3）合上主变压器中性点接地刀闸，检查确认 110kV 线路其他接地刀闸在分位。

4）检查 110kV 线路各开关及操作机构正常。

5）投入各隔离开关操作电源，检查断路器、线路、母线保护投入。

6）110kV 线路送电。

7）主变压器充电。

8）10kV Ⅰ、Ⅱ 段送电。

5.400V 母线工作电源送电

（1）检查操作前现场具备的条件。

1）各段低压厂用变压器检修工作全部结束，绝缘试验合格。

2）各段低压厂用母线绝缘试验合格。

3）10kVⅠ、Ⅱ进线保护按照定值要求校验完毕，经验收合格，保护传动试验动作正确，相应的跳闸及报警回路准确无误。

4）10kVⅠ、Ⅱ母线、1号工作变压器、2号工作变压器、取水变压器等各保护按照定值要求校验完毕，经验收合格，保护传动试验动作正确，相应的跳闸及报警回路准确无误，备自投装置静态试验应完成。

（2）400V工作厂用变压器、取水变压器送电。

1）400V 1号工作变压器由冷备用转热备用，400V 1号工作变压器由热备用转运行。

2）400V 2号工作变压器由冷备用转热备用，400V 2号工作变压器由热备用转运行。

3）400V取水变压器由冷备用转热备用，400V取水变压器由热备用转运行。

（3）400V厂用电工作电源与备用电源倒换及备用电源备自动投入。

6. MCC段母线送电及厂用电动机负荷送电

（1）检查操作前现场具备的条件。

1）各电动机绝缘测量合格。

2）MCC各段母线绝缘合格。

（2）MCC段送电。MCC负荷送电注意负荷均衡分配在两段，否则两段电压不平衡。MCC负荷开关送电应注意避免环流。

（3）MCC段负荷送电。

（4）10kV系统负荷送电。

（5）400V系统负荷送电。

任务 2　汽轮机辅助系统运行

【教学内容】

5.2.1　循环冷却水系统

凝汽式单元发电机组中，为了使汽轮机的排汽凝结，凝汽器需要大量的循环冷却水。同时，汽轮机润滑油的冷却器，发电机空气的冷却器都需要大量的冷却水；发电机组中还有许多转动机械因轴承摩擦而产生大量热量，发电机和各种电动机运行因存在铁损和铜损也会产生大量的热量。这些热量如果不能及时排出，积聚在设备内部，将会引起设备超温甚至损坏。为确保设备安全运行，电厂中需要完备的循环冷却水系统，对这些设备进行冷却。冷却水的供水方式有直流供水和循环供水两种。

直流供水方式也称开式供水，是利用循环水泵直接从江河的上游取水，经过凝汽器等热用户之后，排入江河下游，冷却水只使用一次排出，这种方式用于水源充足的环境。

循环供水方式也称闭式供水，一般电厂所在地水源不充足时或水源距离电厂较远时采用。它必须有冷却设施，如冷却水池、喷水池和冷却塔等。循环水泵从这些冷却设施的集水井中汲水，经凝汽器等热用户吸收热量后的循环水再送进冷却设施中，利用水蒸气降温原理，使水降温后再送至凝汽器等热用户循环利用。

开式供水方式采用冷却水直排方式，会影响江河自然环境温度，因此目前火电机组多采用闭式供水方式。

冷却水进入厂内以后，根据各设备（轴承、冷却器等）对冷却水量、水质和水温的不同要求，分为多种冷却水系统。循环冷却水系统包括循环水系统、工业水系统等。

循环冷却水系统的主要功能是冷却汽轮机排汽，此外还为发电机空气冷却器和润滑油冷油器提供冷却水，对温度要求较高的对象，如润滑油冷却器，出口管道上设置有流量调节门调节冷却水量，控制冷油器出口油温。其两侧的隔离门和与之并联的旁路门，供调节门检修时用。有的电厂还直接引用循环水作为工业水系统的冷却水。

工业水系统主要用于向锅炉、汽轮机、发电机的辅助设备提供冷却水，以满足正常运行、启停和检修的要求。工业水的品质较差、水温较低，一般冷却水水质要求低于凝结水品质、水温较低而冷却水量较大的冷却设备。

循环水系统启动前，首先要对系统管路进行注水排空，排出系统停运时进入内部的空气，因为空气热阻大，残留在管道内会影响换热效果。当系统放空气门有连续水流流出后关闭。检查循环水泵启动条件满足，启动一台循环水泵运行，机组负荷升高后，根据凝汽器真空需要启动第二台泵运行。

为了减小离心式循环水泵启动时电动机的启动电流，应在水泵出口门关闭的情况下启动，当电动机的启动电流下降后，及时开启泵出口门，保证有足够的水流过水泵。否则，若长时间闷泵运行，泵中水摩擦产生的热量不能及时带走，会使水泵气蚀损坏。

若需要停用循环水系统，应确认无循环水热用户后，才能停止循环水泵。

5.2.2　润滑油系统

润滑油系统的任务是可靠地向汽轮发电机组的支持轴承、推力轴承和盘车装置提供合格的润滑油，以及为机械超速脱扣装置提供压力油。润滑油系统主要设备包括主油泵、注油器、高压交流油泵、交流润滑油泵、直流事故油泵、冷油器、盘车装置等。

1. 设备组成

（1）主油泵。主油泵安装在汽轮机高压转子前段短轴上，一般为双吸式离心泵，它供油量大，出口压头稳定，轴向推力小，且对负荷适应性好，在额定转速或者接近额定转速运行时，主油泵供给润滑油系统的全部压力油，其包括压力油总管、机械式超速遮断和手动遮断压力油总管。

这种主油泵不能自吸，因此在汽轮机启、停阶段要依靠电动机驱动的高压交流油泵供给机组用油和主油泵的进口油。如果主油泵的进口吸油管道中进入了气体，泵的正常工作会被破坏，从而造成润滑油系统的工作不稳定，因此主油泵的进口必须保持一定的正压。在正常运行时，主油泵由注油器提供一定压力的进油。主油泵的出口油压基本上与汽轮机转速的平方成正比，随着汽轮机转速的提高，主油泵的出口压力也增高。当汽轮机转速达到 90% 额定转速时，主油泵和注油器就能提供润滑油系统的全部油量，这时要进行主油泵和辅助油泵的切换。切换时应监视主油泵出口油压，当油压异常时应采取紧急措施，以防止烧瓦。

（2）注油器。注油器安装在主油箱油面以下的管道上，它实质上是一个射流泵。注油器由喷嘴、混合室、喉部和扩散段等基本部分组成。工作时主油泵来的压力油以很高的速度从喷嘴射出，在混合室内形成一个负压区，油箱中的油被吸入混合室。同时，高速油流带动吸入混合室的油进入注油器喉部。从油箱中吸入的油量基本等于主油泵供给喷嘴进口的动力用油。油流涌过喉部进入扩压管以后速度降低，部分动能又转化为压力能，使压力升高，最后将有一定压力的油供给系统使用。

（3）高压交流油泵。在机组启、停时，主油泵的供油压力低，不能满足机械超速危急遮断用油需要，而电动润滑油泵的出口压力低，只能满足机组润滑用油需要，故需要高压交流油泵向主油泵出口油管路供油，作为主油泵的备用泵。当汽轮机转速达到90%额定转速时，主油泵出力正常，停高压交流油泵。

（4）交流润滑油泵。该泵向机组轴承、盘车装置提供低压润滑油。在机组启动和停机过程中代替注油器向机组提供润滑油。在机组启动过程中先于高压交流油泵启动，以便在低压的情况下驱除油管道及各部件中的空气。

（5）直流事故油泵。直流事故油泵由电厂直流电动机驱动，是交流润滑油泵的备用泵，在交流电源或交流润滑油泵发生故障时才投入工作，是汽轮机润滑油系统的最后备用泵。

（6）冷油器。润滑油在运行过程中产生的热量由冷油器传递给冷却水。冷油器通常有两台，在正常运行时，一台投入，另一台备用。冷油器与润滑油泵和注油器出口连接，无论从何处来的轴承润滑油，在进入轴承前都经过冷油器。润滑油在冷油器壳体内绕管束外绕流，冷却水在管内流动。冷油器的出口油温可通过循环冷却水量来进行调节，正常运行情况下，冷油器出口处的润滑油温是40～45℃。因为油温过高或过低，会影响轴承油膜的形成。在机组启动过程中，一般油温是较低的，这时应该切断冷油器的冷却水使油温上升到要求数值。在盘车时，冷油器出口油温最好保持在27～35℃。

（7）顶轴油系统。机组在启动盘车前，先启动顶轴油泵，利用高压油把轴颈顶起来，离开轴瓦0.05～0.08mm，消除两者之间的干摩擦，同时减少盘车启动力矩，降低盘车电动机功率。顶轴油泵一般采用柱塞泵，应在出口门开启状态下启动。

（8）盘车装置。在汽轮机启动冲转以前或停机以后，转子需要以一定的速度转动一段时间进行直轴，使转子低速转动以保证转子均匀受热和冷却的装置，称为盘车装置。盘车装置是汽轮机必不可少的设备。在盘车过程中，运行人员应仔细检查汽轮机动、静部分是否有摩擦；转子各部分的振动值是否在规定的范围之内；应监视汽缸膨胀值均匀减少，盘车电流、转子偏心度正常，润滑油温度为27～35℃；检查润滑油系统工作运行时油路畅通、油质清洁，避免堵塞电磁阀。以方便在冲转前及时发现问题并加以处理。

在汽轮机启动的过程中，锅炉点火之前，凝汽器需具有一定的真空度，以便凝结锅炉点火后通过旁路排入凝汽器的蒸汽，因此要启动抽真空设备抽真空。而抽真空之前，应先向轴封供汽，以减轻抽真空设备的负荷。此时，汽缸内会漏入一些蒸汽。若转子静止不动，则由于热蒸汽大部分滞留在缸内上部，使转子和轴封的上下部分受热不均，造成转子弯曲变形。当机组冲转后势必产生很大的不平衡离心力而引起机组振动，甚至造成汽轮机动、静部分摩擦。为了保证在轴封供汽后不使转子弯曲，必须在轴封供汽之前先投入盘车装置，以利于汽轮发电机组顺利启动。汽轮机启动前，至少应连续盘车4h，以消除转子因机组停运和存放或其他原因引起的非永久性弯曲。

在汽轮机停机后，汽缸内尚有残留的蒸汽，汽缸和转子等部件还处于热状态，下汽缸冷却较快，上汽缸冷却较慢，因此汽缸的上部和下部存在温差。如果转子静止不动，转子必然会因上、下温差而产生弯曲。弯曲的程度随着停机后的时间的增长而增加，到某个时间达到最大值，以后随着部件冷却，上、下温差减小，弯曲也逐渐减小，这种弯曲称为弹性热弯曲。对于大型汽轮机，这种弯曲可以达到非常大的数值，过大的上、下温差，可能造成转子永久弯曲。弯曲的转子不允许重新启动汽轮机。为了防止停机后转子产生永久弯曲，且随时可以启动，当转速降至零时，必须使用盘车装置，将转子不间断地转动，使转子四周温度均匀，防止转子发生热弯曲。

2. 生物质发电机组润滑油系统举例

某生物质电厂润滑油系统如图 5-3 所示。该机组汽轮机供油系统一部分由主油泵向汽轮发电机组提供润滑油，并向调节保安系统提供压力油；另一部分是主油泵通过滤油器向汽轮机数字电液控制系统（digital electric hydraulic system，DEH）中电液驱动器供油。

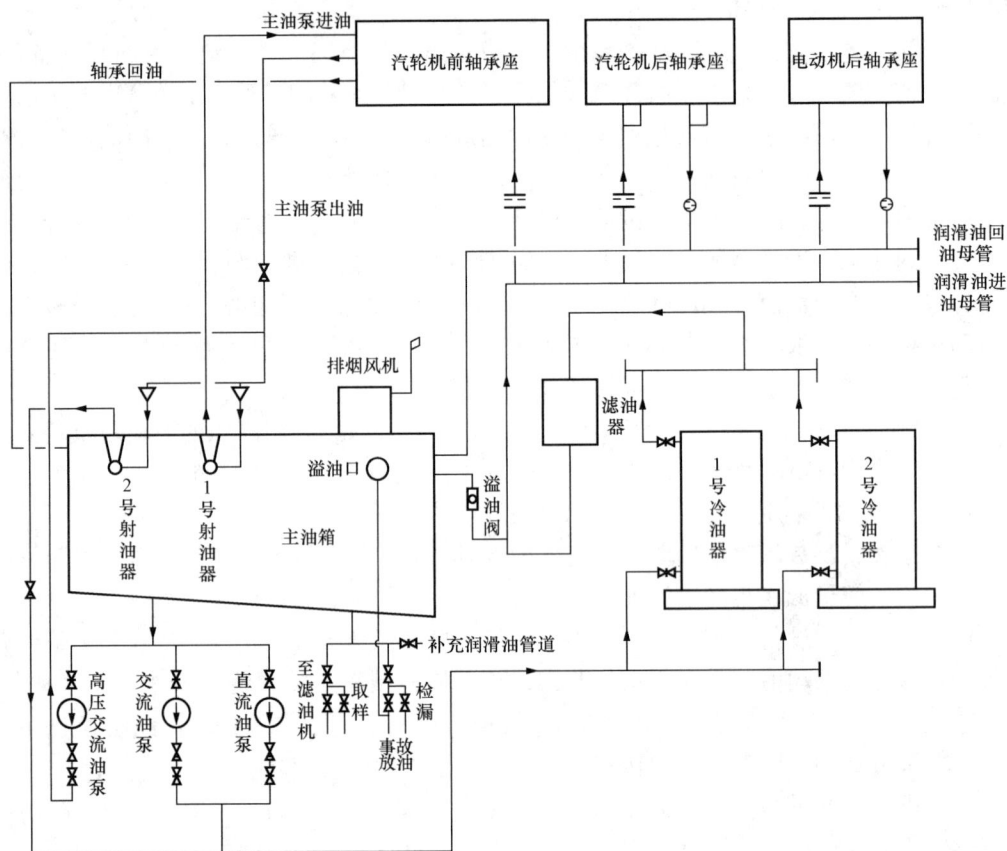

图 5-3　润滑油系统

润滑油系统主要包括主油泵、注油器Ⅰ、注油器Ⅱ、主油泵启动排油阀、高压交流油泵、交流润滑油泵、直流润滑油泵、主油箱、冷油器、滤油器、润滑油压力控制器及过压阀等。

离心式主油泵由汽轮机主轴直接带动，正常运转时主油泵出口油压为 1.2MPa，出油量为 1.0m³/min，供油给调节保安系统及两只注油器。注油器Ⅰ向主油泵进口供油，出口油压为 0.05～0.1MPa。注油器Ⅱ的出口油压为 0.22MPa，经冷油器、滤油器后供给润滑油系统。

机组启动时应先开启低压交流润滑油泵，以便在低压的情况下驱除油管道及各部件中的空气。然后再开启高压交流油泵，进行调节保安系统的试验调整和机组的启动。在机组的启动过程中，由高压交流油泵供给调节保安系统用油，通过注油器供给各轴承润滑用油。为了防止压力油经主油泵泄走，在主油泵出口装有逆止阀。同时还装有主油泵启动排油阀，以使主油泵在启动过程中油流通畅。当汽轮机升速至额定转速时，可通过出口管道上的阀门减少供油量，然后停用高压交流油泵，由主油泵向整个机组的调节保安和润滑系统供油。在停机时，可先启动高压交流油泵，在停机后的盘车过程中再切换为低压交流润滑油泵。

当主油泵出口油压降至 1.0 MPa 时，由压力开关联动高压交流油泵。当运行中发生故障时，润滑油压降低，有如下要求。

（1）正常润滑油压：0.078～0.147MPa。

（2）润滑油压低于 0.078MPa 时发出报警信号。

（3）润滑油压降至 0.054MPa 时交流润滑油泵自启动。

（4）润滑油压降至 0.039MPa 时直流油泵自启动。

（5）润滑油压降至 0.0196MPa 时停机。

（6）润滑油压降至 0.015MPa 时盘车装置自停止。

（7）当润滑油压高于 0.15MPa 时，润滑油管路中低压油过压阀自动开启，将多余油量排回主油箱，保证润滑油压保持在 0.08～0.15 MPa。

（8）此外，主油泵的排油直接引入油泵组进口，这样当甩负荷或紧急停机引起油动机快速动作时，不致影响油泵进口油压。

5.2.3　凝结水系统

凝结水系统的主要功能是将凝汽器热井中的凝结水由凝结水泵送出，经除盐装置、轴封加热器、低压加热器输送至除氧器，其间还对凝结水进行加热、除氧、化学处理和除杂质。此外，凝结水系统还向各有关用户提供水源，如给水泵的机械密封水、低压轴封减温器的减温水、汽轮机低压缸喷水等。由于机组热力循环中有一定流量的汽水损失，在凝结水系统中必须给予补充，补充水源一般来自化学除盐水。

1. 系统组成

凝结水系统主要包括凝汽器、凝结水泵、凝结水精除盐装置、轴封加热器、低压加热器以及连接上述各设备所需要的管道、阀门等。

2. 轴封加热器及最小流量再循环

经凝结水化学处理装置后的凝结水进入轴封加热器，利用轴封蒸汽余热加热凝结水。轴封加热器为表面式热交换器，用于凝结轴封漏汽和门杆漏汽。需要说明的是，生物质发电厂由于容量小，一般不设凝结水精处理系统。

在机组启动或低负荷时，主凝结水的流量远小于额定值，但如果凝结水泵的流量小于允许的最小流量，水泵有发生气蚀的可能。同时，轴封加热器的蒸汽是来自汽轮机轴封漏汽，无论是启动还是负荷变化，这些蒸汽都要有足够的凝结水来使其凝结。因此，为满足各种工况下凝结水泵及轴封加热器对流量的需求，轴封加热器后设有再循环管，必要时使部分凝结水经再循环门返回凝汽器，维持通过凝结水泵和轴封加热器的最小凝结水流量。再循环流量取凝结水泵和轴封加热器最小流量的较大值，使其分别满足两者的要求。

3. 低压加热器及其管路

低压加热器采用全容量表面立式加热器。其水侧有单独的旁路，当加热器水位过高或因其他故障需要隔离检修时，关闭该加热器进、出口电动阀，电动旁路门自动开启。低压加热器出口的主凝结水经过一个止回阀进入除氧头。止回阀可以防止机组降负荷或甩负荷时，除氧器内蒸汽倒入凝结水系统，造成管系振动。

低压加热器出口管道上引出一路排水管接至地沟，排水管道上设有一个手动门，该管路只在机组启动初期使用，用以排放水质不合格的凝结水，并对主凝结水系统进行冲洗。当凝结水的水质化验合格后，关闭该排水门，开启低压加热器至除氧器出口门，回收凝结水。

4. 凝结水系统运行注意事项

汽轮机在第一次启动及大修后启动时，凝汽器内无水，这时首先应通过专设的补充水管向凝汽器充水，一般电厂都补充化学软水。机组启动运转正常后，应化验凝结水水质是否合格，若不合格则应通过放水门排放凝结水，待水质合格后再关闭放水门，将凝结水送往除氧器。

系统运行前先检查凝结水补水箱水位正常，否则启动化学补水泵向凝汽器补水，并为低压加热器水侧注水排空气。检查凝汽器水位上升至正常水位、凝结水最小流量再循环投入、凝结水回路畅通，启动凝结水泵，开启凝结水泵出口门。检查凝结水再循环门自动调节正常，凝结水再循环建立，投入备用凝结水泵连锁。开启除氧器上水门向除氧器上水，注意控制上水流量小于等于化学补充水流量，以防止凝汽器水位下跌造成凝结水泵跳闸。

5.2.4　凝汽器抽真空系统

维持汽轮机的经济真空是提高机组循环热效率的主要方法之一。对于凝汽式汽轮机组，需要在汽轮机的汽缸内和凝汽器中建立一定的真空，正常运行时也需要不断地将由不同途径漏入的不凝结气体从汽轮机及凝汽器内抽出。真空系统就是用来建立和维持汽轮机组的低背压和凝汽器的真空。低压部分的轴封和低压加热器也依靠真空抽气系统的正常工作才能建立相应的负压或真空。

凝汽器的抽真空设备有抽气器和真空泵两种形式。

1. 抽气器

现代发电厂中应用最为广泛的是喷射式抽气器，它具有布置紧凑、结构简单、维护方便、工作可靠，以及能在短时间内建立所需的真空等优点。喷射式抽气器根据工作介质不同可分成射汽式抽气器和射水式抽气器。这两种抽气器的原理基本相同，区别只是工作介质不同。射汽式抽气器的工作介质是压力蒸汽，射水式抽气器的工作介质是压力水。小容量机组多采用射汽式抽气器。对于高参数大容量单元制机组，由于都采用滑参数启动方式，在机组启动之前不可能有足够的汽源供给射汽式抽气器，加之需采用由高压新汽节流到 $1.2 \sim$ $1.6 \mathrm{MPa}$ 压力的蒸汽供射汽式抽气器。因此，目前我国大容量机组都采用射水式抽气器。

射水式抽气器主要由工作水入口、工作喷嘴、混合室、扩压管和止回阀等组成。由射水泵来的压力水，通过喷嘴将压力能转变成动能，以一定的速度从喷嘴喷出，在混合室中形成高度真空。凝汽器中的汽气混合物被吸入混合室与工作水混合，一起进入扩压管，在扩压管中将动能转变成压力能，在略高于大气压的情况下随水流排出。在混合室与凝汽器连通的接口处装有自动止回阀（借助止回阀前后的压力差关闭），其目的是当射水泵发生故障时，防止水和空气倒流入凝汽器。

射水式抽气器抽真空系统由射水式抽气器、射水泵、射水箱及连接管道组成。

各台低压加热器的排气、凝结水泵及疏水泵的排气经排气管汇入凝汽器。凝汽器与射水式抽气器的工作室相连。射水箱的水，被射水泵（一台正常运行，另一台备用）升压后，打入射水式抽气器。抽气器中喷嘴射出的高速水流，在工作室内产生高真空以抽出凝汽器中的空气，气水混合物经扩压后回到射水箱。

在凝汽器与射水抽气器相连的抽气管道上设有真空破坏阀。其作用有两个：一是在汽轮机启动过程中调节凝汽器真空；二是在汽轮机事故紧急停机时，由运行人员在集控室手操打闸，破坏凝汽器真空。以缩短汽轮机转子的惰走时间，加速停机过程，防止事故扩大。真空破坏阀入口装有水封系统和滤网。密封水来自凝结水系统。水封管用来防止正常运行真空破坏门泄漏空气，影响凝汽器真空，并可以用来监视真空破坏门是否严密，水位计用于显示水封管的水位。如水位不断下降，则表示真空破坏门已经泄漏，必须向水封管不断补水，以防止空气漏入凝汽器。

2. 真空泵

真空泵的工作介质是水，但其工作原理与射水式抽气器不同，它属于离心式机械泵，圆筒形泵壳内偏心安装着叶轮转子，其叶片为前弯式（也有径向直板式）。当叶轮旋转时，工作水在离心力的作用下，形成沿泵壳旋流的水环，因此称它为水环式真空泵。由于叶轮的偏心布置，水环相对于叶片作相对运动，使相邻两叶片与水环之间的空间容积呈周期性变化，就像液体"活塞"在叶栅中作径向往复运动，当叶片从右上方旋转到下方时，水环与叶片之间的容积逐渐变大，从而形成真空，到最下部时真空最高，经轴向进气口将凝汽器中的气汽混合物抽吸出来。当叶片从最下方向左上方转动过程中，水环与叶片间的容积由大变小，压力不断升高，气汽混合物被压缩，通过排气口排出。随着叶轮的稳定转动，吸、排气过程连续不断地进行。真空泵的工作水与被压缩的气体是一起排出的。因此水环需用新的冷水连续补充，以保持稳定的水环厚度和温度。水环除起液体"活塞"的作用外，还有散热、密封、冷却等作用。真空泵抽真空系统工作流程如图 5-4 所示。

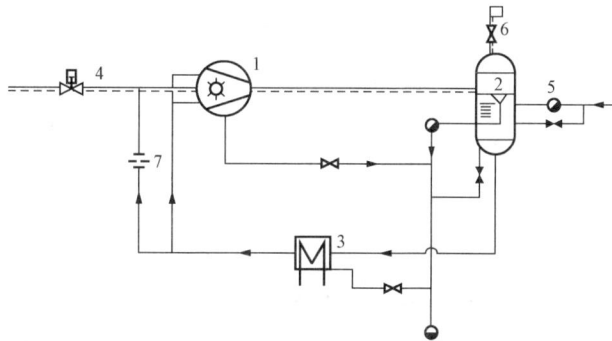

图 5-4　真空泵抽真空系统工作流程
1—水环式真空泵；2—气水分离器；3—冷却器；4—进气蝶阀；
5—浮子式疏水器；6—放气阀；7—节流孔板

该系统主要由水环式真空泵、气水分离器、冷却器等及其连接管道、阀门和控制部件组成。从凝汽器来的气体，经过常开式气动蝶阀后。沿泵吸气管进入水环式真空泵，泵排出的水和气体的混合物，从泵的出口管到达气水分离器，分离后的气体经气体排放口排入大气，分离出的水与来自水位调节器的补充水（一般用凝结水）一起进入冷却器，冷却后的水分为两路：一路直接进入泵体作为工作水（水环）的补充水，使水环保持稳定而不超温；另一路经孔板喷入真空泵吸气管，使即将进入真空泵的气体中所携带的蒸汽凝结下来，以提高真空泵的抽吸能力，冷却器的冷却水取自闭式或开式循环冷却水系统。分离器高水位溢水、真空泵和冷却器停用时的放水排入地沟。

启动时为加快凝汽器抽真空的过程，可开启多台真空泵。正常运行时，一台或两台真空泵即可维持凝汽器真空，满足在机组的各种运行工况下抽出凝汽器内的不凝结气体的需要。如果运行真空泵抽吸能力不足或因其他原因凝汽器真空下降时，可启动备用泵，两台真空泵同时运行，从而保证真空泵始终保持在设定的抽汽压力范围内运行，确保凝汽器真空。

5.2.5 轴封系统

汽轮机运转时转子和定子之间需有适当的间隙，确保不相互碰磨。但是间隙的存在就会导致漏气（汽），这样不但会降低机组效率，还会影响机组安全运行。为了减少蒸汽泄漏和防止空气漏入，需要有汽封装置，通常称为轴封。可分为通流部分汽封、隔板汽封、轴端汽封。反动式汽轮机还装高、中压平衡活塞汽封和低压平衡活塞汽封，现代汽轮机均采用曲径汽封（迷宫式），采用自密封形式的轴封系统。

生物质发电机组轴封蒸汽系统主要由密封装置、均压箱、轴封加热器等设备及相应的阀门、管路系统构成。轴封蒸汽系统的主要功能是向汽轮机轴封和主汽阀、调节阀的阀杆汽封供送密封蒸汽，同时将各汽封的漏汽合理导出或抽出。

轴封系统的作用可归纳为：①防止汽缸内蒸汽和阀杆漏汽向外泄漏，污染汽轮机房环境和轴承润滑油油质；②防止机组正常运行期间，高温蒸汽流过汽轮机大轴，使其受热从而引起轴承超温；③防止空气漏入汽缸的真空部分，在机组启动及正常运行期间，保证凝汽器的抽真空效果及真空度；④在汽轮机打闸停机及凝汽器需要维持真空的整个热态停机过程中，防止空气漏入汽轮机而加速汽轮机内部冷却而造成大轴弯曲；⑤回收汽封和阀杆漏汽，减少工质和能量损失。

汽轮机组的轴封均由若干个轴封段组成。相邻两个轴封段之间形成一个汽室，并经各自的管道接至轴封系统。在汽轮机的高压区段，轴封系统的正常功能是防止蒸汽向外泄漏，同时，为了防止空气进入轴封系统，在高压区段的最外侧一个轴封汽室则必须将蒸汽和空气的混合物抽出，以确保汽轮机有较高的效率。在汽轮机的低压区段，则必须向汽室送汽防止外界的空气进入汽轮机内部，将汽室的蒸汽、空气混合物抽走，保证汽轮机有尽可能高的真空，也是为了保证汽轮机组的高效率。无论在启动时向轴封送汽，还是机组正常运行时向轴封供汽，都应保持轴封加热器和轴封抽气器工作的正常，使轴封供汽和轴封抽汽形成环流，防止轴封蒸汽压力过高而沿轴泄出，这将会造成蒸汽顺轴承油挡间隙漏入油中，从而恶化油质。

为了汽轮机本体部件的安全，对送汽的压力和温度有一定的要求。因为送汽温度如果与汽轮机本体部件温度（特别是转子的金属温度）差别太大，将使汽轮机部件产生过大的热应力，这种热应力将造成汽轮机部件寿命损耗的加剧，同时还会造成汽轮机动、静部分的相对膨胀失调，这将直接影响汽轮机组的安全。

一般低压轴封蒸汽温度控制在150℃左右，而低压轴封蒸汽的减温水来自于凝结水系统的杂项用水，故凝结水系统应先于轴封系统投入。此外轴封系统投入过早、转子过热易导致汽轮机胀差过大，所以轴封系统投入前汽轮机盘车装置必须投入。实际生产中，中小型生物质直燃发电机组一般在冲转前10min投入轴封系统。

5.2.6　汽轮机回热抽气系统

1. 回热抽汽系统概况

回热抽汽系统用来加热进入锅炉的给水（主凝结水）。回热抽汽系统性能的优化，对整个汽轮机组热循环效率的提高起着重大的作用。回热抽汽系统抽汽的级数、参数（温度、压力、流量），加热器（换热器）的形式、性能，抽汽凝结水的导向，以及系统内管道、阀门的性能，都应予以仔细的分析、选择，才能组成性能良好的回热抽汽系统。

理论上回热抽汽的级数越多，汽轮机的热循环过程就越接近卡诺循环，其热循环效率就越高。但回热抽汽的级数受投资和场地的制约，不可能设置得很多。目前我国 12MW、30MW 等级的生物质发电汽轮机组，一般采用 3 段回热抽汽（高压加热器的抽汽、除氧器的抽汽、低压加热器的抽汽）。

在抽汽级数相同的情况下，抽汽参数对系统热循环效率有明显的影响。抽汽参数的安排应当是：高品位（高焓、低熵）处的蒸汽少抽，而低品位（低焓、高熵）处的蒸汽则尽可能多抽。对回热抽汽系统中加热器的性能要求，可归结为尽可能地缩小蒸汽与给水（主凝结水）之间的温差，为了实现该目的，目前主要通过以下两种途径。

（1）采用混合式加热器，从汽轮机抽来的蒸汽在加热器内和进入加热器的给水（主凝结水）直接混合，蒸汽凝结成水，其汽化潜热释放到给水中，两者成为统一体，压力、温度相等。采用这种方式的每台加热器，都必须相应地配备水泵来调整给水（凝结水）的压力，使其与相应段的抽汽压力一致。由于水泵也是要耗功的，因此，必须进行详细比较之后予以取舍。

（2）仍然采用表面式加热器（换热器），但针对汽、水特点，在结构上采取必要措施，尽量提高加热器的加热效果。一般来说，由汽轮机的高、中压缸抽出的蒸汽具有一定的过热度，在加热器的蒸汽进口处，可设置过热蒸汽冷却段（简称过热段）；经过加热器换热之后的凝结水（疏水），比进入加热器的主凝结水温度高，故可设置疏水冷却段。这样，就可以充分利用抽汽的能量，使加热器进出口的（温度）端差尽量减小，有利于提高整个回热系统的效率。在过热蒸汽冷却段内，过热蒸汽被冷却，其热量由主凝结水吸收，水温提高。而过热蒸汽的温度降低至接近或等于其相应压力下的饱和温度。但要注意的是采用过热段是有条件的，这些条件是：在机组满负荷时，蒸汽的过热度大于 83℃，抽汽压力达 1.034MPa，流动阻力小于 0.034MPa，加热器端差为 0～1.7℃，过热段出口蒸汽的剩余过热度为 30℃。

加热器应具有足够的换热面积，选用导热性能良好的材料，也是保证回热系统效率的必要条件。因为当加热器具有足够的换热面积并选用导热性能良好的材料能够使加热器的温度端差尽可能地小一些，系统的效率就高一些。抽汽的管道、阀门要有足够的通流面积，管道内表面应尽可能平滑，以减小阀门、管道的流动损失。

2. 系统保护

回热抽汽系统必须保证系统中的汽、水介质不能倒流进入汽轮机的汽缸，防止汽轮机超速或发生水冲击。

汽轮机各段抽汽管道将汽轮机与各级加热器或除氧器相连。当汽轮机突降负荷或甩负荷时，蒸汽压力急剧降低，这些加热器和除氧器内的饱和水将闪蒸成蒸汽，与各抽汽管道内滞留的蒸汽一同返回汽轮机。这些返回汽轮机的蒸汽可能在汽轮机内继续做功而造成汽轮机超速。运行中加热器管束破裂，管子与管板或联箱连接处泄漏，以及加热器疏水不畅造成水位过高等情况，都可能会使疏水倒入汽轮机，发生水冲击事故。

为避免这些事故的发生，一般高压抽汽管道上安装电动隔离门和气动止回阀。其中气动止回阀安装在汽轮机抽汽口附近，电动隔离门的位置则靠近加热器。电动隔离门作为防止汽轮机进水的一级保护，气动止回阀作为防止汽轮机超速保护并兼作防止汽轮机进水的二级保护。低压抽汽压力较低，汽水倒流危害性较小，且这时蒸汽已接近最终膨胀，容积流量很大，抽气管道较粗，阀门的尺寸大不易制造。在低压加热器进汽口装设挡板可以减少返回汽轮机的汽流带水。

3. 加热器的疏水和放气系统

加热器的疏水指回热抽汽在加热器内放热后形成的凝结水。疏水系统的作用是：疏放与回收各级加热器的抽汽凝结水；保持加热器水位在正常范围内，防止汽轮机进水。

表面式加热器疏水多采用逐级自流方式，利用各级加热器之间的压力差让疏水逐级自流至加热压力较低的相邻加热器内的蒸汽空间。正常情况下高压加热器的疏水逐级自流，最后流入除氧器；低压加热器的疏水也是逐级自流，最后流入凝汽器。

加热器管系和壳体中的不凝结气体会增加传热热阻，增大出口端差，对设备造成腐蚀。因此，在所有加热器的汽侧和水侧均设置排气装置及排气管道系统。加热器的放气系统的功能是从加热器和除氧器中排出不凝结的气体，以提高效率和防止腐蚀。在加热器的汽侧和水侧，通常都设置有排气管道。在正常情况下，高压加热器的连续排气管道从加热器汽侧引出至除氧器。在每根排气管道上加热器侧设置一只隔离门，在靠近除氧器侧设置一个隔离门。连续排汽管内，设有内置式节流孔板，用于限制排气量，防止加热蒸汽通过排气管道串入除氧器，降低热经济性。各级高压加热器的水侧也设有两根对空排气管道，以便加热器注水时排出水室中的空气。每条排气管道上串接两个隔离门，称为加热器的启动放气。各级低压加热器的汽侧均设置启动排气和连续排气装置。启动排气管道上设隔离门，直接排至大气。连续排气管道上设隔离门和节流孔板，排至凝汽器。如果运行中连续排气管上的节流孔板阻塞，启动排气管可作为连续排气管使用。加热器内的汽侧还设置有充氮管接头，以便在机组停机时间较长时，为加热器进行充氮保养。

4. 加热器运行和维护

低压加热器通常是随机启动，在汽轮机冲转时投入。低压加热器投入得过晚，有可能因抽汽使下缸温度下降，影响汽缸上、下壁温差。高压加热器则可以随机启动，也可以在负荷带至一定值后投入。高压加热器投入得过晚，会影响给水温度，给锅炉燃烧调整造成困难。若加热器的投入不致影响机组真空时，宜尽早将其投入运行。加热器随机启动，其金属温度随抽汽温度上升而逐步提高，也可以减少加热器受热面的热应力。高压加热器在一定负荷后投入运行时，应由低压到高压，以适当的时间间隔逐级投入，以控制加热器管壁的温升率。

加热器启动前应向加热器水侧（即水室侧）注水排气。注水速度取决于进水的温度和建议的温度变化率（建议取升温率 $2℃/min$，最大不超过 $3℃/min$）。当加热器采用定压启动方式，待机组负荷升高，加热器即将投入时，由低压到高压，逐渐开启抽汽电动隔离门，同时注意控制温升速度，每次操作间隔 $10\sim15min$，使温度变化率在规定范围内，电动隔离门全开后可关闭抽气管道上的疏水门。加热器的汽侧和水侧都分别设有放水门，以便在机组启动时，当水质不合格或机组停运时，将加热器内的水排至污水池。

机组正常运行时，所有抽汽管道上的电动隔离门和气动止回阀都处于开启状态。疏水门处于关闭状态，并与有关联动信号系统接通。控制正常疏水调节门维持加热器正常水位。各加热器连续放气门处于开启状态。加热器的疏水系统的所有启动放气门均关闭。

系统启动和运行的整个过程中，始终要监视加热器（汽侧）的疏水水位情况。加热器的水位太高，将使部分管子浸没在水中，从而减小蒸汽与管子的接触面积，影响加热效率，严重时会导致汽轮机进水的可能。造成加热器水位过高的主要原因有疏水调节阀失灵、加热器之间压差太小、超负荷、管子损坏等。加热器水位太低，会有部分蒸汽经过疏水管进入下一级过热器，也会降低加热效果。因此运行中必须对高低压加热器疏水水位进行严格控制。汽轮机高、低压加热器疏水水位都是自动控制的，一般允许低压加热器疏水水位偏离正常水位±38mm，高压加热器疏水水位的允许偏离值为±50mm。

若某台加热器解列检修，上一级加热器正常疏水门关闭，其疏水通过事故疏水门至凝汽器。解列加热器的正常疏水门和事故疏水门应关闭。加热器出现高水位时，应检查事故疏水门自动开启。如果水位继续升高，则关闭上一级加热器的正常疏水门，开启上一级加热器的事故疏水门，将疏水直接排至凝汽器，保证上一级加热器的正常水位。当水位升高到高水位时，水位高信号送到控制室报警，并关闭抽汽管道上的电动隔离门和止回阀，切除该加热器。

加热器出口端差是监督的另一个重要指标，因为许多不正常的因素都与此有关。当加热器的换热面结垢致使加热器传热恶化或加热器管子堵塞时，加热器出口端差都将会增大，为了避免加热器管子结垢和被腐蚀，必须保证主凝结水的纯度。如果由于空气漏入（在压力低于大气压区段）或排气不畅，加热器中聚集了不凝结的气体，也会严重影响传热，此时端差也会增大；加热器水位太高，淹没了部分换热面积，由于传热面积减小，也将使出口端差增大；若抽汽管道的阀门没有全开，蒸汽发生严重节流损失（此时抽汽口与加热器蒸汽进口处之间的压差大大增加），也会造成加热器出口端差增大。

总之汽轮机的辅助系统大致可分为冷却水系统、润滑油与盘车、凝结水系统以及轴封与真空系统。要使转动机械运行，首先必须提供冷却、润滑介质，所以冷却水和润滑油要先启动；要使工质运行，向锅炉提供合格的给水，凝结水、化学补水系统必须先、后运行；要对汽轮机本体和管道进行预暖，疏水系统必须投入，这就需要在盘车状态下投轴封与抽真空。这些就决定了辅助系统启动的基本顺序。四个部分既有纵的影响，又有横的联系。如凝结水需要化学补水的补充，工业水是给水泵电动机及轴承冷却水的水源，给水泵采用凝结水密封等。辅助系统的启动顺序，与其使用的工质有关，也要考虑它的用户，即它为哪些设备提供冷却水、汽或油。而转动机械启动前，本身的冷却水、润滑油系统必须先行启动。

5.2.7　生物质发电机组汽轮机辅助系统的启动

生物质发电机组汽轮机辅助系统的启动一般遵循以下步骤。

（1）检查工业水系统各阀门开启，启动工业水泵运行，投入备用泵连锁。

（2）检查空气压缩机系统各阀门开启，并启动空气压缩机、干燥机运行，备用空气压缩机出口门开启。

（3）启动除盐水泵，开启除氧器补水门向除氧器补水。

（4）润滑油系统启动。启动排烟风机，投入一台冷油器油侧运行；启动交流油泵，注意电流变化，就地检查压力、振动、声音正常后，开启出口门；就地检查机组各轴承回油流正常，系统应无漏油；投入直流油泵连锁开关；就地将盘车至投入位，操作员站（OIS）启动盘车电动机运行，检查各轴承回油油流正常，倾听机内应无摩擦声，汽轮机盘车转速正常。

（5）检查除氧器水位 700mm 以上，启动 1 号给水泵运行，正常后投 3 号给水泵备用。检查汽包进水正常，继续补水至除氧器水位正常。

（6）启动循环水泵，注意电流变化，就地检查压力、振动、声音正常，凝汽器水侧放尽空气后关闭放空气门，投入循环水泵备用泵连锁开关。

（7）启动凝结水系统。开启凝结水补水门向凝汽器补水，将凝汽器水位补至 300～600mm；汽轮机抽真空前启动凝结水泵，检查凝结水泵电动机电流应正常，开启凝结水泵出口门；稍开凝结水系统排水门进行凝结水管道冲洗，机组冲转后检测凝结水水质，水质合格回收凝结水送往除氧器。在并网后根据情况投入第二台凝结水泵运行，投备用泵连锁开关。

（8）主汽温 200℃ 以上，启动射水泵利用射水式抽气器抽凝汽器真空，调整均压箱温度、压力正常。

任务 3　锅炉辅助系统运行

【教学内容】

5.3.1　风烟系统

1. 系统设备

锅炉风烟系统的任务是连续不断地给锅炉燃料燃烧提供所需的空气量，同时使燃烧生成的含尘烟气流经锅炉各受热面和烟气净化装置后，最终由烟囱及时地排至大气。电厂锅炉一般采用机械平衡通风。送风机负责把风送进炉膛，引风机负责把炉膛的烟气排出炉外，并保持炉膛内一定负压。平衡通风不仅使炉膛和风道的漏风量不会太大，而且保证了较高的经济性，又能防止炉内高温烟气外冒，对运行人员的安全和锅炉房的环境均有一定的好处。

（1）空气预热器。空气预热器的作用是利用烟气余热加热进入锅炉的空气，它安装在省煤器后边的烟道内，热空气进入炉膛可以改善燃料着火及燃烧条件，减少不完全燃烧损失。

常用的空气预热器有管式和回转式两种。管式空气预热器由薄壁钢管焊接在上、下管板上，构成空气预热器管箱，布置在竖井烟道中。烟气从上向下在管内流动，空气在管外横向冲刷管子，通过管壁传递热量。

管式空气预热器由于结构尺寸大，金属用量大，给大型锅炉尾部受热面布置带来麻烦，因此管式空气预热器一般在中小容量锅炉上。但由于管式空气预热器具有结构简单，制造、安装检修方便，工作可靠，漏风小等优点，在循环流化床锅炉中被广泛应用。

在生物质发电机组中，还采用有热管式空气预热器，采用无机传热介质提高空气预热器冷端壁温，防止空气预热器的低温腐蚀。同时，又可以选用较低的排烟温度，提高锅炉效率，并适应布袋除尘器要求。热管式空气预热器具有换热效率高、等温性能好、流动阻力小（烟气阻力损失在 300Pa 左右）、工作安全可靠、壁温可调可控、清灰容易、维护简单等优良特点，非常适合在腐蚀、多尘的烟气环境中充分回收烟气余热资源。对于含尘量较大的烟气，一方面可以采用开齿螺旋翅片，以防止灰尘在热管翅片上的积累，另一方面可以采用激波吹灰器，彻底清除热管表面的集灰结焦，保持热管的换热效率。

热管式空气预热器是一种气—气式换热设备，工作过程是若干条热管纵向排列组合置于箱体内，箱体被中间隔板分成上、下两个区域，上面流动的是空气，下面流动的是烟气，热管内的工质不断吸收烟气中的热量，传导到上面空气中，完成烟气余热的回收工作。

回转式空气预热器为烟气和空气交替流过受热面进行热交换，当波形波蓄热元件处于烟气侧时，将热量传给波形板蓄积起来，当波形板蓄热元件处于空气侧时，波形板蓄热元件将蓄存热量传递给空气，使空气温度升高。受热面不断旋转，热量便不断从烟气传递给空气，使空气温度提高，烟气得到冷却。

回转式空气预热器的主要优点是结构紧凑、体积小、质量小，金属耗量较少，传热元件允许有较大的磨损，在国内外大中型锅炉中普遍应用，但缺点是结构复杂，制造工艺要求高，且消耗电力，漏风量大。

空气预热器运行中应该避免低温腐蚀。低温腐蚀是指烟气当中的水蒸气和硫酸蒸气进入低温受热面时，与温度较低的受热面金属接触，并可能发生凝结而对金属壁面造成腐蚀。对管壁温度较低的管式空气预热器的低温段和金属温度较低的回转式空气预热器冷端，均是容易发生低温腐蚀的部位。低温腐蚀，将使管壁穿孔，使大量空气漏入烟气中，造成送风量不足、炉内不完全燃烧热损失增加、锅炉热效率降低。

（2）送风机、引风机。送风机、引风机按工作原理可分为轴流式和离心式。

轴流式风机的工作原理是当电动机驱动浸在空气中的叶轮旋转时，叶轮内空气就相对叶片作用一个升力，而叶片也会同时给空气一个与升力大小相等、方向相反的作用力，称为推力，叶片推力对空气做功，使空气流体能量增加，并沿轴向流出叶轮，经过导叶等部件进入压出管道，同时，叶轮进口处的空气被吸入，只要叶轮不断地旋转，空气就不会连续不断的被压出和吸入。轴流式风机适合于大流量、低扬程的场所，电厂中常用作送、引风机。

离心式风机的工作原理是当风机的叶轮被电动机带动旋转时，充满叶片之间的气体在叶片的推动下随之高速转动，使气体获得大量的能量，在惯性离心力的作用下被甩往叶轮的外缘。气体的动能和压力能增加后，从蜗形外壳流出，叶轮中部则形成负压，在大气压力的作用下气体流入叶轮中心，从而不断地被压出和吸入形成风机的连续工作。

离心式风机具有效率高、性能可靠、流量均匀、易于调节、结构简单、制造成本较低、噪声小、抗腐蚀性能较好的优点，采用机翼型后弯叶片，其效率可高达 85％～92％，故在中小型锅炉机组中得到了广泛的应用。

（3）罗茨风机。罗茨风机为容积式风机的一种，其外形如图 5-5 所示，工作原理如图 5-6 所示。罗茨风机依靠工作部件的旋转运动，使工作室容积周期性的变化来输送流体。在两根相互平行的轴上设有两个叶轮，叶轮与机壳外圆、端面及各叶轮三者之间始终保持微小的间隙，由于叶轮互为反方向匀速旋转，使得机壳与叶轮所包围着的一定量的气体由吸入的一侧输送到排出的一侧。三叶型叶轮每转动一次由两个叶轮进行三次吸、排气，输送的风量与转速成正比例。两叶轮始终由同步齿轮保持正常的啮合，不会出现相互碰撞的现象，结构简单，运转平稳，性能稳定。

图 5-5　罗茨风机外形

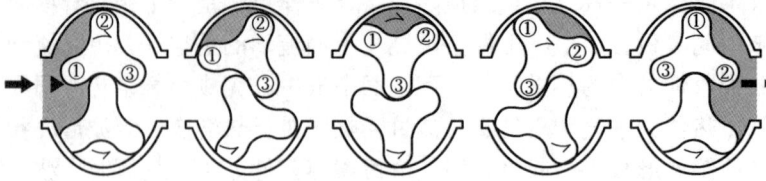

图 5-6 罗茨风机工作原理
①、②、③—罗茨风机叶片编号

罗茨风机最大的特点是当压力在允许范围内调节时，流量变化小，压力的选择范围很宽，具有强制输气的特征，是一种高压头、小流量的风机，特别适合生物质循环流化床锅炉返料风的要求。

罗茨风机的操作方法与离心风机有所区别，在启动时候，为了减低启动电流，离心式风机要求关闭风机入口挡板，以达到减小通风量、降低负荷的目的；而罗茨风机则要求打开出口阀门，以减少高压风出口阻力而防止电动机过载。

2. 生物质循环流化床锅炉机组风烟系统实例

生物质循环流化床锅炉的风烟系统包括一次风系统、二次风系统、高压流化风系统和烟气系统。

（1）系统简介如下。

1）一次风系统。一次风系统用风由一次风机提供。一次风机出口风分冷热两路风，一路经过空气预热器后，成为热风，又分为锅炉一次风和锅炉启动用风；另一路不经过空气预热器，作为锅炉的给料风和给料密封风。锅炉一次风经过启动燃烧器一次风口，流经水冷风室和布风板上风帽进入炉膛底部，实现炉膛的物料流化、辅助燃料的着火和助燃。锅炉点火期间，此路风关闭由启动用风替代。锅炉的启动用风又分为点火风和混合风。点火风用于启动燃烧器油点火、混合风用于控制启动期间的油燃烧后的烟气温度。锅炉油枪撤出正常运行时，启动风微开冷却油枪，不经过空气预热器的冷风经过增压风机增压后，接到炉前四个给料装置的特定部位，使燃料能够顺利地进入炉膛，同时防止炉膛内烟气返窜保护给料系统。

2）二次风系统。二次风系统用风由二次风机提供，二次风为冷风、进入二次风箱。从二次风风箱引出支管，分上下两层，进入到炉膛密相区中、上部，用于燃料的助燃。运行中可以通过调节一、二次风风量的配比来控制炉膛温度，调节稀相区的燃烧份额。

3）高压流化风系统。高压流化风机提供的高压流化风，经返料器下部风室，分别进入到回料阀的下料区和返料区，实现回料阀中物料的流化和回料阀的自密封。

高压流化风机为罗茨风机，一用一备。从高压流化风机送出的回料用风分为两部分，分别送入返料器的布风板下的两个相互隔开的小风室。一部分用于料腿（立管）下降段的供风，主要起松动作用使料腿侧物料处于负压差移动床状态，称为松动风。另一部分用于返料器的上升段，克服返料器布风板至返料斜管的高度等的返料阻力，称为返料风。下降段用风特点：高压头、小流量、高风速；上升段用风（相对于下降段）特点：压头低、流量大、风速小。高压流化风系统工艺流程如图 5-7 所示。

4）烟气系统。燃料在炉膛内燃烧后产生的高温烟气和没有被分离器分离的飞灰流经尾

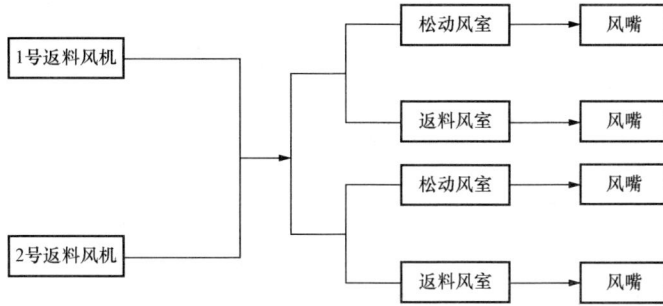

图 5-7　高压流化风系统工艺流程

部第 1、2、3 通道的对流受热面，然后经过除尘系统、引风机，进入烟囱排向大气。烟气系统工艺流程如图 5-8 所示。

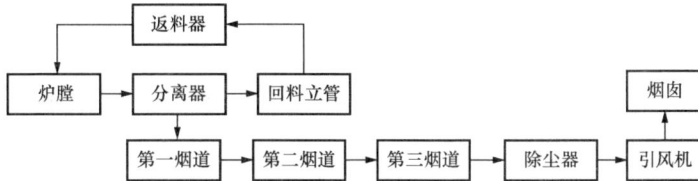

图 5-8　烟气系统工艺流程

（2）风烟系统的运行。风烟系统启动顺序是：引风机→高压流化风机→一次风机→二次风机。

1）引风机的运行。启动允许条件：引风机出口电动门关且无故障信号，引风机在远控、引风机无控制回路故障，烟气通道建立，入口挡板开度小于 3%，引风机定子线圈和轴承温度正常。

跳闸条件：炉膛压力低三值，引风机定子线圈或轴承温度任一高于跳闸值、延时 5s。

在锅炉启动期间，引风机是风烟系统中启动的第一台风机。在引风机启动之前，它的入口挡板调定在最小位置，以避免启动期间引风机的电动机电流过载。引风机启动后，注意风机轴承振动指示值，电压电流值和温度在规定范围内。缓慢开启引风机的入口导叶控制挡板，将炉膛负压（分离器出口）控制投"自动"，监视炉膛压力，随后进行调节控制挡板操作，保持燃烧室出口处合适的炉膛压力。在锅炉运行期间，引风机出现任何原因的跳闸或停机，一次风机、二次风机和给料系统也应停机。

2）高压流化风机的运行。启动允许条件：流化风机出口电动门全开，炉膛负压低于高二值，引风机已运行。

跳闸条件：主燃料跳闸（master fuel trip，MFT）、引风机停、流化风机运行 20s 后出口门未开。

在锅炉启动期间，引风机启动完毕，启动高压风机，检查回料阀每个风室的风量。高压风机为罗茨风机，风机在无负荷状态下启动，即风机对空排气阀和出口电动门打开。空载试验正常后，将风机对空排气门或去旁路管上的阀门逐渐关闭，同时控制风机出口门逐渐缓慢加载。

3）一次风机的运行。启动允许条件：一次风机在远控，一次风机无控制回路故障，炉膛负压低于高二值，引风机运行，流化风机运行，一次风机定子线圈和轴承温度正常，一次风机入口调节挡板位置反馈小于3%。

跳闸条件：MFT、炉膛压力大于高三值，引风机停，一次风机定子线圈或轴承温度高于跳闸值延时5s。

在锅炉启动期间，一次风机的启动是在引风机，高压风机启动之后。在启动一次风机之前，该风机入口挡板，下游的一次风道挡板和启动燃烧器的各风道挡板应调整到最小位置，以避免在启动时风机的电动机过载。一次风机运行后，缓慢打开一次风机入口导叶控制挡板，监视炉膛压力。

4）二次风机的运行。启动允许：二次风机在远控，二次风机无控制回路故障，炉膛压力低于高二值，引风机已启动、任一流化风机运行、二次风机定子线圈和轴承温度正常、二次风机入口调节挡板位置反馈小于3%。

跳闸条件：MFT、引风机跳闸，二次风机定子线圈或轴承温度高于跳闸值、延时5s。

二次风机是风烟系统中最后启动的设备。二次风机根据锅炉燃烧情况酌情启动，一般在发电机并网后、锅炉烟气含O_2低时启动二次风机。在二次风机启动之前，二次风流量的入口挡板关闭，以避免风机的电动机过载。

5.3.2 给水系统

给水系统的主要功能是将除氧器水箱中的主凝结水通过给水泵提高压力，经过高压加热器进一步加热之后，输送到锅炉的省煤器入口，作为锅炉的给水。此外，给水系统还向锅炉过热器的一、二级减温器提供减温水，用以调节过热器出口蒸汽的温度。

1. 给水泵

给水泵根据给水控制原理的不同分为定速泵和变速泵。

定速泵通过改变给水调节阀的开度来控制给水流量，称为给水流量的节流控制方式。这种控制方式，优点是简单可靠，缺点是节流损失大，增加泵消耗的功率，同时调节阀门处于很高压力下工作，容易磨损和损坏。另外，由于定速泵启动转矩大，配置的电动机容量比水泵的额定容量大得多，很不经济，现代大型发电机组广泛采用变速泵，通过改变给水泵的转速控制给水流量。

变速泵又可分为电动变速泵和汽动变速泵。电动变速泵的启动电动机经液力耦合器与水泵相连接，通过改变液力联轴器中勺管的径向行程，改变联轴器的工作油量，实现给水泵的转速控制。汽动变速泵由小汽轮机驱动，通过控制小汽轮机的进汽量，改变汽动给水泵的转速。汽动给水泵可直接将蒸汽的热能转变为机械能，有较高的效率。但由于驱动小汽轮机的蒸汽一般采用主汽轮机的抽汽，在机组启动和低负荷时，汽轮机抽汽汽压太低，无法维持汽动变速泵的正常运行，因此采用汽动变速泵的系统一般都配置有一定容量的电泵作为机组启停和低负荷时使用，并作为汽动变速泵故障时的备用泵。

为防止给水泵汽蚀，给水泵出口均设置独立的再循环装置，其作用是保证给水泵有一定的工作流量，以免在机组启停和低负荷时因给水流量过低而发生汽蚀。最小流量再循环管道由给水泵出口管路上的止回阀前引出，并接至除氧器给水箱。给水泵最小流量控制系统仅工作在给水泵启动和低负荷阶段。锅炉给水流量只要大于最小流量定值，给水再循环调节阀门就关闭。

电厂中给水泵多采用离心泵，启动时要确保给水泵注满水，开启给水泵再循环手动门，关闭出口电动门，启动给水泵电动机。根据表计数据检查给水泵的压力、温度是否正常，当出水压力达到规定压力后，再逐渐打开出水门，并观察给水泵的工作情况是否正常。运行中检查滑动轴承内油环的工作是否正常，根据锅炉要求调整再循环满足锅炉需要。

2. 高压加热器

给水系统设置一台全容量、卧式、双流程的高压加热器。高压加热器进一步将给水加热以提高循环经济性。高压加热器的水管承受给水泵出口压力，如果管子破裂，给水必然流向汽侧，使加热器水位迅速上升，甚至倒流入汽轮机，发生严重事故。因此，必须为高压加热器系统设置旁路保护装置。它的作用是一旦加热器故障，就及时切断高压加热器进水，给水经过旁路流向锅炉，保证不间断地向锅炉供水。每台高压加热器的出口管道上均装有一个安全门。这是为了防止高压加热器停运后，由于汽轮机抽汽管道上的隔离门关闭不严，漏入加热器的蒸汽使加热器管束内的给水受热膨胀，引起水侧超压。

3. 给水控制手段

给水控制主要通过以下方法进行。

（1）电动给水泵的定速运行，节流调节给水，对于早期投产的中小型机组，通常采用电动定速给水泵，通过控制给水调节阀的开度来维持汽包水位为给定值，这种在全负荷范围内均有调节阀来控制汽包水位的方案，其节流损失较大。

（2）电动给水泵以转速调节为主，启动初期旁路阀节流调节配合。在低负荷阶段，用给水调节阀（或旁路调节阀）来控制汽包水位；在高负荷阶段，调节电动给水泵转速来控制汽包水位，这种方案减少了节流损失，但是由于电动给水泵始终运行，所以消耗的电能较多。

（3）汽动调速泵、电动调速泵、调节阀组合。在低负荷阶段，调整电泵转速，保证泵出口与汽包之间的适当的差压（或泵出口压力），由给水调节阀（或旁路调节阀）来控制汽包水位；在负荷超过某一值（对应的给水流量需求接近调节阀的最大流通能力）且汽动给水泵尚未启动时，由电动调速泵来控制汽包水位；在汽泵启动后，逐步由电动调速给水泵过渡到汽动给水泵来控制汽包水位。电动给水泵只在机组启动阶段或汽动给水泵故障时使用，这种方案克服了前两种方案的缺点，是一种效率较高的给水控制方案。

汽包锅炉给水控制系统的主要任务是控制汽包水位为给定值。在锅炉点火负荷较低时使用给水旁路调节系统，其测量值汽包水位有三个变送器，汽包水位变送器的差压经过汽包压力补偿得到水位实际值，最后的水位取三个的平均值，设定值由运行人员手动设置。当水位与设定值的偏差大于 50mm 时调节系统自动切手动，当调节器输出与阀位的偏差大于 50％时调节系统自动切手动。机组还设置有主给水调节系统，主给水调节单冲量系统是给水调节阀在负荷较低时使用，这时机组负荷小于 25％。主给水调节三冲量系统是给水调节阀在负荷大于 25％时，因系统受影响因素较多，调节系统引入蒸汽流量、给水流量和汽包水位三个测量信号，共同控制水位，系统由主调和副调构成串级方式，主调的测量值是汽包水位，蒸汽流量是主调的前馈；主调的输出作为副调的设定，副调的测量值是给水流量。当水位与设定值的偏差大于 50mm 或主调的输出与给水流量偏差大于 20t/h 时，调节系统自动切手动，当调节器输出与阀位的偏差大于 20％时调节系统自动切手动。

5.3.3　锅炉疏水、放气、排污

1. 锅炉疏水、放气

锅炉疏水是指锅炉启动过程中锅炉蒸汽流经锅炉过热器时放热凝结的水，通过排放疏水，逐步提高过热器的壁温，同时防止疏水形成水塞造成过热器管壁超温，运行中随着锅炉主气压的升高，监测锅炉受热面的壁温正常后关闭过热器疏水门。

点火初期应开启汽包、过热器空气门，排出受热面内积存的空气以防止影响传热，汽轮机抽真空时，关闭汽包、过热器空气门。

2. 锅炉排污

为了保证锅水含盐量在允许范围内，锅炉运行过程中必须将部分含盐浓度高的锅水排出，并补充清洁的给水，控制锅水品质，这个过程称为锅炉排污。根据排污目的不同，锅炉排污有连续排污和定期排污两种。

连续排污是指在运行过程中连续不断的排出部分锅水、悬浮物和油脂，以维持一定的锅水含盐量和碱度。连续排污的位置是在锅水含盐浓度最大的汽包蒸发面附近，即汽包正常水位线以下 200～300mm 处。在连续排污主管上，沿着长度方向均匀的开有一些小孔或槽口，或者是在主管上均匀的装置一些上端开口的排污支管。排污水经过小孔或槽口或管口流出主管，然后通过引出管排走。

定期排污是指锅炉运行中，定期地排出锅水里的水渣等沉积物。排污位置在沉淀物聚集最多的水冷壁下联箱底部。定期排污的排污量和排污时间，根据汽水品质的要求由化学人员确定。

锅炉点火后，开启锅炉连排门，开启连排扩容器至定期排污扩容器门。排污时，先开启一次门，然后缓慢开启二次门，对联箱和排污管道进行暖管，如发现水冲击或异常变化时，立即关闭二次门查明原因，处理后重新进行。在运行中，应根据汽水品质控制标准及化验结果适当调节连续排污二次门开度。定期排污前先通知主值与邻炉主值，征得主值同意后，方可进行，此阀门由化验员进行操作。排污操作人员应戴好手套，并使用专用阀门钩。水位过低或运行设备不正常时禁止锅炉排污，但汽包水位过高和汽水共腾除外。

5.3.4　炉前燃油系统

炉前燃油系统是保证炉内正常燃烧的重要环节。其主要作用有点火、升温升压或低负荷时保持稳定燃烧、机组故障快速切负荷时维持锅炉燃烧。

某生物质循环流化床锅炉的炉前燃油系统包括三部分，用于床下启动燃烧器的燃油管路系统；供床下点火油枪的油管路吹扫所用的压缩空气管路系统；供火焰检测器冷却用的冷却风管路系统。

油枪采用简单机械雾化油枪。单支油枪出力 250kg/h，进油油压 2.5MPa。油枪的总热负荷占锅炉总热负荷的 11%。

系统在进油母管和回油管上设有手动截止阀、过滤器、快速启闭阀、油调节阀、三个压力开关（高报警、低报警、低跳闸）、一个温度计和一个压力表。压力高、低报警值分别为大于 3.2MPa 和小于 1.1MPa。油压低跳闸值是 1.0MPa。在每支油枪的 $\phi25\times3$ 进油管上，各装有一个手动截止阀，一个快速启闭阀和一个压力表；在吹扫蒸汽管路上各设有一快速启闭阀和截止阀、止回阀等。回油管路中布置调节阀，压力调节阀根据燃油母管压力和锅炉的需要来控制调节阀的位置。通过调节调节阀，调节进、回油量，使床下油枪在最佳状态下

工作。

该油枪投运时，该进、回管路上的所有阀门皆为打开状态，跳闸阀在机组运行时是常开的，使炉前油管路处于热备用状态。当发生 MFT 时，跳闸阀则自动关闭。

炉前燃油系统启动时，启动燃油泵，开启调节阀、跳闸阀、循环阀、检查油循环通畅，油压正常。

任务 4　锅炉吹扫、点火及升温升压

【教学内容】

5.4.1　锅炉炉膛安全监控系统（FSSS）

1. FSSS 功能

锅炉炉膛安全监控系统（furnace safeguard supervisory system，FSSS）是大型火电机组自动保护和自动控制系统的一个重要组成部分，其主要功能是保护锅炉炉膛的安全，避免发生爆炸事故，以及保护锅炉锅内工况，如汽包锅炉的汽包水位高/低保护。锅炉炉膛安全监控系统还对气、油、煤这些燃料燃烧器进行遥控/程控等管理。

FSSS 的主要功能大致可归纳为下列五项。

（1）炉膛吹扫。锅炉点火前和停炉后必须对炉膛进行连续吹扫，以稀释或吹尽炉内可能存在的可燃混合物，防止点火时爆燃。

吹扫开始和吹扫过程中必须满足一定的吹扫条件，以保证锅炉炉膛和烟道内不会积聚任何可燃物。吹扫时必须切断进入炉膛的所有燃料源，并最少有 25%～30% 额定空气量的通风量，吹扫时间应不少于 5min。在有油系统油泄漏检验功能时，计时是在油系统泄漏试验成功后开始的，以保证 5min 的炉膛吹扫是在不存在燃料泄漏的前提下进行的。在吹扫计时时期内，若吹扫条件中任一条件不满足，则认为吹扫失败，再次吹扫时需重新计时。

（2）油枪程控。点火前吹扫完成后，炉膛具备了点火条件，则运行人员可在控制室内进行油枪的程控点火或停运。

（3）炉膛火焰检测。炉膛火焰检测一般分为"火球"火焰检测和单个燃烧器（油枪或煤燃烧器）火焰检测两种。前者一般只检测火焰的强度，后者则同时检测火焰的强度和火焰的脉动频率。对于欧洲合格认证锅炉，火球监视只是用于全炉膛监视，即在满足一定条件下（如锅炉负荷大于 20%），可以认为炉膛内的燃烧已形成火球。判断各煤层是否着火可以以是否观察到火球为标准。在点火阶段仍以单个燃烧器为基础，并以火焰强度和脉动频率来结合判断。

（4）主燃料跳闸。主燃料跳闸（MFT）是锅炉安全监控系统的主要组成部分，它连续地监视预先确定的各种安全运行条件是否满足，一旦出现可能危及锅炉安全运行的危险情况，就快速切断进入炉膛的燃料，以防止锅炉熄灭后爆燃，避免发生设备损害和人身伤亡事故，或者限制事故的进一步扩大。当发生 MFT 后，有首出跳闸原因显示；当 MFT 复位后，首出跳闸记忆清除。

（5）燃油泄漏试验。为防止供油管路泄漏（包括漏入炉膛），油系统泄漏试验是针对燃油快关阀及单个油角阀的密闭性所做的试验。操作员可直接在显示器（CRT）上发出启动油泄漏试验指令。第一步检测油枪及回油速断阀是否泄漏，先关回油速断阀及油角阀，打开进油速断阀注油一段时间后，关闭进油速断阀停油泵，若 2min 内进油速断阀前后差压大于 70kPa，且油压不低于 2MPa，则说明油枪不漏；第二步打开回油速断阀泄压，关闭回油速断阀，若 2min 内进油速断阀前油压大于 2MPa，则说明进油速断阀不漏（定值由调试单位视燃油泵出力确定）。

2. 生物质循环流化床锅炉 FSSS 系统实例

（1）炉膛吹扫控制。生物质循环流化床锅炉吹扫条件包括：主燃料跳闸（MFT）条件不存在；给料机全停，床温小于 380℃；锅炉风路畅通；炉膛通风量大于 30％额定风量；所有油角阀关闭；进油快关阀关闭。

（2）油枪控制。炉膛吹扫完成后，MFT 复位，如果满足炉膛点火先决条件，即可进行点火。生物质循环流化床锅炉点火许可条件为：①锅炉跳闸信号解除（吹扫完成）；②油跳闸信号（OFT）不存在；③燃油跳闸阀打开；④燃油压力正常；⑤油枪吹扫压力正常；⑥空气量大于 30％。

在"允许点火"信号发出之后，锅炉就正式进入点火状态，FSSS 开始进行点火控制。油枪控制系统接到启动信号后，首先要对油枪启动条件进行全面检查，符合油枪启动条件后，开始执行油枪的启动程序。

单支油枪的启动程控顺序为：进油枪→延时→进点火器→点火器打火→开油角阀→延时→停打火、退点火器→结束。如果油阀开，若干秒内（例如 30s）火焰检测器未检测到火焰，则认为点火失败，关闭油阀，油枪跳闸，自动进行油枪吹扫并退出油枪。

（3）给料系统控制。

1）给料系统介绍。锅炉给料系统采用前墙集中布置，炉前布置有四个给料口。一定粒度的燃料经给料机进入布置在前墙的四个给料管。另外，布置有补充用床料加入口。炉前给料系统流程：炉前料仓→仓底活化装置→螺旋输送机→落料管→气动快关阀→炉膛。

2）投料允许条件：①无 MFT 信号；②风量大于 30％额定风量；③床温大于 380℃；④汽包水位正常；⑤下料气动快关阀打开；⑥播料风和密封风开度大于 20％开度；⑦增压风机旁路门打开，风压大于或等于 7kPa。

（4）主燃料跳闸。

1）生物质循环流化床锅炉机组触发 MFT 条件：①手动 MFT；②引风机停；③一次风机停；④流化风机全停；⑤炉膛压力高高跳闸（压力高于 ＋1500Pa，延时 5s；或高于 ＋2000Pa）；炉膛压力低低跳闸（压力低于 －2000Pa，延时 5s；或高于 －2500Pa）；⑥旋风分离器入口烟温大于 950℃；⑦床温高于 980℃；⑧风室风压低于 1000Pa、延时 10s；⑨布风板的一次热风量低于临界流化风量；⑩汽包水位高高跳闸（高于水位 ＋150mm）；汽包水位低低跳闸（低于水位 －175mm）。

此外，当热控系统出现问题，也会触发 MFT。比如基建安装调试质量问题、系统设计问题、热控设备问题、自动控制系统问题、火焰检测问题、热控系统电源问题等也会造成 MFT 误动作。

2）主燃料跳闸后的锅炉连锁。MFT 发生后，分别跳闸四台螺旋给料机，关闭 8 个入料口闸板门，关闭燃油速断阀，延时 5s 后关闭减温水总电动门。

（5）油燃料跳闸（OFT）。油燃料跳闸逻辑检测油母管的各个参数，当有危及锅炉炉膛安全的因素存在时，关闭主跳闸阀，切除所有正在运行的油燃烧器。

1）OFT 跳闸条件：①燃油快关阀后油压低于 1.0MPa，延时 5s；②运行人员手动跳闸（运行人员关闭主跳闸阀指令）；③MFT 信号；④油阀不在关状态，火检无火，延时 2s。

2）OFT 后锅炉连锁：关闭所有点火油油角阀，关闭点火油进油快关阀及调节阀，延时关闭点火油泵。

5.4.2　生物质循环流化床锅炉吹扫、点火及升温升压

1. 锅炉点火前的吹扫

锅炉点火前，应打开所有风、烟道挡板及阀门，保持 25%～30% 额定风量进行吹扫，吹扫时间应不少于 5min。吹扫完毕，锅炉主燃料跳闸信号才能自动复位，否则锅炉点火允许条件不能建立。

2. 循环流化床锅炉的点火方式

循环流化床锅炉的点火是通过某种方式先将床料加热至燃料燃烧所需的最低稳定着火温度以上，然后用床料加热给入的燃料，使燃料稳定燃烧。加热床料的方法有固体床点火和流化床点火两种方式。固定床点火方式在小型的鼓泡床锅炉应用较多，即在床料不流化的固定床状态下，采用油枪点火，对固定的床表面加热。这种点火方式费时费力、效率低，用油枪加热床料将使料层表面过热结焦，深处床料加热不到。对于循环流化床锅炉，尤其电站循环流化床锅炉基本不使用固定床点火。

循环流化床锅炉的点火方式主要为流态化点火，即燃料先不给入，先启动风机，在流态化的状态下投入油枪将惰性床料加热到燃料燃烧所需的最低温度，然后投入固体燃料，使燃料着火、燃烧。随着固体燃料的不断投入，床温不断增加，相应地减少启动燃烧器的燃油量，直至最后停止启动燃烧器的运行，并将床温稳定在 850～900℃。流态化点火方式是循环流化床锅炉的最常用最基本的点火方式。床料在流化状态下被加热，效率高、加热均匀、不易结焦。

流态化点火按点火的位置又分为上点火和下点火，所谓上点火和下点火，是以布风板为界，在布风板上部点火加热床料就为上点火，反之为下点火。此外，还有锅炉同时具有床上点火装置和床下点火装置的联合点火启动方式。与三种点火启动方式相对应，燃烧器主要有三种不同的布置方式，即床上布置、床下布置、床上＋床下布置。

床下点火方式的特点是热利用率高，点火油燃烧所产生的热量由床下点火风携带对床料进行加热，大部分热量被床料吸收，床温上升快速、均匀，能加快升炉速度和减小热损失。但有很长的点火风道，占地面积较大，系统复杂。为了简便操作，节省燃料，加快启动速度，许多锅炉采用了床下点火的方法。

3. 锅炉点火

某生物质循环流化床锅炉机组在炉膛底部水冷风室两侧设置有两台床下点火启动燃烧器。点火燃烧器由点火油枪、高能点火器及火焰检测装置组成。点火油枪为机械雾化，燃料为 0 号轻柴油，高能点火器及火焰检测装置也布置在燃烧器上，以保证锅炉的安全启动。为便于了解油枪的点火情况，燃烧器上设有观火孔。

该生物质循环流化床锅炉采用床下流态化方式点火启动，启动过程是：首先在流化床内加装启动床料，启动风烟系统确保床料保持在充分流化状态，启动高能点火器，点燃油枪，在风室中将空气加热至 800℃，热烟气通过水冷布风板均匀进入流化床，加热启动床料，床

料在流化状态下将温度升至 380℃，维持稳定后开始投入燃料。可先断续少量给入燃料，当床料温度持续上升后，加大给料量并连续给入燃料，同时降低燃油量，节约能源和成本。当床温稳定升至 600℃，投料维持床温稳定退出油枪运行。

4. 锅炉升温、升压

锅炉点火以后，燃料燃烧放热，使锅炉各部分逐渐受热。蒸发受热面和炉膛温度也逐渐升高。水开始汽化后，汽压也逐渐升高，从锅炉点火直到汽温、汽压升至汽轮机冲转温度和冲转压力的过程，称为锅炉升温升压过程。由于水和蒸汽在饱和状态下，温度与压力之间存在一定的对应关系，蒸发设备的升压过程也就是升温过程，所以通常利用旁路系统，以控制升压速度来控制升温速度。

（1）锅炉出口排放阀。对于不设置汽轮机旁路系统的中小机组，锅炉对空蒸发排放阀充当旁路作用。

锅炉点火后应及时打开锅炉出口排放阀，因为蒸汽参数未达到汽轮机冲转的要求参数时，主汽门尚未开启，锅炉的排汽量比较少，容易引起汽温升高速度跟不上汽压升高的速度，所以必须采用开启向空排汽的方法加大蒸汽系统的排汽量，来提高蒸汽参数。另外，加大蒸汽排放量后，还可以增强过热器受热面的冷却程度，防止受热面壁的局部过热。

（2）升压过程中汽包的温差和热应力。汽包上半部接触的是饱和蒸汽，其传热方式为凝结放热，放热系数要比下半部缓慢的对流传热大几倍，故上半部壁温升高较快。当压力升高时，上半部壁温很快达到对应压力下的饱和温度，这样就使汽包上半部壁温高于下半部壁温，上半部受到压应力，下半部受到拉应力，使汽包产生拱背变形。上、下壁温差与升压速度有关，升压速度越快，该温差越大，且压力越低时越明显。这主要是由于在低压时，压力升高对应的饱和温度上升较快的缘故，故在升压过程中应严格控制升压速度，这是防止汽包温差过大的根本措施。

为了防止过大的热应力损坏汽包，目前国内各高压和超高压锅炉的汽包上、下壁温差及汽包筒体任意两点的温差均控制在 35℃ 以下。一般规定汽包内工质温度升高的平均速度不应超过 $1.5 \sim 2℃/min$，升温升压应按规定的启动曲线进行。在升压过程中，除严格按照规定的升压曲线进行外，还应保持蒸汽压力稳定变化，不使蒸汽压力波动太大，蒸汽压力波动时引起饱和温度的波动，从而引起汽包温差增大。

（3）水冷壁及省煤器的保护。锅炉正常运行时，水冷壁管外壁受到高温火焰的辐射，内壁被汽水混合物冷却。水冷壁管内、外壁温差与壁厚成正比，壁越厚，温差越大，热应力越大，一般水冷壁壁厚不宜超过 6mm，当压力更高时，则不采用增加壁厚的方法而采用强度更高的材料制造水冷壁管。目前，大部分锅炉水冷壁均采用 15CrMo 或 15MnV 等低合金钢。

此外在升压过程的初始阶段，水冷壁受热较弱，管内工质含汽量很少，故水循环不正常；投入的油枪或燃烧器数量少，水冷壁受热不均匀性很大。通过正确选用和适当轮换点火油枪或燃烧器，可使水冷壁受热趋于均匀。加强下联箱放水，使受热较弱的水冷壁受热加快。在各水冷壁下联箱内设置邻炉蒸汽加热装置以促进水冷壁的正常循环的建立。

自然循环汽包锅炉在启动初期间断上水。停止给水时，省煤器内局部可能有水汽化，如蒸汽不流动，可能使局部管壁超温。而再继续给水时，该处温度迅速下降，使管壁产生交变热应力。为保护省煤器，在启动初期应注意省煤器再循环的运行。自然循环锅炉绝大多数采用汽包与省煤器进口联箱连通的再循环管，形成经过省煤器的自然循环回路，起着当省煤器上部蛇形管中的水被蒸发产生气泡而连续补充省煤器进水量的作用，通过再循环管在点火期间保护省煤器。但当锅炉进水时，省煤器内水的温度波动较大，特别点火的后期，由于锅水温度大大高于给水温度，因而波动就更大。此种波动将在省煤器管壁内引起交变的温度应力，对省煤器焊缝发生有害的影响。同时，运行人员操作也较麻烦，再循环门要根据锅炉是否进水来进行开关操作，即在锅炉进水时，再循环门应关闭，否则给水将经再循环管短路进入汽包，省煤器又会因失去水的流动而得不到冷却。上水完毕后，关闭给水门的同时，应打开省煤器再循环门。

（4）过热器的保护。过热器是锅炉主要部件之一，它的工质温度和管壁金属温度都是锅炉中最高的，在启动过程中过热器安全工作十分重要。为了保证过热器的安全运行，应满足两个要求：其一是过热汽温应符合汽轮机冲转、升速、并网、升负荷等要求；其二是过热器管壁不超过其使用材料的许用温度，其联箱、管子等不产生过大的周期性热应力，以增加其使用寿命。

锅炉正常运行时，过热器被高速蒸汽所冷却，管壁金属温度与蒸汽温度相差无几。但在启动过程中，部分立式过热器管内一般都有凝结水或水压试验后留下的积水，点火以后，积水将逐渐被蒸发，或被蒸汽流所排除。但在积水全部被蒸发或排除以前，某些管内没有蒸汽流过，管壁金属温度近于烟气温度。即使过热器内已完全没有积水，若蒸汽流量很小，管壁金属温度仍较接近烟气温度。因此在锅炉启动过程中，应该限制过热器入口烟温。某生物质直燃发电机组规定当锅炉蒸发量小于10%额定值，限制过热器入口烟温小于480℃。控制烟温的方法主要是限制燃烧率（控制燃料）或调整火焰中心的位置（控制炉膛出口温度）。

5. 汽轮机暖管投入

对于单元机组，锅炉点火升温升压与汽轮机暖管是同时进行的。

暖管的目的是减少管壁温差引起的热应力和防止管道内的水冲击。

汽轮机启动前，锅炉末级过热器出口阀至汽轮机电动主气阀及至汽轮机主汽阀进口的主蒸汽管道温度相当于室温。锅炉点火后，利用所产生的低温蒸汽对上述设备及管道进行预热，称为暖管。

暖管时当蒸汽进入冷的管道时，必然会急剧凝结，蒸汽凝结形成的凝结水称为疏水。暖管时蒸汽放出汽化潜热，管壁受热而使壁温升高。如果这些疏水不能及时地从疏水管路排除，当高速汽流从蒸汽管道中通过时便会发生水冲击，引起管道振动。如果这些疏水被蒸汽带入汽轮机内，将发生汽轮机水击事故。另外，通过疏水，加快了蒸汽的流动，可以提高蒸汽温度。因此暖管应和管道的疏水操作密切配合。在暖管过程中，主蒸汽管疏水，一般通过疏水管道、经疏水扩容器排至凝汽器。

5.4.3　生物质循环流化床锅炉冷态启动实例

1. 点火前准备

点火前的准备工作主要有以下几点。

（1）接到点火命令，按规程要求对锅炉机组设备进行全面检查，并做好点火准备。

（2）在流化床上铺设一层0～5mm的沸腾炉渣，高度约400～600mm，厚度要均匀，其颗粒度要求见表5-2。

表 5 - 2　　　　　　　　　　　　　床料颗粒粒度要求

底料粒径（mm）	重量比（%）
1 以下	20
1～3	50
3～5	25
5～8	5

（3）连锁试验，相关连锁处于正确位置。DCS 分散控制系统已投入。

（4）冷态试验已全部完成并做好详细记录。

（5）布袋除尘器在旁路位置；给水泵启动，通过给水旁路向汽包上水，水位正常。

（6）关闭炉门，打开左右点火风门，混合风门，一次风左右调节挡板开度在 50%。远控依次启动引风机，高压流化风机。启动一次风机，调整一次风量，保证底料微流化，调整炉膛负压为－100～－50Pa。

（7）锅炉吹扫条件满足吹扫炉膛 5min、MFT 复位。

（8）点火前，应对油枪、点火枪推进器、电磁快关阀及高能点火器进行手动动作试验，以防止在自动点火过程中出现故障而导致点火失败。

（9）在 DCS 点火图面上，启动油泵，调整油压至 2.0～2.5MPa。

2. 程控点火操作

程控点火操作有以下内容。

（1）试验油枪雾化情况，并吹扫干净。

（2）检查点火条件满足。点火允许条件包括：MFT 和 OFT 已复位；无油枪点火禁止信号；探头冷却风压正常；燃油温度正常；燃油压力正常；燃油快关阀处于开状态；吹扫空气压力正常。

（3）检查"点火允许"变红色，即允许自动点火。

（4）点火允许后，弹击"开始"，并点击"确认"。这时点火自动进行。

（5）油枪点燃后，火焰监测器发点燃信号 100%，在图面上将弹出红色火焰形状图。点火成功显示，点火枪自动退出。

（6）调整油压、风量，使油枪燃烧稳定，控制风室温度平稳上升。注意风室温度小于 800℃。

如果点火失败，速断阀会自动关闭，点火枪会自动退出。显示点火失败信号，执行吹扫程序。出现点火失败后，必须认真检查，找出原因，待故障消除后，再重新进行一次。如果短时间不能发现和消除故障或第二次点火失败后，则应改为手动点火。

3. 投料

投料时应注意以下几点。

（1）控制炉料缓慢升温，点火初期是底料的吸热和膨胀阶段，保持最低流化风量。当下部料层温度升至 350℃时，开 20% 的密封风和播料风，启动给料机，依次脉冲给料，维持床温上升。

（2）当床温升至 600℃左右，并有稳定上升趋势，给料与燃烧工况稳定后，退出油枪。

微开左右点火风门、混合风门。全开一次风左右调节挡板。

（3）停止油泵运行后关闭油枪入口手动截止阀。

（4）根据负荷和氧量情况启动二次风机，维持氧量在 4%～6%。密封风播料风正常投入。

（5）根据水位情况调整给水调节门，给水旁路全开后走主路。汽包进水时，关闭省煤器再循环阀，停止进水时开启。

4. 锅炉升压、汽轮机暖管

（1）伴随着点火过程，汽压在不断上升，当汽压上升至 0.05～0.1MPa 时，冲洗锅筒水位计，并核对其他水位计指示应与之符合。

（2）当汽压升至 0.15～0.2MPa 时，关闭锅筒空气门、减温器联箱排空门。

（3）当汽压升至 0.25～0.35MPa 时，依次进行水冷壁下联箱排污放水，注意锅筒水位，在锅炉进水时应关闭锅筒至省煤器入口的再循环门。

（4）当汽压升至 0.3MPa 时，联系汽轮机司机长，开锅炉主汽门的旁路进行暖管，当压力升至 0.6～0.7MPa 时，全开主汽门，关旁路门。

（5）当汽压升至 1MPa 时，通知热工投入水位计。

（6）汽压升至 2.4MPa 时，定期排污一次。

（7）汽压升至 3～4.9MPa 时，冲洗水位计，并通知化验人员化验汽水品质。

注意直接向汽轮机供汽前，应对蒸汽管道进行暖管。冷态蒸汽管道暖管时间不少于 2h，热态蒸汽管道的暖管时间为 0.5～1.0h。锅炉蒸汽管道的暖管，一般应随锅炉升压同时进行。在点火时，汽压为 0.3MPa 时，开启锅炉过热蒸汽出口电动阀的旁路门，通知汽轮机开启电动主汽门前的疏水门，用锅炉的蒸汽加热蒸汽管道，汽轮机暖管至自动主汽门前。随着锅炉升温升压，达到汽轮机冲转参数。

5. 点火、升温升压操作的注意事项

点火、升温升压过程中应注意以下内容。

（1）控制床层温度，防止局部超温结焦，而造成点火失败。

（2）注意汽包水位，以防锅炉缺水。

（3）严格控制温升速度，以防金属壁温增大和耐火材料因温差过大造成裂纹和脱落。（饱和温升一般控制在 50℃/h 以内。）

（4）控制风室温度不超过 800℃。

（5）点火过程中要保持适当的炉膛负压。

（6）点火过程中不得任意打开人孔门。

（7）点火启动时若不成功或熄火时，应立即停止喷油，利用引风机和一次风机加强通风，吹扫时间为 5～10min。

（8）点火启动过程中，油点燃后，注意观察实际燃烧情况，一旦熄火，能自动切断油路，防止爆燃。若自动失灵，应立即改为手操处理。

（9）根据炉膛升温速率，前期油枪不宜出力过大，控制升温率为 100℃/h。

（10）待排烟温度升至 110℃ 以上时，投布袋除尘器运行和仓泵除灰系统。

总之，生物质循环流化床锅炉点火、升温升压过程是：锅炉吹扫完成，启动燃油系统，采用流态化床下点火方式进行锅炉点火、升温升压，同时汽轮机暖管直到主汽门前，锅炉升温升压主蒸汽参数达到冲转要求，主蒸汽温度为 280℃以上，有 50℃以上过热度，主蒸汽压力为 2.5～3.0MPa。

点火初期是底料的吸热和膨胀阶段，保持最低微流化风量维持床温逐渐上升。床温 380℃时启动给料系统脉动给料，维持床温上升，床温 600℃，投料维持床温稳定退出油枪。

汽轮机分段暖管，主汽温 200℃时启动循环水系统，冲转前半小时启动抽真空系统，冲转前 10min 投入轴封系统，维持冲转前真空 61～70kPa。

由于锅炉的冷态启动是工质升温升压过程，也是锅炉各部件由常温升高到正常运行温度的过程，在升温升压过程中应注意对锅炉受热面的保护，防止受热面因热应力或超温而造成损坏，因此要严格控制温升速度，以防金属壁温增大和耐火材料因温差过大造成裂纹和脱落（饱和温升一般控制在 50℃/h 以内），整个升温升压过程禁止通过关锅炉疏水阀及对空排放阀赶火升压。此外，要注意控制床层温度，防止因局部超温结焦而造成点火失败。为了保护省煤器不超温，在点火升压期间锅炉不上水时，省煤器与汽包再循环门必须开启，在锅炉开始进水时，应将再循环门关闭。

任务 5　汽 轮 机 冲 转

【教学内容】

5.5.1　DEH 系统

1. DEH 系统功能

汽轮机的负荷自动调节功能主要由汽轮机数字电液控制系统（digital electric hydraulic system，DEH）实现，DEH 主要作用有以下几点。

（1）具有操作员自动、远方控制和电厂计算机控制方式，以及它们分别与汽轮机自动控制系统（ATC）组成的联合控制方式。

（2）具有自动控制（A 和 B 双机容错），以及一级手动和二级手动冗余控制方式。

（3）可采用串级或单级比例积分调节器（PI）控制方式，当负荷大于 10％时可由运行人员选择是否采用调节级压力和发电机功率反馈回路。

（4）可采用定压运行或滑压运行方式，当采用定压运行时，系统有阀门管理功能，以保证汽轮机获得最大效率。

（5）根据电网的要求，可选择调频运行方式或基本负荷运行方式，设置负荷的上、下限及速率等。

2. 某生物质直燃发电机组 DEH 系统组成

（1）汽轮机主汽门自动关闭器及启动挂闸装置。启动挂闸装置控制主汽门自动关闭器上下动作而控制自动主汽门开启，同时启动挂闸装置可以对机组机械超速复位。动作过程是挂闸电磁阀得电建立复位油，同时在复位油的作用下使弹簧切换阀 1 动作，使压力油经节流孔建立起安全油。安全油将启动挂闸装置切换阀 2 压下，接通启动油路开启自动主汽门。在停机时安全油泄掉，切换阀 2 切断启动油，并泄掉自动关闭器的油缸腔室中的油，使自动主汽门快速关闭。自动主汽门开关电磁阀正常不带电，得电时切断压力油并泄掉启动油，使自动主汽门关闭（可以用于作主汽门严密性试验）。

（2）伺服执行机构（电液伺服阀、油动机）。电液伺服阀动作过程：油动机错油门滑阀上、下分别作用压力油，其上部作用面积是下部的一半，上部压力油油压与主油泵出口油压相同，下部油压为压力油的一半左右，下部油压通过错油门套筒——动态进油口进油，该油称为脉动控制油。DEH 发出的阀位指令信号，经伺服放大器后，伺服阀将电信号转换为脉动控制油压信号，控制动态进油，直接控制油动机带动调节汽阀以改变机组的转速或功率。在油动机移动时，带动位移传感器，作为负反馈与阀位指令信号相加。当两个电信号相平衡时，伺服放大器的输出就保持不变，这时 DDV 阀回到原平衡，保持脉动控制油压不变，油动机就稳定在一个新的工作位置。

（3）保安系统。该系统包括机械液压保安装置和电气保护装置两部分，机组设置了三台遮断装置：运行人员手动紧急脱扣的危急遮断装置、超速脱扣的危急遮断器、电动脱扣的电磁保护装置。主要保护项目有超速，轴向位移，润滑油压降低，轴承回油温度高，凝结器真空降低及油开关跳闸，DEH 保护停机等。当出现保护停机信号时，AST 电磁阀动作，立即使主汽门、调节汽阀关闭，同时报警；油开关跳闸可根据具体情况关闭调节汽阀，或者同时关闭主汽门，主汽门的关闭是通过保安油的泄放达到的，调节汽阀关闭是通过控制油泄放来实现的。

（4）DEH 的主要功能如下。

1）汽轮机的转速控制。在汽轮机并网前，DEH 为转速闭环无差调节系统，其设定点为给定转速。给定转速与实际转速之差，经 PID 调节器运算后，通过伺服系统控制油动机开度，使实际转速跟随给定转速变化。

为避免汽轮机在临界转速区停留，DEH 设置了临界转速区，当汽轮机转速进入此临界区时，DEH 自动以较高速率冲过。在通过临界区时 DEH 自动以 500r/min 的升速率快速通过。在临界区以外以原来设定的升速率进行升速。

2）汽轮机的负荷控制。负荷控制有阀位控制和功率闭环控制两种方式。

阀位控制：操作员通过功率操作盘设定的目标值是对应阀门的开度，而不是真正的实际功率值，在机组初并网较低负荷和要求投入协调控制系统（CCS）遥控时采用此种方式。机组并网后，自动进入负荷阀位控制方式，操作员通过调出画面上的"负荷控制"操作盘，设定所需的负荷目标值，并按"进行"按钮，"进行"按钮变红，给定值按原来的升负荷率向目标值靠近，因为是开环阀位控制，当时目标值不一定是真正的负荷值，操作员可以通过"升负荷率"按钮改变升负荷率。

负荷闭环控制：操作员通过负荷控制操作盘设定的目标值就是真正要求的实际功率值，DEH 通过 PI 调节控制阀门开度，使汽轮机所发功率等于设定值。机组并网后，一般在50%负荷后可以投入负荷控制。操作员通过"负荷控制"操作盘投入功率回路，按"功率回路"按钮，该按钮变红，表示已投入功率回路，增减功率设定值进行功率闭环控制，DEH 通过 PID 控制实际功率到设定值。再按"功率回路"按钮，该按钮变灰，退出功率回路，即回到了阀位控制方式。

3）同期控制。汽轮机到达同步转速（2950～3050r/min）后，DEH 系统可以接受同期装置来的信号进行汽轮机转速的调整。

4）一次调频。汽轮发电机组在并网运行时，为保证供电品质对电网频率的要求，通常应投入一次调频功能。当机组转速在死区范围内时，频率调整给定为 0，一次调频不起作用，当转速在死区范围之外时，一次调频动作，频率调整给定按不等率随转速变化而变化。

5.5.2　汽轮机冲转

1. 汽轮机冲转参数选择

冷态启动时，主汽门前主、再热蒸汽压力和温度应满足制造厂提供的有关启动曲线。冲转参数的选择应合理，选择的基本原则如下所述。

冲转时主蒸汽压力选择应综合机炉两方面及旁路系统的因素来考虑，从便于维持启动参数的稳定出发，进入汽缸的蒸汽流量应能满足汽轮机顺利通过临界转速和初负荷的需要。为使金属各部件加热均匀，应使冲转蒸汽有较大的容积流量，为此，冲转蒸汽压力应适当选择低一些。

为了避免进入汽轮机的蒸汽过早进入湿蒸汽区而造成的凝结放热及末几级叶片的水蚀，一般要求蒸汽有 50℃以上的过热度。为了避免冲转时汽轮机各部件被蒸汽急剧加热和冷却，产生不允许的热应力，应保持蒸汽温度高于汽缸金属温度 50℃以上。

凝汽器保持真空度的高低对启动过程有着很大影响。在冲转的瞬间，大量的蒸汽进入汽轮机内，因为蒸汽的凝结需要一个过程，所以真空会有不同程度的降低。如果真空过低，会使排汽温度大幅度升高，使凝汽器铜管急剧膨胀，造成胀口松弛，以致引起凝汽器管子泄漏。而过高的真空也无必要，真空越高，冲动汽轮机需要的进汽量越少，将达不到良好的暖机效果，从而延长了暖机时间。

一般要求：主蒸汽温度有 50℃过热度，蒸汽温度比金属温度（调节级汽缸温度）高 50℃左右；国产机组主蒸汽压力为 1～1.5MPa，引进机组为 4～8MPa；双管道蒸汽温度差不超过 17℃，主、再热蒸汽温差，高中压合缸机组为 28℃，短时可达 42℃。

2. 冲动转子

冲动转子是汽轮机的金属由冷态变化到热态，转子由静止变化到高速转动的初始阶段。这个阶段的矛盾是由金属温度升高的速度和转子转速升高的速度而引起的。

冲动转子的瞬间，高温新蒸汽同低温汽轮机部件接触，蒸汽对金属进行剧烈的凝结放热。这时金属的升温率较大，容易产生较大的热应力。随着转速的升高，汽轮机金属温度也将升高，汽缸内蒸汽对金属的对流放热成分逐渐增加，金属温度升高速度放缓。限制新蒸汽流量才能控制金属升温速度。蒸汽流量与转速、负荷有一定关系，因而控制升速率和升负荷率也就是控制温升速度。

（1）暖机。汽轮机在冷态启动时，蒸汽与汽缸、转子的温差很大，为防止汽轮机各金属部件受热不均匀产生过大的热应力和热膨胀，在冲转升速至额定转速前，需要有一定时间的暖机过程。暖机的目的是避免金属部件过大的热应力，防止金属材料脆性破坏。升速暖机过程是转速和各部件的金属温度逐步升高的过程。这个过程能否正常进行，将直接影响到汽轮机整个启动过程中各部件的热应力、热变形、热膨胀及振动等情况。

启动过程规定的升速速度是根据汽轮机金属允许的温升率来选择的。在升速暖机过程中，必须严格控制金属的温升率，即控制升速速度。升速过快，会引起金属过大的热应力。升速过慢只是不必要地延长启动时间，而无别的好处。不同的机组在不同的升速阶段，金属温度升高速度也不同，应该了解所属机组从冲动转子到额定转速的各阶段中汽轮机金属温度的变化情况，按照运行规程选择合理的升速速度并适时暖机。

在低速暖机期间应检查油压、油温、油位、轴瓦钨金温度及轴承振动应正常，回油应畅通。仔细倾听轴封、汽缸及转动部分应无异音及金属摩擦声。

（2）升速。确认机组低速暖机正常后，便可升速。升速过程中操作及注意事项如下。

1）暖机升速过程中，每次升速后，都应注意倾听转动声音及检查各轴承振动，振动值应不大于 0.03mm，过临界时应不大于 0.10mm，若发现振动增大或有不正常声音时，应立即降速至振动消除，维持此转速 30min，再升速。如振动仍未消除，需再次降速运行 120min，当连续三次升速仍有异音时，应停机检查。若振动突然增大超过 0.05mm 时，应立即打闸停机。

2）升速时，真空应维持在 −80kPa 以上，当转速升至 3000r/min 时，真空应达到正常值。

3）在中速暖机期间，应重点监视振动、汽缸膨胀及相对膨胀值，并检查油压、油温及轴瓦钨金温度等，应在规定范围内。如出现汽轮机两侧膨胀不对称或与上次记录有显著差别以及油压过低、油温过高等情况时，应停止升速，并迅速查明原因，及时采取措施。

4）接近临界转速时，升速速率应当加快，要求迅速平稳地通过临界转速。

5）当转速高于盘车工作转速时，电动盘车装置应自动脱开，若未自动脱开，应立即手动停机。

6）升速过程中当冷油器出口油温达到 40℃时，投入冷油器，调整进水水量，保持其出口油温为 35～45℃。

7）定速后，检查主油泵声音及出口油压无异常后，停止高压交流油泵的运行，此时应密切注意油压变化，投入高压交流油泵连锁开关。

在升速过程中，因排汽在排汽缸内分布不均匀，有可能产生局部涡流，并可能有死区，这将引起汽缸的局部过热，使凝汽器的喉部和其他部分温度不一致，使排汽缸产生不均匀膨胀。为避免发生这种情况，也须采取降低排汽温度的办法，如使用低压缸喷水。为避免凝汽器的热冲击，采用水幕保护。

升速和通过临界转速过程中，要特别注意轴承振动的变化。若发现振动和汽缸内声音异常、不应强行升速，仔细判明原因后，及时消除。机组升速中明显振动，振动增大较多时，用听针能听到轴承内的敲击声。前箱出现左右晃动的情况下，不允许强行升速，否则，易使轴封段磨损，进而造成转子热弯曲。转子越弯曲，振动越大，磨损越严重，造成恶性循环。发生明显振动时，比较安全的办法是迅速打闸停机找出原因。测量转子轴颈处的晃动度，如晃动度不大，可再挂闸升速到原暖机转速，继续进行暖机；如晃动度较大，则需进行转子静置直轴，待大轴晃动度减小到允许数值后，再行启动。冲过临界转速时，蒸汽流量有较大的变化，易造成过大的热应力和膨胀不均匀，故冲过临界转速后，应在适当转速下适当停留一段时间，使各部分金属温度趋于一致。每次升速前后均应检查机组振动、摩擦声音、金属温度、汽缸以及转子膨胀情况。还应检查轴瓦回油温度、油压、油质及油箱油位等，油温应控制在 40～45℃。

3. 冲转与升速过程中汽轮机的热状态和热应力

（1）汽缸和转子的相对膨胀。由于汽缸和转子的质面比（质量与蒸汽接触的表面积之比）不同，汽缸的较大，因此在启动初期，转子受热较快，从而产生相对膨胀。转子与汽缸沿轴向膨胀之差称为胀差或差胀。一般规定，当转子的纵向膨胀值大于汽缸的轴向膨胀值时，胀差为正，反之，胀差为负值。按此规定，在启动和增负荷过程中产生正胀差，停机和减负荷过程中产生负胀差。

正胀差使动叶与下级定子入口间隙减小；负胀差使本级动、定子间隙减小。无论正负胀差，当超过允许值时，都将发生动静部件间的轴向摩擦而损坏。因此，启动、停机过程中必须将胀差控制在允许范围内。

机组胀差的变化主要与下列因素有关：①主、再热蒸汽的温升、温降率；②轴封供汽温度的高低，以及供汽时间的长短；③蒸汽加热装置的投入时间及所用汽源；④暖机时间的长短；⑤凝汽器真空的变化；⑥负荷变化的影响等。

由于转子与汽缸的胀差主要取决于蒸汽温度的变化率，所以在运行中，需要通过控制其大小将胀差控制在允许范围内。有些汽轮机还通过控制法兰内、外壁温差来控制胀差的变化。因为一般可以认为法兰内壁或汽缸内壁温度接近转子温度，因此控制法兰内、外壁的温差，就是控制汽缸与转子的温差。另外，合理调整轴封供汽也是控制胀差不可忽视的。

（2）汽轮机的热变形。

1）汽缸上、下温差引起的热变形。汽轮机在启停过程，上、下汽缸往往出现温差，且上汽缸温度高于下汽缸温度。主要原因如下：下汽缸散热面积大且布置回热抽汽管道和疏水管道；在汽缸内热蒸汽上升，而经汽缸金属壁冷却后的凝结水流至下汽缸形成较厚的水膜，使下汽缸受热条件恶化，且疏水不良时更甚；一般情况下，下汽缸的保温不如上汽缸，且下汽缸的保温材料容易因机组振动而脱落；下汽缸置于温度较低的运行平台以下并造成空气对流，使上、下汽缸的冷却条件不同而产生温度差。

热变形的规律是"热凸冷凹"，由于上汽缸温度高于下汽缸温度，所以产生"拱背"热变形，如图 5-9 所示。

上、下温差过大除了引起汽缸热翘曲变形外，常还是发生大轴弯曲的首要因素。为减小

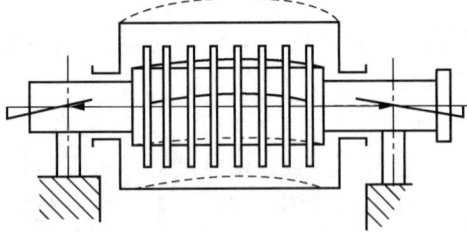

图 5-9　汽缸上、下温差引起的热变形

上、下温差，从以下几个方面着手：必须控制蒸汽温升率；尽可能使高压加热器随汽轮机一起启动投入；保证疏水通畅；下汽缸采用较好的保温结构并选用优质保温材料；在下汽缸可加装挡风板，以减少空气对流。

2）汽缸内外壁和法兰内外壁温差引起的热变形。在启停过程中，大容量的汽轮机的厚壁汽缸和法兰，若控制不当，除了会产生较大的热应力，还会造成热变形。当内壁温度高于外壁时，内壁金属伸长较多，使法兰在水平面产生热弯曲。法兰的热弯曲使汽缸中部横截面由圆形变为立椭圆，使前后截面变为横椭圆，相应段的法兰分别内张口和外张口。汽缸内、外温差引起的热变形如图 5-10 所示。立椭圆使水平方向的动、静部件间的轴向间隙减小，横椭圆使垂直方向上下的动、静部件间的径向间隙减小，都有可能造成动、静部件的碰磨。

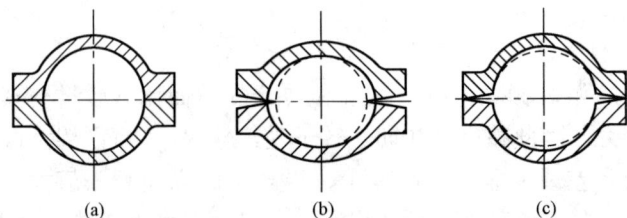

(a)　　　　　　　　(b)　　　　　　　　(c)

图 5-10　汽缸内、外温差引起的热变形

(a) 汽缸变形前；(b) 汽缸前后两端的变形；(c) 汽缸中间段的变形

汽缸法兰内、外壁温差，也会引起垂直方向的变形。当法兰的内壁温度高于外壁温度时，内壁金属的伸长增加了法兰结合面的热压应力。若该热压应力超过材料的屈服极限时，内壁的结合面金属就会产生塑性变形。当法兰内、外壁温差消失后，原为横椭圆的法兰结合面出现内张口，原为立椭圆的法兰结合面出现外张口，从而造成汽轮机运行中的汽缸结合面漏汽。同时，还将使螺栓拉应力增大，导致螺栓拉断或螺帽结合面压坏等事故的发生。

汽缸法兰产生上述变形的根本原因是汽缸、法兰的内、外壁温差过大，因此，汽轮机在运行中，必须将汽缸、法兰的内、外壁温差控制在规定范围内。对于大容量的汽轮机，法兰厚度比汽缸的大得多，所以一般情况下，法兰的内、外壁温差大于汽缸的内、外壁温差，因此运行中，只要将法兰内、外壁温差控制在允许范围就可以了。对于设有法兰螺栓加热装置的汽轮机，其法兰内、外壁温差通常控制在30℃左右，但决不允许外壁温度高于内壁温度。对于没有法兰螺栓加热装置的汽轮机，法兰内外壁温差要求控制在100℃以内。

3）汽轮机转子的热弯曲。引起转子弯曲的原因有很多，主要包括：启停时上、下汽缸温差大，盘车装置启动过晚或停止过早，使转子局部过热，产生弯曲；处于热态的机组，汽缸内进冷汽、冷水，使转子上、下出现过大温差，产生的热应力超过屈服极限，产生转子弯曲；转子材料本身存在过大内应力，在高温下工作使转子弯曲；套装在转子上的叶轮偏斜、憋劲和产生相对位移，造成转子弯曲；上、下汽缸法兰内、外壁存在较大的温差，汽缸变形较大，此时冲动转子，使动静部分发生摩擦、过热引起转子弯曲等。

转子热弯曲使转子质量中心发生偏移而产生不平衡离心力。一般情况下，汽轮机在额定转速时，当转子不平衡离心力超过转子质量的 1/20，机组就会振动。在低转速下即使转子重心偏移较大，但离心力也不致明显增大，换句话说，低转速下即使无明显振动，但转子的偏心（即弯曲）也可能已经很大了。此点非常重要，否则容易误判断，导致大轴弯曲事故的发生。

当转子弯曲大于动、静部件的径向间隙，转子的弯曲高点与隔板汽封将发生摩擦，不仅造成汽封和轴的磨损，还会使转子弯曲部位产生高温，从而进一步加大了转子的弯曲，动、静部件的摩擦加剧，机组振动值增大，甚至使转子产生永久性（塑性）弯曲变形事故。一旦转子的弯曲发展到动静部件硬性碰磨时，不仅转子剧烈振动，而且汽缸也会振动起来，甚至使保温材料脱落，上、下汽缸温差增大，汽缸变形，振动进一步加剧，如此恶性循环。因此汽轮机在冲转前的盘车过程中，必须测量转子的弯曲值。只有弯曲值在允许范围内时，才可以启动。转子弯曲的最大部位，通常在调节级附近；多缸汽轮机的高压转子和背压汽轮机的转子大概在中部；单缸汽轮机转子稍偏前端。

减少转子热弯曲最有效的办法是控制好轴封供汽的温度和时间，正确按入盘车装置，启动时采取全周进汽并控制好蒸汽参数变化，启动过程中汽缸要充分疏水，保持上、下汽缸温差在允许范围内。大型汽轮机都装有转子挠度指示器，可直接测量大轴的弯曲值，无此装置的发电机组应监视转子的振动。

（3）汽轮机的热应力。

1）汽轮机冷态启动时的热应力。汽轮机的冷态启动过程对汽轮机转子和汽缸等金属部件来说是加热过程，随着汽轮机转速或负荷的提高，金属部件的温度不断升高。对于汽缸来说，随着蒸汽温度的升高，汽缸内壁温度首先升高，内壁温度要高于外壁温度，内壁的热膨胀由于受到外壁的制约而产生压应力，而外壁由于受到内壁热膨胀的影响而产生拉应力。同样，对于转子蒸汽温度升高时，外表面首先被加热，使得外表面和中心孔面形成温差，外表面产生压应力，中心孔表面产生拉应力。

2）停机时热应力。停机时汽缸内壁温度低于外壁，故内壁产生拉伸热应力，外壁产生压缩热应力。汽缸内壁的热应力值是外壁的两倍。在停机过程中，蒸汽降温速度因缸内拉伸热应力与承压机械应力叠加，温降速度不宜过大，控制在 1.5℃/min。

3）汽轮机热态启动时的热应力。若调节级处蒸汽温度小于该区段汽缸和转子金属温度，会使汽缸和转子受到冷却，在转子表面和汽缸内壁产生拉应力。随着转速升高及带负荷，该处蒸汽温度迅速升高，蒸汽温度大于金属温度，并在随后过程中保持该趋势直到启动过程结束。在后面阶段，由于蒸汽温度大于金属温度，转子表面和汽缸内壁产生压应力。

4）负荷变化时的热应力。负荷在 35%～100% 额定负荷范围内变动时，调节级后汽温变化可达 100℃，负荷变动时，转子和汽缸将产生温差和热应力。

负荷降低，蒸汽温度下降，转子表面和汽缸内壁产生拉应力；负荷上升，蒸汽温度升高，转子表面和汽缸内壁产生压应力。

（4）防止汽轮机发生热变形和热应力的措施。

1）启动中预防转子脆性损伤。根据汽缸金属温度水平合理选择冲转蒸汽参数和轴封供汽温度，严格控制金属温升率；汽轮机冷态启动时，有条件的可在盘车状态下进行转子预热，变冷态启动为热态启动；如制造厂允许，可采用中压缸启动方式，以改善汽轮机启动条件；危机保安器超速试验，必须在中压转子末级中心孔金属温度达到脆性转变温度以上进行。一般规定汽轮发电机组带 10%～25% 额定负荷稳定暖机至少 4h。

2）运行中减少转子寿命损耗。避免短时间负荷大幅度变动，严格控制运行中转子表面工质温度变化率在最大允许范围内；控制汽轮机甩负荷后空转运行时间；防止主、再热蒸汽温度变化率及轴封供汽温度与转子表面金属温度失配；汽轮机启动、运行、停机和停机后未完全冷却之前，严防湿蒸汽、冷气和水进入汽缸。

5.5.3 生物质直燃发电机组冲转实例

下面以某生物质电厂为例来说明发电机组冲转步骤。

1. 冲转前机组检查

（1）冲转条件。主蒸汽温度：380℃ 以上；主蒸汽压力：4.2MPa 以上；真空值：−61kPa 以上；调速油压：0.85MPa 以上；润滑油压：0.078～0.147MPa。

（2）主要技术参数。如汽缸膨胀胀差、转子轴向位移、转子偏心度、润滑油压、油温、各轴承金属温度、凝汽器真空和汽缸各部分金属温度等，这些技术参数都应在机组要求的限值范围内。

（3）机组各辅机设备及系统运行正常，连续盘车 2h 以上，冲转前，试验工作全部完成且试验结果均应正常，汽轮机保护已全部投入。发电机启动前的准备工作全部完成。

（4）发电机保护投入。检查励磁系统中交流、直流电源回路开关状态正确；发电机 TV 一次保险、二次开关已合上；检查发电机、主变压器、厂用电的保护投入正确；检查发电机出口开关在试验位，机构完好，控制回路开关正确；在 DCS 画面查发电机启动前有关设备的状态、位置指示、光字牌信号、保护、自动装置的开关均正常。

2. 冲转操作

（1）汽轮机挂闸。在 DEH 画面点 "挂闸" 按钮，检查挂闸电磁阀动作，自动主汽阀全开。点 DEH"自动"，检查"目标值"变为可输入状态，投入汽轮机高压调节阀"GV"控制模式。

（2）冲动转子。汽轮机冲转过程中升速时间分配见表 5 - 3。

表 5 - 3　　　　　　　　　　汽轮机冲转过程中升速时间分配

转　　速（r/min）	时　间（min）
0～400 升速	2
400 维持	8
400～1200 升速	10
1200 维持	15
1200～2500 升速	5
2500 维持	10
2500～3000 升速	10
合计	60

点击摩检按钮，进入摩检。将转速目标设定为 400r/min，设定升速率为 100r/min，点击进行键，摩擦检查结束后，转速维持 400r/min 暖机。对机组进行全面检查，注意监视排气温度。当转速高于盘车工作转速时，盘车装置应自动脱开，若未自动脱开，应立即手动打闸。

（3）低温加热器随机投入。

（4）暖机。转速升至设定转速时，自动转至暖机。在低速暖机期间应检查油压、油温、油位、轴瓦、钨金温度及轴承振动应正常，回油应畅通。维持低参数暖机，仔细倾听轴封、汽缸及转动部分应无异音及金属摩擦声。注意调整轴封及凝汽器工作情况。

（5）其他。升速过程中轴承进油温度不低于 30℃，当冷油器出口油温达到 45℃时，投入冷油器。升速至 2000r/min 后，发电机出口开关由试验位转至工作位。检查汽轮机转速自动升速至 3000r/min 并保持转速稳定，发电机准备并列。及时停运高压启动油泵，关闭后汽缸喷水。

任务 6　发 电 机 并 列

【教学内容】

5.6.1　同步发电机的励磁系统

同步发电机在向系统输送电能的过程中，除需原动机向其提供动力外，还应向其转子绕组提供可调节的直流励磁电流。为同步发电机提供可调节的励磁电流的供电电源系统，称为发电机励磁系统。

励磁系统由两部分组成：第一部分是励磁功率单元，包括整流装置及其交流电源，它向同步发电机的励磁绕组提供直流励磁电流；第二部分是励磁调节器，它能感受运行工况的变化，并自动调节励磁功率单元输出的励磁电流的大小，实现发电机电压的自动调节，故又称为自动电压调节器（automatic voltage regulator，AVR）。

由励磁功率单元、励磁调节器、同步发电机共同构成的闭环反馈控制系统，称为发电机励磁控制系统，其框图如图 5-11 所示。

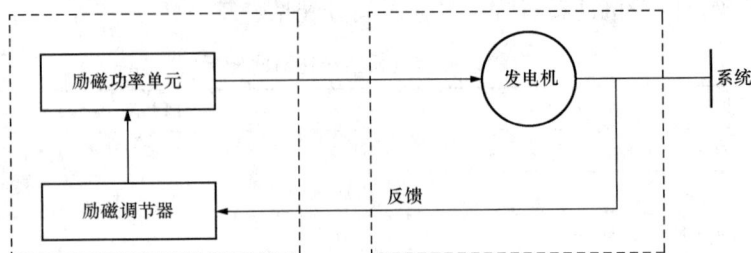

图 5-11　发电机励磁控制系统

1. 同步发电机的励磁方式

同步发电机励磁功率单元（励磁供电装置）有直流发电机供电、交流励磁机经整流供电、静止电源供电三种方式。

（1）直流发电机供电的励磁方式，可分为直流发电机自励和直流发电机他励两种形式。直流发电机供电的励磁方式，在过去的几十年间，是同步发电机的主要励磁方式，以致目前大多数同步发电机仍然是以这种励磁方式运行。由于直流发电机他励供电的励磁方式有较快的励磁响应速度，一般多用在水轮发电机上。长期运行实践证明，由于直流发电机供电的励磁系统存在换向器和电刷，所以维护工作量较大；另外，转速为 3000r/min 的直流发电机最大容量一般不超过 600kW，因此直流发电机供电的励磁方式不能在大型同步发电机上应用。

由于半导体励磁系统运行可靠，性能良好，且提供的励磁功率原则上不受限制，所以是一种有发展前途的新型励磁系统，近年来在大型机组上被广泛应用。半导体励磁系统分为交流励磁机经整流供电励磁和静止电源供电励磁两种方式。

（2）交流励磁机经整流供电的励磁方式。由于直流发电机供电励磁方式的容量受到换向整流和整流子片间允许电压等条件的限制，不能满足同步发电机大容量机组的励磁需要。3000r/min 整流子式直流励磁机的极限容量是 600kW，而大型汽轮发电机的额定励磁容量约为同步发电机容量的 0.4%。从这点出发，可以看出 200MW 及以上的汽轮同步发电机不可能采用同轴直流发电机供电的励磁方式。实际中，容量在 100MW 以上的同步发电机组已普遍采用交流励磁机经整流供电的励磁方式。交流励磁机经整流供电的励磁方式根据整流器的状态又分为带静止晶闸管整流器励磁方式和带旋转晶闸管整流器励磁方式。

1）交流励磁机带静止晶闸管整流器励磁方式：这种励磁方式中的晶闸管作用于同步发电机主磁场回路，励磁调节不经交流励磁机，所以这种励磁方式有较快的励磁响应速度。同时，利用主磁场回路的晶闸管还可以实现对发电机的逆变灭磁，但励磁机容量要求大一些。因这种励磁方式有较快的励磁响应速度，故可应用在对稳定要求较高的电力系统中。

2）交流励磁机带旋转晶闸管整流器励磁方式：这种励磁方式将交流励磁机制成旋转电枢式，旋转电枢输出的多相交流电经装在同轴的晶闸管整流器整流后，直接送给同步发电机的转子绕组，无需通过电刷及集电环装置，所以又称为无刷励磁系统。

同带静止晶闸管整流器励磁方式相比，由于旋转晶闸管整流器励磁方式中没有集电环及电刷的装置，从而避免了大型汽轮发电机集电环及电刷易发生故障的难题，是较有前途的励磁方式。在国产 300MW 的机组中，目前旋转晶闸管整流器励磁方式配套使用于全氢冷及水氢氢冷机组上。

（3）静止电源供电的励磁方式。该方式的励磁电源取自同步发电机自身，经励磁变压器供给静止整流装置，取消了旋转励磁机，使同步发电机励磁静止化。静止励磁方式最具代表性的是自并励励磁方式，其原理如图 5-12 所示。只用一台接在机端的励磁变压器 T 作为励磁电源，通过受

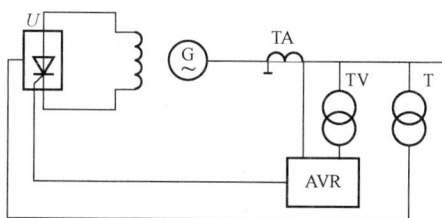

图 5-12　自并励励磁系统原理

励磁调节器 AVR 控制的晶闸管整流装置 U，直接控制发电机的励磁电流。

这种励磁方式具有结构简单、所需设备价格低廉、运行维护方便、调节速度快等优点。

2. 自动励磁调节装置工作原理

励磁系统的性能与自动励磁调节器的技术性能有关。图 5-13 所示为自动励磁调节控制系统的原理简图，是由自并励励磁系统和自动励磁调节器组成的。

自动励磁调节装置运行时，发电机机端电压 U 经电压互感器 TV 送入测量调差单元，

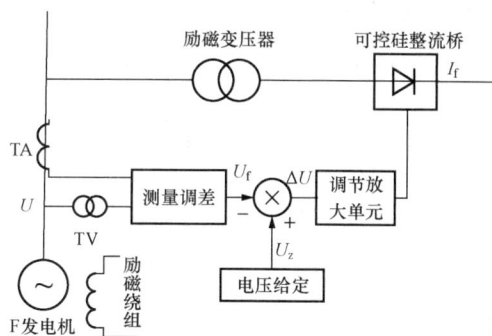

图 5-13　自动励磁调节控制系统的原理简图

并按系统对发电机外特性的要求，与经电流互感器 TA 输入的发电机电流进行运算，得到能够满足系统调差特性的发电机电压信号 U_f，再与发电机给定电压 U_z 相比较，得到偏差电压 ΔU。当发电机电压信号 U_f 降低时，偏差电压 ΔU 大于零，经调节放大单元，使可控硅导通角增加，从而增加发电机励磁电流 I_f，提高发电机端电压 U；反之，当发电机电压信号 U_f 升高时，偏差电压 ΔU 小于零，信号经调节放大处理，减小发电机励磁电流 I_f，使发电机端电压 U 下降。因此，调节系统调整的结果，就是力图使 U_f 等于 U_z。当放大电路的放大倍数足够高时，就可使发电机电压 U_f 维持在希望的电压 U_z 上。

5.6.2　发电机及变压器的保护运行

1. 发电机保护运行

（1）发电机保护的配置。发电机保护配置的原则是当发电机故障时能迅速动作，保护发电机设备的安全；在异常情况下，应能在充分利用发电机自身能力的前提下确保机组本身的安全。

为保证保护的可靠性，发电机主保护通常也采用双保护配置。发电机保护出口通常有四个通道，即机组全停、发电机解列灭磁、发电机解列和发电机降负荷。

全停：当发电机出现严重的或短时间内难以恢复的故障时，保护动作出口将发电机励磁开关、发电机出口断路器跳闸，同时联跳相应动力系统（如锅炉、汽轮机），使整个机组停止工作。

解列灭磁：当发电机出现某种故障时，保护出口将发电机励磁开关、发电机出口断路器跳闸，相应动力系统仍可维持运行。

解列：当发电机出现某种故障时，保护出口将发电机出口断路器跳闸，发电机仍可维持

运行。

降负荷（或减出力）：当发电机出现某种故障时，保护出口降低发电机有功或减励磁。

大型发电机配置的保护包括以下几种。

1）发电机纵差保护：切除发电机定子相间短路，瞬时跳开机组，机组全停。

2）发电机匝间保护：切除发电机定子匝间短路，机组全停。

3）发电机定子接地保护：切除发电机100%定子单相接地故障，机组全停。

4）发电机负序过电流保护：区外发生不对称性短路或非全相运行时，保护发电机转子不因过热而损坏，发信号或作用于发电机降负荷。

5）发电机对称过电流保护：当区外发生对称过电流短路时，保护发电机定子不过热，作用于发信号或发电机降负荷。

6）发电机过电压保护：反应发电机过电压，作用于降励磁。

7）发电机过励磁保护：反应发电机过励磁，作用于发信号或降励磁。

8）发电机失磁保护：反应发电机全部或部分失磁，作用于发电机解列灭磁。

9）发电机失步保护：反应发电机和系统之间的失步，作用于发电机解列。

10）发电机过电流、低压过电流、复合电压过电流、阻抗保护等：作为发电机的后备保护，作用于发信号或发电机解列。

11）发电机过负荷保护：反应发电机过负荷，作用于发信号或发电机降负荷。

12）转子一点接地保护：反应发电机转子一点接地，发报警信号。

13）转子两点接地保护：反应发电机转子两点接地或匝间短路，作用于全停。

14）励磁绕组过负荷保护：反应发电机励磁机过负荷，作用于发信号或减励磁。

15）发电机逆功率保护：反应发电机逆功率，保护动力设备，作用于发电机解列。

16）误上电保护：检查发电机在启停期间可能的误合闸。

17）启停机保护：在启停机过程中检测绕组的绝缘变化。

（2）发电机保护的运行。发电机正常运行时，保护装置必须投入运行，发电机不允许无保护运行。

1）运行人员正常巡视检查：检查正常运行时无任何光字牌、异常信号显示；检查各保护连接片按调度命令正确投、退。

2）发电机保护的加用操作：正常运行时保护加用直接加用保护出口连接片；检修后保护装置投用顺序为先送装置电源，测量连接片正常后再投保护连接片。

3）发电机保护的停用操作：正常运行时保护停用直接停用保护出口连接片；正常情况下保护装置交直流电源不退出，如果应检修要求或调度要求需要将保护装置停电时，停用顺序为先停保护连接片，后停装置电源。

（3）发电机保护的异常及事故处理。发电机保护装置异常或故障时，可能使得保护装置在正常运行时误动，造成停机事故，也可能造成在一次设备出现故障时，保护装置拒动，导致发电机设备损坏。因此在保护装置出现异常或故障时应及时处理。

1）当出现 TV 断线时，在调度许可下将可能误动的保护退出运行。

2）当 TA 异常或故障、保护装置异常或故障时，运行人员应检查保护的运行情况，必要时，申请停用该保护进行检查处理。

2. 变压器的保护运行

（1）变压器保护的装置。电力变压器的继电保护是根据变压器可能发生的故障和不正常工作状态而设置的。变压器的故障可分为变压器内部故障和外部故障。内部故障有绕组的相间短路与匝间短路、中性点直接接地系统绕组的接地短路等。变压器内部故障是很危险的，因故障点的电弧会损坏绕组绝缘与铁芯，而且使绝缘物质剧烈汽化，由此可能引起油箱爆炸。变压器外部的故障主要有绕组引出线和套管上发生的相间短路和接地短路。变压器的不正常运行状态主要有过负荷、外部短路引起的过电流、外部接地故障引起的中性点过电压、油箱油面降低、系统过电压或频率降低引起的过励磁等。针对上述情况，变压器一般配备如下保护。

1）瓦斯保护（也称气体保护）。瓦斯保护用来反应变压器内部各种短路故障及油面降低，其中轻瓦斯保护动作于信号，重瓦斯保护作用于跳开变压器各侧断路器。

2）纵差保护或电流速断保护。对于变压器绕组、引出线及套管的各种短路故障，装设纵差保护或电流速断保护。

3）过电流保护或负序电流保护。对变压器外部相间短路引起的过电流，采用过电流保护。当过电流保护的灵敏性不满足要求时，可采用复合电压启动的过电流保护或负序电流保护。过电流保护同时作为变压器内部相间短路的后备保护。

4）零序电流保护。对于直接接地系统中的变压器，一般装设零序电流保护，用以反应变压器外部接地短路引起的过电流，同时作为变压器内部接地短路的后备保护。

5）过负荷保护。过负荷保护用以反应由于对称性过负荷引起的过电流。容量为0.4MVA 及以上变压器，当数台并列运行且作为其他负荷的备用电源时，应装设过负荷保护。保护接于一相电流上，延时动作于信号。

6）过励磁保护。过励磁保护用于大容量变压器，反应变压器过励磁，且动作于信号或跳开变压器。

（2）变压器保护的运行。变压器正常运行时，保护装置必须投入运行，不允许无保护运行。

1）运行人员正常巡视检查：检查正常运行时无任何光字牌、异常信号显示；检查各保护连接片按调度命令正确投、退；检查变压器差流正常。

2）变压器保护的加用操作：正常运行时保护加用直接加用保护出口连接片；变压器大修后，重气体保护按调度要求投信号或跳闸；中心点零序保护的投退应与中性点运行方式一致。

3）变压器保护的停用操作：正常运行时保护停用直接停用保护出口连接片；正常情况下保护装置交直流电源不退出，如果应检修要求或调度要求需要将保护装置停电时，停用顺序为先停保护连接片，后停装置电源。

（3）变压器保护的异常及事故处理。变压器保护装置异常或故障时，可能使得保护装置在正常运行时误动，造成变压器跳闸事故；也可能造成一次设备出现故障时，保护装置拒动，导致变压器设备损坏。因此在保护装置出现异常或故障时应及时处理。

1）当出现 TV 断线时，在调度许可下将可能误动的保护退出运行。

2）当 TA 异常或故障、保护装置异常或故障时，运行人员应检查保护的运行情况，必要时，申请停用该保护进行检查处理。

5.6.3　发电机组的同期并列

发电机投入电力系统参加并列运行的操作称为并列操作。并列操作是单元机组运行中的一项重要操作，发电机在并列的瞬间，操作不当往往会产生冲击电流和冲击力矩，这种冲击将引起发电机过流和电压瞬时下降。如果操作错误，冲击过大，就可能引起机组剧烈振动，甚至使发电机及汽轮机的机械部分损坏，发电机绕组部分烧毁、以至于引起电力系统振荡而破坏电力系统安全、稳定运行。所以，对发电机的并列操作，必须予以高度重视。

同步发电机的并列方式主要有两种，包括准同期并列和自动准同期并列，其中自动准同期并列方式在火电厂很少应用，此处不做介绍。

1. 准同期并列方式

准同期并列方式是在发电机并列前已励磁，当发电机的频率、电压、相位与运行系统的频率、电压、相位均近似相等时，将发电机出口断路器合闸，完成并列操作。这种操作的优点是正常情况下并列时的冲击电流较小，不会使系统电压降低，缺点是并列操作时间长，并且如果合闸时机不准确，可能发生非同期并列事故，造成设备损坏。

发电机的并列操作必须经同期装置进行。按准同期并列过程的自动化程度，可分为手动准同期和自动准同期。通常，手动准同期只在自动准同期失灵或系统发生故障时才使用。

为了提高同步发电机并列操作的准确度和可靠性，以确保机组安全，将发电机并入系统时应满足以下两个基本要求：发电机断路器并列合闸时，流过发电机的冲击电流应尽可能小，其瞬时最大值一般不超过定子额定电流的 $1\sim2$ 倍；发电机组并入电网后，应能迅速进入同步运行状态，其暂态过程要短，以减少对系统的扰动。

发电机准同期并列时，为了避免电流的冲击和转轴受到扭矩力的作用，必须满足下列条件。

（1）待并发电机电压与系统电压大小相等（最大误差不大于 10%）。

（2）待并发电机频率与系统频率相等（误差不超过 $0.1\mathrm{Hz}$）。

（3）待并发电机电压的相位与系统电压的相位相同。

（4）待并发电机电压的相序与系统电压的相序一致。

发电机并列时的注意事项如下。

（1）无论采用何种方式并列操作，不允许解除同期闭锁，以防止非同期合闸。

（2）无论采用何种方法并列操作，应检查同期检定继电器动作正确，并调整发电机转速，使同步表指针缓慢顺时针方向旋转（转速为 $4\sim5\mathrm{r/min}$）。若同步指针旋转不均匀出现停止及跳动现象，不允许发电机并列。

（3）在进行自动准同期并列时，若自动调整回路失灵，严禁使用该方式；在采用手动准同期方式并列时，若手动调速失灵，可由汽轮机值班员进行调整。

2. 自动准同期装置

自动准同期装置是实现自动准同期并列的控制设备，主要由合闸部分、调压部分、调频部分和信号等部分组成。

（1）合闸部分。合闸部分的主要作用是：自动检测待并发电机同期条件，当频差、压差均满足并列要求时，在发电机电压和系统电压相角差为 0 之前提前一个恒定的导前时间发合闸脉冲命令，保证合闸瞬间相角差为 0；当频差、压差不满足要求时，则闭锁发合闸脉冲命令。

（2）调压部分。调压控制部分由压差判别部分和调压执行部分组成。压差判别部分的作用是鉴别压差的大小和方向。当发电机电压大于系统电压时，发降压信号；当发电机电压小于系统电压时，发升压信号；当压差条件满足时，向合闸执行环节发压差允许信号。调压执行部分的主要作用是功率放大，发出一定宽度的调压脉冲。该升压或降压脉冲信号送到发电机励磁自动调节系统，以实现增磁或减磁操作。

（3）调频部分。调频控制部分由频差判别部分和调频执行部分组成。频差判别部分的作用是鉴别频差的方向，当发电机电压频率高于系统电压频率时，发出减速信号；当发电机电压频率低于系统电压频率时，发出升速信号，使发电机电压频率向系统电压频率看齐。调频执行部分的作用是功率放大，发出一定宽度的调频脉冲，送到汽轮机 DEH 系统的转速设定值回路，修改汽轮机转速设定值，以调整发电机频率。

总之利用自动准同期装置可实现以下功能。

1）当发电机电压幅值条件不满足时，输出调压信号到发电机励磁回路，增、减励磁电流以改变发电机电压幅值。

2）当发电机电压频率条件不满足时，输出调速信号到汽轮机 DEH 转速控制回路，调整发电机电压频率。

3）当发电机电压与系统电压幅值、频率、相位均满足并列条件时，发出断路器合闸指令完成发电机并列操作。

5.6.4　生物质发电机组自动准同期并列实例

1. 发电机并列前的检查准备

发电机启动是从汽轮机侧的操作开始的，发电机有一定的"剩磁"。机组在额定转速下，断开灭磁开关，发电机也有一定"残压"。所以，发电机一旦转动起来，即使转速很低，也应认为发电机和与其连接的各种装置已带电，此时不允许在电气回路中做任何工作。因此，发电机启动前的准备工作，包括发电机有关保护的投入等，都应在汽轮机冲转前完成。

启动前对发变组系统的全面检查。检查的内容主要包括各部件的清洁状况及整个一次回路和二次回路的完好性。检查发电机、励磁系统设备、出线连接设备、配电设备、保护装置、测量表计和监控操作盘等是否完好。检查发电机滑环应光滑、整洁，电刷刷握完整，电刷能上、下起落，压力均匀。检查发电机空气冷却系统运行正常。检查发电机灭火装置应良好，消防水管有水压。发电机启动前，应收回一切工作票，拆除安全措施，如检查各短接线和接地线是否都已拆除等，并恢复常设遮拦和标示牌。

电气设备检查完以后，就要测量设备与系统的绝缘。测量项目主要包括：发电机定子绕组、转子绕组的绝缘；励磁变压器绕组绝缘。

对发变组保护进行全面检查。宜先投 TV，检查保护工作正常，无出口信号后加用相关保护压板，操作顺序不要颠倒。由于发电机启动是零起升压，汽轮机冲转前发电机电压为零，此时 TV 投退操作一般不会对保护行为产生影响。当发电机升压后，操作 TV 时电压回路的暂态过程可能会引起保护误动。

发电机励磁系统投运前检查与操作。主要是送给励磁调节器交、直流工作电源、可控硅整流柜冷却风机交流电源、灭磁开关操作电源、启动励磁备用电源等，让励磁调节器通电运行。

2. 发电机自动准同期并网操作

发电机自动准同期并网操作步骤如下。

（1）查发电机及所属设备均在热备用状态；查自动励磁调节装置完好、所有电源开关已合上；查励磁系统操作处于远控位。将发电机自动励磁调节切至"自动"位。

（2）查所有同期屏同期选择开关均在"断开"位置；查自动准同期处在远控位置。

（3）待 1 号发电机转速稳定在 3000r/min 后，DCS 合上发电机的灭磁开关。

（4）按启励按钮，观察定子电压升至额定值，查转子电压、电流与空载值相符；查发电机定子三相电流为零，查发电机电压、频率与 10kV 母线电压、频率一致。

发电机升压时应注意：发电机达到额定转速后才能合灭磁开关，因为相对于一定的发电机电压，频率越低需要励磁电流越大，励磁系统在发电机转速低于额定值时工作易发生励磁过流，甚至引发事故；发变组出口断路器也要在发电机达到 2500r 以后再转为热备用状态，以防止在启动、试验过程中误合发变组出口断路器造成对系统和发电机的冲击。

在升压过程中监视转子电流、定子三相电压，并核对发电机空载特性，以确定定子绕组、转子绕组和定子铁芯有无故障，以及表计指示的正确性。若励磁电流大、励磁电压较低、或定子电压较低，则励磁回路可能存在短路故障；若额定电压下转子电流较额定空载励磁电流显著增大，则可能是转子绕组有匝间短路或定子铁芯片间短路，在定子铁芯中形成涡流；如果发现有定子电流过大，就说明定子回路有短路；还要检查发电机三相电压应平衡，借以检查一次引线有无断路，电压互感器有无断路。

（5）选择同期，发出请求同期，汽轮机回复发电机允许同期，启动同期。

（6）自动准同期在同期点合闸成功，查发电机开关确已合好后将其复位，将同期请求复位。

（7）查定子三相电流平衡。按规程规定接带有、无功负荷。

在并网过程中，自动同期装置处于中心地位，它接受待并发电动机系统电压和运行系统电压，通过调压、调速、合闸三组输出指令，建立了与发电机励磁调节装置、汽轮机控制系统 DEH 和发变组出口断路器控制回路的联系，实现了发电机电压调节、汽轮机转速（发电机频率）调节和发电机并网。DEH"同期请求"与"同期允许"是自动同期装置与 DEH 之间的一对"握手"信号，是在并网操作的条件下，将汽轮机转速控制权临时交给同期装置的一种约定。

3. 发电机并列后注意事项

发电机并列后，应注意以下几方面问题。

（1）发电机并列后应对机组进行全面检查，如由于并列不当而发生冲击时，应及时对发电机进行外部检查，并将检查结果汇报。

（2）并网后可立即接带部分无功负荷以改善系统电压水平。

（3）发电机的有功负荷增加的速度取决于机炉的运行情况。加负荷时必须有系统地监视发电机进、出口风温度，铁芯、线圈温度，励磁装置的工作情况；发电机运行中有功负荷的调整，应根据电气设备和机炉的运行情况以及值长命令增加或减少有功负荷。

（4）发电机运行中无功负荷的调整，应根据发电机出口电压和功率因素的要求或调度规定的电压曲线增加或减少无功负荷。

4. 发电机的解列操作

发电机停止运行包含解列、解列灭磁和停机三个层次。解列指仅断开发电机变压器组出口开关，这时发电机可带厂用电运行；解列灭磁指断开发电机变压器组出口开关，同时断开励磁开关，此时汽轮机拖动发电机空转；停机则是在解列灭磁的同时关闭汽轮机主汽门，使发电机转速也降下来。

发电机的解列操作比较简单，在现场执行的方法一般是：在停机前，应根据值长命令逐步减负荷，检查轴封系统是否正常，检查交、直流油泵是否可用，待有功功率降到规定数值时，应停用自动励磁调节装置，再将有功负荷降到零，将无功负荷降到接近零，断开发电机主断路器，将发电机解列。也可以在发电机功率接近于零时，先由汽轮机关主汽门，再由逆功率保护动作将发电机解列。发电机解列后，要取下断路器合闸控制熔断器，防止因某种原因使断路器误合闸，造成事故。发电机解列后，发电机空气冷却器还要继续运行，要运行到汽轮机完全停止转动为止。

任务 7　工　程　实　例

【教学内容】

5.7.1　炉排炉生物质直燃发电工程实例

我国第一个生物质直燃发电示范项目——国能单县生物发电工程于 2004 年 9 月通过国家发改委批复立项，2004 年 11 月 8 日奠基，2005 年 10 月主体工程开工建设，2006 年 11 月建成并入网运行。2006 年 11 月完成 72h 试运行，各项指标均达到工程设计标准。

国能单县生物发电有限公司由国能生物发电有限公司和菏泽光源电力有限公司合资兴建，该工程总占地 9.6hm²，其中厂区占地 7.3hm² 辅助用地 2.3hm²，注册资金 5000 万元，总投资约 3 亿元。工程采用丹麦 BWE 公司技术，建设规模为 1×25MW 单级抽凝式汽轮发电机组，配一台 130t/h 生物质专用振动炉排高温高压锅炉，燃料以破碎后的棉花秸秆为主，可掺烧部分树枝、荆条等，年消耗生物质能燃料为 15 万 t 左右，发电量约 1.5 亿 kWh。

1. 燃料制备和输送系统

国能单县生物质发电有限公司在单县境内设置了 8 个秸秆收购网点，每个收购网点占地 2.67hm²，配备 30 多位工作人员，能储存秸秆 5 万 t 左右。这 8 个收购网点辐射周围县市面积 100km²，每天收购秸秆等生物质能燃料 300t 左右。收购站对收购的生物质燃料进行称重，并利用水分测试仪器测定燃料水分，水分超过 40% 则为不合格燃料。收购站利用秸秆粉碎机对收购来的燃料进行粉碎处理，将燃料粉碎成为 3～5cm 的小段，之后将其堆积成垛，并压实储藏待用。

制备处理好的燃料被运输进入厂区的燃料存储和运输系统。系统主要由以下部分构成：料仓、料斗、斗式提升机、螺旋取料机、移动配仓带、电子汽车衡、双列刮板机、皮带机、带式除铁器和炉前筒仓（锅炉给料系统）。

（1）工艺流程如下。

1）卸料方式具体为双列刮板输送机→输送带→料仓前斗式提升机→储料仓。

2）上料方式为将燃料由储料仓送进主厂房。

储料仓→甲直线螺旋输送机→甲输送带→甲主厂房前斗式提升机→甲炉前料仓螺旋给料机→炉前料仓。

储料仓→乙直线螺旋输送机→乙输送带→乙主厂房前斗式提升机→乙炉前料仓螺旋给料机→炉前料仓。

事故料斗进主厂房。事故料斗→输送带→甲主厂房前斗式提升机→甲炉前料仓螺旋给料机→炉前料仓。

（2）控制方式。燃料系统设就地手控、一对一远方控制和程序控制三种控制方式。

1）就地手控。所有设备均能实现就地控制。

2）一对一远方控制。除汽车衡、起吊设备外，其他设备一律纳入一对一远方控制。

3）程序控制。程控范围为全部带式输送机、双列刮板输送机、除铁器、直线螺旋输送机、斗式提升机、螺旋给料机和传感元件保护装置。

4）模拟量控制。应能在控制室远方控制料仓前斗式提升机、主厂房前斗式提升机、直线型螺旋输送机出力。

（3）连锁方式和连锁要求如下。

1）正常运行状态下，逆料流启动，顺料流停机。

2）事故状态下，设备逆料流跳闸，但除铁器除本身故障外，不参加跳闸。

3）带式输送机两侧设有拉绳开关、跑偏开关、速度检测、料流等传感元件保护装置，以上保护装置与带式输送机连锁，并在控制室设有报警信号。

4）储料仓预留高料位信号。

5）除铁器所在的带式输送机应在二者处于工作状态时方能启动，除铁器设有事故状态报警信号。

6）除铁器应设有就地连锁开关，解除连锁后不影响皮带机运行。

7）控制台上应设有参加连锁设备的连锁开关。

8）燃料系统设启动预告音响信号，信号未接通或未响够 20s 的情况下禁止设备启动。控制室设事故报警蜂鸣器，沿皮带栈桥、转运站设事故报警声信号，移动皮带机设光信号，控制台上设事故音响解除按钮。

9）控制室内设输料系统显示屏（或微机显示屏），屏中能准确显示输料系统所有设备的运行状态。运行与非运行设备，事故与非事故设备在屏中要易于区别。

10）燃料系统设工业电视监控系统。控制室内设调度电话及相应设备。

2. 锅炉系统

锅炉采用自然循环汽包锅炉，以小麦秸秆和棉花秸秆为燃料，采用振动炉排的燃烧方式，燃料在炉排上方呈悬浮燃烧状态。锅炉设计参数：额定蒸发量 130t/h，额定蒸汽压力 9.2MPa，额定蒸汽温度 540℃，额定给水温度 210℃。

锅炉主要包括以下系统及设备：空气预热系统、蒸汽系统、给料系统、炉膛和风烟系统、给水及蒸发系统，以及启动燃烧器、吹灰器、除尘器、捞渣机、疏水和消防水系统。

锅炉正常运行时，燃料经过预处理和输送系统（独立系统）进入到锅炉给料系统，给料系统根据炉膛负荷的要求自动将一定量的燃料投入到炉膛内部。空气由送风机送入空气预热系统加热，经过分配以一次炉排风、二次风和播料风的形式进入炉膛。燃料正是由播料风携带均匀分布到炉排之上，炉排周期性的振动，将炉排上的燃料翻滚助其燃烧，同时将燃尽的灰渣送到湿式捞渣机上，捞渣机将渣送入渣池处理。

燃烧后的高温烟气依次通过过热器、省煤器和烟气冷却器逐渐降温，再由旋风除尘器和布袋除尘器净化，最后由引风机送入烟囱排出。

由除氧器和高压加热器（机侧）来的锅炉给水，经给水母管调节阀进入高压空气预热器、省煤器，进入汽包。汽包、下降管和水冷壁构成自然循环系统，在汽包内经过汽水分离，饱和蒸汽进入过热器，经过四级过热器的加热成为满足要求的主蒸汽，被送入汽轮机系统。

为了防止炉膛和尾部烟道积灰，炉膛和尾部烟道都设置了吹灰器。其中炉膛为 11 个短吹灰器，尾部烟道为 10 个长吹灰器。

锅炉启动时由启动燃烧器点火帮助燃料燃烧，当炉膛温度达到指定温度时认为炉膛燃烧已经稳定，才可以撤出燃烧器。燃烧器系统由油枪、油泵和油箱组成。

消防水主要为了保证给料系统安全运行，在炉前筒仓内由于有较多燃料，为避免局部高温引发火灾配置了消防水。在给料机出口和给料机出口挡板下方，由于比较靠近炉膛，可能温度较高，为了避免燃料被点燃发生危险，配置了消防水。

（1）空气预热系统。空气预热系统包括低压空气预热器循环系统和高压空气预热器循环系统。

低压空气预热器循环系统主要包括两个低压循环水泵（一用一备）、低压空气预热器、低压空气预热器旁路调节阀、低压烟气冷却器和汽水分离器。低压循环水泵将除氧器中的水送入低压空气预热器加热空气，再送入低压烟气冷却器冷却烟气，水最后经汽水分离器回到除氧器。与普通空气预热器不同，该空气预热器系统以除氧器中的水为介质，吸收烟气的热量并将空气加热到较高的温度。

为了降低在空气预热器中产生低温腐蚀的可能设置了高压空气预热器循环系统。该系统主要包括高压空气预热器、高压烟气冷却器和旁路调节阀。经过给水泵加压，高压加热器的水进入高压空气预热器加热空气，再进入高压烟气冷却器冷却烟气，之后进入省煤器、汽包。旁路调节阀用来控制进入高压空气预热器的水流量。

（2）炉膛和风烟系统。燃烧风包括一次风、二次风和播料风。其中一次风分为三路：炉排高端风、炉排中部风和炉排低端风；二次风分为四路：前墙下二次风、后墙下二次风和前墙上二次风、后墙上二次风。

该系统设备主要包括一台送风机、送风机入口调节挡板、一台引风机、引风机入口调节挡板、各路风调节阀以及烟囱。燃烧空气经送风机送入两级空气预热器加热后，由燃烧空气分配系统进入炉膛与燃料混合燃烧。高温烟气经过过热器、省煤器和烟气冷却器逐步降温，再由布袋除尘器过滤，由引风机送入烟囱，最终排入大气。

锅炉的风量由负荷直接确定，进而决定了送风机挡板的开度和送风机的转速，通过对总风量的监测来实现锅炉风量的闭环控制。风经过合理的分配，形成了炉排风、前后墙下二次风、前后墙上二次风和播料风，每路风都由各自的流量或压力来进行自动控制。炉膛压力控制为简单单回路闭环控制。运行调试人员设定炉膛压力，根据压力的设定点与炉膛压力反馈调节引风机入口挡板开度和引风机转速。

3. 给水及蒸发系统

由除氧器和高压加热器（机侧）来的锅炉给水，经给水母管调节阀进入高压空气预热器、省煤器，进入汽包。汽包、下降管和水冷壁构成自然循环系统，汽包内汽水分离，饱和蒸汽进入过热器。

汽包液位决定了给水泵的转速，而主蒸汽流量和给水流量也是影响给水泵转速的重要因素，可通过给水调节阀的节流实现对给水压力的短时间小幅调节。一般情况下，给水阀是全开的，只有当锅炉启动时或者减温水压力不足时，才会令给水阀节流以提高给水压力。

该系统由四级过热器和三级喷水减温器组成。减温器为混合式，第二、三级设有两个喷嘴。由汽包来的饱和蒸汽进入过热器，经过四级过热器的加热成为满足要求的主蒸汽，被送入汽轮机系统。过热器和喷水减温的目的是将主蒸汽的温度稳定在设定温度。每个过热器的温度控制器都设计为典型的双回路控制器，过热器进口温度的响应记录作为过热器出口偏差记录的反作用。反作用延时后停止，与过热器实际过程响应相类似，这可以通过回路的积分器和过滤器来实现。与常规电厂每级过热器出口人为设置温度设定点不同，此系统只设置第四级过热器出口的温度设定点，前两级过热器出口的温度设定点取后一级减温器入口的温度。这样整个系统整合为一个整体，为控制主蒸汽温度服务，缩短了控制时间，增强了温度的稳定性，提高了控制的效率和主蒸汽的品质。

4. 锅炉机组冷态启动

（1）锅炉吹扫。锅炉吹扫应按以下步骤进行。

1）打开除尘器旁路，关闭除尘器入口挡板。

2）环境温度低于 0℃，启动低压循环水泵，调节阀设定为全开。环境温度高于 5℃ 时，低压空气预热器设定为正常运行。

3）分别启动引风机、送风机。

4）投入锅炉总连锁。

5）开启风机入口挡板并调整转速，维持炉膛负压 −250～−50Pa。

6）维持空气流量大于 100t/h，锅炉进行吹扫，吹扫时间为 5min。

7）如吹扫中断，重新吹扫。吹扫结束，MFT 复位，准备点火。

（2）锅炉点火及升压。

1）关小二次风风门，关闭一次风风门，调整送风机风量为 30t/h 左右。

2）检查燃油系统正常，油罐油位、油温正常。启动油罐车供油泵，燃油系统打循环，调整油压不小于 0.4MPa。检查燃油系统无渗漏。

3）启动油燃烧器，锅炉点火。检查供油压力、回油压力、雾化燃烧正常。

4）锅炉起压后，适当开启向空排汽门。

5）当汽包压力升至 0.1～0.2MPa，开启主蒸汽电动门旁路门，主蒸汽管道暖管。

6）当蒸汽压力达到 0.6 MPa 时，通过给料机将燃料播撒在炉排上。需给料机在 40% 负荷下持续运行 5 分钟。当炉排上燃料层达到足够厚度时，给料机停止运行。炉排上燃料着火后，逐渐开大一次风门，根据燃烧情况，手动启动振动炉排振动一次，并启动给料系统，逐渐连续给料，投入振动炉排自动。

7）当汽包压力升到 0.2、0.5、2.5MPa 进行定期排污，在膨胀不正常时，应适当增加排污的次数。根据水质情况，投入连续排污。

8）当炉膛温度超过 450℃，且炉排上的生物质燃料燃烧稳定，停运燃烧器，检查燃烧器退出到位，炉门关闭。

9）当主蒸汽压力达到 0.6～0.8MPa 时，关闭过热器疏水门。

10）当主蒸汽管道温度达到规定值时，开启主蒸汽电动门。当炉侧主蒸汽温度 250～300℃，主蒸汽压力 1.5～2.0MPa 时，向值长汇报达到冲转参数。汽轮机冲转期间锅炉应保持蒸汽参数稳定。

（3）锅炉的点火升压操作注意事项。点火升压过程中，为了避免金属超温，不允许烟温超过钢材的允许温度。应按以下要求操作。

1）锅炉起压待空气门有汽冒出，关闭过热器空气门。起压后炉水温度按每小时 100℃均匀上升，当汽压升至 0.294MPa，可随锅炉一起升压、升温。新炉或大小修以后的锅炉从"0"至 8.82MPa，时间一般不小于 160min，停炉 2 天以内，升压时间可以根据具体情况适当缩短。升压程序见表 5-4。

表 5-4　　　　　　　　　　　　　升 压 程 序

汽压（MPa）	操 作 事 项
起压	关小向空排汽门至 1/2 开度
起 压～0.098	冲洗锅筒水位计
0.147～0.196	关闭各空气门，向空排汽门关小
0.196～0.980	0.294～0.49MPa，拧紧锅炉人孔、管道法兰，在进行这项工作时，应保持汽压稳定停止升压，汽压 0.49MPa，关闭减温水疏水，汽压 0.784MPa 停止定排，连续排污入系统
0.980～9.2	冲洗水位计，蒸汽取样分析，准备并炉或校验安全门

2）在升火过程中应严格控制锅筒上、下壁温差不大于 50℃，如温差有上升趋势时可增大排汽量和加强排污，尤其是在 0.98MPa 以内。

3）升火过程中，过热汽温应低于额定值 50～60℃，高温过热器壁温不超过 455℃，燃烧室出口两侧烟气温差不超过 50℃。

4）过热汽温上升速度每分钟不大于 4℃，升压过程其相应值见表 5-5。

表 5-5　　　　　　　　　升温升压过程中气压与气温对应

汽压（MPa）	汽温（℃）
0.92	260
1.372	280
1.666	300
1.96	320
2.45	340
2.94	360
3.528	380
4.214	400
4.9	420
5.782	440
6.664	460
7.644	480
8.82	500

5）在升压过程中如因在某升压级段内，未能达到预定汽压时，不得关小排汽或多投燃料赶火升压。

6）如点火不着或燃烧不稳定时，应停炉进行炉膛引风。

7）在升压过程中应加强监视锅炉各受热、受压部分的膨胀情况，发现异常情况查明原因。必要时停止升压，待消除故障后再继续升压。

8）升压过程中，应加强对炉膛温度和水位监视。

9）炉排燃烧必须定期监视，这样能够完全掌握炉排和灰渣出口区域燃料的燃烧状况。

10）如果炉排上的燃料过少，会使点火不稳定，而且可能导致结焦阻碍燃料的燃烧。

11）如果炉排上的燃料过多，燃烧不完全，在炉排振动过程中会使炉膛燃烧紊乱。这时低过量空气或者炉膛超压会增加锅炉运行的危险性。

12）当炉排振动幅度过大，一些燃料来不及燃烧就会排入落渣口，降低了锅炉的整体热效率。

13）如果炉排中，上部的空气量过大，炉排上的火焰锋就会太高。这样火焰主要集中在炉排中部和下部之间，在炉排上部就会有很少的火焰。

14）烟气中氧量过高，就表明了给料过少或振动幅度太大。

15）要适当控制炉前送料风的压力，当送料风的压力过高时，燃料投入时间会很长，甚至分布在炉排上超过75%的地方，燃料就不会均匀。燃料投入的长度依靠送料风的压力来调节，其分布依靠空气阀门来调节。

（4）锅炉燃烧调整。锅炉正常运行中，给料机应尽量全部投入，用风应均匀，火焰不应偏斜，火焰峰面应位于炉排中部。

锅炉正常运行中，炉膛负压应保持在300Pa左右运行。

炉内燃烧工况应正常，一、二次风、点火风及燃尽风调整应合理，使燃料燃烧完全、稳定。炉内火焰应呈光亮的金黄色，排烟呈灰白色。

风与燃料配比应合理，一、二次风、点火风及燃尽风的使用应适当。氧量应保持在3%~5%，最小不低于2%，最大不超过10.5%。

保持给料系统运行稳定，燃料性质应稳定，如燃料性质发生变化时，及时报告值长、主值，使司炉在燃烧调整上做到心中有数。

在启、停给料机、吹灰时，应严加监视炉膛负压的变化，如发现燃烧不稳时，应停止上述操作。

对锅炉燃烧应做到勤看火、勤调整，监视炉膛负压及火焰监视器的变化情况，经常观察火焰电视。

炉排燃烧时必须定期监视，这样才能够完全掌握炉排和灰渣出口区域燃料的燃烧状况。如果炉排上的燃料过少，会使点火不稳定，而且可能导致结焦阻碍燃料的燃烧。

如果炉排上的燃料过多，燃烧不完全，在炉排振动过程中会使炉膛燃烧紊乱。

当炉排振动幅度过大，一些燃料来不及燃烧就会排入落渣口，降低了锅炉的整体热效率。

运行中炉底一次风不应过大，一般保持总风量的10%~20%。

烟气中氧量过高，就表明了给料过少或振动幅度太大。

锅炉在不超过设计流量和温度下运行，由汽轮机控制锅炉出口压力在9.2MPa，锅炉的最小运行负荷是 40%。

运行中，如锅炉灭火，应严格按照灭火事故处理规程进行处理，对锅炉进行充分通风 5～10min 后，方可重新点火恢复。

监盘要集中，注意各表计变化，发现问题及时处理，防止扩大事故。特别是在启、停炉、负荷偏低、负荷变动较大、燃料较差、燃烧不稳时更应严密监视燃烧工况的变化。正确判断灭火与锅炉塌灰、掉焦现象的区别及正确方法，防止误判断而扩大事故。

由于生物质直燃发电机组汽轮机及电气系统运行与常规火电机组几乎相同，在此不做赘述。

5.7.2　循环流化床生物质直燃发电工程实例

国内某新能源集团有限公司开发的循环流化床生物质直燃发电机组以稻壳等生物质作为燃料，设计容量为 4×12MW，一期工程为 2×12MW，投资 2.76 亿元主设备包括两台65t/h 次高压生物质循环流化床锅炉，2 台 12MW 抽凝式汽轮发电机组，设计年发电量约为 1.5 亿 kWh，供热量 54 万 kJ，灰渣可综合利用。目前一期工程的 1、2 号机组都已投产发电。

该厂锅炉燃用稻壳、秸秆等生物质燃料，采用了循环流化床燃烧方式；由于生物质燃料含硫量较低，并且自脱硫能力较强，考虑到飞灰综合利用等因素。同常规循环流化床锅炉相比，生物循环流化床锅炉不设置石灰石添加系统。

1. 燃料制备及输送

该工程依靠当地丰富的生物质能资源，以秸秆和谷壳作为燃料，年消耗燃料总量约为 24 万 t。在万一发生燃料供应不足的情况下，不足部分可由谷壳来进行补充。

在电厂内设置燃料存储库，并设置临时露天堆场。燃料进厂直接可以入炉的燃料进入干料棚，其余燃料经破碎后进入干料棚。

上料系统范围从露天料场、干料棚起到主厂房炉前料仓顶部为止，整个上料系统包括露天料场、干料棚、组合式给料机、活化螺旋给料机、带式输送机系统、除铁器、电子皮带秤、犁式卸料器等。

（1）工艺流程及运行方式如下。

汽车进厂→干料棚→破碎机或成品给料斗→1 号 A 带式输送机→2 号 A 带式输送机→炉前料仓。

汽车进厂→干料棚→破碎机或成品给料斗→1 号 B 带式输送机→2 号 B 带式输送机→炉前料仓。

（2）上料系统控制管理方式。上料系统控制采用 DCS 方式，分为自动、连锁手动、解锁手动及就地等控制方式，并设有工业闭路电视监控系统。

（3）上料设备启、停操作原则如下。

1）启、停操作必须按相应的检查卡、操作卡执行。

2）上料系统开机顺序按逆料流方向，依次启动各设备；正常停机时按顺料流方向依次停止设备运行，正常情况下禁止带负荷启、停皮带。

3）破碎设备按相关设备启动顺序开机，在系统中的相关设备停机后延时停机。

4）上料皮带启动前两分钟必须响铃。

2. 锅炉系统

锅炉采用自然循环汽包锅炉，以秸秆和稻壳作为燃料，采用循环流化床燃烧方式。锅炉主要由炉膛、高温绝热旋风分离器、自平衡"U"形回料阀和尾部 3 个烟道组成。炉膛蒸发受热面采用膜式水冷壁，尾部第 1、第 2 烟道采用水冷包墙。炉膛下部布置水冷布风板，布风板上安装钟罩式风帽，具有布风均匀、防堵塞、防结焦和便于维修等优点。锅炉配有一次风系统、二次风系统、高压流化风系统和烟气系统。锅炉系统如图 5-13 所示。

锅炉冷态启动时，在流化床内加装启动物料后，首先启动床下燃烧器，在点火燃烧器中将燃烧空气加热，通过水冷式布风板送入流化床，启动物料被加热。床温上升到约 350℃并维持稳定后，燃料开始分别由炉前四个给料口送入炉膛下部的密相区内。锅炉启动完成后，关闭启动燃烧器。

燃烧空气分为一、二次风，分别由炉底和前后墙送入。经床底水冷风室，作为一次燃烧用风和床内物料的流化介质送入燃烧室，二次风在前后墙沿炉高方向上分两层布置，以保证提供给燃料颗粒足够的燃烧用空气并参与燃烧调整；同时，分级布置的二次风在炉内能够营造出局部的还原性气氛，从而抑制燃料中的氮氧化，降低氮氧化物 NO_x 的生成。

燃烧产生的烟气携带大量床料经炉顶转向，通过位于后墙水冷壁上部的两个烟气出口，分别进入两个绝热式旋风分离器进行气—固分离。分离后含少量飞灰的烟气由分离器中心筒引出，通过前包墙水冷壁进入尾部烟道，对布置在其中的屏式过热器，高、低温过热器，省煤器及空气预热器放热，到锅炉尾部出口时，烟温已降至 145℃左右。

被分离器捕集下来的灰，通过分离器下部的立管和返料器送返炉膛实现循环燃烧。炉膛底部设有两个排渣口，通过排渣量大小的控制，使床层压降维持在合理范围以内，以保证锅炉良好的运行状态。

（1）燃料供给及排渣系统。锅炉给料系统采用前墙集中布置，炉前布置有四个给料口。一定粒度的燃料经给料机进入布置在前墙的四个给料管。给料量按仅用两条管路给料时，锅炉也能满负荷运行考虑。另外，布置有补充用床料加入口。

燃料燃烧后的灰渣分别以底渣和飞灰的形式排出，底渣从炉膛底部排出，飞灰从尾部排出。燃料的种类、粒度、成灰特性等会影响底渣和飞灰所占的份额。就本设计燃料和要求粒度而言，按底渣占总灰量的 15% 及飞灰占总灰量的 85% 来设计。锅炉的排渣采用水冷滚筒冷渣器。为保证长期停炉的过程中，将床料完全排出，返料器下还设有排灰口，现场可根据实际情况，将其纳入底渣系统。

（2）汽水系统。锅炉给水经过水平布置的省煤器，进入省煤器的出口集箱，最后由省煤器引出管接至锅筒。在启动阶段，省煤器再循环系统可以将炉水从锅筒直接引至省煤器进口集箱，从而保护省煤器。

锅炉采用自然循环，锅筒内的锅水由集中下降管分配到炉膛和水冷包墙膜式水冷壁下集箱，经炉膛和水冷包墙膜式水冷壁加热后成为汽水混合物，随后经水冷壁上集箱、汽水引出管引入锅筒进行汽水分离。被分离出来的水进入锅筒水空间，进行再循环。

分离出来的饱和蒸汽从锅筒顶部的饱和蒸汽连接管引至低温过热器，然后依次经过一级喷水减温器、屏式过热器、二级喷水减温器、高温过热器，最后将合格的过热蒸汽引向汽轮机。

（3）风烟系统。锅炉配有一次风系统、二次风系统、高压流化风系统和烟气系统。锅炉采用平衡通风，零压点设置在炉膛出口处，通过引风机挡板的开度进行调节。

1）一次风系统。一次风系统用风由一次风机提供。一次风机出口风分冷热两路风，一路经过空气预热器后，成为热风，又分为锅炉一次风和锅炉启动用风。另一路不经过空气预热器，作为锅炉的给料风和给料密封风。

2）二次风系统。二次风系统用风由二次风机提供。二次风为冷风，进入二次风箱。从二次风风箱引出支管，分上、下两层，进入到炉膛密相区中、上部，用于燃料的助燃。运行中可以通过调节一、二次风风量的配比来控制炉膛温度。

3）高压流化风系统。高压流化风机提供的高压流化风，经返料器下部风室，分别进入到回料阀的下料区和返料区，实现回料阀中物料的流化和回料阀的自密封。

4）烟气系统。燃料在炉膛内燃烧后产生的高温烟气和没有被分离器分离的飞灰流经尾部第1、2、3通道的对流受热面，然后经过除尘系统、引风机，进入烟囱，排向大气。

（4）蒸汽系统。过热器系统由低温过热器、屏式过热器和高温过热器组成，低温过热器与屏式过热器、屏式过热器与高温过热器之间管道上，分别布置有一、二级喷水减温器。

过热蒸汽流程：饱和蒸汽自锅筒顶部由 8 根连接管引入低温过热器入口箱，蒸汽在低温过热器中下行，进入低温过热器出口集箱，再自集箱右端引出，经连接管流经Ⅰ级喷水减温器，经减温后，引向屏式过热器入口集箱，然后经过 6 根屏式过热器入口分配集箱进入到 6 屏屏式过热器低温段，蒸汽在屏中先下行再上行进入到其出口小集箱。经 6 根屏间连接管引至相对应的屏式过热器高温段入口小集箱，进入到屏式过热器高温段，在高温段中，先下行再上行进入到屏式过热器出口集箱，再自集箱右端引出，经连接管流经Ⅱ级喷水减温器，经减温后，进入到高温过热器入口集箱，蒸汽在高温过热器中下行，进入高温过热器出口集箱，然后用 6 根连接管引入到集汽集箱。集汽集箱右端与主汽管道相连接。

3. 锅炉冷态启动

某生物质循环流化床锅炉机组启动的操作票见表 5-6。

表 5-6　　　　　　　生物质循环流化床锅炉机组启动的操作票

序号	内　　容	执行情况	执行时间
1	接值长命令，检查设备各项正常		
2	各人员到位，包括皮带工，放渣工，干料棚添加床料人员		
3	准备混合料，稻壳、锯末、棉秆比例为 1：1：1		
4	鉴于此次床料细粒度较多，流化实验前启动风机大风量吹扫细灰，必要时从返料器放灰，最后现场观察床料以实际合格为准。（或作两次流化实验，第一次吹扫细灰，以最后一次为准）		
5	做流化实验时，实验要求细致务实，风量从小到大，再从大到小		
6	启动油泵，点火时保持最低流化风量，以现场流化实验为准		
7	合理调整点火风、冷却风和主风道开度，其中以观察火焰颜色调整点火风、冷却风开度，主风道开度不小于 30%		
8	点火 1.5h 后期，可以适当提高油泵压力，增强升温速度，床温升至 300℃ 时，可以脉动给料，观察温升和氧量情况，继续增加给料量		
9	床温升至 360℃ 时，停一侧油枪，升至 430℃ 时，停两侧油枪		

序号	内　容	执行情况	执行时间
10	点火油枪退后，实际运行中为避免一次风量过低而结焦，可适当提高一次风量		
11	由于此次上料为配合混料，运行中专人加强给料机料仓巡视工作，做好料仓不棚料、给料机不堵塞措施		
12	退出油枪正常运行后，锅炉负荷要缓慢增加，操作增加给料量以每 5min 增加总给料量 1% 进行。有功负荷以机跟炉方式调节。严密观察返料器各温度压力测点，返料器后部吹扫风正常时关闭，发现异常就地观察，可以开启吹扫风吹堵		
13	补加给料机处准备床料 200 袋，以备急用。添加时从各给料机原有观察孔随料均衡加入。正常以干料棚添加为主，调试人员、锅炉主值可参考料层差压和风室压力提前补加，根据以往经验，以装载机每铲 10 锨经验增加，稳定时可结合上料间隔添加，料层高时可通过事故放渣管放渣，也以便观察床料情况		
14	运行时返料器风压结合流化实验数据，随负荷增加逐步增大，建议保持高压流化风机出口风压为 20～22kPa		
15	床料的检查每小时一次，发现异常时要多排，多检查。尤其发现有焦结块时更要加强置换底料，这时也要加强从给料机和干料棚处的补料量，干料棚处加料要有预见性		
16	锅炉负荷至 7MW 时稳定 30min，调整好各床温（小于 950℃），尤其是分离器入口温度不超过 800℃		
17	继续增加负荷时更应缓慢，给料以每 10min 增加 1% 为准，并增强风量调整，运行中发现异常马上减少负荷至 7MW，现场观察处理。保证分离器入口温度不超过 800℃，床温在 950℃ 范围内		
18	发生结焦现象但不明结焦程度时，可从给料机观察孔处用钢筋等物探明结焦厚度，加强事故放渣，采取加大一次风短时间扰动办法补救		

4. 锅炉燃烧调整

锅炉运行中应控制燃烧，维持锅炉参数应在正常范围，具体见表 5 - 7。

表 5 - 7　　　　　　　　　锅炉运行中主要参数调节范围

名称	单位	限值	数值	备　注
过热器蒸汽压力	MPa	最高	5.29	主汽门前压力为准
		最低	4.90	
过热蒸汽温度	℃	最高	450	
		最低	435	
给水压力	MPa	最低	≥6.537	
给水温度	℃	正常	152.2	
排烟温度	℃	正常	145	
炉膛负压	Pa	正常	50～100	
料层温度	℃	正常	750～850	

名称	单位	限值	数值	备 注
料层差压	Pa	最高	10 000	一般为 8000 左右
		最低	7000	
汽包水位	mm	最高低	±150	汽包中心线下 100mm 为零位
		正常	±50	
炉膛差压	Pa	正常	0～1000	一般为 980 左右
炉膛出口温度	℃	正常	<870	

对于生物质循环流化床锅炉，运行中除了常规负荷、气温、汽压、汽包水位等的调节控制，燃烧调节的重点是床温、床压、炉膛差压、返料器压力温度等参数的监视调节。总的来说，应注意以下问题。

（1）锅炉升负荷在增加燃料量和风量的同时，应通过加料系统增加燃料量，补充床料，以此来提高床层高度。

（2）锅炉降负荷在减小燃料量和风量的同时，利用排渣系统排除炉内大颗粒床料，以降低床层高度，这样，在床温波动较小的范围内，可平稳地增、减负荷，保证锅炉稳定运行。

（3）运行中应加强监视床温，床温过高时易结焦，床温低时，容易引起灭火。一般控制在 850℃ 左右，最低不应低于 750℃。若床温下降至 600℃ 时，主蒸汽低于额定温度时，立即压火，查明原因后再启动，若扬火不成功，应按点火程序进行。

（4）运行中要加强返料器床温的监视和控制。一般返料器处的床温最高不宜大于 870℃。当返料器床温升得太高时，应减少给料量和锅炉负荷，查明原因后消除。

（5）运行中监视料层差压，可通过炉底放渣控制。正常运行中，料层差压控制在 7～10kPa。放渣要求均匀，放渣量的多少由料层差压决定，一般控制在 8kPa 之间。

（6）炉膛负压运行中保持 -100～-50Pa，不允许正压运行。当锅炉负荷控制在自动回路投入运行时，仍应经常监视炉膛负压。锅炉炉膛负压自动控制回路失灵时，应立即改为手动控制。

（7）锅炉正常运行时，烟气的含氧量一般控制在 5% 左右。根据氧量表含氧量指示的变化，对锅炉的运行调整作出迅速判断和调整。

（8）运行中监视炉膛差压，正常运行中维持炉膛差压约 500Pa，炉膛差压增大，稀相区物料浓度高，循环灰量增加。可以通过放掉少量循环灰量，来控制炉膛差压在正常值，防止返料器堵塞。

小 结 与 讨 论

小结：生物质直燃发电机组全冷态启动的过程划分为全冷态送厂用电、机组辅助系统启动、锅炉吹扫点火升温升压、汽轮机冲转定速、发电机并列五个环节。

厂用电系统操作应遵循"二票三制"电气运行制度，严格遵守倒闸操作的有关规定和原则，特别是应防止带负荷拉、合隔离开关，带电挂地线或带电合接地隔离开关。

汽轮机辅助系统包括循环冷却水系统、润滑油系统、凝结水系统、凝汽器抽真空系统、轴封系统、加热器回热抽汽系统等。本任务对系统作用、设备构成及系统启动的注意事项进行了阐述，以典型的生物质发电机组汽轮机辅助系统的启动为例说明了辅助系统启动的逻辑顺序。以实例重点介绍了生物质循环流化床锅炉机组风烟系统的运行。该任务主要内容包括风烟系统、给水系统、疏水放气排污系统、炉前油系统等。介绍了系统作用、设备构成及系统启动的注意事项。生物质发电机组辅助系统的启动依照系统相互逻辑及节能高效的原则，依次完成工业水、压缩空气系统、润滑油系统、凝结水、给水、风烟系统启动，为锅炉吹扫点火、升温升压做准备。

锅炉的冷态启动是工质升温升压过程，也是锅炉各部件由常温升高到正常运行温度的过程，在升温升压过程中应注意对锅炉受热面的保护，防止受热面因热应力或超温而造成损坏，因此要严格控制温升速度，以防金属壁温增大和耐火材料因温差过大造成裂纹和脱落（饱和温升一般控制在 50℃/h 以内），整个升温升压过程禁止通过关锅炉疏水阀及对空排放阀赶火升压。此外要注意控制床层温度，防止局部超温结焦，而造成点火失败。为了保护省煤器不超温在点火升压期间锅炉不上水时，省煤器与汽包再循环门必须开启，在锅炉开始进水时，应将再循环门关闭。

汽轮机冲转是汽轮机的金属由冷态变化到热态，转子由静止变化到高速转动的初始阶段。这个阶段的矛盾是由金属温度升高的速度和转子转速升高的速度而引起的。汽轮机在冷态启动时蒸汽和汽缸的温差很大，为防止汽轮机各金属部件受热不均匀产生过大的热应力和热变形，在冲转后转速升至额定转速前，需要有一定时间的暖机检查过程。冲转过程中注意检查油压、油温、油位、轴瓦钨金温度及轴承振动应正常，回油应畅通。监视轴向位移、胀差、真空、排气温度等参数在正常范围。

发电机并列采用自动准同期方式并网，发电机启动前的准备工作，包括发电机有关保护的投入，应在汽轮机冲转前完成；发变组出口断路器，也要在发电机达到 2500r 以后再转为热备用状态，以防止在启动、试验过程中误合发变组出口断路器造成对系统和发电机的冲击。在升压过程中，监视转子电流、定子三相电压，并核对发电机空载特性，以确定定子绕组、转子绕组和定子铁芯有无故障，以及表计指示的正确性。发电机运行中监视有功及无功功率、功率因数、定子电流及定子电压、转子电流及转子电压、电网频率、发电机温度、冷却介质参数等。发电机运行时对这些参数应作密切监视，必要时进行调整。

讨论：

（1）查阅某典型生物质直燃电厂生产运行规程，并自行学习。

（2）如果你是某生物质发电机组的发电部主任，试从机组的运行调节入手分析如何实现本机组经济运行？

习 题 训 练

1. 电气倒闸操作的原则是什么？
2. 简述循环水系统作用及启动注意事项。
3. 简述润滑油系统构成及运行注意事项。
4. 简述凝结水系统构成及运行注意事项。
5. 简述凝汽器抽真空系统构成及运行注意事项。

6. 简述轴封系统作用及运行注意事项。

7. 简述汽轮机回热抽汽系统构成及运行注意事项。

8. 简述生物质直燃锅炉风烟系统构成。

9. 简述生物质直燃锅炉给水系统构成及调节特点。

10. 生物质循环流化床锅炉点火、升温升压注意事项有哪些?

11. 汽轮机冲转必备条件有哪些?

12. 简述汽轮机冲转过程中注意事项。

13. 简述汽轮机冲转操作步骤。

14. 发电机自动准同期并网的条件是什么?

15. 简述发电机同期装置作用。

16. 简述发电机并网操作及其注意事项。

项目 6

生物质气化发电

【项目描述】

通过本项目学习,使学生能掌握生物质气化及沼气发电技术的基本概念,熟悉生物质气化发电的主要形式,了解生物质气化发电设备及系统,了解沼气发电设备及系统。

【教学目标】

知识目标:

(1)掌握生物质气化的基本原理。

(2)掌握生物质气化的主要设备及流程。

(3)掌握沼气发电设备及系统。

(4)熟悉目前中国生物质气化发电的现状及存在问题。

能力目标:

(1)能描述生物质气化发电流程。

(2)能描述沼气发电流程。

任务 1 生物质气化技术

【教学内容】

6.1.1 生物质气化原理

生物质气化是一种热化学转换技术,是指利用空气中的氧气、含氧物质或水蒸气作为气化剂,将生物质中的碳转化成可燃气体的过程。可燃气中的主要成分有 CO、H_2、CH_4、CO_2、N_2 等,燃烧的成分是 CO、H_2、CH_4。气态燃料比固态燃料在使用上具有许多优良性能:燃烧过程易于控制,不需要大的过量空气,燃烧器具比较简单,燃烧时没有颗粒物排放,仅有较小的气体污染。因此,生物质气化可将低品位的固态生物质转换成高品位的可燃气体,广泛应用于工农业生产的各个领域,如集中供气、供热、发电等。

以木炭为原料的气化反应器已有长期的应用,但因反应温度低,燃气质量差,焦油含量大等原因,使当时进一步推广受到限制。20 世纪 70 年代初世界石油危机后,又重新开始开发生物质气化技术和相应的装备产品。1992 年召开的第 15 次世界能源大会上,把生物质气化利用作为优先开发的新能源技术之一,反映了国际上对气化技术的认同。在该领域具有领先水平的国家有瑞典、美国、意大利、德国等。瑞典工业十分发达，煤、石油资源贫乏，依赖进口，但森林资源丰富，森林覆盖率达 58％以上，所以非常重视生物质能开发利用，鼓励采用先进的气化燃料技术，充分利用农林残留废弃物及城市垃圾等为原料进行气化发电和供热等，已生产出 2.5MW 的下吸式生物质气化炉。美国在生物质热解气化技术方面也有若干突破，近几年借助循环流化床气化原理，研制出生物质综合气化装置——燃气汽轮机发电系统成套设备，为大规模发电提供了技术样板。加拿大已经投放市场若干型号的生物质气化炉产品，以锯末、木片、纸浆、果壳和粮食加工下脚料为原料。制取煤气，驱动内燃机发电，可降低 50％的发电成本。此外，荷兰、德国、意大利、瑞士等国也在生物质气化技术上开展了大量研究工作，产品已经达到商业化推广阶段。

　　中国生物质气化技术的研究开发已有 20 多年历史，中国农业机械化科学研究院的 ND 系列生物质气化炉，以木屑、果壳、玉米芯、树枝等为原料，经气化用于烘干木材及烧锅炉等。中科院广州能源研究所研制的上吸式生物质气化炉对气化原理、物料反应性能做了大量试验，对流化床气化炉、循环流化床气化炉也做了深入研究，开发出生物质循环流化床气化炉，已在广东湛江、海南三亚、广西南宁等地推广。山东省科学院能源研究所研制的 XFL 型生物质气化机组及集中供气系统的配套技术已先后在山东、河北、北京、黑龙江等地推广。辽宁省能源研究所从 20 世纪 90 年代初与意大利合作研制开发了固定床生物质气化装置，目前已在辽宁省大连市金州区投入运行。

　　生物质热解气化（简称气化）是一种热化学反应技术，气化反应过程随着气化装置的类型、工艺流程、反应条件、气化剂种类、原料性质等条件的不同而不同，但生物质的气化过程基本包括下列反应

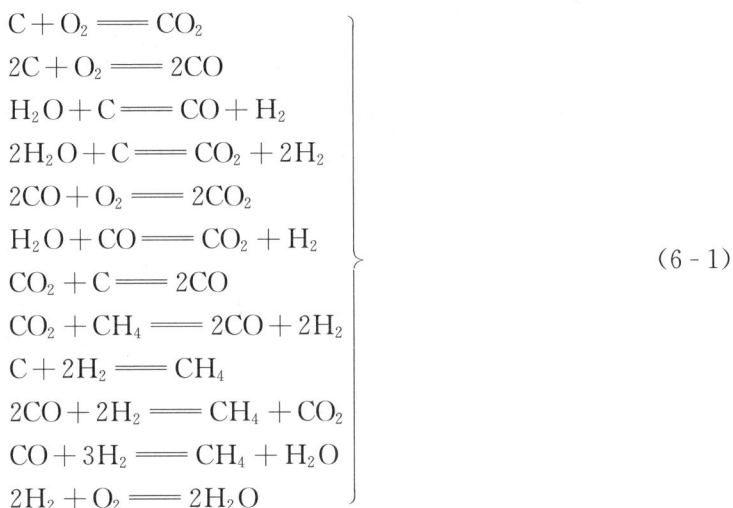

$$
\left.
\begin{aligned}
&C + O_2 \Longrightarrow CO_2 \\
&2C + O_2 \Longrightarrow 2CO \\
&H_2O + C \Longrightarrow CO + H_2 \\
&2H_2O + C \Longrightarrow CO_2 + 2H_2 \\
&2CO + O_2 \Longrightarrow 2CO_2 \\
&H_2O + CO \Longrightarrow CO_2 + H_2 \\
&CO_2 + C \Longrightarrow 2CO \\
&CO_2 + CH_4 \Longrightarrow 2CO + 2H_2 \\
&C + 2H_2 \Longrightarrow CH_4 \\
&2CO + 2H_2 \Longrightarrow CH_4 + CO_2 \\
&CO + 3H_2 \Longrightarrow CH_4 + H_2O \\
&2H_2 + O_2 \Longrightarrow 2H_2O
\end{aligned}
\right\}
\tag{6-1}
$$

　　上述反应中，碳和氧的氧化反应是基础，即属于一级反应，是生成二氧化碳和一氧化碳的放热反应。碳和水蒸气的反应，则是典型的气化目的反应，也属于一级反应，生成氢气、一氧化碳和二氧化碳。这些反应生成物与碳之间以及其他反应生成物之间，在相近的温度和压力下将发生二级反应，这些反应中既有吸热反应，也有放热反应。

　　以上吸式气化炉为例，生物质气化反应层大致可分为氧化层、还原层、裂解层和干燥层。其他类型的气化炉内部气化反应与上吸式气化炉大致相似。

　　（1）氧化反应。气化剂由炉栅下部导入，经灰渣层吸热后进入氧化层，与炽热的碳发生

燃烧反应，生成大量的 CO_2，同时放出热量，温度可达 1000～1300℃，反应式为

$$C + O_2 = CO_2 + 408.8kJ \tag{6-2}$$

由于是限氧燃烧，没有足够的氧进行完全燃烧，因此在氧化层同时发生不完全燃烧反应，反应式为

$$2C + O_2 = 2CO + 246.44kJ \tag{6-3}$$

在氧化层进行的均为燃烧，是放热反应，也正是这部分反应放出的热量为还原层的还原反应、物料的裂解和干燥提供了热源。

（2）还原反应。在还原层中已没有氧气存在，氧化反应生成的 CO_2 和碳、水蒸气发生还原反应，还原区的温度为 700～900℃，主要产物为 CO、CO_2 和 H_2，其反应式为

$$C + CO_2 = 2CO - 162.41 \, kJ \tag{6-4}$$

$$H_2O + C = CO + H_2 - 118.82 \, kJ \tag{6-5}$$

$$H_2O + CO = CO_2 + H_2 - 43.58 \, kJ \tag{6-6}$$

$$C + 2H_2 = CH_4 \tag{6-7}$$

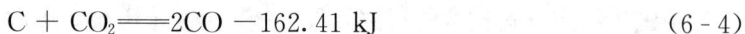

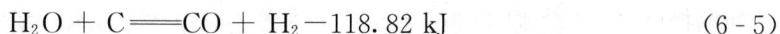

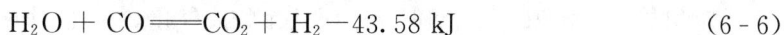

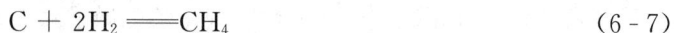

氧化区及还原区总称为气化区，是气化反应的主反应区。

（3）裂解反应。从氧化区及还原区生成的热气体，在上行过程中经过裂解区，将该区的生物质加热并使其发生裂解，裂解区的温度为 400～600℃。在裂解过程中，生物质析出其大部分的挥发分，裂解区的主要产物是炭、挥发分气体、焦油和水汽。

（4）干燥区。从裂解区上升的气体在该区加热生物质原料，原料吸热后温度升高，使原料中的水分蒸发，同时降低产气温度，使气化炉出口气体温度降到 100～300℃。裂解区和干燥区总称为燃料准备区。

6.1.2 气化炉

把农作物秸秆、薪柴等经过气化转变成生物质燃气，需要用生物质气化炉来完成，气化炉是生物质气化设备的核心。气化炉大体上可分为两大类：固定床气化炉和流化床气化炉。生物质气化技术按气化装置的运行方式分类如图 6-1 所示。

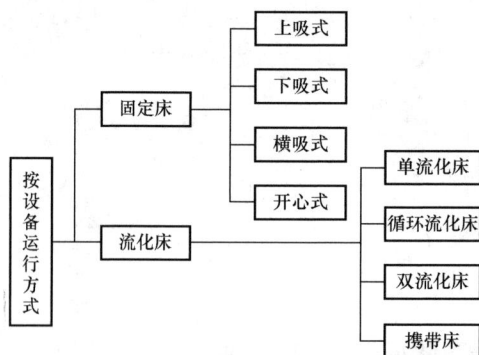

图 6-1 生物质气化技术按气化装置的运行方式分类

（1）固定床气化炉。固定床气化炉是将切碎的生物质原料由炉子顶部的加料口投入固定床气化炉中，物料在炉内基本是按层次地进行气化反应，反应产生的气体在炉内的流动要靠风机来实现。固定床气化炉的炉内反应速度较慢，按气体在炉内的流动方向，可将固定床气化炉分为下吸式、上吸式、横吸式和开心式四种类型。

1）上吸式气化炉。上吸式气化炉中的气体与固体呈逆向流动。在运行过程中，物料从顶部加入后被上升的热气流加热干燥而将水汽排出，干燥了的物料下降时被气流进一步加热分解而释放出挥发分。剩余的炭继续下降时与上升的 CO_2 及水蒸气反应，CO_2 和 H_2O 等被还原为 CO 及 H_2 等。余下的炭被底部进入的空气氧化，放出的燃烧热量为整个气化过程提供热源。

上吸式气化炉的优点是：①燃气在经过热分解层和干燥层时，将其携带的热量传递给物料，用于物料的热分解和干燥，同时降低其自身的温度，使炉子热效率大大提高；②热分解层和干燥层对燃气有一定的过滤作用，所以出炉的燃气中只含有少量灰分；③结构简单，加工制造容易，炉内阻力小。

上吸式气化炉的缺点是：①原料中的水分不能参加反应，减少了燃气中 H_2 和碳氢化合物的含量，气体与固体逆向流动时，物料中的水分随产品气体带出炉外，降低了气体的实际发热量，增加了显热损失；②热气体从底部上升时温度沿反应层高度下降，物料被干燥后与低温度的气流相遇，原料在低温（250～400℃）下进行热分解，导致出炉气的焦油含量较高。

2）下吸式气化炉。下吸式气化炉的生物质原料由炉顶的加料口投入，气化剂（空气、氧气）可以由顶部进入，也可在喉管区加入，气化剂与物料混合向下流动，在高温喉管区发生气化反应。炉内的物料自上而下分为干燥层、热分解层、氧化层、还原层。下吸式反应器的优点是：①气化强度高（相对于上吸式）；②工作稳定性好；③炉顶压力低，可随时开盖添料；④氧化区在热解区与还原区之间，因而干馏和热解的产物都要经过氧化区，在高温下裂解成 H_2 和 CO 等永久性小分子气体，使得气化气中焦油含量大大减少。

它的缺点是：①由于炉内气体的流向是自上而下的，而热流的方向是自下而上的，致使引风机从炉栅下抽出可燃气要耗费较大的功率；②出炉可燃气中含有的灰分较多；③出炉可燃气的温度较高，必须进行冷却。

上吸式气化炉和下吸式气化炉分别如图 6-2 和图 6-3 所示。

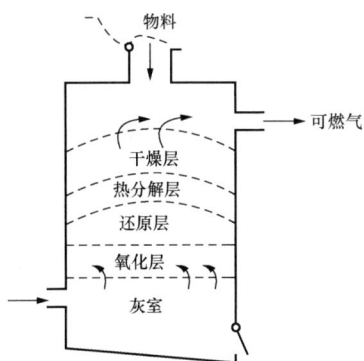

图 6-2　上吸式气化炉　　　　　　图 6-3　下吸式气化炉

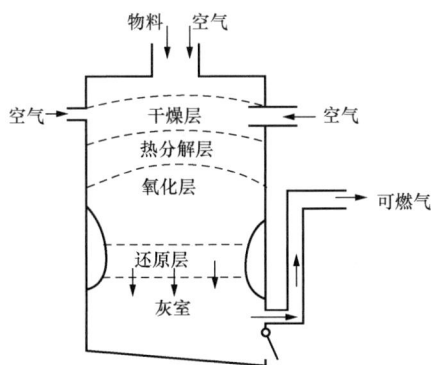

3）横吸式气化炉。在横吸式气化炉中生物质原料由气化炉顶部加入，灰分落入炉栅下部的灰室。气化剂由侧面进入，产出的气体也由侧面流出，气流横向通过气化区口气化炉内在氧化区、还原区进行的热化学反应与下吸式气化炉相同，只不过反应温度较高，燃烧区温度甚至会超过灰熔点，容易造成结渣。因此该炉适用于含灰分少的原料，一般用作焦炭和木

炭的气化。

4）开心式气化炉。开心式气化炉结构和反应原理与下吸式气化炉相类似，可以看成是其一种特例。它没有缩口，炉栅不平，中间隆起，以转动炉栅代替高温喉管区。主要反应在炉栅上部的气化区进行。该炉结构简单，氧化还原区小，反应温度较低。

横吸式气化炉和开心式气化炉分别如图 6-4 和图 6-5 所示。

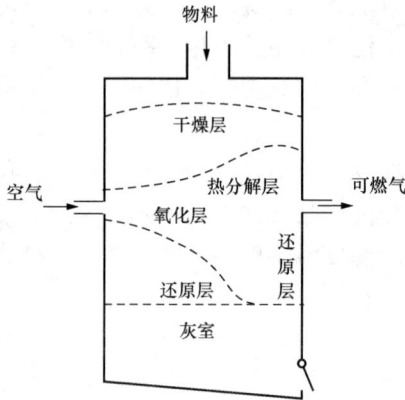

图 6-4　横吸式气化炉　　　　　　　图 6-5　开心式气化炉

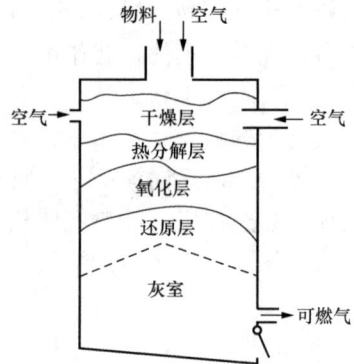

（2）流化床气化炉。流化床气化炉的反应物料中常掺有精选过的惰性材料砂子。在吹入气化剂作用下料颗粒、砂子与气化剂接触充分，受热均匀，在炉内呈"沸腾"燃烧状态，气化反应速度快，生产能力大，气化效率高。气流床气化炉内温度高而且恒定，焦油在高温下裂解生成气体，因而出炉气的焦油含量较低，但含有较多的灰分。流化床气化炉结构比较复杂，设备投资较大，按气化炉结构和气化过程，可将流化床气化炉分为单流化床、循环流化床、双流化床和携带流化床四种类型。按吹入气化剂的压力大小，流化床气化炉又可分为常压流化床和加压流化床。

1）循环流化床气化炉。循环流化床气化炉和单流化床气化炉的主要区别是，在燃气出口处设有旋风分离器或袋式分离器，将出炉气携带的炭粒和砂子分离出来，返回气化炉再次参加气化反应。循环流化床气化炉是唯一在恒温床上反应的气化炉，气化反应在床内进行，焦油也在床内裂解，气固分离后的炭粒不断循环回反应炉内，因而可保持较大的床层密度，床截面上颗粒密度分布均匀，并使炭粒有足够的时间在床内停留，以适应还原反应速度慢的需要。这种气化炉适合于水分含量高、发热量低、着火困难的生物质物料。循环流化床气化炉的主要缺点是入料需要经过预处理，产气中灰分需要很好地净化处理，部件磨损较严重。流化床气化炉、循环流化床气化炉以及双流化床气化炉分别如图 6-6、图 6-7 以及图 6-8 所示。

2）双流化床气化炉。双流化床气化炉分为两个组成部分：一部分是气化炉，另一部分是燃烧炉。气化炉中产生的燃气经分离后，砂子和炭粒流入燃烧炉中，炭粒燃烧将砂子加热，灼热的砂子再返回到气化炉中以补充气化炉所需的热量。

3）携带床气化炉。携带床气化炉是流化床气化炉的一种特例，它不使用惰性材料作为流化介质，气化剂直接吹动炉中的生物质原料，且流动较大，为絮流床口原料入炉前需粉碎成细小颗粒，气化温度高达 1100℃，碳的转化率可达 100%，燃气中焦油含量很低，但由于反应温度高而易烧结。

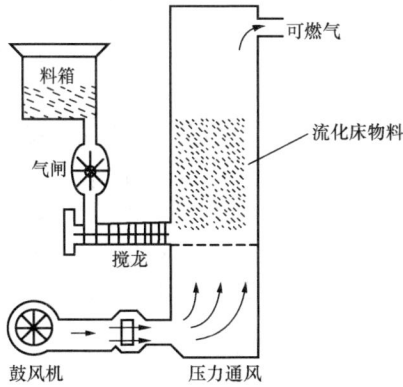

图 6-6　流化床气化炉

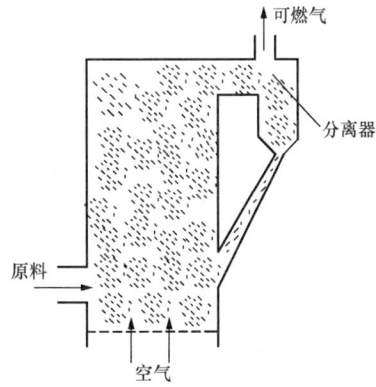

图 6-7　循环流化床气化炉

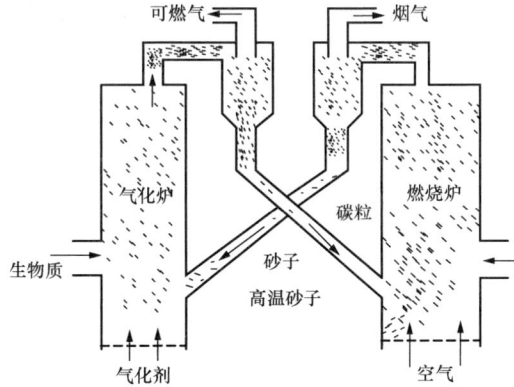

图 6-8　双流化床气化炉

6.1.3　焦油产生与燃气净化

1. 焦油的产生机制和危害

焦油生成于气化过程中的热解阶段。当生物质被加热到 200℃ 以上时，组成生物质的纤维素、木质素、半纤维素等成分发生明显的热分解，生成焦炭、木醋酸、焦油、气体等。热解产物经过氧化和还原后，生成的气体产物主要有 CO、H_2、CO_2、CH_4、H_2O 和 N_2，另外还有部分有机物、无机不纯物和颗粒。生物质气化过程中产生的有机物包括小分子碳氢化合物和大分子多核芳香族碳氢化合物。小分子碳氢化合物能作为燃料在内燃机等燃气设备中直接使用，大分子多核芳香族碳氢化合物即为焦油。焦油的成分相当复杂，其中含有的有机物质估计有 10 000 种以上，能辨识出的组分就有上百种，主要成分不少于 20 种，其中 7 种物质的含量超过了 5%，它们是苯、萘、甲苯、二甲苯、苯乙烯、酚和茚。

影响生物质气化过程中焦油生成量的因素有很多，包括炉型、反应温度、停留时间、物料种类、物料粒径、反应压力、气化剂种类等。其中温度对焦油产量的影响最为显著，在热解阶段，随着热解温度的升高以及停留时间的增加，热解产物中气态产物比例会增加，相应焦油的析出也更充分，当温度为 500～600℃ 时，焦油的产量最高，此时，增加气化温度，焦油会发生热裂解。研究发现，从 $550\sim1000℃$ 热解温度范围内，气化气中焦油含量的下降幅度约为 $47\%\sim90\%$，但是温度升高到一定程度后，焦油的热裂解就会慢慢减弱，一般将温度控制在 $1000℃$ 以内。

焦油的存在有许多危害：焦油能量很高，其存在会降低气化效率；焦油在低温时容易凝结为黏稠的液体，与灰粒一起堵塞输气管道、阀门等设施，影响系统的正常运行；焦油燃烧后产生的气味对人体有害；焦油在高温裂解时会产生细小炭黑，另外，凝结为细小液滴的焦油比气体难以燃尽，在燃烧时也会产生炭黑等颗粒。焦油的存在，不仅大大降低了燃气的利用价值，而且造成工业废气中微细灰尘颗粒物数量增多，这种微细颗粒物对人体健康和大气能见度都有一定影响。

2. 燃气净化

生物质气化器出口燃气中除含有焦油外，还含有灰分和水分，叫做粗燃气。如果将粗燃气直接使用，会影响设备的稳定运行，因此必须进行净化处理。从整体上来讲，燃气中的杂质可以分为固体杂质和液体杂质。固体杂质是指气化后的含炭灰粒，根据所用原料的不同，灰粒的数量和大小各异。当使用木炭或木材时，原料中含灰量很少，而且木炭的结构比较强，所以只在气化的最后阶段，才出现被燃气携带的细小炭粒，燃气中灰粒的量为 $5\sim10g/m^3$。使用秸秆类原料时情况要严重得多，除了秸秆灰含量较高外，其他原料热解后的炭结构很弱也较轻，很容易被气流携带。因此秸秆气化后燃气中的固体杂质量较大而且颗粒的直径也大，燃气中灰含量可能在每立方米数十克的数量级。液体杂质主要是指常温下能凝结的焦油和水分。水分的清除是容易的，而焦油冷凝后是黏稠的液体，容易黏附在物体的表面。

离开气化器的粗燃气一般还具有较高的温度，在进行燃气净化的同时还要将燃气冷却到常温以便于输送。在粗燃气中焦油是气态，随着温度的下降，首先是重烃类凝结，然后轻烃类凝结出来。焦油冷凝后与固体杂质混合，将形成结实的灰垢，堵塞在管道里，很难清除。因此利用燃气的降温过程合理地组织燃气净化工艺，是能否得到洁净燃气的关键。一般采用在燃气温度显著下降前先脱除灰尘，然后逐步脱除焦油的流程。

3. 常用的净化方法和设备

生物质燃气中的杂质含量通常要求在 $50mg/m^3$ 以下，需要根据粗燃气中杂质情况设计燃气净化系统，净化系统一般是多种净化方式的组合，分别清除固体、液体和不同颗粒直径的杂质。可选择的净化方法和设备及其主要技术特征见表 6-1。由于焦油催化裂解等新型方法目前还应用较少，这里不作介绍。

表 6-1　　　　　　　　　　　燃气常用净化方法和设备及其主要技术特征

类别	机械分离	静电分离	湿式分离	过滤分离
设备	旋风、惯性除尘器	电除尘器	喷淋洗涤塔、文氏管、冲击式分离器	颗粒层过滤器、布袋除尘器
作用力	离心力	静电力	惯性力、拦截、扩散	惯性力、拦截、扩散、静电力
分离界面	器壁	沉降电极	液滴表面	滤料层
气体流速	$15\sim20m/s$	$1\sim1.5m/s$	$0.5\sim100m/s$	$0.01\sim0.3m/s$

续表

类别	机械分离	静电分离	湿式分离	过滤分离
阻力	较大	很小	中等到大	中等
适宜脱除的颗粒直径	$5\sim10\mu m$（包含 $5\mu m$）	$\geqslant0.1\mu m$	$0.1\sim1\mu m$（包含 $0.1\mu m$）	$\geqslant0.1\mu m$
温度	取决于器壁材料	对温度敏感	常温	取决于滤料材料
湿度	湿度高时有粘壁现象	对湿度敏感	不限	敏感

（1）旋风除尘器。旋风除尘器是最常用的除尘器，设备简单，对 $10\mu m$ 以上颗粒的除尘效率较高，但阻力比较大。在设计时应根据生物质燃气中灰尘性状和燃气输送机所能提供的压头，进行综合考虑后按照设计手册选取除尘器的尺寸。

（2）惯性除尘器。当气流方向转变时，质量较大的颗粒受惯性力作用，沿与气流方向不同的轨迹运动，从气流中分离出来。基于这样的原理，惯性除尘器在工业中得到了广泛应用。气流转向时灰粒受到的离心力与质量和速度的平方成正比，与旋转半径成反比。因此粉尘粒径越大，气流速度越高，惯性除尘器的效率越高。这几种形式都是通过管路折转或设置某种障碍物使气流转向来分离粉尘。惯性除尘器效率不高，一般只有70%以下，只对 $20\sim30\mu m$ 以上粒径的颗粒有较高的效率，但它的压力损失较小，只有 $100\sim500Pa$，而且结构简单，可以利用燃气发生系统中管路的折转方便地布置。

（3）电除尘器。电除尘器是利用电场的作用使粉尘与气体分离的净化设备，除尘效率达到99%以上，能捕集 $1\mu m$ 以下的细微粉尘。电除尘器在用于生物质燃气净化时，对燃气的含氧量和焦油含量都要求严格，进口燃气焦油含量要求低于 $5g/m^3$，否则，焦油和灰尘容易黏结在电极上。另外，电除尘器应用于生物质燃气的净化过程必须解决防爆和清焦问题。

（4）喷淋洗涤塔。喷淋洗涤塔是常用也是最简单的气体洗涤装置。根据燃气净化的要求，喷淋洗涤塔可以是单层的，也可以是多层的。为了增大燃气和水的接触面积，可以在塔内充装填料，填料一般是陶瓷环或金属拉西环。喷淋洗涤塔内气体流速一般在 $1m/s$ 以下，停留时间 $20\sim30s$。燃气在上升过程中，反复与水滴接触，使固体和焦油颗粒与水混合，形成密度远大于气体的液滴，落到下部排出，净化后的燃气由上部离开。

设计完善的喷淋洗涤塔可以有效地捕集 $1\mu m$ 以上直径的颗粒，效率可达95%～99%。

喷淋洗涤塔的脱除效率取决于气体和水的接触，沿截面水滴的均匀分布和合理尺寸的填料将显著提高效率。喷淋洗涤塔的耗水量较大，排出的废水经沉淀过滤后可重复使用以减少污水排出量。但还是有相当的污水会排出系统，污水中含有较高浓度的焦油等有害物质，必须加以处理，否则会造成二次污染。

（5）文氏管除尘器。文氏管除尘器由文氏管和脱水器组成。当含尘气体由进风管进入收缩管之后，逐步加速，在喉颈缩口处迫使它高速通过。在喉管的前方有很多小孔喷出水液，高速气体把水冲击粉碎成细滴（粒径在几百微米以下），这些细小液滴有极大的接触表面积。燃气中所携带的尘粒，在气体绕流液滴时被巨大的惯性力抛到液滴上而被捕集。气液两相由扩散管进入旋风分离器，通过离心作用，将气液两相分离。

文氏管除尘器的优点是除尘效率高，能消除 $1\mu m$ 以下的细微颗粒，结构简单，造价低廉，维护管理简单。缺点是压力损失较大，用水量较多。低阻文氏管常用于较粗颗粒的除尘，喉管流速为 $40\sim60m/s$，阻力为 $600\sim5000Pa$；高阻文氏管喉管流速为 $60\sim120m/s$，阻力为 $5000\sim20\ 000Pa$，对微细粉尘可达到很高的除尘效率。

（6）冲击（水浴）式分离器。冲击（水浴）式分离器，主要部件有外壳、喷管和挡水板。分离器下部保持相对静止的水位，燃气以较大的速度通过喷管，对水层产生冲击后，折返向上。

燃气中的固体和液体杂质一部分由于惯性的作用进入水层，另一部分与冲击溅起的水滴和气泡混合，进一步得到分离。挡水板（或其他形式的气水分离部件）的作用是从气体中分离水滴和气泡。根据燃气净化的要求，可以选择将喷管的端部布置在水面以上，或插入水中。喷管在水面以上时，主要是冲击作用，对大的颗粒有效，对细颗粒分离效率较低。喷管插入水中时，冲击和淋浴同时发生作用，但阻力较大。

影响冲击（水浴）分离器效率的主要因素有气体流速和喷管与水面的相对位置。提高流速和增加插入深度有利于提高净化效率，但压力损失也明显地增加。一般气体流速的选取范围为 $5\sim14m/s$，喷管端部与水面的相对位置为 $-100\sim+50mm$（负值表示插入水中），相应分离效率为 $93\%\sim98\%$，阻力为 $600\sim1200Pa$。

（7）颗粒层过滤器。颗粒层过滤器结构简单，在一个筒体中装上颗粒滤料就构成过滤器。影响颗粒层过滤器性能的主要因素是颗粒大小、过滤速度和颗粒层厚度。颗粒较小，过滤速度和过滤层厚度加大，除尘效率提高，但阻力也明显加大。颗粒层过滤器的效率一般可达 99%，压力损失为 $800\sim1200Pa$。工业上常用石英砂、河沙、金属屑、玻璃珠等作为滤料，清除颗粒层中粉尘的方法主要是定期反吹，即一段时间后用高速气流反向吹扫，同时在颗粒层中用清灰耙搅动料层，使黏附在颗粒表面的粉尘脱落排出。

（8）袋式除尘器。在使用袋式除尘器净化生物质燃气时，应根据生物质燃气特点进行工艺与设备设计，具体体现如下：

1）焦油在低温下会黏附在袋子上很难清除，所以，袋式除尘器宜在超过200℃的情况下运行，且粗燃气中焦油含量越高，控制的过滤温度越高。

2）由于生物质灰尘微细颗粒多、密度小，脉冲清下的灰尘有部分会被附近的滤袋再次捕集，影响清灰效果。在净化生物质燃气时推荐选择气箱脉冲布袋除尘器，并选择离线清灰方式；为减小系统阻力，推荐使用小于1.2m/s的过滤气速。

3）布袋除尘器运行之前应进行调试和预喷涂，其中，预喷涂是为了使滤料形成第一道初滤层，从而保护滤袋和易清灰而延长布袋使用寿命。

任务2　生物质气化发电设备及系统

【教学内容】

6.2.1　发电系统工艺流程及分类

生物质气化发电系统生物质气化发电是指将固体的生物质原料在气化炉中转化为气体燃料，再把可燃气输送到燃气发电设备进行发电。相对于生物质直烧燃发电而言，生物质气化发电的规模一般较小。由于生物质燃料性能较差、分布分散且易腐败，在合理的收集半径内获取生物质燃料，就地利用转化，进行分散式的能源生产利用，不仅可以经济有效地利用生物质这种可再生能源，还可以发挥燃气发电技术设备紧凑、操作简便、污染少的优点，是生物质能最有效、最洁净的利用方法之一。

1. 生物质气化发电系统

生物质气化发电系统一般包括以下几个子系统。

(1) 生物质原料的预处理系统。根据不同的生物质原料、气化设备类型和规模的大小，需要把生物质原料进行预处理。一般来说固定床气化炉需要把原料进行切碎或压块，而流化床气化炉则需要进行粉碎或造粒。

(2) 生物质气化系统。在气化炉中将固体生物质与气化剂反应转化为气体燃料，通常为通入空气、氧气、水蒸气等气化剂使生物质发生不完全燃烧产生可燃气。

(3) 气体净化及冷却系统。由气化炉生产出来的燃气都具有一定的温度，并带有一定量的杂质，包括灰分、焦炭、焦油和水分等。需经过净化系统把杂质除去，并且需要冷却，以保证燃气发电设备的正常运行。

(4) 燃气发电系统。利用燃气轮机或燃气内燃机进行发电。

(5) 余热综合利用系统。有的工艺为了提高整体的能量利用率，发电过程中的余热可以通过余热锅炉产生蒸汽并进入蒸汽轮机发电或者冷、热、电联产联供。

生物质气化发电与其他可再生能源的利用方式相比较，具有以下特点。

1) 技术灵活。由于生物质气化发电可以采用内燃机，也可以采用燃气轮机，还可以结合余热锅炉和蒸汽发电系统，甚至还可以做到冷、热、电、气多联产联供，所以生物质气化发电系统可以根据原料情况确定合适的规模，并选用合适的发电设备，还可以根据用户的能量需求灵活地进行负荷调整，保证在任何规模下都有合理的发电效率以及整体的能量利用效率。该技术的灵活性恰好可以满足生物质分散利用的特点，符合生物质能源分布式供应的理念。

2) 清洁生产。生物质本身属可再生能源，可以有效地减少 CO_2、SO_2、可吸入颗粒等有害物质的排放。而生物质气化过程的一般温度较低（大约为 $700\sim900℃$），NO 的生成量很少，并且低发热量燃气燃烧做功的温度一般也比较低（比如在内燃机中燃烧一般低于 $600℃$），所以能有效控制 NO 的排放。生物质气化后的固体灰渣中含有丰富的钾元素，可以作为肥料直接还田，减少了对环境的影响。

3) 经济性。生物质气化发电技术灵活，规模较小，可以有效地减小原料的收集半径，降低原料的收集、储运成本，保证该技术在小规模下有较好的经济性。同时燃气发电工艺简单，设备紧凑，也使得生物质气化发电技术比其他可再生能源发电技术投资更小，具有良好经济性，综合发电成本已接近小型常规能源发电的水平。

4) 能源安全。生物质气化发电技术具有规模小、布置灵活、分散供能的特点，可以在小区域内就地取材，同时供应冷、热、电、气等多种能源，基本满足区域内的多种能量供应，形成一种安全分散的能源供应新模式。

按照气化工艺以及设备，生物质气化发电一般可以分为固定床气化发电和流化床气化发电两大类。固定床气化包括上吸式气化、下吸式气化和开心式气化三种，流化床气化包括鼓泡流化床气化、循环流化床气化及双流化床气化等。一般来说，固定床气化工艺适用于单机容量在 1MW 级以下的发电系统，而流化床气化发电系统的单机容量最大可以达到 10MW 以上。以上气化技术使用的气化介质一般均为空气，或者混合加入少量的水蒸气。目前这两种气化发电的形式国内都有研究，并有示范装置运行，但主要是以流化床气化发电系统为主。

气化后的燃气发电设备一般为燃气轮机或者内燃机。内燃机发电系统以燃气内燃机组为主，其特点为设备紧凑，系统简单，技术较成熟、可靠；燃气轮机发电系统采用低发热量燃气轮机，燃气需增压，否则发电效率较低，由于燃气轮机对燃气的洁净程度要求高，并且需有较高的自动化控制水平和燃气轮机改造技术，一般单独采用燃气轮机的生物质气化发电系统较少，大多数燃气轮机发电系统还需结合蒸汽联合循环发电。

典型的生物质固定床气化发电工艺流程如图6-9所示，随着技术的发展，目前国内外有些研究机构还使用了外燃机（斯特林机）作为发电系统的动力设备。

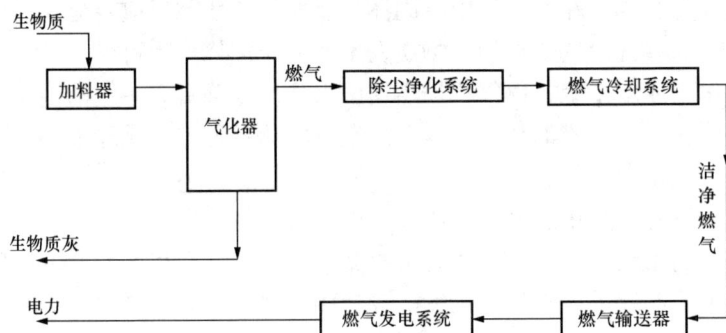

图6-9 典型的生物质固定床气化发电工艺流程

外燃机是一种由外部供热使气体在不同温度下做周期性压缩和膨胀的闭式循环往复式发动机。外燃机在运行时，燃料在气缸外的燃烧室内连续燃烧，独立于燃气的工质，通过加热器吸热，并按斯特林循环对外做功，因此避免了类似内燃机的震爆做功和间歇燃烧过程，从而实现了高效率、低噪声和低排放运行。同时，外燃机无需压缩机增压，使用一般风机即可满足要求，并允许燃料具有较高的杂质含量，应用于生物质气化发电时对燃气的净化程度要求较低。

比利时和奥地利分别研制了容量为2.5MW和6MW的生物质气化与外燃机结合空气透平的发电装置，采用该装置，生物质气化后不需进行除尘、除焦就可以直接在外燃机的燃烧器中燃烧，燃烧后产生的烟气用来加热空气，所产生的高温高压空气可以推动涡轮机组发电。斯特林机单机容量小，结构简单，可以因地制宜地增减系统容量，其存在的主要问题和缺点是制造成本较高，工质密封技术较难，密封件的可靠性和寿命还存在问题，功率调节控制系统较复杂，机器较为笨重。因此目前还处于研究阶段，未规模化应用。

使用水蒸气作为气化介质，对生物质原料进行气化，获得富含氢气的可燃气体，结合高温燃料电池（熔融碳酸盐或固体氧化物燃料电池）来发电。生物质气化燃料电池联合循环发电系统具有较高的系统发电效率，可达50%左右。但是由于目前高温燃料电池技术还存在着许多难点，所以该技术尚处于实验室研究阶段。

2. 生物质气化发电分类

从发电规模上分，生物质气化发电系统可分为小型、中型、大型三种，小型气化发电系统简单灵活，主要解决电网覆盖不到的边远区域用电需求或作为中小企业的自备发电机组，所需的生物质数量较少，种类单一，所使用气化设备一般为固定床，发电设备为内燃机或微型燃气轮机，发电功率一般小于500kW，总的发电效率一般小于20%。

中型生物质气化发电系统主要作为大中型企业的自备电站或小型上网电站，它可以适用于一种或多种不同的生物质，所需的生物质数量较多，需要粉碎、干燥等预处理，所采用的气化设备一般为流化床或多台固定床并联，发电设备为多台燃气内燃机。中型生物质气化发电系统用途广泛，原料适应性强，装机功率规模一般为 $500\sim3000kW$，发电效率一般为 $20\%\sim25\%$。

大型生物质气化发电系统的主要功能是作为上网电站，它可以适用的生物质较为广泛，所需的生物质原料数量巨大，故原料的收集、储运成本较高，必须配套专门的生物质供应和预处理产业链。大型生物质气化发电系统采用的气化设备一般为流化床，装机功率一般在 $5000kW$ 以上，发电效率一般大于 25%。虽然与常规能源相比较其规模仍很小，但在生物质能产业发展成熟后，它将是替代常规能源电力的主要方式之一。

表 6-2 为各种生物质气化发电技术的特点。针对目前我国具体实际，生物质气化发电系统可根据建设规模的大小以及使用原料的种类采用固定床或流化床气化设备，发电设备适宜采用气体内燃机。采用气体内燃机有以下几个优点：可降低对燃气杂质的要求（焦油与杂质含量在标况下小于 $100mg/m^3$ 即可），可以大大减少气体净化的技术难度；避免了调控相当复杂的燃气轮机系统，可以大大降低系统的造价；由于不使用蒸汽系统，故而减少了用水量，在水资源缺乏区域尤其具有吸引力；该方案系统简单，技术难度小，单位投资和造价较低，适合于我国目前的工业水平，设备可以全部国产化，适合于发展分散的、独立的生物质气化能源利用体系，具有广阔的应用前景。

表 6-2　　　　　　　　　　各种生物质气化发电技术的特点

规模	气化设备	发电设备	发电效率	主要用途
小型系统（<500kW）	固定床	燃气内燃机 微型燃气轮机	<20%	偏远区域或中小企业离网用电
中型系统（500～3000kW）	固定床、常压流化床	燃气内燃机组	20%～25%	企业自备电站、小型上网电站
大型系统（>5000kW）	常压流化床、加压流化床、双流化床	燃气内燃机组＋蒸汽轮机 燃气轮机＋蒸汽轮机	>25%	上网电站、独立能源系统

6.2.2　气化发电主要设备

生物质气化发电装置主要由原料预处理及进料机构、燃气发生装置、燃气净化装置、燃气发电机组、控制装置及废水处理设备部分组成。根据气化发电系统所采用的生物质原料的不同以及规模的大小对以上设备进行合理的选型。

小规模的生物质气化发电企业所需要的原料较少，其收集半径较小，通常可以自行收集原料。大中规模的生物质气化发电厂的原料由于用量较大，通常要组成专业的原料收集和储运产业链。原料收购后，经集中晾晒干燥、打包或破碎、压缩等简单的预处理后统一配送到发电厂，发电厂只储存少量的干燥生物质原料。流化床气化炉一般要求对原料进行粉碎并尽量均匀，固定床气化炉对原料尺寸的要求则宽松得多，只需要简单的破碎即可。生物质原料的预处理所需要的设备通常为各种抓斗车、破碎机、粉碎机、压块机、造粒机等，可以根据不同类型的气化炉对原料的要求灵活选择。

生物质发电厂的加料装置根据气化炉的种类和规模的大小对其的选用原则不尽相同。对于小规模的固定床气化炉，一般选用螺旋式输送机或者人工加料，加料方式通常也为间歇式加料。对于大中型的气化炉，通常采用的是具有定量功能的螺旋式给料机、皮带给料机、斗式提升机等设备，其加料方式通常为连续加料。一般气化炉在工作时为了防止气体泄漏，其加料口均要求密封，所以需要在入炉前考虑加料器的密封。密封装置通常设置在气化炉原料入口处，典型的密封装置可采用星形卸料阀、双钟罩、双插板阀、料封等。对于小规模的气化发电系统，燃气发生装置通常选用固定床气化炉，目前最常见的是下吸式的气化炉。下吸式气化炉一般为负压运行，生物质原料和气化剂全部由气化炉上部加入，燃气和气化灰渣由炉体下部排出。该种炉型所产燃气中的焦油含量较少，但是由于生物质的运动方向和气体流向相同，燃气中夹带的灰分较多，加重了后续净化系统的负担。另外，固定床由于加料和排灰问题，燃气质量容易波动，发电质量不稳定，排出的灰渣中有较高的固定碳含量，也影响了该炉型的气化效率。但是这种类型的气化炉结构简单，操作方便，原料不用预处理，对于加料口密封要求不严，甚至可以敞口运行，尤其适合于农村中蓬松的玉米秸秆、麦秸等生物质原料，并适应我国偏远地区的工业发展和操作水平现状，所以在小型的气化发电系统中应用广泛。

　　大中型气化发电系统的燃气发生装置通常采用流化床气化炉，其最大优点是运行连续且稳定，包括燃气质量、加料与排渣等都较为稳定。流化床的运行工况连续可调，便于放大，适于生物质气化发电系统的大规模工业化应用。但是流化床所使用的原料需进行预处理，以满足加料与流化对原料粒度的要求，对于高流化速度的循环流化床和双流化床还可能需要使用石英砂等床料作为热载体来辅助流化运行，增加了发电厂的运行成本。流化床气化产生的燃气中飞灰含量较高，另外由于生物质灰渣的熔点较低，为了防止床内结渣，流化床气化的温度普遍较低，一般为 600～800℃，所以产生的燃气中的焦油含量较高，不便于后续的燃气净化处理。流化床气化炉的运行操作和控制较复杂，也在一定程度上限制了其在农村区域或小企业中的利用。

　　生物质气化发电的燃气净化系统，尤其是高温燃气净化技术一直是制约生物质气化发电推广应用的难点。生物质燃气由气化炉中产出后，其中含有一定量的灰分和焦油，其含量与原料特性、气化炉的形式关系很大，二者混合并冷却后极易形成黏稠的膏状物，会导致输送管道和设备的磨损、堵塞和腐蚀，同时还会严重影响后续发电设备的正常运行。生物质燃气中的颗粒物由灰分、未完全燃烧的炭粒等组成。这些杂质的粒径和密度非常小，传统的旋风除尘器的除尘效率很低。目前应用较多的净化技术还是过滤和水洗。过滤技术中比较理想的是使用袋式除尘器，但由于燃气中还混合许多焦油和水分，这些杂质很容易在滤材的表面和内部冷凝而发生糊袋现象，导致滤袋再生困难，增加了袋式除尘器的运行成本，严重时无法应用。工程中还经常使用各种吸附性很强的生物质原料或木炭作为填料来过滤燃气，一般采用多级过滤，把可燃气的焦油过滤出来。这种方式阻力大，容易堵塞，对连续的气化发电系统，焦油过滤必须采用一用一备两套过滤系统，过滤材料更换频繁，劳动强度大。使用水洗净化是目前应用最广泛的技术，常用设备有喷淋冷却塔、文丘里洗涤塔等，可同时起到燃气净化和降温的双重作用，产生的废水经过焦油去除后还可以进入洗涤系统中循环使用。但是这种方法不可避免地带来含焦油废水的处理问题，如果处理不当会造成严重的二次污染。工程实践中，通常会将以上几种净化技术组合使用，通过旋风除尘器首先在高温下去除燃气中的大颗粒杂质，然后通过过滤去除其中的大部分灰尘和焦油，最后采用水洗来彻底净化。燃气净化技术的发展趋势是高温干法净化和焦油裂解技术，虽然有许多研究机构在进行深入研究，但在工程实践中应用仍然很少。

小型气化发电系统使用的气化设备一般为小规模的燃气内燃发电机组。国内的生物质燃气发电机组大多是在天然气或沼气发电机组的基础上改造而成，专门针对生物质气体发动机开展的研究工作还很少。目前常见的生物质燃气机为 138、160、190、300 等几个系列，转速一般为 500～1000r/min，单台额定功率大多为 100～500kW，发电效率一般为 20%～30%。相对于天然气和沼气，生物质燃气中的焦油和飞灰等杂质的含量较多，对于燃气内燃机的稳定运行造成了很大的挑战，高转速的机型和涡轮增压技术往往无法得到广泛应用。但是由于内燃机技术成熟，设备简单，运行和维护方便，所以目前的生物质气化发电厂采用最多的仍然是内燃式发电机组。

6.2.3　B/IGCC 技术

生物质整体气化联合循环发电技术（B/IGCC）作为先进的生物质气化发电技术，通过采用燃气——蒸汽联合循环发电的方式实现，具有较高的发电效率和较大的发电规模。系统在内燃机、燃气轮机发电的基础上增加余热蒸汽的联合循环，该种系统可以有效地提高发电效率，其发电系统效率可以达 40%以上，是目前该领域重点研究的内容。

B/IGCC 技术主要包括生物质气化、燃气净化、燃气轮机（内燃机）及蒸汽轮机发电等几大部分。气化炉是 B/IGCC 系统的关键，由于循环流化床气化炉原料适应性强，产气成分稳定，规模易于放大，目前的 B/IGCC 系统主要应用的为循环流化床气化炉。根据炉内运行压力，循环流化床气化炉可分为常压气化炉和增压气化炉。常压气化炉技术成熟，运行稳定性和操作性良好，目前运行的 B/IGCC 电厂大都采用这种炉型。增压流化床气化炉内气化反应在加压条件下进行，强化了燃烧和传热反应，有效地提高了系统效率；同时可以减小设备体积，降低了设备的制造和安装成本，是今后发展的主要方向。但是其加料、进气和出灰都必须考虑系统的密封，因此其结构复杂，同时加压气化的技术难度也较大，因此目前还主要处于研究阶段，实际应用还较少。

生物质燃气具有低发热量、燃气中焦油含量高、气化炉出口燃气温度较高的特点，采用传统的燃气降温净化（水洗）技术以后会导致燃气损失大量的显热，势必会影响 B/IGCC 系统的发电效率。要使其具有较高的效率，就要求系统必须采用生物质加压气化和燃气高温净化两种技术。但是生物质的加压气化技术、燃气高温净化处理技术以及生物质燃气轮机的改造技术难度均很高，其技术的成熟度以及造价均限制了 B/IGCC 的推广应用。目前国际上有很多国家开展 B/IGCC 方面的研究，但由于存在前述种种技术难点，实用性仍较差。瑞典 Varnamo B/IGCC 电厂，是世界上首家以生物质为原料的整体气化联合循环发电厂，电厂采用加压循环流化床气化炉，装备一台 4.2MW 的燃气轮机和一台 1.8MW 的蒸汽轮机，供热容量为 9MW，扣除自用电后的整体电效率为 32%。意大利 TEF B/IGCC 示范电厂生物质消耗量为 8t/h，发电容量为 16MW，使用的气化炉为常压循环流化床，燃气净化工艺为湿法净化，装备一台 11MW 的燃气轮机和一台 5MW 的蒸汽轮机，其发电效率除去自用电外可以达到 31.7%。随着我国能源需求量的逐步增加，生物质能发电的利用规模也越来越大，传统的生物质气化发电系统的整体效率较低成为了制约其大规模发展的瓶颈之一，发展高效率、大规模的生物质整体气化联合循环发电技术（B/IGCC），尤其是发展增压流化床气化联合发电系统的必要性将越来越明显。

任务 3　沼气发电设备及系统

【教学内容】

6.3.1　沼气发酵

1. 沼气的产生和性质

沼气广泛存在于自然界中，是各种有机物质在厌氧环境中，在适宜的温度、湿度等自然条件下，经过微生物的发酵作用产生的一种可燃性混合气体。沼气的产生过程称为沼气发酵或厌氧消化。利用厌氧微生物的这一特性消化有机物产生沼气的技术即为沼气发酵技术。

沼气是一种混合气体，主要成分是甲烷和二氧化碳，其中甲烷占 $50\%\sim80\%$，二氧化碳占 $20\%\sim40\%$，还含有 $0\sim5\%$ 氮气、小于 1% 的氢气、小于 0.4% 的氧气与 $0.1\%\sim3\%$ 的硫化氢等组分。甲烷、氢和一氧化碳属于可燃气体，可以获得能量。空气中如含有 $8.6\%\sim20.8\%$（以体积计）的沼气，就会形成爆炸性的混合气体。甲烷与沼气的主要理化性质见表 6 - 3。

表 6 - 3　　　　　　　　　　　甲烷与沼气的主要理化性质

理化特性	CH_4	标准沼气（$60\%CH_4$，$40\%CO_2$）
体积百分比（%）	$54\sim80$	100
发热量（MJ/m³）	35.82	21.52
爆炸范围	$5\sim15$	$8.33\sim25$
密度（g/L）	0.72	1.22
相对密度（与空气相比）	0.55	0.94
临界温度（℃）	-82.5	$-48.42\sim-25.7$
临界压力（MPa）	4.64	$5.39\sim5.93$
气味	无	微臭

沼气中甲烷含量高，组成较为简单，是一种良好的清洁燃料。沼气除直接燃烧用于炊事、供暖、照明和气焊等外，还可作内燃机的燃料以及生产甲醇、福尔马林、四氯化碳等的化工原料。

2. 沼气发酵的微生物学原理

沼气发酵是一个在厌氧条件下，多种微生物共同作用将有机物分解为 CH_4 和 CO_2 的过程，是一种多菌群、多层次的厌氧发酵过程。整个厌氧消化过程可以分为三个阶段，即水解、产酸阶段，产氢、产乙酸阶段和产甲烷阶段，分别由水解发酵细菌群，产氢、产乙酸菌群及产甲烷菌群进行作用，如图 6 - 10 所示。

（1）水解、产酸阶段。农作物秸秆、人畜粪便、垃圾以及其他各种有机废弃物，通常是以大分子状态存在的碳水化合物。水解过程中，这些不溶性有机物在厌氧和碱性厌氧的细菌作用下被水解为可溶性的单体，纤维素、淀粉等糖类被水解为葡萄糖，蛋白质被水解为肽和氨基酸，脂类被水解为甘油和脂肪酸。而后，这些单体被发酵为丙酮酸、丙酸、丁酸、琥珀酸、乙酸等各种有机酸、氨、乙醇、H_2 和 CO_2，其主要的产物是挥发性有

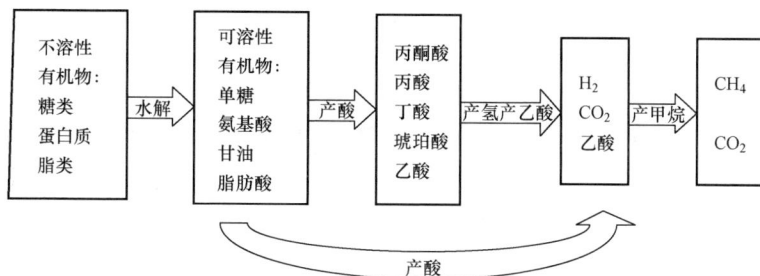

图 6-10 沼气发酵过程

机酸，其中以乙酸为主，约占 80%，故此阶段常被称为产酸阶段。水解过程较缓慢，并受多种因素（pH 值、有机物种类等）影响，有时会成为厌氧反应的限速步骤，而产酸反应的速率较快。

水解发酵菌群主要由专性厌氧细菌组成，还有大量的兼性厌氧菌，包括梭菌属、丁酸弧菌属和真细菌属、拟杆菌属、双歧杆菌属等。按功能可分为纤维素分解菌、半纤维素分解菌、淀粉分解菌、蛋白质分解菌、脂肪分解菌等。

（2）产氢产乙酸阶段。产氢产乙酸菌将各种高级脂肪酸和醇类氧化分解为乙酸和 H_2，为产甲烷菌提供合适的基质，在厌氧系统中常常与产甲烷菌处于互营共生关系。产氢产乙酸菌主要包括互营单胞菌属、互营杆菌属、梭菌属、暗杆菌属等，多数是严格厌氧菌或兼性厌氧菌。

（3）产甲烷阶段。乙酸、H_2 和 CO_2 等在严格厌氧的产甲烷菌作用下生成 CH_4 和 CO_2。

产甲烷菌主要可分为两大类：乙酸营养型和 H_2 营养型产甲烷菌。一般来说，在自然界中乙酸营养型产甲烷菌的种类较少，只有产甲烷八叠球菌（Methanosarcina）和产甲烷丝状菌（Methanothrix），但这两种产甲烷细菌在厌氧反应器中居多，特别是后者，因此，在厌氧反应器中乙酸是主要的产甲烷基质，一般来说有 70% 左右的甲烷是来自乙酸的氧化分解。产甲烷菌有各种不同的形态，常见的有产甲烷杆菌、产甲烷球菌、产甲烷八叠球菌、产甲烷丝菌等。

在沼气发酵过程中，产甲烷菌和不产甲烷菌相互依赖又相互制约，构成互生关系。不产甲烷菌为产甲烷菌提供生长所必需的底物、创造适宜的厌氧环境，并为其消除有毒有害物质，而产甲烷菌解除了不产甲烷菌的反馈抑制，两者共同维持环境中适宜的pH 值。

3. 沼气发酵的基本条件

（1）充足的营养条件。沼气发酵是一个生物转化过程，必须要有足够的营养物质供发酵微生物的繁殖和代谢。厌氧消化运行过程中，产甲烷菌的生长状况更为关键，因为产甲烷菌生长相对缓慢，对环境的变化非常敏感，而且处于整个反应链的最后，如果它们的活性受到抑制，会使得整个发酵过程无法进行。所以，微生物所需营养物质的确定主要是依据产甲烷微生物对营养物质的要求。产甲烷菌的主要营养物质有碳、氮、磷、钾和硫，生长所必需的少量元素有钙、镁、铁，重金属元素有镍、钴、钼、锌、锰、铜等。

（2）严格的厌氧环境。沼气发酵微生物包括产酸菌和产甲烷菌两大类，它们都是厌氧性细菌，尤其是甲烷菌是严格厌氧菌，对氧特别敏感。建造一个不漏水、不漏气的密闭沼气反应器，是人工制取沼气的关键。在密闭的沼气池内，好氧菌和兼性厌氧菌的作用，迅速消耗了溶解氧，创造了良好的厌氧条件。

（3）合适的温度。适宜且稳定的温度是发酵能够高效运行的必要条件。所谓最适温度，就是指在此温度附近参与沼气发酵的微生物有最高的产气率或最佳的有机物消耗速率。

（4）适宜的 pH 值。一般来说，要求发酵过程中的 pH 值为 6.5～7.5，高于 8.0 或低于 6.0 就会抑制微生物的生长和繁殖，如果时间过长还会引起细胞活力丧失或死亡，从而导致发酵失败。

（5）接种物。在发酵运行之初，要加入厌氧菌作为接种物（也称为菌种）。

4. 沼气发酵工艺类型及流程

（1）沼气工程类型。沼气工程具有多种分类方法，按照规模分类，宜按沼气工程的厌氧消化装置容积、日产沼气量以及配套系统的配置等综合评定，分为大型、中型和小型沼气工程。

沼气工程，按照工程目的可分为能源环保型和能源生态型；按发酵温度可分为中温发酵、高温发酵和常温发酵；按原料含水量划分为湿发酵和干发酵；按进、出料方式不同分为半连续投料沼气发酵、连续投料沼气发酵和批量投料沼气发酵；根据发酵的不同阶段分为单相发酵工艺和两相发酵工艺。

能源环保型沼气工程要求最终出水达到一定的标准后排放到自然水体。主要是针对一些周边既无一定规模的农田，又无闲暇空地可供建造鱼塘和水生植物塘的沼气工程。该沼气工程建设时，工程末端出水必须达到国家规定的相关环保标准。水在经厌氧消化处理和沉淀后，必须要再经过适当的工程好氧处理，如曝气、物化处理等。

（2）工艺流程。无论采取哪种工艺模式，大中型沼气工程工艺流程都可分为四个环节，即原料预处理、厌氧消化、后处理、综合利用，如图 6-11 所示。

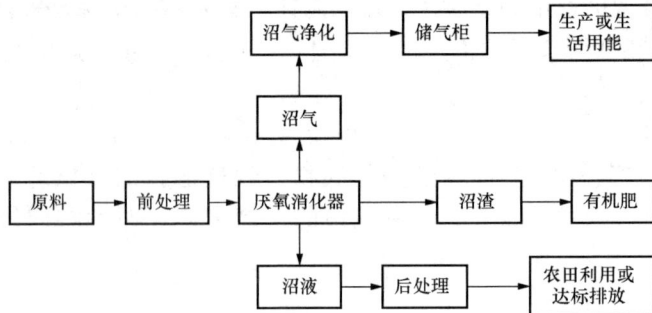

图 6-11　沼气工程工艺流程图

1）原料预处理。前处理的目的是将沼气生产原料调质均化，为厌氧产沼气创造条件。主要是除去原料中的杂物和砂粒、粉碎原料，并调节料液的浓度。如果是中温发酵，还需要对料液升温。包括格栅、集水池、集粪池、配料池等处理单元。

格栅的作用是去除废水中的大粒径固体物质，如悬浮物、漂浮物、纤维物质和固体颗粒物质，以保证后续处理单元和水泵的正常运行。集料池的功能是储存沼气工程中需要原料，由提升泵泵入进料池。对于鸡粪、牛粪等含泥砂量较多的发酵原料应设置沉砂池。调节池用于发酵原料的水量、水质、温度、酸碱度的调节，也兼有初次沉淀功能。对于含固体较多的发酵原料（如畜禽粪便、糖蜜废液、酒精废醪等）应设置酸化池（水解池）。

2）厌氧消化。产沼物料进入厌氧反应器与厌氧活性污泥混合接触，通过厌氧微生物的吸附、吸收和生物降解作用，使有机污染物转化为以 CH_4 和 CO_2 为主的气体。厌氧反应器产生的沼气由集气室收集，经沼气输送管路送入后续沼气净化处理单元。

厌氧消化过程包括进料单元、厌氧消化单元、保温增温单元以及沼肥运输管网等。厌氧反应器内设置一台搅拌机，使物料与厌氧活性污泥充分混合。厌氧罐罐体外部设增温管网系统以及保温层。排料厌氧罐一般采用上部溢流出水方式，出水自流进入沼肥储存池。排渣系统定期排渣，保持反应器内污泥活性。沼渣排放根据实际情况确定，可以是每天一次，或者是数天一次。

3）后处理。能源生态型沼气工程厌氧消化后的沼渣、沼液需做进一步的固液分离，分离出的沼液进储液池后作液态有机肥用于农田，干化后的沼渣是良好的固态有机肥。能源环保型沼气工程后处理需要采用好氧生物处理工艺以使出水达标排放。

4）沼气工程综合利用系统。系统主要包括沼气利用系统、沼渣生产固体有机肥料系统、沼液无害化处理及商品化液体肥料加工系统。厌氧消化罐产出的沼气经集气室收集进入沼气净化系统。沼气经过生物脱硫塔、气水分离器、凝水器等专用设备净化处理后储存在湿式储气柜中。再从沼气柜经配气系统配送到用户，作为生活燃料、生产用能，也可以用于发电。沼肥利用设施，包括储液池、沼肥加工设备、输送设备（利用附近的农田消纳沼液、沼渣）等。

6.3.2 大型沼气发电工程运行管理与维护

1. 沼气发电厂定义和特点

沼气发电技术是集环保和节能于一体的能源综合利用新技术。它是利用工业、农业或城镇生活中的大量有机废弃物（例如酒糟液、禽畜粪、城市垃圾和污水等），经厌氧发酵处理产生的沼气，驱动沼气发电机组发电，并可充分将发电机组的余热用于沼气生产。

沼气发电技术本身提供的是清洁能源，不仅解决了沼气工程中的环境问题、消耗了大量废弃物、保护了环境、减少了温室气体的排放，而且变废为宝，产生了大量的热能和电能，符合能源再循环利用的环保理念，同时也带来巨大的经济效益。

沼气发电和其他燃料发电相比有如下特点。

（1）原料来源广泛。沼气的主要燃烧成分是甲烷，由甲烷产生菌厌氧消化有机物产生。所以只要有机物存在的地方，再配以适合的环境条件，就会有甲烷的生成。例如人畜的粪便、有机工业废水、垃圾填埋场、农作物生物质等都可用做沼气产生的原材料。目前我国生猪、家禽和牛等畜禽养殖业粪便排放量约 18 亿 t，实际排出污水总量约 200 亿 t，可生产沼气约 500 亿 m^3；全国工业企业每年排放的（可转化为沼气）有机废水和废渣约 25 亿 m^3，可生产沼气约 100 亿 m^3。今后随着畜禽养殖业和工业企业的发展，沼气的生产量还会增加。以一个 60 万人口的城镇为例，每天产生垃圾约 600t，产生沼气 1 万 m^3 左右，可以供 1000kW 的燃气机组进行发电。且城市越大，垃圾中含的有机物越多，产生的沼气量也就越多。我国人口众多，适合做这样项目的垃圾填埋场也很多。因此，沼气的来源十分广泛。

（2）可再生，污染少。用沼气进行发电，不用担心会有枯竭的一天。据统计，至 2002 年底世界剩余石油探明储量为 1407.04 亿 t。根据世界已探明的化石能源储量推算，石油还可使用 40 050 年，天然气还可使用 600～700 年，煤炭则能维持 225 年左右。而以沼气为代表的生物质能源的寿命几乎是无限的，只要太阳存在，沼气也将存在。

构成煤炭有机质的元素主要有碳、氢、氧、氮和硫等，此外，还有极少量的磷、氟、氯和砷等元素。煤炭燃烧时，氮在高温下转变成氮氧化合物和氨，以游离状态析出，对空气造成影响。硫、磷、氟、氯和砷等是煤炭中的有害成分，其中以硫最为严重。燃烧时绝大部分的硫被氧化成二氧化硫（SO_2），随烟气排放，形成酸雨，危害动、植物生长及人类健康。同时煤炭燃烧时还会有固体残渣和飞灰产生，同样污染环境。石油中也含有硫等有害物质，在作为燃料时产生的氮氧化物是形成光化学烟雾的主要原因。而沼气的主要成分是甲烷（CH_4）和二氧化碳（CO_2），其中还有少量氢、一氧化碳、硫化氢、氧和氮等气体，硫化氢经气体预处理后可以降低到很小的浓度，因此沼气是一种比较清洁的能源。

（3）受环境限制小。沼气发电的规模比较小，对场地的要求不高，只要有沼气产生的地方基本上都可以进行发电。不像水电必须建立在水力资源丰富的地方，而且还要考虑发电厂对周围生态环境的影响；太阳能发电要建在日照时间长且比较偏僻的地方，因为太阳能发电要占用大量的土地，必须考虑项目的经济性，现在建的太阳能发电厂一般都在沙漠。

（4）建设周期短。小型沼气发电厂的建设周期短，只要几个月时间就能投产使用，基本上不受自然条件变化的影响。另外，由于沼气原料发酵后，绝大部分寄生虫卵被杀死，可以改善卫生条件，减少疾病的传染。

（5）综合热效率高。一般的煤电发电效率为$30\%\sim40\%$，而沼气发电时，充分利用发电机组的余热可使综合热效率达80%左右。

2. 沼气发电系统概述

构成沼气发电系统的主要设备有沼气发电机组、发电机和热回收装置。沼气经脱硫器由储气罐供给燃气发电机组，从而驱动与沼气内燃机相连接的发电机而产生电力。沼气发电机组排出的冷却水和废气中的热量通过热回收装置进行回收后，作为沼气发生器的加温热源。

从废水处理厂出来的污泥进入一次消化槽和二次消化槽，在消化槽中产生的沼气首先经脱硫器进入球形储气罐，然后由此输送入沼气发电装置中。作为发电机组燃料的沼气中甲烷的含量必须高于50%，不必要进行二氧化碳的脱除，因为少量二氧化碳对发电机组有利，使其工作平稳，减少废气中有毒物的含量。从发电装置出来的废沼气进入热交换器中，将热量释放出来，用来加热进行厌氧发酵的污泥，从而提高沼气的发生率。

（1）沼气用内燃机的特点。甲烷的辛烷值为$105\sim115$时，沼气的辛烷值较高。由于抗爆性能好，发电机组可以选用较高的压缩比。柴油机在燃用沼气或双燃料时，可以获得不低于原机的功率。柴油机全部烧柴油时的额定功率为$9708W/$（$2000r/min$），如果燃用70%的沼气和30%的柴油，同样可以达到这一指标。如全部烧沼气，调整压缩比和燃烧室，可以达到$11\ 032W/$（$2000r/min$），乃至更高的指标。

甲烷的燃烧点为$640\sim840℃$，它在密闭条件下与空气的混合比为$1/120\sim1/7$时遇火引燃，因此，可以利用它使内燃机工作。沼气的理论燃烧温度为$1807.2\sim1945.5℃$，由于沼气中混有二氧化碳气体，使其火焰的传播速度低，所以在内燃机内有良好的抗爆作用。

（2）沼气发电机组装置。大功率沼气发电机组是沼气工业化利用的关键设备。在我国，有全部使用沼气的单燃料沼气发电机组及部分使用沼气的双燃料沼气—柴油发电机组。

单燃料沼气发电机组工作原理：将空气和沼气的混合物放在气缸内压缩，用火花塞使其燃烧，通过火花塞的往复运动得到动力，然后连接发电机发电。其优点：①不需要辅助燃料油及其供给设备；②燃料为一个系统，在控制方面比可烧两种燃料的发电机组简单；③发电机组价格较低。

双燃料沼气—柴油发电机组工作原理：将"空气燃烧气体"的混合物放在气缸内压缩，用点火燃料使其燃烧，通过火花塞的往复运动得到动力，然后连接发电机发电。其优点：①用液体燃料或气体燃料都可工作；②对沼气的产量和甲烷浓度的变化能够适应；③如由用气体燃料转为用柴油燃料，在停止工作后，发电机组内不残留未燃烧的气体。其缺点：①工作受到供给的沼气的数量和质量的影响；②用气体燃料工作时也需要添加液体辅助燃料供给设备；③控制机构稍复杂；④价格较单燃料式发电机组稍高。

3. 沼气发电系统

下面以某现代牧场有限公司大型沼气能源环境工程为例，说明沼气发电厂工艺流程，如图 6-12 所示。

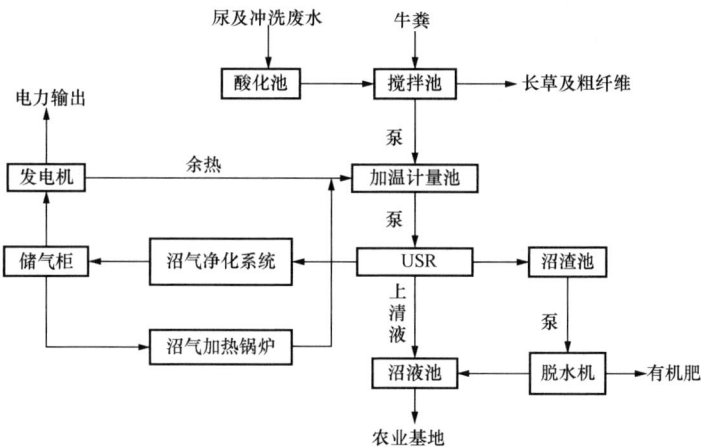

图 6-12　大型沼气发电厂工艺流程图

牧场污水通过排水沟自流汇集到酸化池，酸化池的水通过泵打入搅拌池与牛粪混合。搅拌池前设置两道格栅，以清除污水中的长草和粗纤维；再进入加温计量池进行加温（冬季），设提升泵定时定量地按照工艺要求将污水输送到升流式固体厌氧反应器（USR）；USR 内上清液通过水压排入沼液池；经发酵后的牛粪排入沼渣池，通过污泥泵将沼渣抽至脱水机进行固液分离，分离的沼渣（含水率 75% 左右）作为基肥施用于饲料草基地；分离的沼液流入沼液池，通过管道将液体有机肥料直接施用于饲料草基地；厌氧消化器产生的沼气经脱硫、脱水等设备净化后储存于储气柜，供沼气发电机发电。

（1）酸化池。冲洗废水及尿液通过牧场的集水井汇集，然后用水泵打入酸化池，在此停留一段时间进行酸化。酸化后的水由水泵打入搅拌池与牛粪混合。

（2）搅拌池。在粪污进入处理设施之前设置搅拌池，粪污的排放具有一定的时间性，为了使粪与污水充分混合，粪中的大部分可溶性有机物进入废水中。所以在粪污的处理过程中，必须将粪污引入搅拌池内进行搅拌，以保证后续处理构筑物进水水质、水量的均匀。同时，由于牛粪中含有大量的长草等粗纤维，在经过搅拌后将这些长草从粪污中分离出来，以保证泵的正常运行。牛粪中含有的少量砂砾会沉积在搅拌池内，运行一段时间后需要对搅拌池进行清理。

（3）加温计量池。粪污稀释废水引入计量池由水泵均匀提升至 USR，同时起到计量的作用。为了保证厌氧系统的温度在 35℃ 左右，池内设有加热系统，利用发电机余热给粪污加温，冬季时可利用沼气加热锅炉为粪污加温。

（4）USR。USR 是该粪污处理工程的主体构筑物，运行的基本原理是：粪污中的有机污染物在厌氧条件下经微生物降解，转化成甲烷、二氧化碳等，所产气体（沼气）含甲烷大于 60%，同时降低了污染物的含量。反应器主要完成消化反应、污泥浓缩和出水澄清的功能。反应器采用升流式的进料方式，高浓度的污泥沉积在反应器底部，在进料时置换出含固量少的上清液，提高了固体停留时间。该反应器高出一般传统的厌氧消化池 2~3 倍，减小了后续处理段的进水负荷，从而降低工程造价。

USR 具有以下特点。

1）处理能力强，有机负荷高。处理效果高于同类处理工艺的 2~3 倍。

2）运行管理简便，装置没有泵等复杂的电器需要人工操作，节省了人力，减少了动力消耗，同时具有投资少等优点。

3）对各种冲击有较强的稳定性和恢复能力。

4）无填料堵塞问题，运行稳定。

（5）沼渣池。从 USR 排出的沼渣进入沼渣池，这部分沼渣通过脱水形成含水率低的污泥，这部分污泥可以作为有机肥料。

（6）沼液池。从 USR 排出的上清液以及沼渣脱水产生的沼液可以作为液体肥料用于农田，当稀释牛粪的废水不足时可以用作稀释液回用到搅拌池。利用不完的废水需处理达到 GB 18596—2001《畜禽养殖业污染物排放标准》后排放。

（7）沼气的储存与利用。沼气经气水分离器、脱硫净化塔净化处理后进入储气柜。沼气作为清洁高效能源，发热量约为 23 000kJ/m³，1m³ 可发电 1.5kWh。沼气在经过阻止回火器后，通过 2 台 500kW 沼气发电机组发电。

（8）沼渣、沼液的利用。经厌氧发酵后的沼肥必须全部回收利用起来，用以补充饲料草基地用肥。综合利用的主要设施包括管道输送设备和液肥喷灌设施等。

为了使液肥用于农田喷灌，一般田间地下设置 $\phi100$ 至 $\phi150$ 的水泥压力管，每 50m 左右设喷灌消火栓一组，配 200m 左右消防水带和消火喷枪，便于液肥的施用。

4. 沼气发电机运行时应注意的内容

（1）操作人员应熟悉沼气发电机使用说明书中的有关规定，保证发电的质量（如电压、频率），并按其操作程序启动沼气发电机。

（2）操作人员必须经常检查沼气发电机进气管路，防止沼气泄漏和冷凝水过多而影响供气。

（3）沼气发电机工作时应经常巡视、检查其运行情况，发现问题应及时调整或上报有关领导。

（4）沼气发电机在运行中，操作人员应随时掌握负载变化情况并对沼气发电机的最大负荷进行限制。

（5）沼气发电机的过滤装置应定期清洗。

（6）沼气发电机沼气进气压力不得低于 1.8kPa。

（7）每班应记录发电机运行时数、消耗沼气量、输出电功率（电表度数）。

（8）沼气发电机在启动或停止时应按操作规程启闭阀门，保证沼气输送管道中压力始终是正压。

（9）沼气发电机沼气管道阀门的启、闭状态，应有明显的标志。

此外，工程运行时控制室的主要工作有以下方面。

（1）操作人员应注意观察控制信号是否正常，并做好运行日志。信号显示设备出现故障或系统处于危险状态时，应立即通知检修人员或运行管理人员。

（2）操作人员应定时对电气设备、仪表巡视检查，发现异常情况及时处理。

（3）各类检测仪表的传感器、变送器和转换器均应按技术文件要求清理污垢。

（4）非站内运行的计算机软件，严禁在沼气站控制中心计算机上运行。

（5）设备、装置在运行过程中，发生保护装置跳闸或熔断时，在未查明原因前不得合闸运行。

6.3.3　工程实例

1. 十里坪畜牧场沼气发电工程

祁阳县十里坪畜牧场有人口 559 人，其中职工 208 人。1991 年，该场饲养瘦肉型生猪 1.3 万头，有橘园 743 亩（1 亩＝666.6m²），年产柑橘 8 万 kg，饲养瘦肉型生猪每年为国家创外汇 80 万美元，提供利税 30 万元，职工人均劳动生产率 2.1 万元。但该场处于祁阳偏僻的干旱死角，干旱季节饲料加工厂无电生产，发展规模受到限制。为尽快开发能源，治理污染，保持生态平衡，净化美化环境，1990 年 10 月，经县政府、地县农村能源办、华中理工大学、县畜牧场联席会议评估论证，投资 50 万元兴建沼气发电工程，发电系统由华中理工大学改装 125kW 发电机组，使用沼气—柴油混烧发电，全部工程于 1991 年 10 月底前竣工验收。

这项沼气发电工程，填补省内大型沼气发电的空白，工程规模居全国首位。同时，解决该场居民生活用气问题，年发电量可达 36 万 kWh，直接创收 7.6 万元，发电节省柴油 20t，从根本上解决了该场用电紧张的问题。

2. 南昌市麦园垃圾填埋场沼气发电工程

江西省首个垃圾填埋场沼气发电项目——南昌市麦园垃圾填埋场沼气发电工程于 2007 年 12 月 18 日竣工投产。该项目一期总投资 6 千余万元，装机容量为 3MW，年发电量约 2.2 亿 kWh，在第一个 7 年内预计年减排量为 90 万 t，二期工程将新增装机容量 3MW。

南昌市麦园垃圾填埋场沼气发电项目的实施，消除了沼气大量积聚后易燃易爆的重大安全隐患、直接排放对大气造成的污染，可有效促进环境和生态改善。该项目是一个集生态、环保、经济和社会效益于一体，符合国家产业发展方向，符合建设资源节约型和环境友好型社会的要求，将会在全国环保行业中起到良好的带动作用。

3. 歙县大型沼气发电工程

歙县继连大良种畜禽养殖场、同乐生态农业有限公司大中型沼气发电工程建成发电之后，该县新洲生态养殖场大中型沼气建设项目于 2012 年 11 月全面竣工。

新洲生态养殖场大中型沼气建设项目总投资 400 万元，其中中央预算内投资 140 万元，省级投资 15 万元，县级投资 45 万元，企业自行投资 200 万元。项目建设厌氧发酵装置 1000m³、储气柜 400m³ 等配套附属设施，购置相关仪器设备 32 台/套。项目建成后，每天可产沼气 800m³，其中 560m³ 沼气用于发电，年发电量 29.4 万 kWh，剩余 240m³ 沼气供给

100 户周边农户。

项目的建成，将满足年出栏生猪 1.5 万头猪规模养殖场粪污水处理。场区周边及水体污染也得到控制，不仅改善了空气质量，而且使生产过程不产生二次污染，彻底改变了养殖场传统废弃物处理模式。同时，可满足保育舍仔猪、妊娠猪舍取暖、场内职工 100 人生活用气和为周边 100 户农户提供生产和生活用能。沉淀的沼液和沼渣还是上好的有机肥，可向周边农户提供 4000t 有机肥，作为粮食、蔬菜用肥，生产出的优质无公害农产品可输送到杭州及周边城市，从而带动周边农民实现农业生产增产增效，走出一条生态农业和循环农业发展的新路子。

　　4. 浙江沼气工程

污水经过厌氧发酵后产生沼气，沼气发电并网，沼渣加工有机肥，沼液通过氧化塘后打入鱼塘、果园，最后达标排放，这是浙江省萧山区杭州康盛有限公司 300kW 沼气工程运作全过程，于 2011 年 9 月 13 日并网成功。

2 年内工程累计发电 200 万 kWh，可供当地 8700 户家庭 2 年的用电量，相比火力发电，相当于年减排二氧化碳 1206t。同时，该工程年处理污水 10 万 t，给 450 亩鱼塘提供了沼液，降低了养鱼成本，年产沼渣 1.5 万 t，给 480 亩果园提供了有机肥，提高了果品的质量。"三沼"综合利用，不仅实现了电能提点，还实现了整个养殖园区废水废物的零排放，实现了节能减排"双丰收"。

作为浙江省内首个沼气并网发电工程，康盛公司在 2011 年投资 1100 万元兴建了大型沼气发电工程，创下了当年"年产沼气达 65 万 m³"和"容量 300kW 的纯沼气机组"两项"浙江第一"。每年 100 万 kWh 的发电量，超出了康盛养殖自身所需用电，为了扩大效益，康盛公司提出申请，要求并入国家电网。

由于沼气发电属生物电，不同于常见的水力、火力发电，其功率较小，如何将微功率、小电源发电产生的电能，并入大电网安全可靠运行，这在萧山还尚属首次。在接到申请后，国家电网杭州市萧山区供电公司多次实地踩点调研，优化沼气发电工程接入系统设计方案。针对机组发出的电压等级只有 0.4kV 这一特点，该公司"量身定制"升压接入方案，顺利解决了"沼气电"与 10kV 电网"无缝对接"的难题。为节约并网成本，该公司在原有基础上加装电流互感器和电度表实施"微创手术"，仅此一项就帮养殖场省下 20 万元。

萧山是省内生猪养殖的重要产业基地，全区有 40 家年出栏万头以上的规模养殖企业，年产近 200 万头生猪，生猪养殖占全区养殖业近八成。生猪养殖产生的污染物仅干粪一项就达到 50 余万 t。沼气发电项目的推广，将成为推广电能替代、发展循环经济的一条新路子。为此，今年以来，萧山区供电公司积极联合萧山区农业局，加大可再生能源发电并网技术的应用推广，在全区 12 个有相当规模的商品猪养殖场启动沼气发电项目，有望使萧山每年新增清洁电力 1000 万 kWh，满足近万家庭一年用电量，减排二氧化碳将逾万吨。

6.3.4　气化发电工程评价

1. 气化发电工程

生物质气化发电技术的研究和推广工作在国际上获得了广泛关注，但是由于技术和经济的原因，真正投入商业化运行的生物质气化发电厂还鲜有报道，大部分仍处于示范运行阶段。代表性的有瑞典的 Varnamo 电站，丹麦的 Biocycle 工程，英国的 Arbre 工程，意大利的 Energy Farm 示范工程，美国的夏威夷电站、Vermont 生物质气化工程等。

我国有良好的生物质气化发电基础，早在 20 世纪 60 年代初就开展了相关的研究工作。近年来一些科研机构在已有的谷壳气化发电技术基础上作了进一步的研究，主要对发电容量和生物质原料种类进行了探索，目前系统的容量已发展到 6MW，方式也从单一的燃气内燃机发电发展为燃气、蒸汽联合循环发电，系统发电效率最高可达到 28%。循环流化床气化发电示范系统和固定床生物质气化发电示范系统都得到了一定程度的推广，可大规模利用生物质，具有显著的经济和社会效益。

湖北襄阳大型生物质气化发电厂，采用中国科学研究院广州能源所的内燃机—蒸汽轮机联合循环发电工艺，气化炉为 2 台 20MW 级循环流化床锅炉，并配 1 台 20t/h 余热锅炉，总装机容量为 15MW，发电机组由并联的 20 台 600kW 燃气内燃机发电机组和 1 台 3MW 蒸汽轮机发电机组成。燃料为稻秆，收集半径为 25km。江苏溧阳农林生物质气化发电项目，采用中国林业科学研究院林产化学工业研究所研制的锥形流化床，热容量为 5MW，发电装机功率为 1MW，同时每年副产 500t 活性炭。江苏兴化中科生物质能发电有限公司，由广州中科华源科技有限公司、兴化苏源集团有限公司、戴窑镇工业销售总公司 3 家共同出资，用于不同原料的 15MW 生物质循环流化床气化炉和 400kW 生物质燃气发电机组，利用大型生物质气化技术和联合循环发电技术，发电装机容量 5.5MW。

山东省科学院能源研究所设计了 500kW 固定床生物质气化多能联供系统，如图 6-13 所示。该系统由燃气发生炉、废热锅炉、燃气净化系统、燃气发电机组及余热利用系统组成。

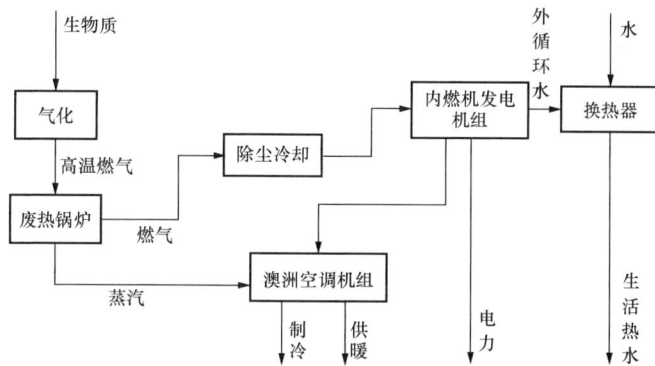

图 6-13　500kW 固定床生物质气化多能联供系统

其采用的气化装置为一种新型的固定床气化炉，结合了上吸式和下吸式气化炉的优点，使用高温蓄热室将燃气加热到 1000℃左右，使其中的焦油在高温下裂解为小分子的可燃气体。高温燃气排出气化炉后进入废热锅炉换热，产生蒸汽。初步冷却的燃气经除尘净化和进一步冷却后输入内燃机，内燃发动机做功驱动发电机组产生电力，并入电网。由内燃机排出的高温烟气与废热锅炉产生的蒸汽进入双热源溴化锂空调机组，冬季供暖，夏季制冷。内燃机外循环冷却水带出的热量可以给附近建筑物提供生活热水。产生的燃气还可以通过管道输送到附近的居民家中作为炊事燃气使用。该系统通过余热梯级利用，实现了冷、热、电、气的联产联供，大大提高了系统的整体能源利用率，形成了一种基于小区域自产生物质资源的多种能源供应的新模式。

2. 气化发电经济性评价

生物质气化发电厂相对于直燃发电厂而言规模较小，所以其单位功率的投资一般较高，可达到 7000~10 000 元/kW。但同时小规模的电厂所需要的生物质原料也较少，其收集和储运的成本较低，因此合理选择生物质气化发电厂的规模，在建设成本和运行成本之间取得平衡，获取最合理的经济效益值得认真研究。以发电容量为 500kW 和 2MW 的生物质固定床气化发电多能联供系统为例，系统中的余热得到了充分利用，在有制冷、供热以及生活热水终端用户的情况下，对其经济性进行分析。气化发电系统的基本参数见表 6-4。

表 6-4　　　　　　　　　　　气化发电系统的基本参数

装机负荷	秸秆耗量	秸秆价格	年运行时间	设备折旧期限
500kW	0.468 万 t/年	200 元/t	7200h	20 年
2MW	1.872 万 t/年	200 元/t	7200h	20 年

项目的整个投资预算包括建筑工程费、设备购置费、安装工程费、电力系统接入费用及其他前期费用（不含制冷、采暖和热水供应管网建设费用，不包含土地费用），具体投资预算见表 6-5。

表 6-5　　　　　　气化发电多能联产联供系统投资预算　　　　　　单位：万元

项目	建筑工程费	设备购置费	安装工程费	电力系统接入费用	前期费用	总计
500kW	100	300	50	150	50	650
2MW	312	1040	106	150	50	1658

上网电价根据国家发改委 2010 年 7 月 1 日执行的《关于完善农林生物质发电价格政策的通知》（〔2010〕1579 号）规定，以 0.75 元/kWh 计算，所有产品可全部售出，其经济分析数据见表 6-6。

表 6-6　　　　　　气化发电多能联产联供系统的经济分析

序号	内容		数据	数据
1		机组总容量（MW）	0.5	2
2		系统静态投资（万元）	650	1658
3		单位投资（元/kW）	13 000	8290
4		折旧费（万元/年）	32.5	82.9
5	支出	秸秆消耗量（t/年）	4680	18 720
6		秸秆价格（元/t）	200	200
7		自来水消耗（t/年）	62 100	248 400
8		自来水消耗成本（月元/年）	17.08	68.31
9		秸秆消耗成本（万元/年）	93.6	374.4
10		设备年维修费用（万元/年）	2	5
11		人员工资（万元/年）	12	24

续表

序号	内 容		数据	数据
12	支出小计（万元/年）		157.18	554.61
13	收入	年发电量（×10⁴kWh）	360	1440
14		自用电（×10⁴kWh）	54	216
15		年供电量（×10¹kWh）	336	1224
16		供电价格（元/kWh）	0.75	0.75
17		供电收入（万元/年）	252	918
18		供热面积（m²）	4000	15 000
19		供热价格［元/(m²·年)］	26.2	26.2
20		供热收入（万元/年）	10.48	39.3
21		制冷面积（m²）	3000	12 000
22		制冷价格［元/(m²·年)］	36	36
23		制冷收入（万元/年）	10.8	43.2
24		生活热水（t/年）	62 100	248 400
25		出售生活热水价格（元/t）	10	10
26		生活热水收入（万元/年）	62.1	248.4
27	收入小计（万元/年）		335.38	1248.9
28	综合税率（%）		15	15
29	税后收入小计（万元/年）		285.07	1061.57
30	年盈利（万元/年）		127.89	506.96
31	投资同收期（年）		5.08	3.27

上述示例是在电厂的余热得到充分利用的情况下获得的经济数据，但实际上许多生物质气化发电厂的余热得不到有效的综合利用。下面同样以发电容量为 500kW 和 2MW 的生物质气化发电系统为例，系统仅作为独立的上网电站使用，不对外供热，基本参数与上述示例相同，其经济分析数据将会有很大不同。项目的整个投资预算包括建筑工程费、设备购置费、安装工程费、电力系统接入费用及其他前期费用（不包含土地费用）几个方面。具体见表 6-7 和表 6-8。

表 6-7　　　　　　　　　　气化发电系统的投资估算　　　　　　　　　单位：万元

项目	建筑工程费	设备购置费	安装工程费	电力系统接入费用	前期费用	总计
500kW	80	200	45	150	50	525
2MW	280	800	100	150	50	1380

表 6-8   气化发电系统的经济分析

序号	内 容		数据	数据
1	支出	机组总容量（MW）	0.5	2
2		系统静态投资（元）	525	1380
3		单位投资（元/kW）	10 500	6900
4		折旧费（万元/年）	26.25	69
5		秸秆消耗量（t/年）	4680	18 720
6		秸秆价格（元/t）	200	200
7		秸秆消耗成本（万元/年）	93.6	374.4
8		设备年维修费用（万元/年）	2	5
9		人员工资（万元/年）	12	24
10	支出小计（万元/年）		133.85	472.4
11	收入	年发电量（×10^4kWh）	360	1440
12		自用电（×10^1kWh）	36	44
13		年供电量（×10^4kWh）	324	1296
14	供电价格（元/kWh）		0.75	0.75
15	供电收入（万元/年）		243	972
16	收入小计（万元/年）		243	972
17	综合税率（%）		15	15
18	税后收入小计（万元/年）		206.55	826.2
19	年盈利（万元/年）		72.7	353.8
20	投资回收期（年）		7.22	3.90

生物质气化发电的运行费用包括生物质燃料、人工费、耗材及设备维修等，其中最主要的成本为生物质原料的采购费用，对于电厂的经济效益影响最大。以 2MW 发电规模的发电厂为例，按照当地生物质燃料 200 元/t 考虑，冷、热、电以及生活热水多联供系统的年利润为 506.96 万元，不考虑资金的时间价值，收回投资的年限为 3.27 年；纯发电系统的年利润为 353.8 万元，不考虑资金的时间价值，收回投资的年限为 3.90 年。如果当地的生物质原料价格上涨到 300 元/t，对于 2MW 的多能联供系统，则年利润和投资回收期分别为 319.76 万元和 5.19 年；对于 2MW 的纯发电系统，则年利润和投资回收期分别为 235.6 万元和 5.86 年。另外，从表格数据也可以看出，规模较大的生物质气化发电系统，由于其单位投资较低，所以其经济效益也较高。但是当生物质电厂的规模达到一定的程度后，其对于原料的需求量就会大大增加，从而导致原料的价格升高，并进而影响其收益。而影响生物质原料收购价格的最直接因素就是生物质原料收集半径的大小，因此必须根据当地生物质原料的分布特点合理确定生物质电厂的规模和数量，这对于保证电厂的正常运转和合理的经济效益是至关重要的。

6.3.5 发展现状和存在问题

1. 沼气发电厂的发展现状

沼气燃烧发电是随着沼气综合利用的不断发展而出现的一项沼气利用技术，它将沼气用于发动机上，并装有综合发电装置，以产生电能和热能，是有效利用沼气的一种重要方式。目前用于沼气发电的设备主要有内燃机和汽轮机。

国外用于沼气发电的内燃机主要使用 Otto 发动机和 Diesel 发动机，其单位质量的功率约为 27 kW/t。汽轮机中燃气发动机和蒸汽发动机均有使用，燃气发动机的优点是单位质量的功率大，一般为 70～140kW/t；蒸汽发动机一般为 10kW/t。国外沼气发电机组主要用于垃圾填埋场的沼气处理工艺中。目前，美国在沼气发电领域有许多成熟的技术和工程，处于世界领先水平。现有 61 个填埋场使用内燃机发电，加上使用汽轮机发电的装机容量，总容量已达 340MW；欧洲用于沼气发电的内燃机，较大的单机容量为 0.4～2WM，填埋沼气的发电效率约为 1.68～2kWh/m^3。

我国开展沼气发电领域的研究始于 20 世纪 80 年代初，1998 年全国沼气发电量为 1 055 160kWh。在此期间，先后有一些科研机构进行过沼气发动机的改装和提高热效率方面的研究工作。我国的沼气发动机主要为两类，即双燃料式和全烧式。目前，对沼气—柴油双燃料发动机的研究开发工作较多，如中国农机研究院与四川绵阳新华内燃机厂共同研制并开发的 S195-1 型双燃料发动机，上海新中动力机厂研制的 20/27G 双燃料机等。成都科技大学等单位还对双燃料机的调速、供气系统以及提高热效率等方面进行过研究。潍坊柴油机厂研制出功率为 120kW 的 6160A-3 型全烧式沼气发动机，贵州柴油机厂和四川农业机械研究所共同开发出 60kW 的 6135AD（Q）型全烧沼气发动机发电机组；此外，还有重庆、上海、南通等一些机构进行过这方面的研究、研制工作。可以说，目前我国在沼气发电方面的研究工作主要集中在内燃机系列上。

沼气发电设备方面，德国、丹麦、奥地利、美国的纯燃沼气发电机组比较先进，气耗率小于或等于 0.5 m^3/kWh（沼气发热量大于或等于 25MJ/m^3），价格为 300～500 美元/kWh。我国在“九五”“十五”期间研制出 20～600kW 纯燃沼气发电机组系列产品，气耗率为 0.6～0.8m^3/kWh（沼气发热量大于或等于 21MJ/m^3），价格为 200～300 美元/kWh，其性价比有较大的优势，适合我国经济发展状况。

我国现今的沼气发电项目主要集中在垃圾填埋场、啤酒厂、糖厂、酒精厂、大规模的养殖场等沼气产生量较大的地方。例如总投资 6000 余万元的南昌市麦园垃圾填埋场沼气发电工程项目，采用康达公司提供的三台西班牙 GUASCOR957kW 燃气发电机组和预处理系统，每年可利用垃圾进行沼气发电达 2200 万 kWh 电量，可供上万户家庭使用。北京阿苏卫垃圾填埋场沼气发电项目发电机组装机容量 2.7MW，每年可利用填埋场沼气 1300 万 m^3，发电约 2000 万 kWh，相当于每年减少约 1 万 t 煤炭的使用量。四川荣县进行了 120 kW 沼气发电的生产和示范，用酒糟废水经厌氧消化产生沼气，发电效率为 1.69kWh/m^3，当年成本为 0.0465 元/（kWh），所发电量能够基本满足该厂的生产用电。山东昌乐酒厂安装 2 台 120kW 的沼气发电机组，170m^3 酒糟日产沼气 4800m^3，发电 8640kWh，工程运行一年即收回全部成本。珠江啤酒集团利用沼气每年可以产生电力 750 余万 kWh，增加 500 余万元经济效益。山东日照浮来春酿酒有限公司安装的 8 台 700kW 沼气发电机组进行发电，装机容量达 5600kW 等。

2. 沼气发电前景广阔

沼气发电工程本身是提供清洁能源、解决环境问题的工程，它的运行不仅解决沼气工程中的一些主要环境问题，而且由于其产生大量电能和热能，又为沼气的综合利用找到了广泛的应用前景。

（1）有助于减少温室气体的排放。通过沼气发电工程可以减少 CH_4 的排放，每减少 1t CH_4 的排放，相当于减少 25t CO_2 的排放，对缓和温室效应有利。

（2）有利于变废为宝，提高沼气工程的综合效益。以沼气发电在酒厂中的综合效益为例：四川荣县进行了 120kW 沼气发电的生产和示范。用酒糟废水经厌氧消化产生沼气，发电效率为 1.69 kWh/m^3，当年成本为 0.0465 元/kWh。沼气发电能够基本满足该厂的生产用电；山东昌乐酒厂安装 2 台 120kW 的沼气发电机组，170m^3 酒糟日产沼气 4800m^3，发电 8640kWh，全年能源节约开支 29 万元，工程运行一年即收回全部成本。

杭州天子岭填埋场发电工程在运行过程中，在平均电价为 0.438 元/kWh 的条件下，投资回报率可达 14.8%。

（3）可减少对周围环境的污染。由于综合利用手段单一，很多沼气工程产生的沼气大量排入大气中，不仅严重污染周围的环境，也对工作人员的安全和健康产生了极大的威胁，沼气发电则为沼气找到了一条合理利用的途径。

（4）小沼电为农村地区能源利用开辟新途径。我国农村偏远地区还有许多地方严重缺电，如牧区、海岛、偏僻山区等高压输电较为困难，而这些地区却有着丰富的生物质原料。因地制宜地发展小沼电，犹如建造微型"坑口发电厂"，可取长补短就地供电。

3. 沼气发电商业化发展存在的主要问题

20 世纪 80 年代是我国沼气发电研究的起始阶段，也是较为活跃的时期。但近十年的发展比较缓慢，主要存在以下问题。

（1）技术障碍。我国沼气发动机的开发研究主要集中在内燃机系列上，沼气发电转换效率与国外相比有一定差距。由于加工制造工艺和材质等方面的差异，国产的沼气发电机组的整体转换效率较低。对于单机容量在 0.2～0.6MW 的发电机组，其发电效率可以达到 30%～36%，气耗率为 0.57～0.70kg/kWh，但这仍比发达国家同类型的沼气发电机组的发电效率低近 5～6 个百分点。

（2）技术保障体系有待进一步建立健全。对于沼气发电工程的设计、建造及运行管理，目前还缺乏相应的技术标准和规范；在沼气发电工程的设计、建造和运行管理的资质认定或认证管理方面还存在着诸多空白或者部门交叉管理的问题。这些问题如果不能在短时间内得到有效的解决，将会使沼气发电产业的大规模发展受到制约。

（3）沼气发电还没有被燃气及电网企业认可。目前，由于受到原料来源和能源输送半径的影响，沼气工程具有规模小和较为分散的特点。根据对食品、轻工行业以及集约化养殖场所建设的沼气工程调查情况分析，绝大部分沼气工程的年产沼气平均在十几万立方米到几十万立方米之间。所建的沼气发电厂装机也就是几十千瓦到几百千瓦。电网公司认为小规模有限的电力上网，会给电力公司带来一系列的运行、安全和负荷匹配等管理问题。此外，现在包括沼气在内的大部分可再生能源发电的成本要高于常规火力发电或水力发电成本，如果没有优惠政策和财政补贴措施的支持，电力公司难以接受，不会以高于常规电价收购可再生能源所发的电。

（4）与常规的化石燃料处于不公平竞争。沼气生产及其发电是一种清洁能源的生产方式，它的开发利用本身就是一种环境友好的措施。而传统化石能源的开发利用，需要社会花费大量的代价去治理污染以避免环境损害，但其造成的环境损害代价又没有反映在成本上。例如，我国现在采用的燃煤发电厂，其发电成本约为 0.25 元/kWh，它没有包含因损害环境所造成的外部成本。如果用含 1％硫分的煤来发电，每燃烧 1t 标准煤，其排放的污染物分别为 0.022t SO_2、0.01t NO_x、0.017t 烟尘和 0.726t CO_2，若按现行国际通行的排污费折算，仅就酸雨、NO_x 和烟尘等给空气造成的损失就有 0.03～0.05 元/kWh；如果再考虑 CO_2 等温室效应、水污染和固体废物处置等因素，损害成本就会更高。而沼气生产及其发电在环境方面的贡献却没有得到相应的回报，与化石能源发电相比，在价格上处于明显劣势。

（5）现有的政策与文件缺少可操作性。近年来，我国政府为推动可再生能源的开发与利用，为了建设资源节约型和循环型社会，颁布和出台了一系列的政策和法规，如《中国 21 世纪议程》《节约能源法》《电力法》《可再生能源法》等，应该说政策法律体系已经趋于完善。但是，纵观这些政策与法律条款，往往比较注重宏观性指导和重要性论述，而缺乏具体的实施细则，可操作性不强，使不少企业认为风险大、不确定因素多，不敢涉足沼气生产及其发电领域，导致沼气发电的产业化进展缓慢。

小 结 与 讨 论

小结：本项目从生物质气化基本原理入手，介绍了生物质气化和沼气发电设备及系统。所谓生物质气化是一种热化学转换技术，是指利用空气中的氧气、含氧物质或水蒸气作为气化剂，将生物质中的碳转化成可燃气体的过程。生物质气化发电系统生物质气化发电是指将固体的生物质原料在气化炉中转化为气体燃料，再把可燃气输送到燃气发电设备进行发电。生物质气化发电系统一般包括生物质原料的预处理系统、生物质气化系统、气体净化及冷却系统、燃气发电系统、余热综合利用系统等。生物质气化发电装置主要由原料预处理及进料机构、燃气发生装置、燃气净化装置、燃气发电机组、控制装置及废水处理设备部分组成。把农作物秸秆、薪柴等经过气化转变成生物质燃气，需要用生物质气化炉来完成，气化炉是生物质气化设备的核心。气化炉大体上可分为两大类：固定床气化炉和流化床气化炉。沼气发酵的基本工艺流程包括原料（废水）的收集、预处理、消化器（沼气池）、出料后处理和沼气的净化与储存、沼气发电及上网等。沼气发电技术是集环保和节能于一体的能源综合利用新技术。它是利用工业、农业或城镇生活中的大量有机废弃物（例如酒糟液、禽畜粪、城市垃圾和污水等），经厌氧发酵处理产生的沼气，驱动沼气发电机组发电，并可充分将发电机组的余热用于沼气生产。

讨论：

（1）造纸厂能否利用污水废物产沼气发电？

（2）如何建立养殖基地沼气发电厂余热综合利用技术？

习 题 训 练

1. 生物质气化的基本原理是什么？
2. 制取沼气的基本条件是什么？
3. 什么是沼气发电技术？有何特点？
4. 试述生物质发电技术的基本流程。
5. 简述沼气发电系统的主要流程。

项目 7

最新生物质能发电技术

【项目描述】

通过本项目学习,使学生知道生物质制氢技术和燃料电池技术,熟悉生物质氢能发电系统组成及发展前景。

【教学目标】

知识目标:

(1) 熟悉生物质热化学转化和生物转化制氢技术要点。

(2) 熟悉燃料电池技术要点。

(3) 了解生物质氢能发电系统集成。

(4) 了解生物质氢能发电技术发展前景。

能力目标:

(1) 能说出生物质热化学转化和生物转化制氢技术要点。

(2) 能说出燃料电池技术发展概况及技术要点。

任务 1 生物质制氢技术

【教学内容】

7.1.1 氢能概述

化学元素氢(Hydrogen,H),在元素周期表中位于第一位,它是所有原子中最小的。氢通常的单质形态是氢气(H_2),它是无色无味,极易燃烧的双原子的气体,氢气完全燃烧后只生成洁净的水。

氢具有高挥发性、高能量,是能源载体和燃料,同时氢在工业生产中也有广泛应用。现在工业每年用氢量为 5500 亿 m^3,氢气与其他物质一起用来制造氨水和化肥,同时也应用到汽油精炼工艺、玻璃磨光、黄金焊接、气象气球探测及食品工业中。

在新能源领域,氢已普遍被认为是一种最理想的新世纪无污染绿色能源,除太阳能、水能、风能和生物质能等新可再生能源外,氢能是人类最终和最希望得到的二次能源。其主要优点如下。

(1) 所有元素中,氢质量最小。在标况下,它的密度为 0.0899g/L;在 −252.7℃ 时,可成为液体，若将压力增大到数百个大气压，液态氢就可变为固体氢。

（2）所有气体中，氢气的导热性最好，比大多数气体的导热系数高出 10 倍，因此在能源工业中氢是极好的传热载体。

（3）氢是自然界存在最普遍的元素，据估计它构成了宇宙质量的 75％，除空气中含有氢气外，它主要以化合物的形态储存于水中，而水是地球上最广泛的物质。据推算，如把海水中的氢全部提取出来，它所产生的总热量比地球上所有化石燃料放出的热量还大 9000 倍。

（4）除核燃料外氢的发热量是所有化石燃料、化工燃料和生物燃料中最高的，为 142 351kJ/kg，是汽油发热量的 3 倍。

（5）氢燃烧性能好，点燃快，与空气混合时有广泛的可燃范围，而且燃点高，燃烧速度快。

（6）氢本身无毒，与其他燃料相比，氢燃烧时最清洁，除生成水和少量氢气外不会产生诸如一氧化碳、二氧化碳、碳氢化合物、铅化物和粉尘颗粒等对环境有害的污染物质，少量的氢气经过适当处理也不会污染环境，而且燃烧生成的水还可继续制氢，反复循环使用。

（7）氢能利用形式多，既可以通过燃烧产生热能，在热力发动机中产生机械功，又可以作为能源材料用于燃料电池，或转换成固态氢用作结构材料。用氢代替煤和石油，不需对现有的技术装备作重大的改造，将内燃机稍加改装即可使用。

（8）氢可以以气态、液态或固态的氢化物出现，能适应储运及各种应用环境的不同要求。

由以上特点可以看出氢是一种理想的新的含能体能源。目前液态氢已广泛用作航天动力的燃料，但氢能的大规模的商业应用还有待解决以下关键问题。

（1）廉价的制氢技术。因为氢是一种二次能源，它的制取不但需要消耗大量的能量，而且目前制氢效率很低，因此寻求大规模的廉价的制氢技术是各国科学家共同关心的问题。

（2）安全可靠的储氢和输氢方法。由于氢易气化、着火、爆炸，因此如何妥善解决氢能的储存和运输问题也就成为开发氢能的关键。

（3）高效利用氢能的终端设备。氢能虽然是理想的发电、交通运输能源来源，但目前能大规模高效利用氢能的终端设备还不多，其中最有效的利用方式—燃料电池的相关研究正如火如荼地开展，但仍存在许多实用问题有待进一步研究解决。

7.1.2　生物质制氢技术

发展氢能经济已经成为全世界各国共识，而制氢技术的水平限制了氢能利用的步伐。近年，很多行业内人士将目光投向了生物质制氢技术。据估计，地球上每年生长的生物质总量约相当于目前世界总能耗的 10 倍，我国年产农作物秸秆 6 亿多吨，可利用生物质资源约 30 亿 t。从资源本身的属性来说，生物质是能量和氢的双重载体，生物质自身的能量足以将其含有的氢分解出来，合理的工艺还可利用多余能量额外分解水，得到更多的氢。生物质能是低硫和二氧化碳零排放的洁净能源，可避免化石能源制氢过程对环境的污染，从源头上控制二氧化碳排放，因此这种基于可再生能源的氢能路线是真正意义上环境友好的洁净能源技术。

现阶段生物质制氢技术主要可分为两类：一是通过热化学方法转化制氢；二是通过微生物法制氢。

1. 生物质热化学转化制氢技术

生物质热化学转化制氢一般是指通过热化学方法将生物质气化转化成为高品质的混合气体，再从中分离出纯净的氢气。生物质热化学转化制氢方法主要有：生物质催化气化制氢、生物质热裂解制氢、生物质超临界转化制氢和生物质热解油重整制氢等。

（1）生物质催化气化制氢。生物质催化气化制氢是加入水蒸气的部分氧化反应，类似于煤炭气化的水煤气反应，得到含氢和较多一氧化碳的水煤气，然后进行变换反应使一氧化碳转变，最后分离氢气。一般认为含水质量分数在35%以下的生物质适合采用气化制氢技术。

由于生物质气化产生较多焦油，研究者在气化器后采用催化裂解的方法以降低焦油并提高燃气中氢含量，催化剂为镍基催化剂或较为便宜的白云石、石灰石等。气化过程可采用空气或富氧空气与水蒸气一起作为气化剂，产品气主要是氢、一氧化碳和少量二氧化碳。气化介质不同，燃料气组成及焦油含量也不同。使用空气时由于氮的加入，使气化后燃气体积增大，增加了氢气分离的难度；使用富氧空气时需增加富氧空气制取设备。气化制氢过程反应方程式同式（6-1）。

混合气的成分组成比因气化温度、压力、气化停留时间以及催化剂的不同而不同，所以气化所采用的设备相当重要。气化所采用的设备常用的有上吸式气化炉、下吸式气化炉和循环流化床气化炉（CFBG）等，上吸式气化炉工作原理如图7-1所示。

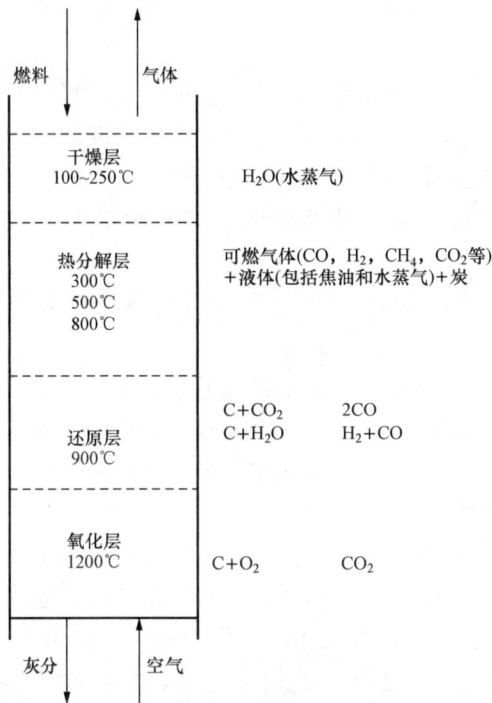

图7-1　上吸式气化炉工作原理

上吸式气化炉的气体和固体呈逆向流动。在运行过程中，湿物料从顶部加入后被上升的热气流干燥而将水蒸气带走，干燥后的原料继续下降并经热气流加热而迅速发生热分解反应。物料中的挥发分被释放，剩余的炭继续下降时与上升的 CO_2 及水蒸气发生反应产生 CO 和 H_2。在底部，余下的炭在空气中燃烧，放出热量，为整个气化过程供热。上吸式气化炉具有结构简单、操作可行性强的优点，但湿物料从顶部下降时，物料中的部分水分被上升的热气流带走，使产品气中 H_2 含量减少。

下吸式气化炉的气体和固体呈顺向流动。运行时物料由上部储料仓向下移动，边移动边进行干燥与热分解。在经过缩嘴时，与喷进的空气发生燃烧反应，剩余的炭落入缩嘴下方，与气流中的 CO_2 和水蒸气发生反应产生 CO 和 H_2。可以看出，下吸式气化炉中的缩嘴延长了气相停留时间，使焦油经高温区裂解，因而气体中的焦油含量比较少；同时，物料中的水分参加反应，使产品气中的 H_2 含量增加。下吸式气化炉结构比较复杂，当缩嘴直径较小时，物料流动性差，很容易发生物料架接，使气化过程不稳定。此外，下吸式气化炉对气化原料尺寸要求比较严格。

对于循环流化床气化炉（CFBG），物料被加进高温流化床后，发生快速热分解，生成气体、焦炭和焦油，焦炭随上升气流与 CO_2 和水蒸气进行还原反应，焦油则在高温环境下继续裂解，未反应完的炭粒在出口处被分离出来，经循环管送入流化床底部，与从底部进入的空气发生燃烧反应，放出热量，为整个气化过程供热。由上述分析可知，CFBG 的热分解反应处于高温区，并且 CFBG 的传热条件好，加热速率高，可操作性强，产品气的质量也较高，其中 H_2 的含量也较高。

综合分析上述三种气化炉可知，下吸式气化炉在提高产品气的氢气含量方面具有其优越性，但其结构复杂，可操作性差，因而如何改进下吸式气化炉的物料流动性，提高其气化稳定性是下吸式气化炉需要研究的。

用气化方法制氢的历史已有 30 余年，在 1976 年第一次世界氢能大会上，就有人提出利用褐煤和生物质制氢的气化装置，现在的研究者改进了传统的生物质气化工艺，并获得了氢产量的提高。美国能源环境研究中心研究了生物质催化气化制氢的过程，并披露了以中等规模进行试验的实验结果。结果表明，只要能保障进料装置和排灰装置的连续正常运行，以煤为基础发展的气化技术可完全转移到木材等生物质的气化过程。适当的催化剂可以加快反应速率，如木材灰和富钾矿物等，在 $700 \sim 800\,^\circ\!C$ 及一个标准大气压的实验条件下，气化生成的混合气体中含有 50%（体积分数）的氢气，白云石和沸石也可加快下游气溶胶和焦油的裂解反应，催化作用增加了约 10% 的气化产率。

意大利 L Aqulia 大学的 Rapagna 等人利用二阶反应器（一级为流化床反应器，一级为固定床催化变换反应器）进行了杏仁壳的镍基催化剂催化气化实验，产生的燃气中氢气的体积含量可达 60%。美国夏威夷大学和天然气能源研究所合作建立的一套流化床气化制氢装置，以水蒸气为气化介质，其产品气中氢含量可高达 78%，再采用变压吸附或膜分离技术进行气体分离，最终得到纯氢气体。

国内南京林业科学研究院以碱金属碳酸盐、碱金属氧化物为催化剂，将催化剂与木片原料拌和后加入上吸式气化炉进行催化气化的研究。研究发现：使用催化剂生产的煤气中 CO 含量均大大高于无催化剂气化反应所产生的煤气，其中 CH_4 含量均比无催化剂气化所产煤气略有增加，所有催化剂作用下的煤气发热量均明显高于无催化剂的煤气。

中国科学研究院广州能源研究所针对生物质利用效率低，一般生物质气化氢气效率低及生物质燃气中焦油难以除净，从而影响其有效利用等问题，提出了生物质催化气化制氢的新方法。该方法将生物质的气化反应、焦油的催化裂解反应与水蒸气变换等反应有机地结合在流化床反应器中，通过研究相应的反应机理，使放热反应与吸热反应互补，并将焦油、碳和一氧化碳等含碳物质转化生成氢气，在后续的固定床反应器中相对缓和的条件下进一步裂解剩余的焦油，从而提高氢产率。

生物质气化制氢技术路线具有如下优点：①工艺流程和设备比较简单，在煤化工中有较多工程经验可以借鉴；②充分利用部分氧化产生的热量，使生物质裂解并分解一定量的水蒸气，能源转换效率较高；③有相当宽广的原料适应性；④适合于大规模连续生产。

（2）生物质热裂解制氢。热裂解制氢温度一般为 650～800K，压力为 0.1～0.5 MPa。生物质热裂解制氢是对生物质进行间接加热，使其分解为可燃气体和烃类（焦油），然后对热解产物进行两次催化裂解，使烃类物质继续裂解以增加气体中氢含量，再经过变换反应将一氧化碳也转变为氢气，然后进行气体分离。通过控制裂解温度、物料停留时间及热解气氛来达到制氢目的。由于热解反应不加空气，得到的是中发热量燃气，燃气体积较小，有利于气体分离。该方法需考虑残碳和尾气的回用以提供热解反应的热量。法国学者 TarMas 等人研究发现，煅烧白云石可增加热解气中氢气的含量，并认为白云石的催化作用在于减少了热解过程中的焦油产率。

煤和生物质在热解过程中共同发生主要的化学反应如下。

甲烷气化反应为

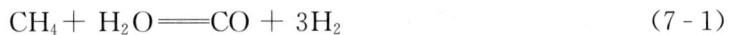

$$CH_4 + H_2O = CO + 3H_2 \qquad (7\text{-}1)$$

水煤气反应为

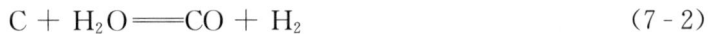

$$C + H_2O = CO + H_2 \qquad (7\text{-}2)$$

循环反应为

$$C + CO_2 = 2CO \qquad (7\text{-}3)$$

甲烷分解反应为

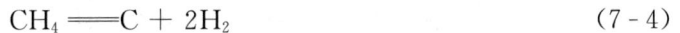

$$CH_4 = C + 2H_2 \qquad (7\text{-}4)$$

水气变化反应为

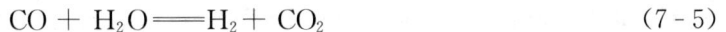

$$CO + H_2O = H_2 + CO_2 \qquad (7\text{-}5)$$

美国可再生能源实验室（NREL）率先在此方面做了一系列研究，并取得了积极的成果，最近美国学者 Czernik 等对生物质快速裂解油的应用做了系统的总结和介绍。热裂解效率和产量的提高依赖于设备和工艺的改进、催化剂的选择及反应参数的优化，这也是研究的重点所在。目前国内外的生物质热裂解反应器主要有机械接触式反应器、间接式反应器和混合式反应器。美国学者 Demirbas 等利用不同生物质原料研究了高温分解的产氢量与温度的关系，发现两者存在线性关系。次年，他又报道了以 Na_2CO_3 作为催化剂，农作物残余物高温分解制氢技术，发现 Na_2CO_3 以及温度对产氢量的影响因原料的种类及结构的不同而不同。

该技术路线具有如下优点：①工艺流程中不加入空气，避免了氮气对气体的稀释，提高了气体的能流密度，降低了气体分离的难度，减少了设备体积和造价；②生物质在常压下进行热解和二次裂解，避免了苛刻的工艺条件；③以生物质原料自身能量平衡为基础，不需要用常规能源提供额外的工艺热量；④有相当宽广的原料适应性。

（3）生物质超临界转化制氢。超临界转化制氢技术是近年来发展起来的一种新型制氢方法。该制氢过程为：由于超临界状态下水的介电常数较低，有机物在水中的溶解度增大，在其中进行生物质的催化气化，生物质可以比较完全的转化为气体和水的可溶性产物。先将生物质原料与一定比例的水混合后，置于压力为 22～35 MPa、温度为 450～650℃的超临界条件下进行反应，完成后产生氢含量较高的气体和残碳，再进行气体分离。由于超临界状态下水具有较低的介电常数、黏度小和扩散系数高的特点，因而具有良好的扩散传递性能，可降低传质阻力和溶解大部分有机成分和气体，使反应成为均相，加速反应进程。由于该方法的独特反应条件，对于含水率高的生物质可以直接加入反应，不需要耗能耗时的干燥过程，所以该技术对含水质量分数在 35% 以上的生物质、泥煤等制氢特别适用。尽管该方法还未完全成熟，超临界水气化制氢的反应压力和温度都较高，设备和材料的工艺条件比较苛刻，但对于未来解决能源危机后的替代能源问题有着重要意义，目前国内外均对该方法开展了大量的研究。

美国的 Modell 等人于 1977 年首先提出了煤的超临界水气化的工艺。此后，美国、加拿大、日本的一些研究机构进行了生物质、纤维素的气化研究，得到了氢含量较高的高发热量气体，并且几乎不生成炭等副产品。从 1997 年起，西安交通大学多相流国家重点实验室对超临界水催化气化制氢进行了持续的理论与实验研究，取得了一定的研究成果。

英国的 Kumabe 等对煤热解所得的焦油进行水蒸气催化气化制氢研究发现，焦油产氢过程同时生成大量 CH_4 和少量 C_2H_6 等副产物。降低反应温度虽然可减少副产物生成量，但 H_2 生成量也随之减少，他们认为煤气化过程 CH_4 主要来自焦油的分解。

蒸汽重整反应式为

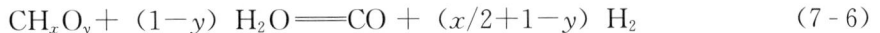

$$CH_xO_y + (1-y) H_2O =\!\!=\!\!= CO + (x/2+1-y) H_2 \tag{7-6}$$

甲烷化反应式为

$$CO + 3H_2 =\!\!=\!\!= CH_4 + H_2O \tag{7-7}$$

水气变化反应式为

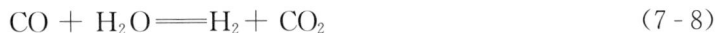

$$CO + H_2O =\!\!=\!\!= H_2 + CO_2 \tag{7-8}$$

（4）生物质热解油重整制氢。生物质快速热裂解制取燃料油的技术在过去的 20 年有了长足的进步，多种工艺得以发展，也为生物质制氢提供了新的途径。美国可再生能源国家实验室率先在此方面做了一系列试验，氢气的产量均达到了 70% 以上，显示出良好的发展前景。目前的研究主要集中在工艺条件的确定和催化剂的选择上。中国科学家 Dingneng Wang 等人在管式反应器中，采用水蒸气重整技术制氢，希望确定工艺的最佳条件，包括温度、水蒸气和油的流率比、停留时间等。西班牙学者 Lucia Garcia 等人做了一系列的试验，目的是在镍铝催化剂中添加其他金属以改善催化剂的性能。水蒸气催化重整生物质裂解油制氢的突出优点是作为制氢中间体的裂解油易于储存和运输。

美国的 Riochee 等致力于发展有效的蒸气重整催化剂，用来克服生物油复杂的化学结构问题。结果显示载体的种类对催化剂的活性起到很大的作用。与附载氧化铝催化剂相比较，二氧化铈—氧化锆和氧化还原剂混合成的氧化物的使用导致了高的氢气产率。附载 Rh、Pt 催化剂对生物油的水蒸气重整具有最好的活性，而 Pd 基催化剂活性很差。同时附载 Rh、Pt 催化剂被用作快速裂解山毛榉木产生的生物油进行重整的催化剂进行研究。

目前该方法的研究还不够深入，主要是在实验室中进行探索性的研究，但从技术上讲，以生物质裂解油为原料，采用水蒸气催化重整制取氢气是可行的。

2. 微生物法制氢

微生物制氢是利用某些微生物代谢过程来生产氢气的一项生物工程技术，主要有两种方法：光合生物制氢和厌氧微生物发酵制氢。光合生物制氢是利用光合细菌或藻类直接把太阳能转换成氢能；厌氧微生物发酵制氢是利用异氧型的厌氧菌或固氮菌分解小分子有机物制氢。微生物制氢原理如图7-2所示。

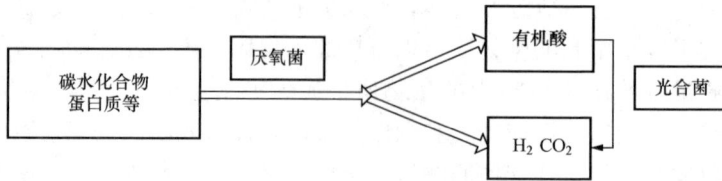

图7-2 微生物制氢原理

（1）光合生物制氢。光合生物制氢主要集中于光合细菌和藻类，光合细菌是光合成原核生物的一种，细胞含有光合色素——细菌叶绿素，能在无氧、光照条件下进行光合生长、固氮代谢，并通过该重要的生化反应产生氢气而不产生氧气。目前研究较多的光合细菌主要有：深红红螺菌、球形红假单胞菌、深红假单胞菌、球形红微菌、液泡外硫红螺菌等。同时发现许多藻类包括蓝藻、绿藻等也具有较好的光合速率和放氢量，多数研究者认为它们是通过光水解制氢的好材料。

光合细菌产氢的机制，一般认为是光子被捕获得光合作用单元，其能量被送到光合反应中心，进行电荷分离，产生高能电子并造成质子梯度，从而形成腺苷三磷酸（ATP）。另外，经电荷分离后的高能电子产生还原型铁氧还原蛋白（FDRED），固氮酶利用ATP和FDRED进行氢离子还原生成氢气。微藻光制氢的过程可以分为两个步骤：微藻通过光合作用分解水，产生质子和电子，并释放氧气；然后微藻通过特有的产氢酶系（蓝藻通过固氮酶系和绿藻通过可逆产氢酶系）的电子还原质子释放氢气。

由于氢的来源是靠水的分解，因此在产氢的同时也产生氧气，而在有氧的环境下，固氮酶和可逆产氢酶的活性都受到抑制，产氢能力下降甚至停止，能量利用率降低，因此直接光解水产氢难以实现大规模的制氢技术。

为了提高酶系的产氢效率，一种新型的方式——间接光解水制氢已成为目前微藻光解水制氢的研究热点。美国国家可再生能源实验室（NREL）和加州大学的科学家成功开发了两步法间接光解水制氢工艺，它能够在时空上将产氢和产氧的过程分离，从而避免了氧气对酶活性的抑制，并能解决氢氧分离和纯化等困难。

虽然对微藻光解水制氢的研究近年来有所突破，但离实用化还有相当距离。要大量制氢，就需要很大的受光面积，占用很多土地，需要很大的设备，成本高，难以实用化。因此提高光能转化效率是未来研究的一个重要方向。另外，还要培养和改造优质的产氢藻，才能有望使产氢效率显著提高。我国对光合细菌的研究也比较深入，尤其在利用有机废水产氢方面，已达到国际先进水平。若能将废水处理和光合细菌产氢工艺相结合，既能达到环境治理的目的，又能利用低价原料生产清洁能源，是一个集环境效益、社会效益和经济效益于一体的新型化产业模式。

（2）厌氧微生物发酵制氢。许多专性厌氧和兼性厌氧微生物，如丁酸梭状芽孢杆菌、拜式梭状芽孢杆菌、大肠埃希式杆菌、产气肠杆菌、褐球固氮菌等，能利用多种底物在氮化酶或氢化酶的作用下将底物分解制取氢气。底物包括：甲酸、丙酮酸、CO 和各种短链脂肪酸等有机物、硫化物、淀粉纤维素等糖类。这些物质广泛存在于工农业生产的污水和废弃物中。发酵有机物产氢的形式主要有两种：一是丙酮酸脱氢系统，在丙酮酸脱羧脱氢生成乙酰的过程中，脱下的氢经铁氧还原蛋白的传递作用而释放出分子氢；二是 NADH/NAD 平衡调节产氢，当有过量的还原力形成时，以质子作为电子沉池而形成氢气。

　　研究发现，在产氢过程中反应器的 pH 值为 $4.7 \sim 5.7$ 时，生物质产氢率最高，其体积含量约 60% 左右。另外，分解底物的浓度对氢气的产量也有很大的影响。厌氧发酵细菌生物制氢的产率较低，能量的转化率一般只有 33% 左右。厌氧发酵制氢的过程是在厌氧条件下进行的，因此氧气的存在会抑制产氢微生物催化剂的合成与活性。由于转化细菌的高度专一性，不同菌种所能分解的底物也有所不同。因此，要使生物质制氢技术尽快达到工业化生产水平，未来研究应着重注意培养容易、产氢能力较高的菌种，尤其是耐高浓度、耐酸类菌种的选育，另加快研制可以进行工业化生产的生物制氢反应相关设备。

　　与光合生物制氢技术相比，发酵法生物制氢技术表现出以下优越性：①发酵产氢菌种的产氢能力要高于光合产氢菌种，而且发酵产氢细菌的生长速率一般比光解产氢的要快；②发酵产氢无需光源，可以实现持续稳定地生产，而且反应装置的设计、操作及管理简单方便；③制氢设备的反应容积可比较大，从而可以从规模上提高单台设备的产氢量；④可发酵的原料来源广、成本低；⑤碱性发酵产氢细菌更易于保存和运输。所以，发酵法生物制氢技术比光合微生物制氢更容易实现规模化、工业化生产。

　　另外，可利用厌氧发酵和光合细菌联合共同产氢。厌氧微生物和光合微生物具有互补性，厌氧发酵过程中所产生的有机物可在夜间被厌氧细菌进一步分解成氢气或有机酸，而光合细菌可利用这些有机酸在白天光照条件下进行非氧化光合作用，它们联合产氢具有较高的能量转换效率。

任务 2　燃 料 电 池 技 术

【教学内容】

7.2.1　概述

　　现代社会中最重要最方便的能源是电能，为了获取电能，会利用煤或者石油这样的燃料来发电，必须先燃烧煤或者石油，燃烧时产生的能量可以对水加热而使之变成蒸汽，蒸汽则可以用来使汽轮发电机组的磁场在定子线圈中旋转，这样就产生了电流。换句话说，整个过程是把燃料的化学能转变为热能，然后把热能转换为动能，最后转换为电能。在这种多次能量转换的过程中，浪费了许多原有的化学能，同时还给如今的人类生活环境造成了极大污染。多年来人们一直在寻找传统能源技术的替代产品，例如燃料电池发电技术。燃料电池是一种将储存在燃料和氧化剂中的化学能，直接转化为电能的装置，它是利用氢能最好的终端设备。当源源不断地从外部向燃料电池供给燃料和氧化剂时，它可以连续发电。燃料电池不受卡诺循环限制，将燃料的化学能直接转换为电能，不需要进行燃烧，没有转动部件，理论上能量转换率为 100%，装置无论大小实际发电效率可达 $40\% \sim 60\%$，可以实现直接进入企业、饭店、宾馆、家庭实现热电联产联用，没有输电、输热损失，综合能源效率可达80%，装置为积木式结构，容量可小到只为手机供电、大到和火力发电厂相比，非常灵活。

　　燃料电池是一种化学电池，它利用物质发生化学反应时释出的能量，直接将其变换为电能。从这一点看，它和其他化学电池如锰干电池、铅蓄电池等是类似的。但是，它工作时需要连续地向其供给反应物质——燃料和氧化剂，这又和其他普通化学电池不大一样。由于它是把燃料通过化学反应释出的能量变为电能输出，所以被称为燃料电池。

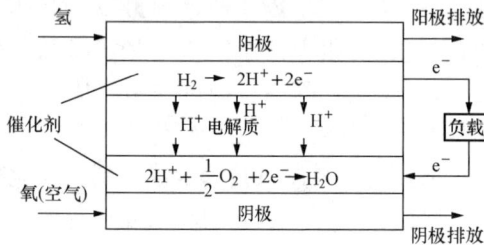

图7-3　燃料电池工作原理

　　燃料电池由正极、负极和夹在正负极中间的电解质板所组成，其工作原理如图7-3所示。

　　最初，电解质板是利用电解质渗入多孔的板而形成，现在正发展为直接使用固体的电解质。氢氧燃料电池工作时，向氢电极供应氢气，同时向氧电极供应氧气。氢气、氧气在电极上的催化剂作用下，通过电解质生成水。这时在氢电极上有多余的电子而带负电，在氧电极上由于缺少电子而带正电。接通电路后，这一类似于燃烧的反应过程就能连续进行。工作时向负极供给燃料（氢），向正极供给氧化剂（空气，起作用的成分为氧气）。氢在负极分解成正离子（H^+）和电子（e^-）。氢离子进入电解液中，而电子则沿外部电路移向正极。用电的负载就接在外部电路中。在正极上，空气中的氧同电解液中的氢离子吸收抵达正极上的电子形成水。这正是水的电解反应的逆过程。利用这个原理，燃料电池便可在工作时源源不断地向外部输电。

　　一般来讲，书写燃料电池的化学反应方程式，需要高度注意电解质的酸碱性。在正、负极上发生的电极反应不是孤立的，它往往与电解质溶液紧密联系。

　　如氢—氧燃料电池有酸式和碱式两种，在酸溶液中，负极反应式为$2H_2 - 4e^- = 4H^+$，正极反应式为$O_2 + 4H^+ + 4e^- = 2H_2O$；如是在碱溶液中，则不可能有$H^+$出现，在酸溶液中，也不可能出现$OH^-$。若电解质溶液是碱、盐溶液，则负极反应式为$2H_2 + 4OH^- - 4e^- = 4H_2O$，正极反应式为$O_2 + 2H_2O + 4e^- = 4OH^-$；若电解质溶液是酸溶液，则负极反应式为$2H_2 - 4e^- = 4H^+$（阳离子），正极反应式为$O_2 + 4e^- + 4H^+ = 2H_2O$。

　　依据电解质的不同，燃料电池分为碱性燃料电池（AFC）、质子交换膜燃料电池（PEMFC）、磷酸盐型燃料电池（PAFC）、熔融碳酸盐燃料电池（MCFC）及固体氧化物燃料电池（SOFC）等，具体见表7-1。

表7-1　　　　　　　　　　　　　　　　燃料电池分类

简称	燃料电池类型	电解质	工作温度（℃）	电化学效率	燃料、氧化剂	功率输出
AFC	碱性燃料电池	氢氧化钾溶液	室温～90	60%～70%	氢气、氧气	300W～5kW
PEMFC	质子交换膜燃料电池	质子交换膜	室温～80	40%～60%	氢气、氧气（或空气）	1kW
PAFC	磷酸燃料电池	磷酸	160～220	55%	天然气、沼气、双氧水、空气	200kW

简称	燃料电池类型	电解质	工作温度（℃）	电化学效率	燃料、氧化剂	功率输出
MCFC	熔融碳酸盐燃料电池	碱金属碳酸盐熔融混合物	620～660	65%	天然气、沼气、煤气、双氧水、空气	2MW～10MW
SOFC	固体氧化物燃料电池	氧离子导电陶瓷	800～1000	60%～65%	天然气、沼气、煤气、双氧水、空气	100kW

7.2.2　燃料电池技术

1. 碱性燃料电池（AFC）

碱性燃料电池采用碱性溶液（如 KOH 溶液等）作为电解质。根据电解液内的存在形式，AFC 可分为多孔基体型和自由电解液型两种。AFC 的工作温度比较低，电池本体材料可选用廉价的耐碱型工程塑料，成型加工工艺简单，电极需要采用贵金属催化剂。碱性燃料电池是燃料电池系统中最早开发并获得成功应用的一种。美国阿波罗登月宇宙飞船及航天飞机上即采用碱性燃料电池作为动力电源，实际飞行结果表明，AFC 作为宇宙探测飞行等特殊用途的动力电源已经达到实用化阶段。

碱性燃料电池分为中温（工作温度约为 523K）和低温（工作温度低于 373K）两种。中温碱性燃料电池被用于航天飞行和太空项目上的电源，经过几十年的使用，被证明为安全可靠的太空电源；低温碱性燃料电池是今后开发重点，其应用目标是便携式电源和交通工具用动力电源。

与其他燃料电池相比，碱性燃料电池系统具有较高的电效率（60%～90%），可以在室温下快速启动，并迅速达到额定负荷，而且电池的本体材料选择广泛，电池造价较低。因此，碱性燃料电池作为高效且价格低廉的成熟技术，若应用于便携式电源和交通工具用动力电源，具有一定的发展和应用前景。

碱性燃料在实际使用中，往往采用空气作为氧化剂，空气中的 CO_2 会毒害碱性电解质生成碳酸根离子，对电池的效率和使用寿命造成影响，使得碱性燃料电池系统需要复杂的 CO_2 脱除装置，而且只能用纯 H_2 为燃料。此外，碱性燃料电池的催化剂一般采用贵金属 Pt 才能获取电池的高性能，且需要一个控制体系保持电解质浓度的恒定。这些造成碱性燃料电池系统的复杂化，成本增高，导致其不适于民用，与其他燃料电池相比竞争力降低。

2. 质子交换膜燃料电池（PEMFC）

质子交换膜燃料电池的工作原理相当于水电解的"逆"装置。其单电池由阳极、阴极和质子交换膜组成，阳极为氢燃料发生氧化的场所，阴极为氧化剂还原的场所，两极都含有加速电极电化学反应的催化剂，质子交换膜作为电解质。工作时相当于一直流电源，其阳极即电源负极，阴极为电源正极。

两电极的反应如下。

阳极（负极）反应式为

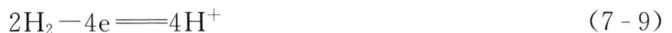

$$2H_2 - 4e = 4H^+ \tag{7-9}$$

阴极（正极）反应式为

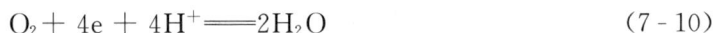

$$O_2 + 4e + 4H^+ = 2H_2O \tag{7-10}$$

注意所有的电子都省略了负号上标。由于质子交换膜只能传导质子，因此氢质子可直接穿过质子交换膜到达阴极，而电子只能通过外电路才能到达阴极。当电子通过外电路流向阴极时就产生了直流电。以阳极为参考时，阴极电位为 1.23V，也即每 1 单电池的发电电压理论上限为 1.23V。接有负载时输出电压取决于输出电流密度，通常为 0.5～1V。将多个单电池层叠组合就能构成输出电压满足实际负载需要的燃料电池堆（简称电堆）。

PEMFC 的电极常被称为膜电极组件，它是指质子交换膜和其两侧各一片多孔气体扩散电极（涂有催化剂的多孔碳布）组成的阴、阳极和电解质的复合体，工作原理如图 7-4 所示。

中国最早开展 PEMFC 研制工作的是长春应用化学研究所，该所于 1990 年在中科院扶持下开始研究 PEMFC，工作主要集中在催化剂、电极的制备工艺和甲醇外重整器的研制，已制造出 100W PEM-FC 样机。1994 年又率先开展直接甲醇质子交换膜燃料电池的研究工作。该所与美

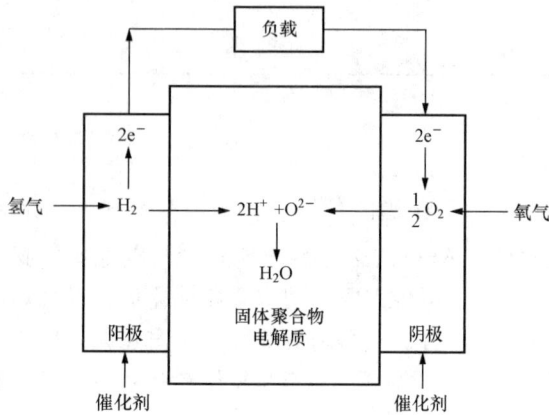

图 7-4　PEMFC 工作原理

国 Case Western Reserve 大学和俄罗斯氢能与等离子体研究所等建立了长期协作关系。中国科学院大连化学物理所于 1993 年开展了 PEMFC 的研究，在电极工艺和电池结构方面做了许多工作，现已研制成工作面积为 $140cm^2$ 的单体电池，其输出功率达 $0.35W/cm^2$。

中国科学院工程热物理研究所于 1994 年开始研究 PEMFC，主营使用计算传热和计算流体力学方法对各种供气、增湿、排热和排水方案进行比较，提出改进的传热和传质方案。

著名的加拿大 Ballard 公司在 PEMFC 技术上全球领先，它的应用领域从交通工具到固定电站，其子公司 Ballard Generation System 被认为在开发、生产和市场化零排放质子交换膜燃料电池上处于世界领先地位。Ballard Generation System 最初产品是 250kW 燃料电池电站，其基本构件是 Ballard 燃料电池，利用氢气（由甲醇、天然气或石油得到）、氧气（由空气得到）不燃烧地发电。

质子交换膜燃料电池具有如下优点：其发电过程不涉及氢氧燃烧，因而不受卡诺循环的限制，能量转换率高；发电时不产生污染，发电单元模块化，可靠性高，组装和维修都很方便，工作时也没有噪声。所以，质子交换膜燃料电池电源是一种清洁、高效的绿色环保电源。质子交换膜燃料电池工作温度低、启动快、比功率高、结构简单、操作方便，被公认为电动汽车、固定发电站等的首选能源。在燃料电池内部，质子交换膜为质子的迁移和输送提供通道，使得质子经过膜从阳极到达阴极，与外电路的电子转移构成回路，向外界提供电流，因此质子交换膜的性能对燃料电池的性能起着非常重要的作用，它的好坏直接影响电池的使用寿命。

它的缺点是：制作困难、成本高，全氟物质的合成和磺化都非常困难，而且在成膜过程中的水解、磺化容易使聚合物变性、降解，使得成膜困难，导致成本较高；对温度和含水率要求高，Nafion 系列膜的最佳工作温度为 70～90℃，超过此温度会使其含水率急剧降低，导电性迅速下降，阻碍了通过适当提高工作温度来提高电极反应速度和克服催化剂中毒的难题；某些碳氢化合物，如甲醇等，渗透率较高，不适合用作直接甲醇燃料电池（DMFC）的

质子交换膜。

3. 磷酸型燃料电池（PAFC）

磷酸型燃料电池的电解质采用磷酸 H_3PO_4。磷酸化学稳定性高且容易获取，磷酸型燃料电池工作温度适中（200℃左右），容易实现大型化应用。磷酸型燃料电池是目前技术最成熟、应用最广泛和商业化程度最高的燃料电池。

受 1973 年世界性石油危机以及美国 PAFC 研发的影响，日本决定开发各种类型的燃料电池，PAFC 作为大型节能发电技术由新能源产业技术开发机构（NEDO）进行开发。东芝公司从 20 世纪 70 年代后半期开始，以分散型燃料电池为中心进行开发以后，将分散电源用 11MW 机以及 200kW 机形成了系列化。11MW 机是世界上最大的燃料电池发电设备，从 1989 年开始在东京电力公司五井火电站内建造，1991 年 3 月初发电成功后，直到 1996 年 5 月进行了 5 年多现场试验，累计运行时间超过 2 万 h，在额定运行情况下实现发电效率 43.6%。在小型现场燃料电池领域，1990 年东芝和美国 IFC 公司为使现场用燃料电池商业化，成立了 ONSI 公司，之后开始向全世界销售现场型 200kW 设备"PC25"系列。PC25 系列燃料电池从 1991 年末运行，到 1998 年 4 月，共向世界销售了 174 台。其中安装在日本大阪梅田中心的大阪煤气公司 2 号机，累计运行时间突破了 4 万 h。从燃料电池的寿命和可靠性方面来看，累计运行时间 4 万 h 是燃料电池的长远目标。东芝 ONSI 已完成了正式商用机 PC25C 型的开发，早已投放市场。PC25C 型作为 21 世纪新能源先锋获得日本通商产业大奖。从燃料电池商业化出发，该设备被评价为具有高先进性、可靠性以及优越的环境性设备。它的制造成本是 3000 美元/kW，将推出的商业化 PC25D 型设备成本会降至 1500 美元/kW，体积比 PC25C 型减小 1/4，质量仅为 14t。2001 年，在中国建成一座 PC25C 型燃料电池电站，它主要由日本的 MITI（NEDO）资助，这是我国第一座燃料电池发电站。

磷酸燃料电池主要优点是：①排气清洁，燃料并不燃烧，就发电，所以几乎完全没有 NO_x、SO_x；②发电效率高；③低噪声，低振动，不伴有旋转机械的发电方式，所以是在低噪声、低振动下运转。

4. 熔融碳酸盐燃料电池（MCFC）

熔化的碳酸盐燃料电池与上述讨论的燃料电池差异较大，这种电池不是使用溶化的锂钾碳酸盐就是使用锂钠碳酸盐作为电解质。当温度加热到 650℃时，这种盐就会熔化，产生碳酸根离子，从阴极流向阳极，与氢结合生成水、二氧化碳和电子。电子然后通过外部回路返回到阴极，在此过程中发电，其工作原理如图 7-5 所示。

在中国开展 MCFC 研究的单位不太多。哈尔滨电源成套设备研究所在 20 世纪 80 年代后期曾研究过 MCFC，90 年代初停止了这方面的研究工作。

1993 年中国科学研究院大连化学物理研究所在中国科学研究院的资助下开始了 MCFC 的研究，自制 $LiAlO_2$ 微粉，用冷滚压法和带铸法制备出 MCFC 用的隔膜，组装了单体电池，

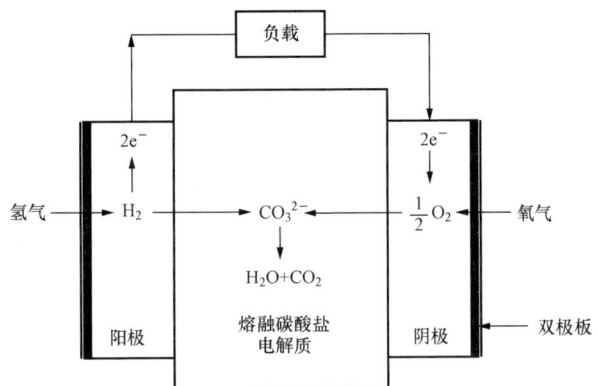

图 7-5　MCFC 工作原理

其性能已达到国际 20 世纪 80 年代初的水平。

美国能源部（DOE）2000 年已拨给固定式燃料电池电站的研究费用为 4420 万美元，而其中的 2/3 将用于 MCFC 的开发，1/3 用于 SOFC 的开发。美国的 MCFC 技术开发一直主要由两大公司承担，ERC（Energy Research Corporation）（现为 Fuel Cell EnergyInc.）和 M-CPower 公司，他们通过不同的方法建造 MCFC 堆。两家公司都到了现场示范阶段：ERC 预计将以 1200 美元/kW 的设备费用提供 3MW 的装置，这与小型燃气涡轮发电装置设备费用 1000 美元/kW 接近。但小型燃气发电效率仅为 30%，并且有废气排放和噪声问题。与此同时，美国 M-CPower 公司已在加州圣迭戈的海军航空站进行了 250kW 装置的试验，计划在同一地点试验改进 75kW 装置。

日本对 MCFC 的研究，自 1981 年"月光计划"时开始，1991 年后转为重点，每年在燃料电池上的费用为 12 亿～15 亿美元，1990 年政府追加 2 亿美元，专门用于 MCFC 的研究。电池堆的功率 1984 年为 1kW，1986 年为 10kW。日本同时研究内部转化和外部转化技术，1991 年，30kW 级间接内部转化 MCFC 试运转。1992 年，50～100kW 级试运转。1994 年，分别由日立和石川岛播磨重工完成两个 100kW、电极面积 1m²，加压外重整 MCFC。另外由中部电力公司制造的 1MW 外重整 MCFC 正在川越火力发电厂安装，预计以天然气为燃料时，热电效率大于 45%，运行寿命大于 5000h。由三菱电机与美国 ERC 合作研制的内重整 30kW WMCFC 已运行了 10 000h。三洋公司也研制了 30kW 内重整 MCFC。石川岛播磨重工有世界上最大面积的 MCFC 燃料电池堆，试验寿命已达 13 000h。日本为了促进 MCFC 的开发研究，于 1987 年成立了 MCFC 研究协会，负责燃料电池堆运转、电厂外围设备和系统技术等方面的研究，它已联合了 14 个单位成为日本研究开发主力。

欧洲早在 1989 年就制定了一个 Joule 计划，目标是建立环境污染小、可分散安装、功率为 200MW 的"第二代"电厂，包括 MCFC、SOFC 和 PEMFC 3 种类型，它将任务分配到各国。进行 MCFC 研究的主要有荷兰、意大利、德国、丹麦和西班牙。德国 MBB 公司于 1992 年完成 10kW 级外部转化技术的研究开发，在 ERC 协助下，于 1992～1994 年进行了 100kW 级与 250kW 级电池堆的制造与运转试验。现在 MBB 公司拥有世界上最大的 280kW 电池组体。

资料表明，MCFC 与其他燃料电池比有着如下独特优点。

（1）发电效率高。比 PAFC 的发电效率还高。

（2）不需要昂贵的白金作催化剂，制造成本低。

（3）可以用 CO 作燃料。

（4）由于 MCFC 工作温度为 600～1000℃，排出的气体可用来取暖，也可与汽轮机联合发电。若热电联产，效率可提高到 80%。

（5）中小规模经济性与几种发电方式比较，当负载指数大于 45% 时，MCFC 发电系统成本最低。与 PAFC 相比，虽然 MCFC 起始投资高，但 PAFC 的燃料费远比 MCFC 高。当发电系统为中小规模分散型时，MCFC 的经济性更为突出。

（6）MCFC 的结构比 PAFC 简单。

5. 固体氧化物燃料电池（SOFC）

固体氧化物燃料电池属于第三代燃料电池，是一种在中高温下直接将储存在燃料和氧化剂中的化学能高效、环境友好地转化成电能的全固态化学发电装置。被普遍认为是在未来会与质子交换膜燃料电池（PEMFC）一样得到广泛普及应用的一种燃料电池。采用的是固态电解质（钻石氧化物），性能很好。但需要采用相应的材料和过程处理技术，因为电池的工作温度约为 1000℃。固态氧化物燃料电池工作温度比溶化的碳酸盐燃料电池的温度还要高，现使用诸如用氧化钇稳定的氧化锆等固态陶瓷电解质，而不用使用液体电解质。其工作温度为 800～1000℃，工作原理如图 7-6 所示。

SOFC 的特点如下：由于是高温动作（800～1000℃），通过设置底面循环，可以获得超过 60%效率的高效发电；由于氧离子是在电解质中移动，所以也可以用 CO、煤气化的气体作为燃料；由于电池本体的构成材料全部是固体，所以没有电解质的蒸发、流淌。燃料极空气极也没有腐蚀；动作温度高，可以进行甲烷等内部改质；与其他燃料电池比，发电系统简单，可以期望从容量比较小的设备发展到大规模设备，具有广泛用途；在固定电站领域，SOFC 明显比 PEMFC 有优势，SOFC 很少需要对燃料处理，内部重整、内部热集成、内部集合管使系统设计更

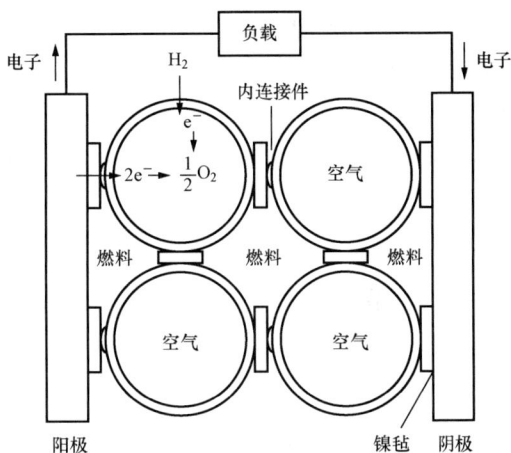

图 7-6　SOFC 工作原理

为简单，而且，SOFC 与燃气轮机及其他设备也很容易进行高效热电联产。

最早开展 SOFC 研究的是中国科学研究院上海硅酸盐研究所，该所在 1971 年就对 SOFC 开展了研究，主要侧重于 SOFC 电极材料和电解质材料的研究。20 世纪 80 年代在国家自然科学基金会的资助下又开始了 SOFC 的研究，研究了流延法制备氧化锆膜材料、阴极和阳极材料、单体 SOFC 结构等，已初步掌握了湿化学法制备稳定的氧化锆纳米粉和致密陶瓷的技术。吉林大学于 1989 年在吉林省青年科学基金资助下开始对 SOFC 的电解质、阳极和阴极材料等进行研究，组装成单体电池，通过了吉林省科委的鉴定。1995 年获吉林省计委和国家计委 450 万元人民币的资助，先后研究了电极、电解质、密封和联结材料等，单体电池开路电压达 1.18V，电流密度为 400mA/cm²，4 个单体电池串联的电池组能使收音机和录音机正常工作。

1991 年，中国科学研究院化工冶金研究所在中国科学院资助下开展了 SOFC 的研究，从研制材料着手制成了管式和平板式的单体电池，功率密度达 0.09～0.12W/cm²，电流密度为 150～180mA/cm²，工作电压为 0.60～0.65V。1994 年，该所从俄罗斯科学院乌拉尔分院电化学研究所引进了 20～30W 块状叠层式 SOFC 电池组，电池寿命达 1200h。该所在分析俄罗斯叠层式结构、美国 Westinghouse 的管式结构和德国 Siemens 板式结构的基础上，设计了六面体式新型结构，该结构吸收了管式不密封的优点，电池间组合采用金属毡柔性联结，并可用常规陶瓷制备工艺制作。

美国是世界上最早研究 SOFC 的国家，而美国的西屋电气公司所起的作用尤为重要，现已成为在 SOFC 研究方面最有权威的机构。早在 1962 年，西屋电气公司就以甲烷为燃料，在 SOFC 试验装置上获得电流，并指出烃类燃料在 SOFC 内必须完成燃料的催化转化与电化学反应两个基础过程，为 SOFC 的发展奠定了基础。此后 10 年间，该公司与 OCR 机构协

作，连接 400 个小圆筒型 ZrO_2-CaO 电解质，试制 100W 电池，但此形式不便供大规模发电装置应用。80 年代后，为了开辟新能源，缓解石油资源紧缺而带来的能源危机，SOFC 研究得到蓬勃发展。西屋电气公司将电化学气相沉积技术应用于 SOFC 的电解质及电极薄膜制备过程，使电解质层厚度减至微米级，电池性能得到明显提高，从而揭开了 SOFC 研究的崭新的一页。80 年代中后期，它开始向研究大功率 SOFC 电池堆发展。1986 年，400W 管式 SOFC 电池组在田纳西州运行成功。

燃料电池有许多优点，其性能比较见表 7-2，现普遍认为，燃料电池将成为未来主要的能源形式。

表 7-2　　　　　　　　　　　　　　　　燃料电池性能比较

燃料电池的类型	碱性燃料电池（AFC）	磷酸燃料电池（PAFC）	熔融碳酸盐燃料电池（MCFC）	固体氧化物燃料电池（SOFC）	质子交换膜燃料电池（PEMFC）
比功率（W/kg）	35～105	100～200	30～40	15～20	300～1000
单位面积的功率（W/cm）	0.5	0.1	0.2	0.3	1～2
燃料电机的燃料种类	H_2	天然气、甲醇、液化石油气	天然气、液化石油气	H_2、CO	H_2
氧电极的氧化物种类	O_2	空气	空气	空气	空气
电解质	有腐蚀、液体、氢氧化钾	有腐蚀、液体、磷酸水溶液	有腐蚀、液体碳酸锂/碳酸钾	无腐蚀氧化锆系陶瓷系	无腐蚀、固体稳定氧化锆系
发电效率（%）	45～60	35～60	45～60	50～60	
启动时间	几分钟	2～4h	≥10h	≥10h	几分钟
电荷载体	OH^-	H^+	CO_3^{-2}	O^{-2}	
反应温度（℃）	50～200	180～220	600～700	750～1000	25～105
应用情况参考	应用于宇宙飞船	应用广泛，发展迅速	有可能用于大型发电厂	有可能用于大型发电厂	发展迅速可用于 FCEV

但就目前而言，燃料电池还有很多不足之处阻碍其进入大规模实际应用，主要归纳为以下几个方面：①市场价格昂贵；②寿命及稳定性不够理想；③燃料电池技术不够普及；④没有完善的燃料电池供应体系。

小结与讨论

小结：本项目先介绍了生物质制氢的两种主流路线：生物质热化学转化和微生物法制氢，明确两种制氢路线的技术要点和研究成果。依据电解质的不同，将燃料电池分为碱性燃料电池（AFC）、质子交换膜燃料电池（PEMFC）、磷酸盐型燃料电池（PAFC）、熔融碳酸盐燃料电池（MCFC）、固体氧化物燃料电池（SOFC）等，并对各类燃料电池的组成和工作原理做了详细介绍。最后对燃料电池在未来的利用做出了肯定的预测。

讨论：

利用氢能源的燃料电池在环保、持续利用上有先天优势，但过高的制造成本和氢能源的获取制约了燃料电池的商业化应用，你觉得我们应该从哪些方向去找到解决方案？

习题训练

1. 简述氢能的资源状况。与其他能源相比，氢气作为能源有哪些优点？
2. 利用生物质能制氢有哪几种常用路线？各有什么优缺点？
3. 探讨氢气常用的储存和运输方法。
4. 简述燃料电池的基本原理、特点和异同。
5. 哪一种燃料电池最适合作为汽车动力电源？为什么？
6. 最早实现商业化利用的燃料电池是哪一种？它的优势体现在哪里？
7. 试简述固体氧化物燃料电池的工作原理。
8. 简述氢能的利用技术现状和发展趋势。
9. 请你谈谈对燃料电池未来应用的展望。

参 考 文 献

[1] 黄素逸，王晓墨. 能源与节能技术 [M]. 2 版. 北京：中国电力出版社，2008.

[2] 中国电力科学研究院生物质能研究室. 生物质能及其发电技术 [M]. 北京：中国电力出版社，2008.

[3] 左然，施明恒，王希麟. 可再生能源概论 [M]. 北京：机械工业出版社，2007.

[4] 孙立，张晓东. 生物质发电产业化技术 [M]. 北京：化学工业出版社，2011.

[5] 袁振宏，吴创之，马应龙. 生物质能利用原理及技术 [M]. 北京. 化学工业出版社，2007.

[6] 张百良. 生物能源技术与工程化 [M]. 北京. 科学出版社，2009.

[7] 王玉林. 垃圾发电技术及工程实例 [M]. 北京：中国电力出版社，2008.

[8] 牛勇，张立华. 循环流化床锅炉设备 [M]. 北京：中国电力出版社，2007.

[9] 杨建华，王玉召. 循环流化床锅炉设备及运行 [M]. 3 版. 北京：中国电力出版社，2014.

[10] 周菊华，操高城，郝杰. 电厂锅炉 [M]. 2 版. 北京：中国电力出版社，2009.

[11] 杨勇平，董长青，张俊姣. 生物质发电技术 [M]. 北京：中国水利水电出版社，2007.

[12] 廖自强. 电气运行 [M]. 北京：中国电力出版社，2007.

[13] 张燕侠. 电厂热力系统及辅助设备 [M]. 北京：中国电力出版社，1999.

[14] 林文孚，陶素娥. 单元机组热力设备运行 [M]. 北京：中国水利水电出版社，2008.

[15] 张庆国，程新华. 热力发电厂设备与运行实习 [M]. 北京：中国电力出版社，2009.

[16] 韩忠合，田松峰，马晓芳. 火电厂汽机设备及运行 [M]. 北京：中国电力出版社，2002.

[17] 周菊华. 城市生活垃圾焚烧及发电技术 [M]. 北京：中国电力出版社，2014.

[18] 大屯煤电（集团）有限责任公司电业分公司. 循环流化床锅炉实用技术问答 [M]. 北京：中国水利水电出版社，2005.

[19] 刘岗，郝德海，董玉平. 生物质秸秆收集成本研究及实例分析 [J]. 技术经济，2006，2：87-88.

[20] 伊晓路，孙立，郭冬彦，等. 生物质秸秆预处理技术 [J]. 可再生能源，2005，2：31-33.

[21] 沈维道，蒋智敏，童均耕. 工程热力学 [M]. 3 版. 北京：高等教育出版社，2001.

[22] 中华人民共和国国家统计局. 2010 年中国统计年鉴 [M]. 北京：中国统计出版社，2010.

[23] 王亚静，毕于运，唐华俊. 中国能源作物研究进展及发展趋势 [J]. 中国科技论坛，2009，3：124-129.

[24] 刘江. 中国资源利用战略研究 [M]. 北京：中国农业出版社，2002.

[25] 姜述杰，赵伟英. 浅谈秸秆生物质直燃发电技术 [J]. 锅炉制造，2009（4）：40-42.

[26] 成晶晶，张楚. 我国薪炭林现状及发展对策探讨 [J]. 江西农业学报，2009，21（8）：169-172.

[27] 李志军. 我国生物质直燃发电的现状、问题及政策建议 [J]. 技术经济，2008，27（9）：34-37.

[28] 蒋大龙. 生物质直燃发电展望 [J]. 现代电力，2007，24（5）：54-56.

[29] 陆智李，双江，郑威. 生物质发电技术发展探讨 [J]. 可再生能源，2009（6）：59-60.

[30] 张卫杰，关海滨，姜建国，等. 我国秸秆发电技术的应用及前景 [J]. 农机化研究，2009（5）：10-13.

[31] 袁振宏，吴创之，马隆龙，等. 生物质能利用原理与技术 [M]. 北京：化学工业出版社，2005.

[32] 刘广青，董仁杰，李秀金. 生物质能源转化技术 [M]. 北京：化学工业出版社，2009.

[33] 候坚，张培栋，张宝茸，等. 中国林业生物质能源开发利用与发展建议 [J]. 可再生能源，2009，27（6）：113-117.

[34] 中国可再生能源发展战略研究项目组. 中国可再生能源发展战略丛书生物质能卷 [M]. 北京：中国

电力出版社，2008.

[35] 赵江红．中国林业生物质能源开发利用的调查思考 [J]．林业经济，北京：2009，(5)：12-14.

[36] 吴丽．我国城市生活垃圾清运量预测及垃圾处理技术发展趋势研究 [D]．硕士学位论文，2006.

[37] 左春辉．高浓度难降解有机废水处理技术发展趋势研究 [D]．硕士学业论文，2006.5.

[38] 中国农业部/美国能源部项目专家组．中国生物质资源可获得性评价 [M]．北京：中国环境科学出版社，1998.

[39] 中华人民共和国国家统计局．2008 中国统计年鉴 [M]．北京：中国统计出版社，2008.

[40] 朱润潮．我国生物质发电产业的发展现状和分析对策 [J]．科技创新导报，2010，6：1-2.

[41] 杨勇平，董长青，张俊姣．生物质发电技术发展探讨 [J]．可再生能源，2009，6：59-61.

[42] 黄英超，李文哲，张波．生物质能源发电技术现状与展望 [J]．东北农业大学学报，2007，38 (2)：270-274.

[43] 陆智，李双江，郑威．生物质发电技术发展探讨 [J]．可再生能源，2009，6：59-61.

[44] 米铁，刘武彪，刘德昌，等．生物质流化床气化过程的实验研究及示范 [J]．农村能源，2002，1：21-24.

[45] 朱华东，焦宝才，段桂平，等．生物质流化床气化炉的发展与应用 [J]．农业工程学报，2006，22 (增1)：263-267.

[46] 姚向军，田宜水．生物质能源清洁转化利用技术 [M]．北京：化学工业出版社，2005.

[47] Ayhan Demirbas. Combustion characteristics of different bio-mass fuels [J]．Progress in Energy and Combustion Science，2004，30 (2)：219-230.

[48] 日本能源协会．生物质和生物质能源手册 [M]．北京：化学工业出版社，2006.

[49] 王建祥，蔡红珍．生物质压缩成型燃料的物理品质及成型技术 [J]．农机化研究，2008，1：203-205.

[50] 陈军，陶占良．能源化学 [M]．北京：化学工业出版社，2004.

[51] Angelo Mazzu. Study，design and prototyping of animal traction cam based press for biomass densification [J]．Mechanism and Machine Theroy，2007，42 (6)：652-667.

[52] 何晓峰，雷廷宇，李在峰，等．生物质颗粒燃料冷成型技术实验研究 [J]．太阳能学报，2006，27 (9)：937-941.

[53] 周春梅，来小丽．生物质秸秆成型艺术的试验研究 [J]．可再生能源，2009，27 (5)：37-41.

[54] 肖宏儒，宋卫东，钟成义，等．生物质成型燃料加工技术分析研究 [J]．中国农机化，2009，5：65-68.

[55] 孔雪辉，王述洋，黎粤华．生物质燃料固化成型设备发展现状及趋势 [J]．机电产品开发与创新，2010，23 (2)：12-13.

[56] 温志良，温琰茂，吴小峰．城市生活垃圾燃料 综合处理研究 [J]．环境保护科学，2000，26 (3)：14-16.

[57] 雷建国，周斌，陈军．垃圾衍生燃料 RDF 制备技术及市场需求分析 [J]．再生资源与循环经济，2009，2 (12)：24-28.

[58] 伊晓路，孙立，郭东彦，等．生物质秸秆处理技术 [J]．可再生能源，2005，2：31-33.

[59] 杨勇平，董长青，张俊姣．生物质发电技术 [M]．北京：中国水利水电出版社，2007.

[60] 刘荣厚，牛卫生，张大雷．生物质热化学转换技术 [M]．北京：化学工业出版社，2005.

[61] 武汉大学．分析化学．5 版．北京：高等教育出版社，2006.

[62] 王军生．物质化学品 [M]．北京：化学工业出版社，2008.

[63] 吴创之，马隆龙．生物质能现代化利用技术 [M]．北京：化学工业出版社，2003.

[64] 张军，范志林，林晓芳．灰化温度对生物质灰特征的影响 [J]．燃烧化学学报，2004，32

（5）：547-551.

［65］宋鸿伟，郭民臣，王欣．生物质燃烧过程中的积灰结渣特征［J］．节能与环保，2003，9：29-31.

［66］贺红梅，崔朝英，李立明．火电厂水冷壁管腐蚀失效常见形式简介［J］．理化检验，物理分册，2005，6：301-303.

［67］王玉林．垃圾发电技术及工程实例［M］．北京：化学工业出版社，2003.

［68］樊宏钟，刘宏波，田勇，等．电站锅炉过热器高温腐蚀成因分析［J］．工业加热，2004，3：34-36.

［69］范志林，张军，林晓芬，等．关于生物质基本性质分析的问题［J］．东南大学学报（自然科学版），2004，3（34）：352-355.

［70］唐艳玲．稻秸热解过程中碱金属析出的实验［D］．硕士毕业论文．杭州：浙江大学，2004：2.

［71］李守信，阎维平，方立军．电站锅炉受热面高温氯腐蚀的机理探讨［J］．锅炉制造，1999，（4）：19-23.

［72］陈汉平，李斌，杨海平，等．生物质燃烧技术现状及展望［J］．工业锅炉，2009（5）：1-7.

［73］郎兴华，杨鹊平．生物质直燃发电技术的清洁生产浅析［J］．环境保护及循环经济，2008（12）：23-24.

［74］许世森，程健．燃料电池发电系统［M］．北京：中国电力出版社，2006.

［75］倪萌．燃料电池的应用前景［J］．华北电力技术，2004，8：19-22.

［76］李文兵，齐智平．甲烷制氢技术研究进展［J］．天然气工业，2005，25（2）：165-168.

［77］康铸慧，王磊，郑广宏，等．微生物产氢研究的进展［J］．工业微生物，2005，35（2）：41-49.

［78］胡利华．燃料电池模型及其发电系统的研究［D］．硕士毕业论文．重庆：重庆大学，2005：4.

［79］黄艳琴，阴秀丽，吴创之，等．物质气化燃料电池发电关键技术可行性分析［J］．武汉理工大学学报，2008，30（5）：11-14.

［80］邢蕾，王述洋，刘向东，等．秸秆压缩成型实验与分析［J］．佳木斯大学学报（自然科学版），2005，23（4）：574-576.

［81］TimpePC，HausermanWB，et al. Hydrogen production from fossil fuels and other regionally available feedstocke［J］. International Association for Hydrogen Energy：Hydrogen Energy Progress IX，Proceedings of the 11th Word Hydrogen Energy Conference，Germany，1996：489-498.

［82］Rapagna S，Foscolo P U. Catalytic gasificatian of biomass to produce hydrogen risch gas［J］. Int J Hydrogen Energy，1998，23（7）：551-557.

［83］Toshiaki Hanaoka，Takahiro Yoshida，Shinji Fujimoto，et al. Hydrogen production from woody biomass by steam gasification using a CO_2 sorbent［J］. Biomass and Bioenergy，2005，28（1）：63-68.

［84］吕鹏梅，熊祖鸿，常杰，等．生物质催化气化制取富氢燃气研究［J］．环境污染治理技术设备，2003，4（11）：31-34.

［85］Sun L，Xu M，Sun R F. Secondary decomposition of　pyrolysis gas for hydrogen-rich gas production and Gasification of Biomass and Waste［J］，CPL Press，UK，2003：283-288.

［86］Zhang X D，Xu，M，SunR E，et al. Study on biomass pyrolysis kinetics［J］. ASME Journal of Engineering for Gas Turbiner and Power，2006，128（3）：493-496.

［87］郝小红，郭烈锦．超临界水生物质催化气化制氢实验［J］．系统与方法研究．工程热物理学报，2002，23（2）：143-146.